Gruber | Neumann

Erfolg im Mathe-Abi

Basiswissen
Schleswig-Holstein

Übungsbuch
mit Tipps und Lösungen

Freiburger Verlag

Gedruckt auf chlorfrei gebleichtem Papier
mit Biodruckfarbenund Ökostrom

* printed in Germany *

Vorwort

Erfolg von Anfang an

Dieses Übungsbuch ist speziell auf die Anforderungen der Profiloberstufe in Schleswig-Holstein abgestimmt und enthält Aufgaben aus den Themenbereichen Analysis, Analytische Geometrie und Stochastik.

Viele der Aufgaben lassen sich ohne Taschenrechner lösen und fördern das Grundwissen und die Grundkompetenzen in Mathematik, vom einfachen Rechnen und Formelanwenden bis zum Herstellen von gedanklichen Zusammenhängen. Das Übungsbuch ist eine Hilfe zum Selbstlernen (learning by doing) und bietet die Möglichkeit, sich intensiv auf die Prüfung vorzubereiten und gezielt Themen zu vertiefen. Hat man Erfolg bei den grundlegenden Aufgaben, machen Mathematik und Lernen wieder mehr Spaß.

Der blaue Tippteil

Hat man keine Idee, wie man eine Aufgabe angehen soll, hilft der blaue Tippteil in der Mitte des Buches weiter: Zu jeder Aufgabe gibt es dort Tipps, die helfen, einen Ansatz zu finden, ohne die Lösung vorwegzunehmen.

Wie arbeiten Sie mit diesem Buch?

Dieses Buch soll Ihnen ermöglichen, die Grundlagen für das Mathematikabitur zu wiederholen. Am Anfang jedes Kapitels befindet sich eine kurze Übersicht über die jeweiligen Themen. Die einzelnen Kapitel bauen zwar aufeinander auf, doch ist es nicht zwingend notwendig, das Buch der Reihe nach durchzuarbeiten, Sie können da ansetzen, wo Sie üben wollen. Die Aufgaben sind in der Regel in ihrer Schwierigkeit gestaffelt und es gibt von fast jeder Aufgabe mehrere Variationen zum Vertiefen.

Anspruchsvolle Aufgaben sind mit * gekennzeichnet.

Den größten Lerneffekt erhalten Sie, wenn sie zuerst im Tippteil in der Mitte des Buchs nachschlagen, wenn Sie nicht wissen, wie eine Aufgabe zu lösen ist.

Die Lösungen mit ausführlichem Lösungsweg bilden den letzten Teil des Übungsbuchs. Hier finden Sie die notwendigen Formeln, Rechenverfahren und Denkschritte sowie sinnvolle alternative Lösungswege.

Allen Schülerinnen und Schülern, die sich auf das Abitur vorbereiten, wünschen wir viel Erfolg.

Helmut Gruber und Robert Neumann

Der Themenkorridor

Die Themen der Abiturprüfung sind im sogenannten «Themenkorridor» zusammengefasst:

Analysis

- Grundlagen der Differentialrechnung (mittlere und momentane Änderungsrate, Ableitungsfunktion von ganzrationalen Funktionen sowie von Kehrwert und Wurzelfunktionen, Exponential- und Logarithmusfunktionen und trigonometrischen Funktionen, Differentiationsregeln (inkl. Produktregel, Quotientenregel, Kettenregel), Extremwertberechnung, Krümmung und Wendepunkte)
- Untersuchung von ganzrationalen Funktionen, Exponential- und Logarithmusfunktionen jeweils einschließlich Funktionenscharen auch in Sachzusammenhängen;
  Hinweis: Gebrochen-rationale Funktionen sollen nicht explizit diskutiert werden, sie können aber als Ableitung anderer Funktionen vorkommen.
- Integralrechnung (Integrationsregeln inklusive partieller Integration und Substitution an einfachen Beispielen (innere Funktionen sind linear), Flächenberechnung, Volumenberechnung) auch in Sachzusammenhängen

Analytische Geometrie

- Lagebeziehungen von Punkten, Geraden, Ebenen und Kugeln im dreidimensionalen Vektorraum über den reellen Zahlen
- Verschiedene Darstellungsformen sowie Skalar-, Vektor- und Spatprodukt in Sachzusammenhängen (z.B. Abstands-, Winkel- und Flächenberechnungen)

Stochastik

- Grundbegriffe der Wahrscheinlichkeitsrechnung (u.a. Baumdiagramme, bedingte Wahrscheinlichkeit, Zufallsvariable, Erwartungswerte)
- Wahrscheinlichkeitsverteilungen (Hypergeometrische Verteilung, Binomialverteilung, Normalverteilung)
- Beurteilende Statistik (Alternativtest, Signifikanztest)

Der Ablauf der Abiturprüfung

Die Schule erhält einen Aufgabensatz. Dieser besteht aus sechs Aufgaben. Die Abiturprüfungskommission wählt aus den sechs zur Verfügung gestellten Aufgaben je eine zur Bearbeitung aus:

Analysis

Analysis Aufgabe 1	oder	Analysis Aufgabe 2

Analytische Geometrie

Analytische Geometrie Aufgabe 3	oder	Analytische Geometrie Aufgabe 4

Stochastik

Stochastik Aufgabe 5	oder	Stochastik Aufgabe 6

Die Abiturprüfung besteht also aus **drei Teilaufgaben**: Einer Analysisaufgabe, einer Aufgabe der Analytischen Geometrie und einer Stochastikaufgabe. Die Prüfungszeit beträgt 300 Minuten.

$f(x) = 3x^2 \cdot e^{x^3}$ $F(x) = 3e^x$

Inhaltsverzeichnis

Analysis

Analytische Geometrie

Stochastik

Analysis

1 Von der Gleichung zur Kurve

Tipps ab Seite 86, Lösungen ab Seite 125

In diesem Kapitel geht es um die Grundfunktionen und ihre Verschiebung, Streckung und Spiegelung. Dazu sollten Sie die Graphen der wichtigsten Grundfunktionen kennen. Es handelt sich um:

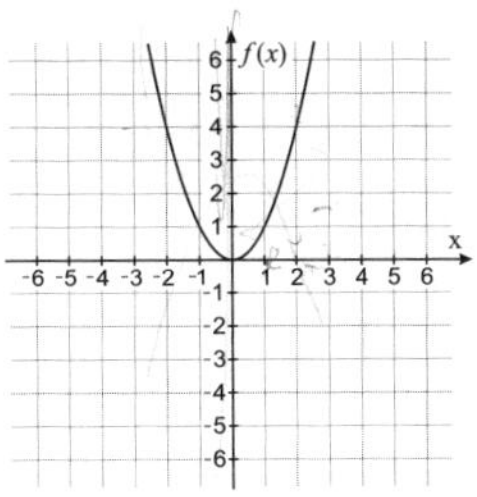

$f(x) = x^2$

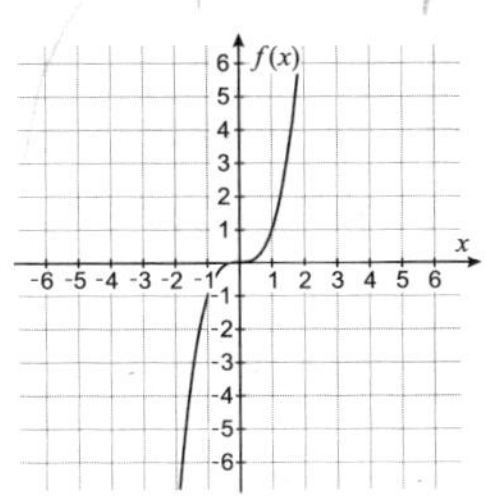

$f(x) = x^3$

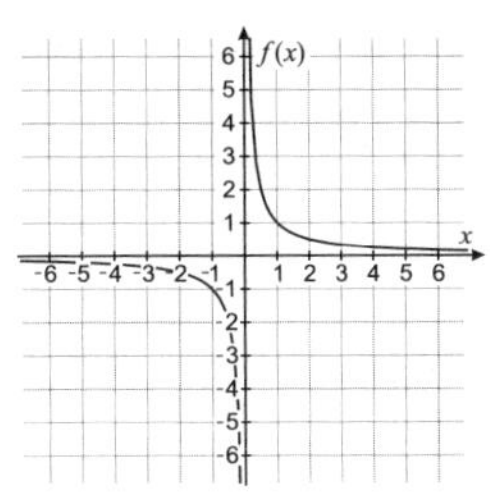

$f(x) = \frac{1}{x}$

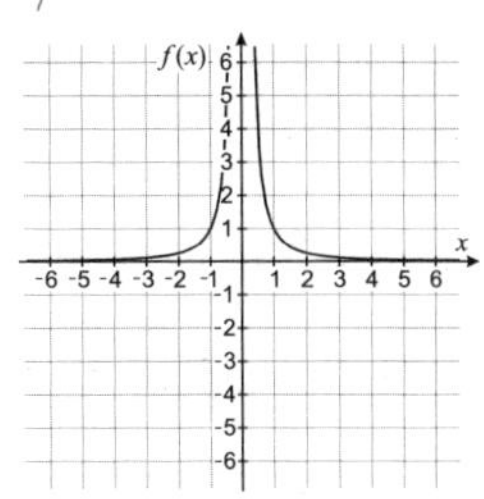

$f(x) = \frac{1}{x^2}$

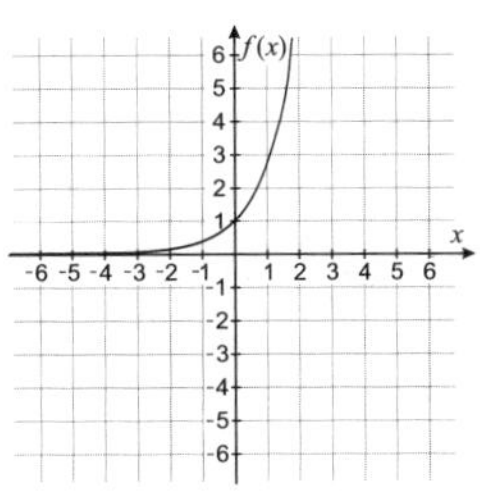

$f(x) = e^x$

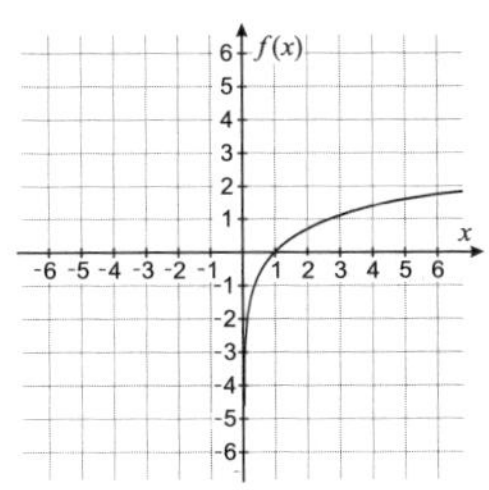

$f(x) = \ln x$

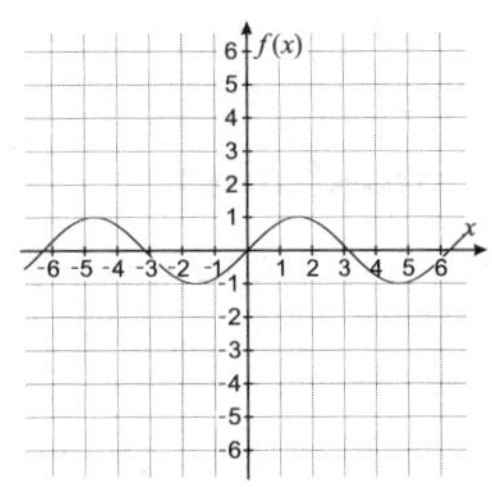

$f(x) = \sin x$

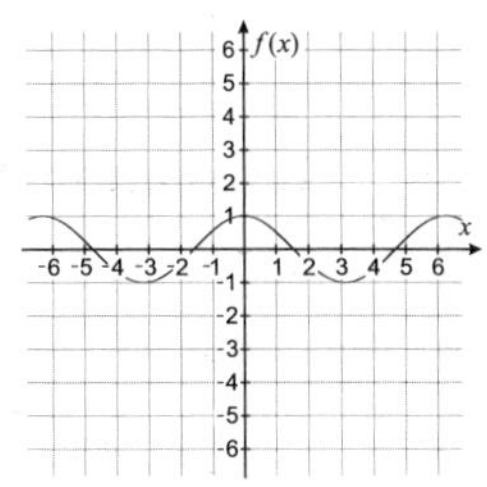

$f(x) = \cos x$

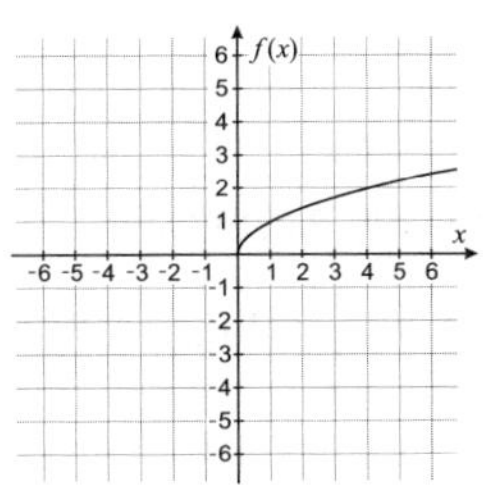

$f(x) = \sqrt{x}$

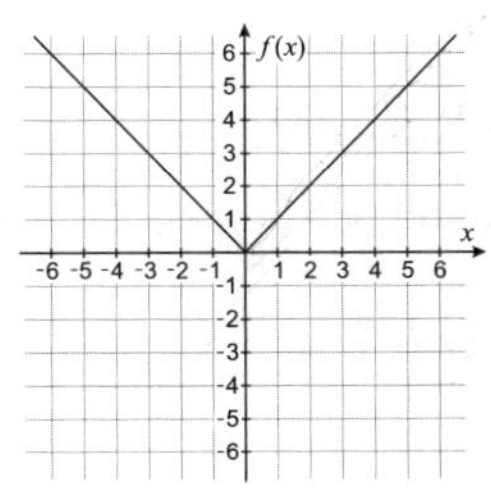

$f(x) = |x|$

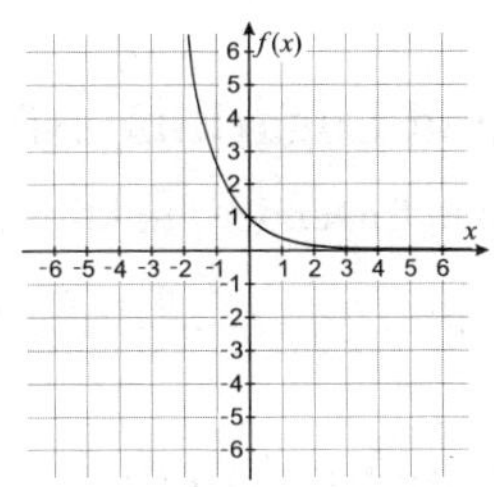

$f(x) = e^{-x}$

Diese Grundfunktionen lassen sich verschieben und strecken:

Beispiel: Die Parabel $f(x) = x^2$

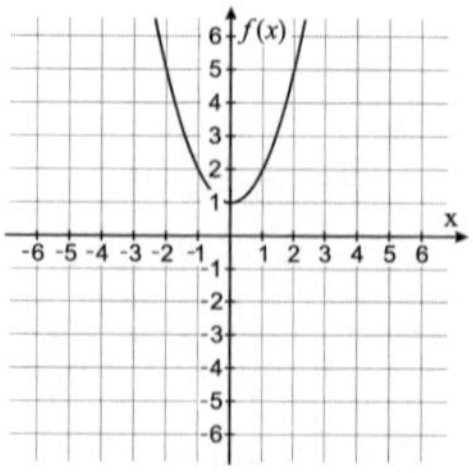

$f(x) = x^2 + 1$

Verschiebung um 1 LE in y-Richtung: das absolute Glied ist 1.

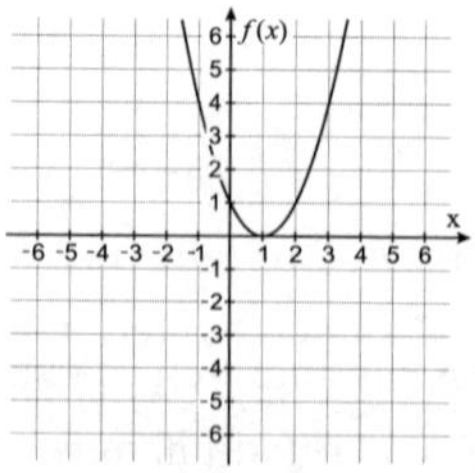

$f(x) = (x-1)^2$

Verschiebung um 1 LE in y-Richtung: x wird ersetzt durch $(x-1)$

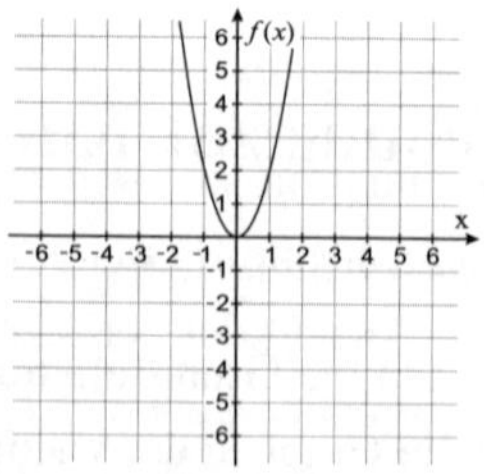

$f(x) = 2 \cdot x^2$

Streckung in y-Richtung um den Faktor 2. Die Funktionsgleichung wird mit 2 multipliziert.

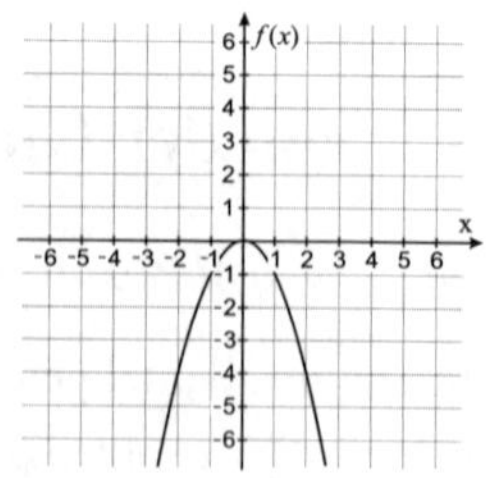

$f(x) = -x^2$

Spiegelung an der x-Achse: Die Funktionsgleichung wird mit -1 multipliziert.

Weitere Variationen:

- Spiegelung an der y-Achse: Hierzu wird x ersetzt durch $(-x)$
- Stauchen in x-Richtung: Hierzu wird x ersetzt durch $a \cdot x$. Der Graph wird bei einem Faktor, der größer als 1 ist, gestaucht, d.h. in x-Richtung «kürzer» und bei einem Faktor, der kleiner als 1 ist, gestreckt, d.h. in x-Richtung «länger».

1.1 Ganzrationale Funktionen

Skizzieren Sie die Graphen folgender Funktionen und bestimmen Sie die Schnittpunkte mit den Koordinatenachsen.

a) $f(x) = \frac{1}{2}x + 1$ b) $f(x) = (x-1)^2 - 4$ c) $f(x) = -x^2 + 4$

d) $f(x) = -(x+1)^2 + 1$ e) $f(x) = (x-1)^3 + 1$

1.2 Exponential- und Logarithmusfunktionen

Skizzieren Sie den Graphen folgender Funktionen und bestimmen Sie jeweils die Asymptote.

a) $f(x) = e^{x-1} + 1$ b) $f(x) = -e^{x-1} + 1$ c) $f(x) = \ln x + 2$ d) $f(x) = \ln(x+2)$

1.3 Trigonometrische Funktionen

Skizzieren Sie die Graphen von folgenden Funktionen und geben Sie jeweils die Periode an.

a) $f(x) = 2\sin x$ b) $f(x) = \frac{1}{2}\cos x$ c) $f(x) = \sin(2x)$

d) $f(x) = -\sin(2x) + 1$ e) $f(x) = \sin(x+1)$ f) $f(x) = \frac{1}{2}\sin(2x) + \frac{3}{2}$

2 Aufstellen von Funktionen mit Randbedingungen

Tipps ab Seite 87, Lösungen ab Seite 129

Hier geht es darum, eine Funktion so aufzustellen, dass sie bestimmte vorgegebene Bedingungen erfüllt. Dazu wird die gesuchte Funktion zuerst in ihrer allgemeinen Form aufgeschrieben. Aus dieser können Sie die Anzahl der benötigten Parameter ablesen. Für jeden dieser Parameter brauchen Sie eine «Information» aus der Aufgabenstellung. Aus jeder «Information» ergibt sich eine Gleichung. Damit erhalten Sie ein Gleichungssystem, welches Sie mit dem Gaußschen Eliminationsverfahren lösen können.

Beispiel:

Gesucht ist der Ansatz zur Bestimmung der Gleichung einer Parabel mit Tiefpunkt $(1 \mid -4)$, die durch den Punkt $(0 \mid -3)$ geht.

Die allgemeine Parabelgleichung lautet: $f(x) = ax^2 + bx + c$, die Ableitung ist $f'(x) = 2ax + b$. Es sind also drei Parameter zu bestimmen. Folgende Bedingungen müssen gelten:
$f(1) = a \cdot 1^2 + b \cdot 1 + c = -4$,
$f'(1) = 2a \cdot 1 + b = 0$ (weil es sich um einen Tiefpunkt mit waagerechter Tangente handelt) und
$f(0) = a \cdot 0^2 + b \cdot 0 + c = -3$. Daraus ergibt sich folgendes Gleichungssystem:

$$\begin{array}{lrcrcrcr} \text{I} & a & + & b & + & c & = & -4 \\ \text{II} & 2a & + & b & & & = & 0 \\ \text{III} & & & & & c & = & -3 \end{array}$$

Aus Gleichung III liest man $c = -3$ ab. Damit erhält man:

$$\begin{array}{lrcrcrcr} \text{Ia} & a & + & b & & & = & -1 \\ \text{II} & 2a & + & b & & & = & 0 \\ \text{III} & & & & & c & = & -3 \end{array}$$

Subtrahiert man Gleichung Ia von Gleichung II, erhält man $a = 1$ und durch Einsetzen $b = -2$. Damit lautet die Gleichung der gesuchten Parabel $f(x) = x^2 - 2x - 3$.

Für andere Funktionenklassen (e-Funktionen, etc.) ist die Vorgehensweise analog: Immer müssen Sie zuerst die allgemeine Funktionsgleichung aufstellen, anschließend bestimmen Sie die Parameter. Zur konkreten Vorgehensweise können Sie im Tippteil nachsehen.

2.1 Ganzrationale Funktionen

a) Eine Parabel geht durch $P_1\,(0 \mid 4)$, $P_2\,(1 \mid 0)$ und $P_3\,(2 \mid 18)$. Bestimmen Sie die Gleichung dieser Parabel.

b) Eine Parabel hat den Hochpunkt $M\,(1 \mid 3)$ und geht durch $Q\,(0 \mid 2)$. Bestimmen Sie die Gleichung der Parabel.

c) Der Graph einer ganzrationalen Funktion 3. Grades hat den Wendepunkt W $(0 \mid 0)$ und den Hochpunkt H $(2 \mid 2)$. Bestimmen Sie die Gleichung der Funktion.

d) Eine Parabel dritten Grades (kubische Parabel) hat im Punkt P $(0 \mid 1)$ die Steigung $m_P = -1$; ihr Wendepunkt ist W $(-1 \mid 4)$. Bestimmen Sie die Gleichung dieser Parabel.

2.2 Exponential- und Logarithmusfunktionen

a) Der Graph einer e-Funktion der Form $f(x) = a \cdot e^{kx}$ geht durch die Punkte P $(0 \mid 2)$ und Q $(4 \mid 2e^{12})$. Bestimmen Sie die zugehörige Funktionsgleichung.

b) Der Graph einer e-Funktion der Form $f(x) = a \cdot e^{kx}$ geht durch die Punkte A $(0 \mid 3)$ und B $(2 \mid 3e^{8})$.Bestimmen Sie die zugehörige Funktionsgleichung.

c) Bei einer e-Funktion der Form $f(x) = a \cdot e^{kx}$ ist $f'(0) = 6$ und $f(0) = 3$. Bestimmen Sie die zugehörige Funktionsgleichung.

d) Der Graph einer Funktion f mit $f(x) = 2 \cdot e^{x+1}$ wird um 1 LE nach rechts und um 2 LE nach unten verschoben.
Bestimmen Sie die Funktionsgleichung $g(x)$ des verschobenen Graphs.

e) Der Graph einer ln-Funktion hat die Nullstelle $x = 3$ und geht durch den Punkt P $(e+2 \mid 4)$. Bestimmen Sie eine mögliche Funktionsgleichung.

f) Die Funktion f mit $f(x) = \ln(2x-3)$ wird um 1 LE nach links und um 3 LE nach oben verschoben.
Bestimmen Sie die Funktionsgleichung $g(x)$ des verschobenen Graphs.

2.3 Trigonometrische Funktionen

Tipp: Eine verallgemeinerte Sinusfunktion hat die Gleichung:
$f(x) = a \cdot \sin(b \cdot (x-c)) + d$.

a) Der Graph der Sinusfunktion g mit $g(x) = \sin x$ ist um 3 LE nach oben verschoben und hat die Periode $p = \pi$. Bestimmen Sie die Funktionsgleichung der modifizierten Funktion.

b) Der Graph der Sinusfunktion g mit $g(x) = \sin x$ ist um den Faktor 2,5 in y-Richtung gestreckt, hat die Periode $p = \frac{\pi}{2}$ und ist um 3 LE nach rechts und sowie 1,5 LE nach unten verschoben. Bestimmen Sie die Funktionsgleichung der modifizierten Funktion.

c) Der Graph der Sinusfunktion g mit $g(x) = \sin x$ ist um 2 LE nach links und um 4 LE nach oben verschoben, um den Faktor 0,8 in y-Richtung gestaucht und der Abstand zwischen zwei Hochpunkten beträgt 3π LE. Bestimmen Sie die Funktionsgleichung der modifizierten Funktion.

d) Der Graph der Sinusfunktion g mit $g(x) = \sin x$ ist um 1 LE nach rechts und um 2 LE nach unten verschoben, um den Faktor 1,7 in y-Richtung gestreckt und der Abstand zwischen zwei Wendepunkten beträgt $\frac{\pi}{2}$ LE. Bestimmen Sie die Funktionsgleichung der modifizierten Funktion.

3 Von der Kurve zur Gleichung

Tipps ab Seite 88, Lösungen ab Seite 132

Wenn der Graph einer Funktion gegeben ist und die Funktionsgleichung gesucht ist, gibt es zwei Möglichkeiten, diese aufzustellen:

1. Sie erkennen, dass es sich um den Graphen einer verschobenen, gestreckten oder gespiegelten Grundfunktion handelt. Dann beginnen Sie mit einer Gleichung der Grundfunktion und verändern sie so, (wie es im Kapitel 1), bis die abgebildete Funktion entsteht.

2. Der etwas aufwändigere Ansatz, der aber immer funktioniert, besteht darin, Punkte und deren Steigung am gegebenen Graphen abzulesen und die Funktionsgleichung wie im Kapitel 2 beschrieben zu bestimmen.

3.1 Ganzrationale Funktionen

Nachfolgend sind die Graphen einiger Funktionen angegeben. Bestimmen Sie einen möglichen Funktionsterm.

a)

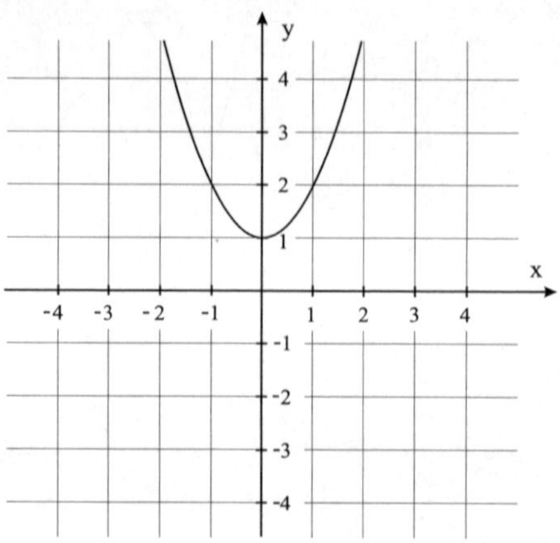

b)

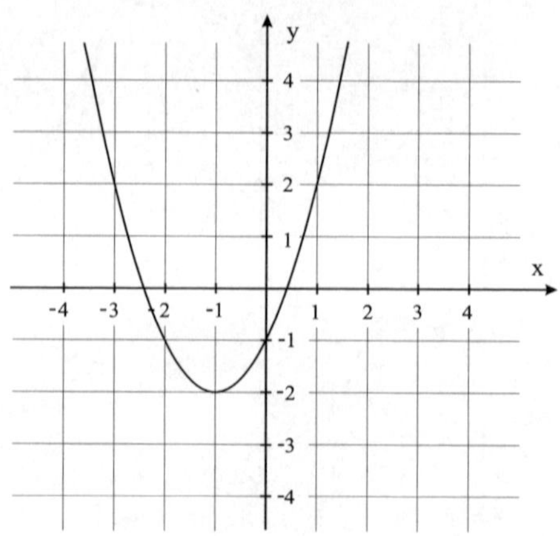

c)

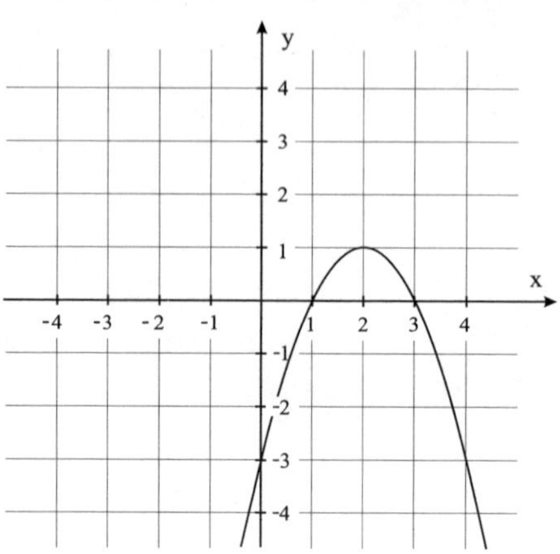

d)

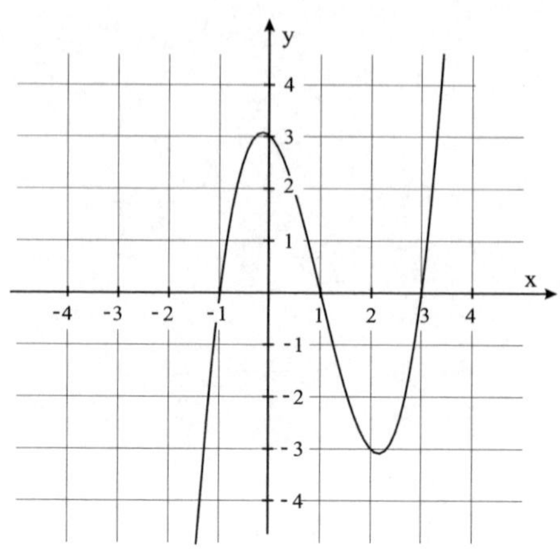

3.2 Trigonometrische Funktionen

Nachfolgend sind die Schaubilder einiger Funktionen angegeben. Bestimmen Sie einen möglichen Funktionsterm.

a)

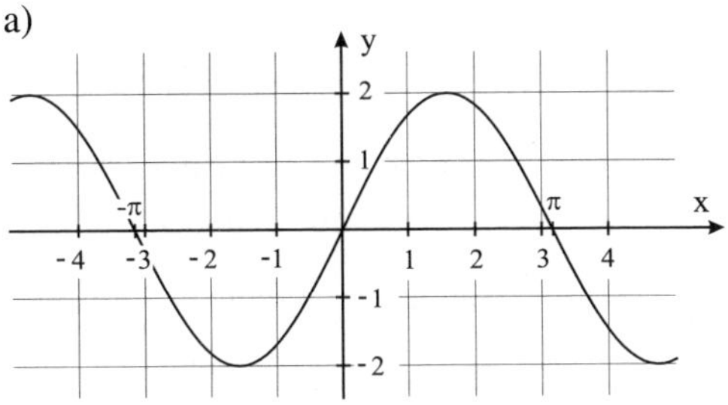

b)

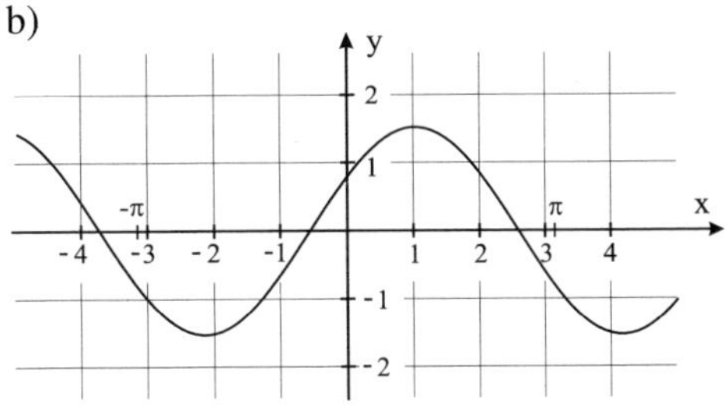

c)

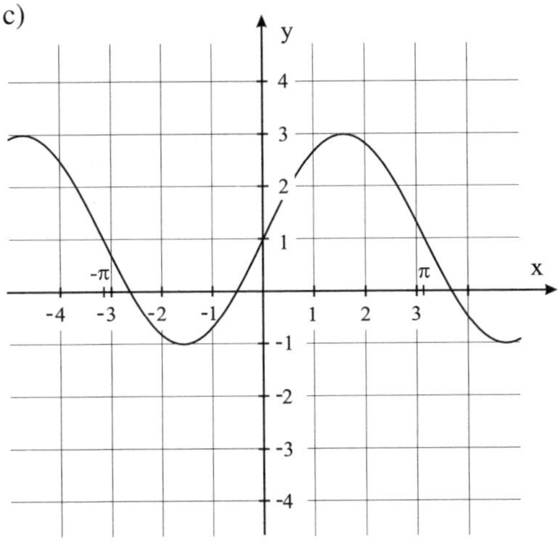

d)

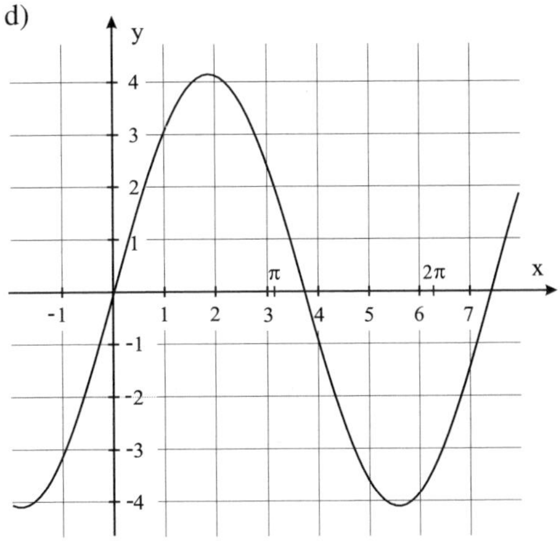

4 Differenzieren

Tipps ab Seite 89, Lösungen ab Seite 135

Die wichtigsten Ableitungsregeln sind:

Name	$f(x)$	$f'(x)$	Bemerkungen
Potenzregel	$a \cdot x^n$	$n \cdot a \cdot x^{n-1}$	Die Potenzregel gilt auch für negative Exponenten
Kettenregel	$u(v(x))$	$u'(v(x)) \cdot v'(x)$	«äußere Ableitung mal innere Ableitung»
Produktregel	$u(x) \cdot v(x)$	$u'(x) \cdot v(x) + u(x) \cdot v'(x)$	«u-Strich mal v plus u mal v-Strich»
Quotientenregel	$\frac{u(x)}{v(x)}$	$\frac{u'(x) \cdot v(x) - u(x) \cdot v'(x)}{(v(x))^2}$	«u-Strich mal v minus u mal v-Strich geteilt durch v-Quadrat»
e-Funktion	e^x	e^x	Die Ableitung ist gleich der Funktion
verkettete e-Funktion	$a \cdot e^{k \cdot x + c}$	$a \cdot k \cdot e^{k \cdot x + c}$	Es gilt die Kettenregel
Sinusfunktion	$\sin x$	$\cos x$	
Kosinusfunktion	$\cos x$	$-\sin x$	
Logarithmusfunktion	$\ln x$	$\frac{1}{x}$	
Wurzelfunktion	$\sqrt{x}$	$\frac{1}{2\sqrt{x}}$	

4.1 Ganzrationale Funktionen

Leiten Sie alle angegebenen Funktionen einmal ab:

a) $f(x) = 4x^5 - 2x^3$ b) $f(x) = 2ax^3 - 6a^2x^2$ c) $f(x) = t^2x^4 - 3t^3x^2 + 4t^2$

d) $f(x) = (4x+1)^3$ e) $f(x) = \left(2x^2 + a\right)^4$

4.2 Exponential- und Logarithmusfunktionen

Leiten Sie alle angegebenen Funktionen einmal ab:

a) $f(x) = 3x^2 \cdot e^{-4x}$ b) $f(x) = \frac{1}{2}x^3 \cdot e^{2x}$ c) $f(x) = (2x+5)e^{-x}$

d) $f(x) = (x+k)e^{-kx}$ e) $f(x) = (4x+e^{-x})^2$ f) $f(x) = \left(2k+e^{-2x}\right)^2$

g) $f(x) = \ln\left(2+3x^2\right)$ h) $f(x) = \ln\left(2x^2+x\right)$ i) $f(x) = \ln\left(4x^2-2x+1\right)$

j) $f(x) = 2x \cdot \ln(4+x)$ k) $f(x) = x^2 \cdot \ln\left(x^2+1\right)$

4.3 Gebrochene Exponential- und Logarithmusfunktionen

Leiten Sie alle angegebenen Funktionen einmal ab:

a) $f(x) = \frac{3}{1+e^x}$ b) $f(x) = \frac{4}{1-e^{-x}}$ c) $f(x) = \frac{x}{2+e^{3x}}$ d) $f(x) = \frac{x^2}{1+e^{-x}}$

e) $f(x) = \frac{2}{\ln x}$ f) $f(x) = \frac{2x}{\ln(ax)}$ g) $f(x) = \frac{\ln(2x)}{x^2}$

4.4 Wurzelfunktionen

Leiten Sie alle angegebenen Funktionen einmal ab:

a) $f(x) = \sqrt{x^2+4}$ b) $f(x) = \sqrt{\frac{1}{2}x^2-2x}$ c) $f(x) = \sqrt{x^3-x^2}$ d) $f(x) = x \cdot \sqrt{x}$

4.5 Trigonometrische Funktionen

Leiten Sie alle angegebenen Funktionen einmal ab:

a) $f(x) = 2x \cdot \cos\left(\frac{1}{2}x^2+4\right)$ b) $f(x) = x^2 \cdot \sin(4x+3)$ c) $f(x) = (x^2-4) \cdot \sin\left(\frac{1}{3}x^2+2\right)$

d) $f(x) = x^2 \cdot \cos\left(\frac{1}{2}x-1\right)$ e) $f(x) = (x+\cos x)^2$ f) $f(x) = (\sin x+\cos x)^2$

5 Gleichungslehre

Tipps ab Seite 90, Lösungen ab Seite 137

Bei den meisten Gleichungsaufgaben geht es darum, die Gleichung nach einer Unbekannten aufzulösen. Je nach Gleichungstyp wird dabei unterschiedlich vorgegangen.

5.1 Quadratische, biquadratische und nichtlineare Gleichungen

Bei Gleichungen, in denen x als Quadrat oder höhere Potenz vorliegt, sollten Sie zuerst versuchen, auszuklammern. Geht das nicht, z.B. weil ein absolutes Glied vorliegt, so hilft entweder die pq- oder die abc-Formel weiter. Sie sollten eine dieser beiden Formeln auswendig können.
Oft hilft der Satz vom Nullprodukt: «Ein Produkt ist genau dann gleich Null, wenn (mindestens) einer der Faktoren gleich Null ist.» Hierzu setzt man die einzelnen Faktoren gleich Null.

Beispiel:

Gesucht sind die Lösungen der Gleichung $x^3-5x^2+4x=0$
Zuerst wird ausgeklammert: $x\left(x^2-5x+4\right)=0$. Also ist entweder $x_1=0$ oder $x^2-5x+4=0$.
Die Gleichung lässt sich mit der pq- bzw. der abc-Formel lösen. Man erhält $x_2=1$ und $x_3=4$.
Die Lösungen der Ausgangsgleichung sind damit $x_1=0$, $x_2=1$ und $x_3=4$.
Lösen Sie die angegebenen Gleichungen:

a) $x^2+3x-4=0$ b) $x^2+x-56=0$ c) $x^2+\frac{2}{5}x-\frac{3}{5}=0$

d) $(2x-5)\cdot(2x+5)+1=(x-3)^2+2x\cdot(x-1)$

e) $(x-2)\cdot(x+3)-2(x-1)^2=2\cdot(2-x)$

f) $(x-1)\cdot(x-a)^2=0$ g) $x^2\cdot(ax-4a)=0$

h) $2x^4-3x^3=0$ i) $x^4-3x^3+2x^2=0$ j) $x^3-4x=0$

k) $x^4-2x^2=0$ l) $x^3-5x^2+6x=0$ m) $x^4-4x^2+3=0$

n) $x^4-13x^2+36=0$

5.2 Exponential- und Logarithmus-Gleichungen

Beim Lösen von Exponentialgleichung gelten die gleichen Regeln, die oben schon erwähnt wurden. Zusätzlich ist zu beachten:

- Der Satz vom Nullprodukt hilft oft weiter, beachten Sie, dass $e^x \neq 0$ ist.
- Es gilt $e^{2x}=\left(e^x\right)^2$, sowie $e^0=1$ und $\ln 1=0$.

- Um e^x nach x aufzulösen, wird die Gleichung auf beiden Seiten «logarithmiert», da $\ln e^x = x$ ist.

  Beispiel:
$$e^{2x} = 3 \mid \ln$$
$$2x = \ln 3$$
$$x = \frac{\ln 3}{2}$$

  Um $\ln x$ nach x aufzulösen, wird die Gleichung auf beiden Seiten «exponiert», da $e^{\ln x} = x$ ist.

  Beispiel:
$$\ln(x-2) = 0 \mid e^{\cdots}$$
$$(x-2) = e^0$$
$$x-2 = 1$$
$$x = 3$$

Lösen Sie die angegebenen Gleichungen:

a) $(2x-5)e^{-x} = 0$ b) $\left(x^2-4\right)e^{0,5x} = 0$ c) $xe^x = 0$

d) $(x-t)e^{-x} = 0$ e) $(2x-4k)e^{2kx} = 0$ f) $\left(kx^2-k\right)e^{-kx} = 0$

g) $e^{2x} - 6e^x + 5 = 0$ h) $e^{4x} - 5e^{2x} + 6 = 0$ i) $2 \cdot (1-\ln x) = 1$

j) $\ln(3-x) = 0$ k) $\ln(2x-3) = 0$

5.3 Wurzelgleichungen

Die Gleichung wird zuerst so umgeformt («geordnet»), dass die Wurzel auf einer Seite alleine steht. Dann kann man die gesamte Gleichung (beide Seiten!) quadrieren und lösen. Durch das Quadrieren können weitere Lösungen hinzukommen; daher müssen Sie zum Schluss alle Lösungen zur Kontrolle in die ursprüngliche Gleichung einsetzen:

Beispiel:

Gesucht sind die Lösungen der Gleichung $\sqrt{x-2}+4 = x$.

Ordnen führt zu $\sqrt{x-2} = x-4$. Die Gleichung wird quadriert:
$$\left(\sqrt{x-2}\right)^2 = x^2 - 8x + 16$$

Erneutes Ordnen ergibt: $x^2 - 9x + 18 = 0$. Diese quadratische Gleichung kann mit der pq-Formel gelöst werden, wobei sich $x_1 = 3$ und $x_2 = 6$ als Lösungen der Gleichung ergeben.

Zum Schluss werden beide Lösungen zur Kontrolle in die Ausgangsgleichung eingesetzt:
Für $x = 3$ gilt: $\sqrt{3-2}+4 = 5 \neq 3$, für $x = 6$ gilt: $\sqrt{6-2}+4 = 2+4 = 6$, also ist nur $x = 6$ eine Lösung der Aufgabenstellung: $\mathrm{L} = \{6\}$.

Lösen Sie die angegebenen Gleichungen:

a) $\sqrt{x}+x = 12$ b) $x+5 = \sqrt{x+5}$ c) $\frac{x+5}{\sqrt{x+5}} = 1$

d) $\sqrt{x+7}-x-5 = 0$ e) $1-\sqrt{2x-4}-x = 0$ f) $\frac{2}{\sqrt{x}} - \sqrt{x} = -1$

5.4 Trigonometrische Gleichungen

Bei trigonometrischen Gleichungen ist das angegebene Intervall zu beachten.
In jedem Fall ist es hilfreich, sich eine Skizze der Sinusfunktion (bzw. Kosinusfunktion) zu machen. Steht im Argument des Sinus bzw. Kosinus mehr als nur x, geht man wie folgt vor:
Zuerst wird substituiert, dann die entsprechende Gleichung gelöst und zum Schluss wieder resubstituiert. Diese Lösungen der Gleichung müssen im angegebenen Intervall liegen.

Beispiel:

Gesucht ist die Lösungsmenge der Gleichung $\sin(2x) = 1;\ \ x \in [0; 2\pi]$.

Die Substitution $2x = z$ führt zu $\sin z = 1$. Um diese Gleichung zu lösen, ist eine Skizze hilfreich:

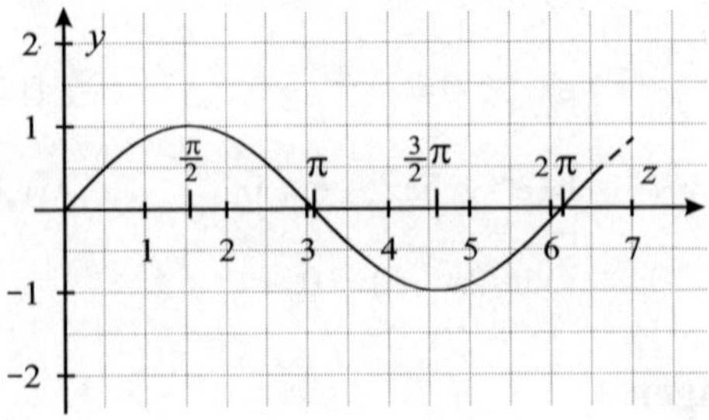

Die Lösungen sind $z = \frac{\pi}{2} + k \cdot 2\pi;\ k \in \mathbb{Z}$, da $\sin z$ die Periode 2π besitzt.
Also sind $z_1 = \frac{\pi}{2}$, $z_2 = \frac{5}{2}\pi$, $z_3 = \frac{9}{2}\pi, \ldots$ mögliche Lösungen.
Die Resubstitution $z_1 = \frac{\pi}{2} = 2x_1$ ergibt $x_1 = \frac{\pi}{4}$, $z_2 = \frac{5}{2}\pi = 2x_2$ ergibt $x_2 = \frac{5}{4}\pi$, $z_3 = \frac{9}{2}\pi = 2x_3$ ergibt $x_3 = \frac{9}{4}\pi = 2{,}25\pi$, diese Lösung liegt aber nicht mehr im angegebenen Intervall $[0; 2\pi]$.
Als Lösungsmenge erhält man also $\mathrm{L} = \left\{ \frac{1}{4}\pi;\ \frac{5}{4}\pi \right\}$.

Bestimmen Sie für das angegebene Intervall jeweils die Lösungsmenge der Gleichung:

a) $\sin(3x) = 1;\ \ x \in [0; 2\pi]$

b) $\sin(4x) = 0;\ \ x \in [0; \pi]$

c) $\cos(2x) = -1;\ \ x \in [0; 2\pi]$

d) $\cos(3x) = 0;\ \ x \in [0; \pi]$

5.5 Lineare Gleichungssysteme

Geben Sie die Lösungsmengen der folgenden linearen Gleichungssysteme an:

Tipp: Prüfen Sie immer zuerst, ob zwei Gleichungen ein Vielfaches voneinander sind. In diesem Fall wird eine der beiden Gleichungen gestrichen. Ein Gleichungssystem mit drei Variablen und zwei Gleichungen besitzt unendlich viele Lösungen (falls kein Widerspruch auftritt). Man setzt zuerst eine Variable als Parameter t fest und rechnet dann die anderen Variablen aus.

a) $$\begin{array}{rcrcrcr} x_1 & + & 2x_2 & - & x_3 & = & 8 \\ -x_1 & + & x_2 & + & 2x_3 & = & 0 \\ -x_1 & - & 5x_2 & - & 4x_3 & = & -12 \end{array}$$

b) $$\begin{array}{rcrcrcr} x_1 & + & 2x_2 & - & 2x_3 & = & 7 \\ x_1 & - & x_2 & - & 4x_3 & = & -9 \\ x_1 & + & 4x_2 & + & 3x_3 & = & 25 \end{array}$$

c) $$\begin{array}{rcrcrcr} x_1 & + & x_2 & + & 7x_3 & = & 2 \\ 2x_1 & - & x_2 & - & 3x_3 & = & -5 \\ 4x_1 & - & x_2 & + & 4x_3 & = & -7 \end{array}$$

d) $$\begin{array}{rcrcrcr} x_1 & + & 2x_2 & - & x_3 & = & 4 \\ -x_1 & + & 2x_2 & - & 3x_3 & = & 6 \\ 2x_1 & + & 4x_2 & - & 2x_3 & = & 8 \end{array}$$

e) $$\begin{array}{rcrcrcr} x & + & 2y & + & z & = & 4 \\ -x & - & 4y & + & z & = & 7 \\ 2x & + & 8y & - & 2z & = & 18 \end{array}$$

f) $$\begin{array}{rcrcrcr} x & - & y & + & 2z & = & 6 \\ -2x & + & 2y & - & 4z & = & -12 \\ 2x & + & y & + & z & = & 3 \end{array}$$

6 Graphen von f, f' und F

Tipps ab Seite 91, Lösungen ab Seite 144

In diesem Kapitel geht es darum, Zusammenhänge zwischen den Graphen von f, f' und F zu erkennen und Aussagen zu beurteilen. Ausserdem können die Graphen der Ableitungsfunktion oder der Integralfunktion skizziert werden, ohne dass der Funktionsterm bekannt sein muss.

6.1 Von f zu f'

Man kann den Graph einer Ableitungsfunktion zeichnen, ohne den Funktionsterm zu kennen.

Dabei gilt, dass die Steigungswerte der Tangente der Funktion in jedem Punkt genau die Werte der Ableitung sind. Verläuft die Funktion flach, sind die Werte der Ableitung nahe Null, verläuft die Funktion steil, besitzt die Ableitung große Funktionswerte.

Für die charakteristischen Punkte der Kurve gilt:

Funktion	**Ableitung**
Hochpunkt	Nullstelle mit VZW von + nach −
Tiefpunkt	Nullstelle mit VZW von − nach +
Wendepunkt mit Drehsinnänderung von rechts nach links	Tiefpunkt
Wendepunkt mit Drehsinnänderung von links nach rechts	Hochpunkt

Um den Graph der Ableitungsfunktion zu skizzieren, ist es nötig, den wesentlichen Verlauf der Steigung der Funktion zu erfassen. Dazu betrachten Sie z.B. die

- Lage der Extrem- und Wendepunkte
- Die «Steigungsentwicklung» für $x \to -\infty$ und $x \to +\infty$

Beispiel

Gesucht ist der Graph der Ableitungsfunktion der linken Kurve.
An der linken Zeichnung liest man ab:

- Hochpunkt bei $x = 1$, also Nullstelle der Ableitung mit VZW von + nach − bei $x = 1$
- Wendepunkt bei $x \approx 2$ mit Drehsinnänderung von rechts nach links, also Tiefpunkt der Ableitung bei $x \approx 2$
- Für $x \to -\infty$ gehen die Funktionswerte gegen $-\infty$, also werden die Steigungswerte immer größer, die Werte der Ableitung müssen also auch immer größer werden.
- Für $x \to +\infty$ gehen die Funktionswerte gegen Null, also werden die Steigungswerte immer kleiner, die Werte der Ableitung müssen also auch immer kleiner werden.

In der rechten Zeichnung ist dann der ungefähre Verlauf der Ableitungsfunktion gezeichnet.

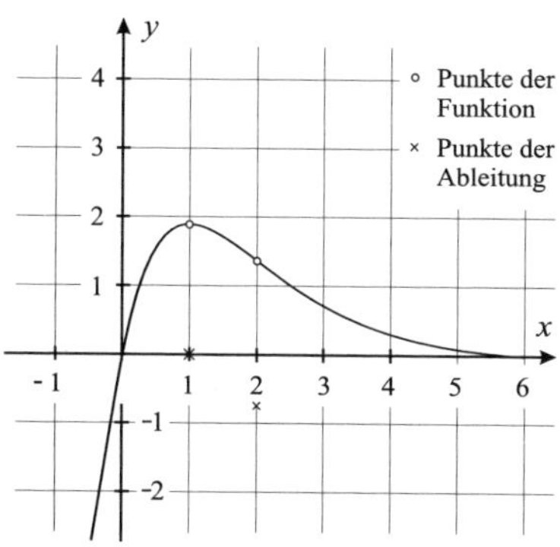

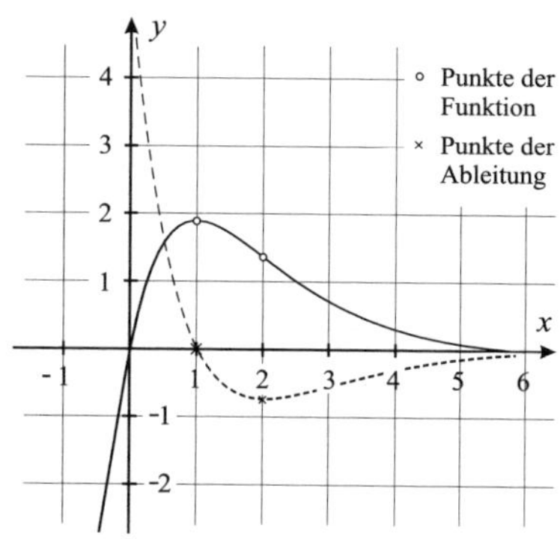

Aufgaben

Nachfolgend finden Sie Graphen von Funktionen. Skizzieren Sie zu jeder Funktion den Graph der Ableitungsfunktion in das Koordinatensystem und bewerten Sie die angegeben Aussagen.

f_1 **bis** f_4

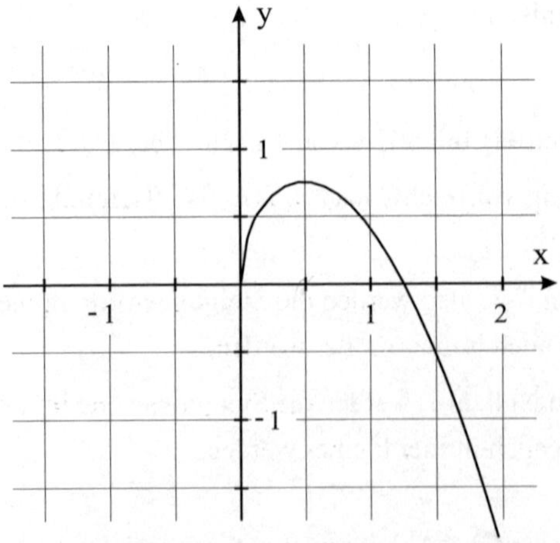

f_1

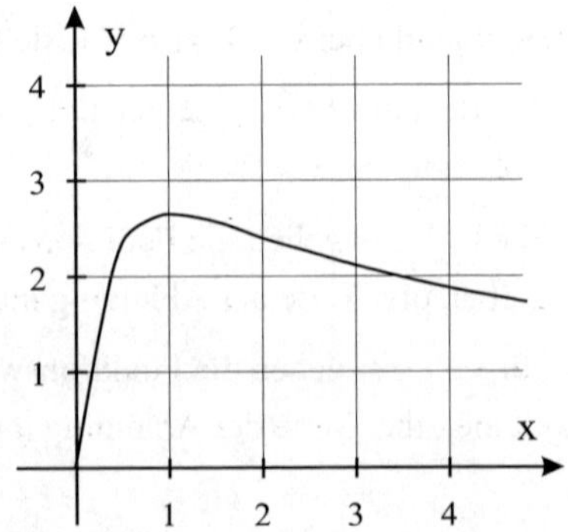

f_2

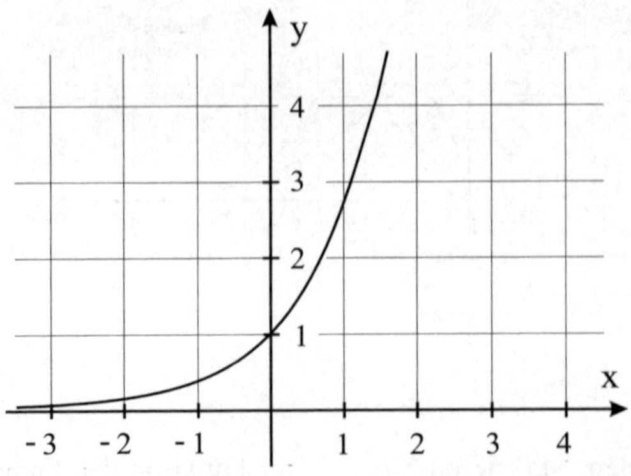

f_3

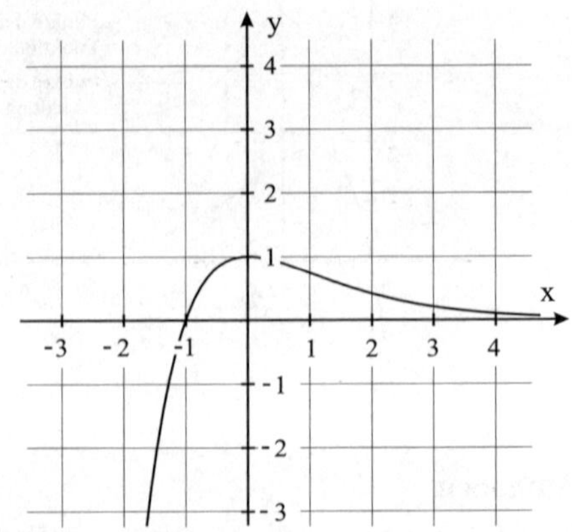

f_4

a) Zeichnen Sie die Graphen der ersten Ableitung in das Koordinatensystem.

b) Nebenstehend finden Sie mehrere Aussagen. Streichen Sie die Funktionen aus, auf die die Aussagen nicht zutreffen.

f' hat für $x = 1$ ein relatives Maximum	f_1	f_2	f_3	f_4
f' ist für $x > 0$ monoton fallend	f_1	f_2	f_3	f_4
f' ist für $x > 0$ monoton steigend	f_1	f_2	f_3	f_4
f' ist für $x > 1$ negativ	f_1	f_2	f_3	f_4

f_5 **bis** f_8

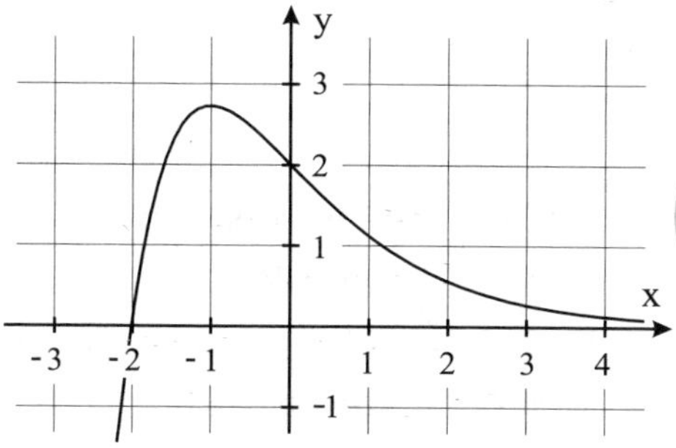

f_5

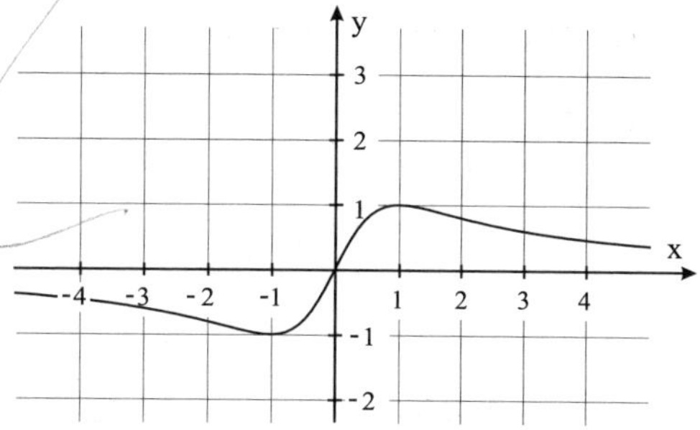

f_6

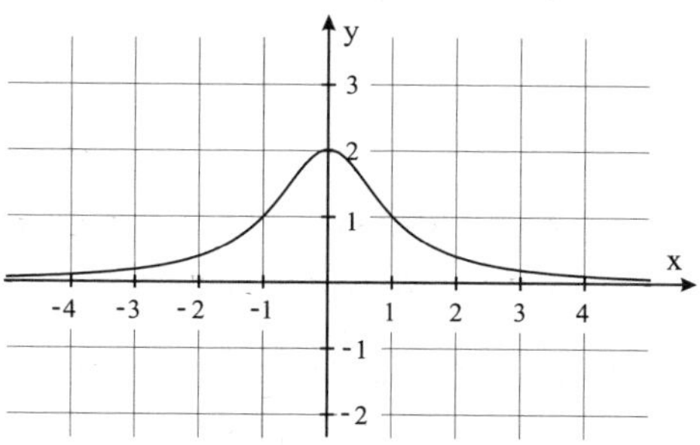

f_7

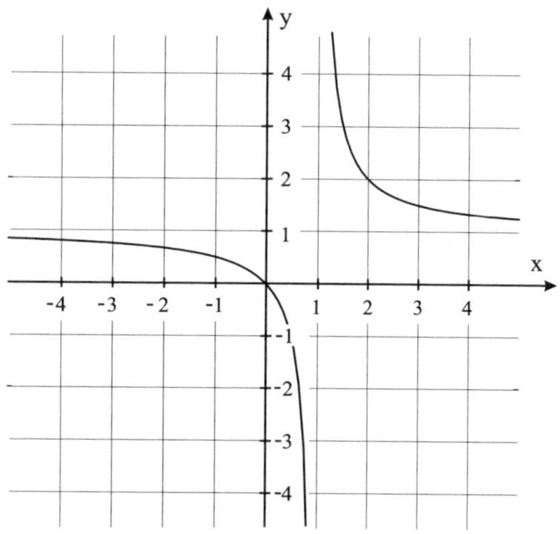

f_8

a) Zeichnen Sie die Graphen der ersten Ableitung in das Koordinatensystem.

b) Nebenstehend finden Sie mehrere Aussagen. Streichen Sie die Funktionen aus, auf die die Aussagen nicht zutreffen.

$f'(x) < 0$	f_5	f_6	f_7	f_8
$f''(0) = 0$	f_5	f_6	f_7	f_8
$f'(1) = f'(-1)$	f_5	f_6	f_7	f_8

6.2 Von f' zu f

Die Vorgehensweise ist ähnlich wie bei der Bestimmung des Graphen der Ableitungsfunktion, nur gehen Sie umgekehrt vor: Hat der angegebene Graph der Ableitungsfunktion $f'(x)$ z.B. für $x = 1$ den Wert 0 mit Vorzeichenwechsel von + nach −, dann hat der Graph der Funktion an dieser Stelle einen Hochpunkt usw.

Bei den folgenden Aufgaben ist der Graph der Ableitungsfunktion f' einer Funktion f gegeben.

Aufgaben

Entscheiden Sie, ob die folgenden Aussagen über f richtig, falsch oder unentscheidbar sind. Begründen Sie dabei Ihre Entscheidung.

Aufgabe I

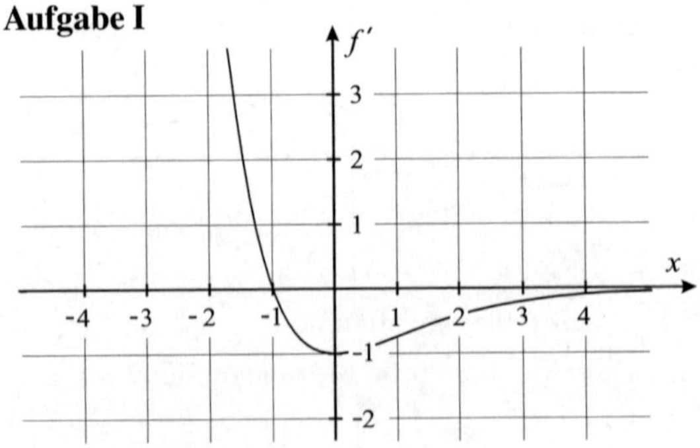

a) Bei $x = 0$ besitzt der Graph von f einen Extrempunkt.

b) Bei $x = -1$ besitzt der Graph von f eine waagerechte Tangente.

c) Der Graph der Funktion f besitzt keine Wendepunkte.

d) $f(x) > 0$ für $x > -1$.

Aufgabe II

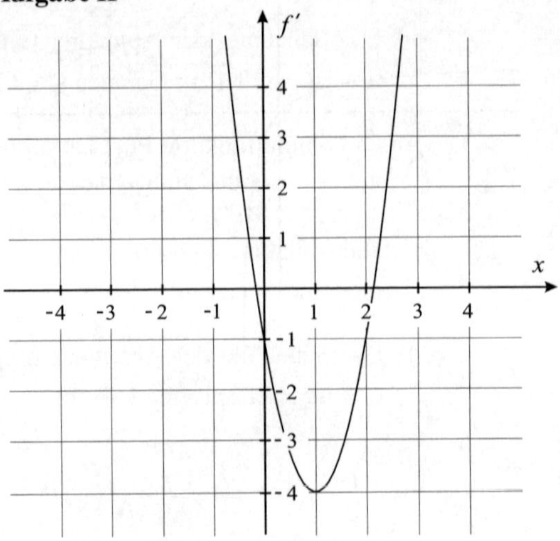

a) An der Stelle $x = 1$ besitzt der Graph von f einen Extrempunkt.

b) An der Stelle $x \approx -0,2$ hat der Graph von f einen Hochpunkt.

c) Der Grad von f ist mindestens gleich 2.

d) Bei $x \approx 2,4$ besitzt der Graph der Funktion f eine Tangente, die parallel zur Geraden $y = 2x$ ist.

Aufgabe III

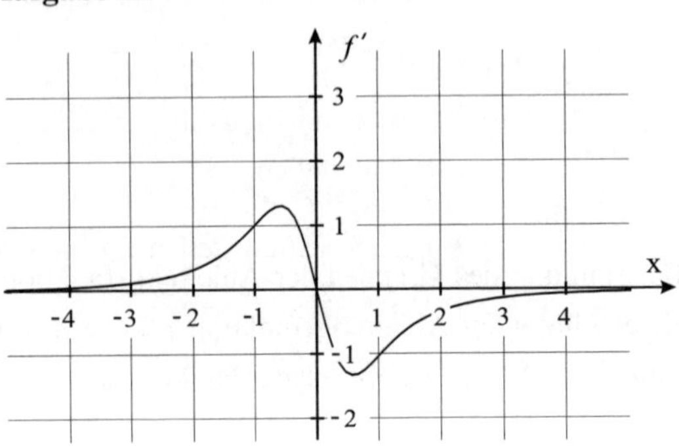

a) Der Graph von f ist achsensymmetrisch.

b) Der Graph von f schneidet die x-Achse in zwei Punkten.

c) Der Graph von f besitzt bei $x = 0$ einen Tiefpunkt.

d) Der Graph von f besitzt 2 Extrempunkte.

6.3 Von f zu F

Zu einer Funktion gibt es unendlich viele Stammfunktionen, die sich durch eine Konstante (das «absolute Glied») unterscheiden. Die Schaubilder dieser Stammfunktionen unterscheiden sich somit durch Verschiebung in y-Richtung. Erst wenn das absolute Glied gegeben ist, ist das Schaubild der Stammfunktion in Bezug auf diese Verschiebung festgelegt.

Gegeben ist das Schaubild einer Funktion f.

1. Skizzieren Sie das Schaubild der Ableitungsfunktion f' und das Schaubild einer Stammfunktion F.
2. Es sind einige Aussagen zur Funktion f bzw. zur Ableitungsfunktion f' und zur Stammfunktion F gegeben. Begründen oder widerlegen Sie diese bzw. begründen Sie, wenn eine Behauptung unentscheidbar ist.

Aufgabe I

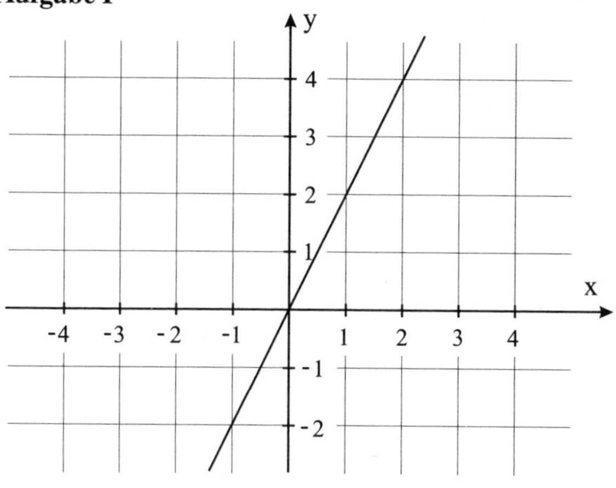

a) Das Schaubild der Ableitungsfunktion ist parallel zur Geraden $y = 1$.

b) Die Stammfunktion F(x) hat an der Stelle $x = 0$ eine Nullstelle.

c) Die Ableitungsfunktion f' ist streng monoton wachsend.

d) Das Schaubild der Ableitungsfunktion ist y-achsensymmetrisch.

Aufgabe II

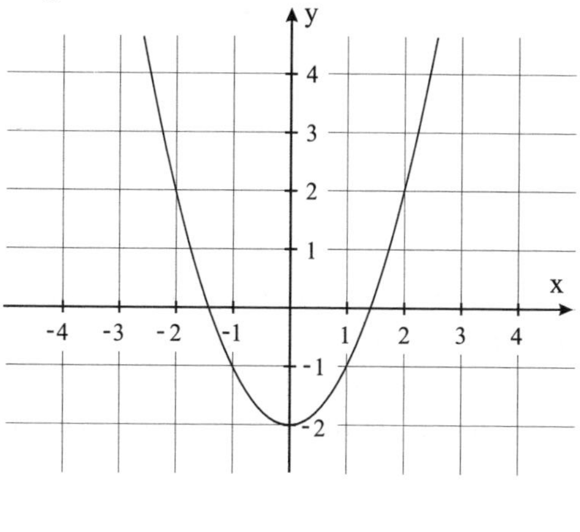

a) f' besitzt im Intervall $[-5;5]$ genau eine Nullstelle.

b) F besitzt im Intervall $[-5;5]$ genau drei Nullstellen.

c) F besitzt Extremstellen im Intervall $[-5;5]$.

6.4 Zuordnen von Graphen

Gegeben sind die Graphen der Funktion f mit $f(x) = x^2e^x$, ihrer Ableitungsfunktion f', einer Stammfunktion F von f und der Funktion g mit $g(x) = \frac{1}{f(x)}$.

a) Begründen Sie, dass nur Bild 1 der Graph der Funktion f sein kann.

b) Ordnen Sie die Funktionen f', F und g den übrigen Graphen zu und begründen Sie ihre Entscheidung.

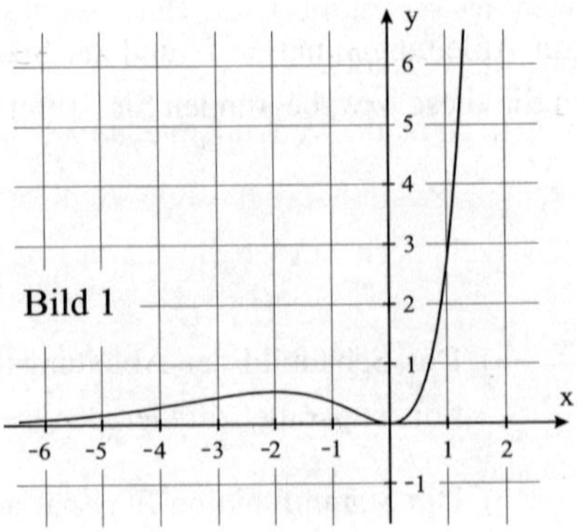

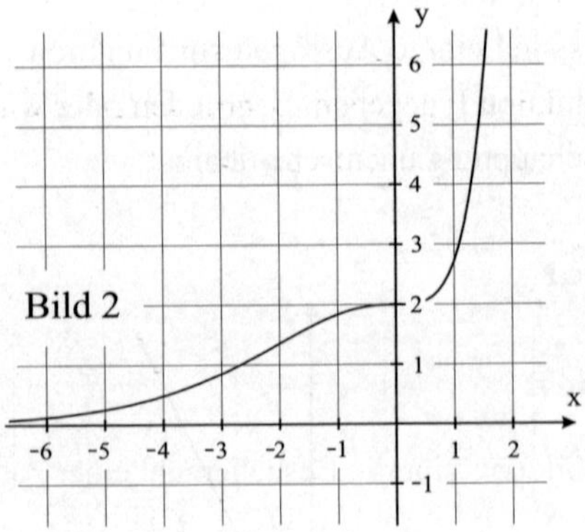

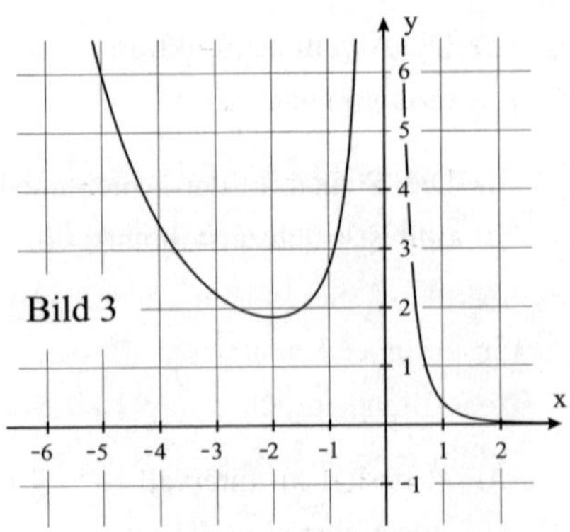

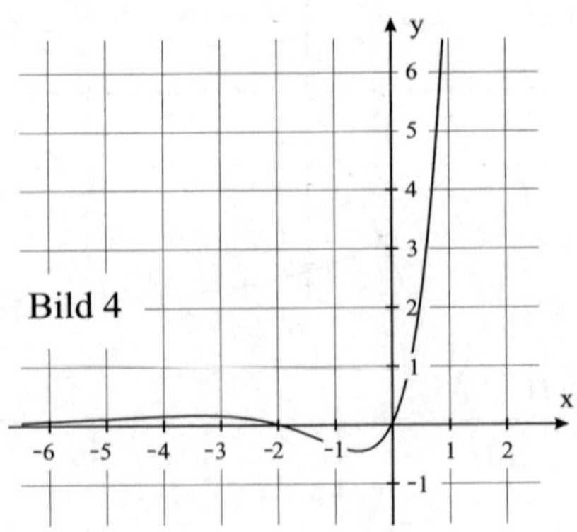

6.5 Interpretation von Graphen

In diesem Kapitel geht es darum, einige Kurven zu interpretieren. Dabei ist es wichtig, sich die besonderen Punkte des Graphen genau anzusehen. Diese sind z.B. Wende- und Extrempunkte. Diese müssen dann wieder in Bezug auf die Situation interpretiert werden, z.B. kann ein Hochpunkt der Punkt der höchsten Temperatur oder des stärksten Verkaufs sein.
Wichtig ist noch, darauf zu achten, ob in der Kurve eine absolute Zahl «verkaufte Artikel» wie in Aufgabe I oder eine Rate «Besucher *pro Tag*», wie in der Aufgabe II angegeben ist.

Aufgabe I

Die Kurve gibt die Gesamtverkaufszahlen eines neuen Produktes an.

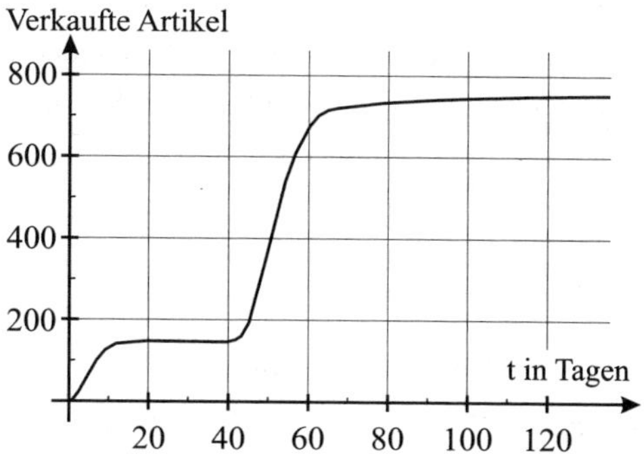

a) Welches sind besondere Punkte im Graph?

b) Wieviele Produkte hat die Firma zwischen der 3. und 4. Woche verkauft?

c) Wieviele Artikel hat die Firma in der Zeit vom 40. bis zum 60. Tag durchschnittlich pro Tag verkauft?

d) Wie hoch ist die Verkaufsrate am 50. Tag?

e) Welche Zukunftsprognose bezüglich der Absatzchancen würden Sie aussprechen?

Aufgabe II

Die Abbildung gibt die Besucherzahl einer Ausstellung an.

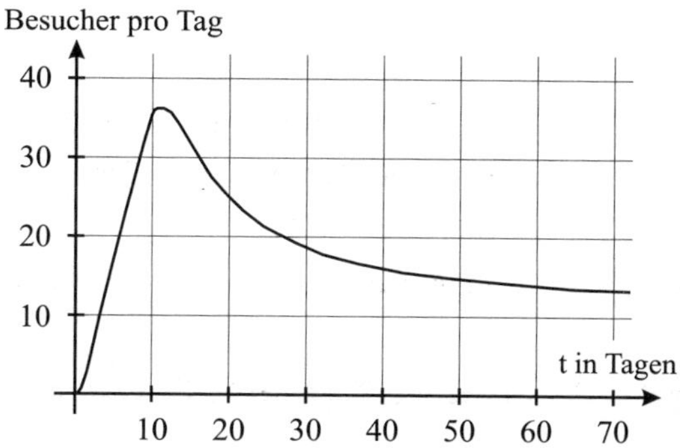

a) Welches sind besondere Punkte im Graph?

b) Welche Bedeutung haben diese besonderen Punkte für die Ausstellung?

c) Schildern Sie einen Weg, um herauszufinden, wie viele Besucher die Ausstellung in den ersten 10 Tagen ungefähr besucht haben.

d) Welche tägliche Besucherzahl erwarten Sie nach 80 Tagen?

7 Kurvendiskussion

Tipps ab Seite 95, Lösungen ab Seite 152

In diesem Kapitel geht es um Aufgaben aus der Kurvendiskussion. Umfassende Kurvendiskussionen werden im Abitur meist nicht verlangt, doch einzelne Elemente sind oft Bestandteil anderer Aufgaben. Meist geht es dabei um das Bestimmen von Extrem- und Wendepunkten, um Symmetrieuntersuchungen, um Definitionslücken und Polstellen und um Grenzwerte.

Die wichtigsten Elemente einer Kurvendiskussion sind:

- Schnittpunkte mit der x-Achse: $f(x) = 0$
- Schnittpunkte mit der y-Achse: $x = 0$ in die Funktionsgleichung einsetzen
- (Lokales) Minimum: $f'(x) = 0$ und $f''(x) > 0$ oder $f'(x) = 0$ und Vorzeichenwechsel von $f'(x)$ von $-$ nach $+$
- (Lokales) Maximum: $f'(x) = 0$ und $f''(x) < 0$ oder $f'(x) = 0$ und Vorzeichenwechsel von $f'(x)$ von $+$ nach $-$
- Wendepunkt: $f''(x) = 0$ und $f'''(x) \neq 0$ oder $f''(x) = 0$ und Vorzeichenwechsel von $f''(x)$
- Bei der Untersuchung für $x \to \pm\infty$ müssen Sie untersuchen, wie sich die Funktionswerte verhalten, wenn die Werte für x gegen $+\infty$ oder $-\infty$ gehen, bzw. ob Asymptoten existieren.

7.1 Elemente der Kurvendiskussion

a) Zeigen Sie, dass der Graph von f mit $f(x) = x^2 \cdot e^x$; $x \in \mathbb{R}$ bei $x = 0$ einen Tiefpunkt besitzt.

b) Schneidet der Graph von f die x-Achse in $(x_0 \mid 0)$, wenn folgende Situation vorliegt: $f(x_0) = 0$, $f'(x_0) = 0$, $f''(x_0) < 0$?

c) Begründen Sie, dass der Graph von $f(x) = x^2 e^{-x} + 1$; $x \in \mathbb{R}$ die Gerade $y = 1$ als Asymptote für $x \to +\infty$ besitzt.

d) Prüfen Sie, ob der Graph von $f(x) = \frac{1}{4}x^4 - x^3 + 4x - 2$; $x \in \mathbb{R}$ an der Stelle $x = 2$ einen Tiefpunkt hat.

e) Zeigen Sie, dass der Graph der Funktion f mit $f(x) = x^2 e^{-x}$ zwei Punkte mit waagerechter Tangente hat.

f) Zeigen Sie, dass der Graph der Funktion f mit $f(x) = x \cdot e^{-x}$ genau einen Wendepunkt hat.

g) Gegeben ist eine Funktion f und ihre Ableitung $f'(x) = (x-2)^3$. Prüfen Sie, ob der Graph von f einen Tiefpunkt besitzt.

h) Zeigen Sie, dass der Graph der Funktion f mit $f(x) = 2 \cdot \sin\left(x - \frac{\pi}{2}\right)$ im Punkt $P(\pi \mid 2)$ eine waagrechte Tangente hat.

i) Weisen Sie nach, dass der Graph der Funktion f mit $f(x) = \frac{1}{2} \cdot \sin(2x - \pi)$ an der Stelle $x = \pi$ einen Wendepunkt hat.

7.2 Funktionenscharen / Funktionen mit Parameter

Als Funktionenscharen werden Funktionen bezeichnet, die einen Parameter enthalten. Die dazugehörigen Graphen nennt man Kurvenscharen.

a) Gegeben ist die Funktionenschar $f_t(x) = tx - 2t$ mit $t \in \mathbb{R}$.

I) Skizzieren Sie die Graphen für einige Werte von t. Beschreiben Sie die Veränderung der Graphen bei der Variation von t.

II) Für welche Werte des Parameters t geht der Graph von f_t durch $P_1(3 \mid 2)$ bzw. durch $P_2(1 \mid \frac{1}{2})$?

b) Gegeben ist die Funktionenschar $f_t(x) = tx^2$ mit $t \in \mathbb{R}$.

I) Skizzieren Sie die Graphen für einige Werte von t. Beschreiben Sie die Veränderung der Graphen bei der Variation von t.

II) Für welche Werte des Parameters t geht der Graph von f_t durch $P_1(2 \mid 2)$ bzw. durch $P_2(-1 \mid -2)$?

c) Gegeben sind die Funktionen $f(x) = -x^2 + 2$ und $g_t(x) = tx^2 - 1$ mit $t \in \mathbb{R}$. Für welchen Wert von t stehen die Graphen der beiden Funktionen in ihrem Schnittpunkt senkrecht aufeinander?

d) Gegeben ist die Funktionenschar f_t mit $f_t(x) = (2x + t) \cdot e^{-x}$ mit $x \in \mathbb{R}$ und $t \geqslant 0$. Ordnen Sie den abgebildeten Graphen von f_t die zugehörigen Parameter t zu.

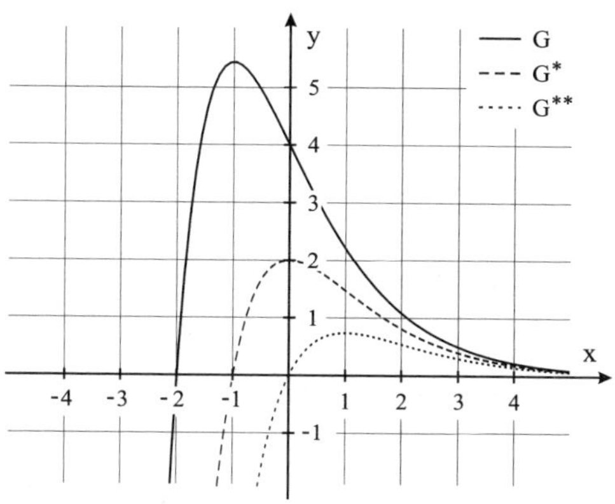

e) Bestimmen Sie t so, dass der Graph der Funktionenschar f_t mit $f_t(x) = x \cdot e^{tx}$; $x \in \mathbb{R}$; $t < 0$ an der Stelle $x = 2$ einen Extrempunkt hat.

f) Für welchen Wert von k hat der Graph der Funktionenschar $f_k(x) = k \cdot \sin(kx)$; $x \in \mathbb{R}$; $k > 0$ im Ursprung die gleiche Steigung wie der Graph der Funktion $g(x) = 2x^3 + 4x$?

g) Für welchen Wert von a hat der Graph der Funktionenschar $f_a(x) = \sin(ax)$; $x \in \mathbb{R}$; $0 < a < \frac{\pi}{2}$ bei $x = 3$ einen Extrempunkt?

7.3 Krümmungsverhalten von Kurven

Eine Kurve kann links- oder rechtsgekrümmt sein. Eine Kurve ist linksgekrümmt, wenn die Steigung streng monoton zunehmend ist. Das bedeutet, dass die Ableitung der Steigung positiv sein muss: $\left(f'(x)\right)' > 0 \Rightarrow f''(x) > 0$. Entsprechend gilt: Eine Kurve ist rechtsgekrümmt, wenn gilt: $f''(x) < 0$.

Für welche Werte von x ist der Graph der Funktion f links- bzw. rechtsgekrümmt?

a) $f(x) = \frac{1}{3}x^3 - x$ b) $f(x) = (x-1)^5$ c) $f(x) = (2x-3) \cdot e^{-x}$

7.4 Monotonie

Eine Funktion kann in einem bestimmten Bereich (streng) monoton wachsend oder (streng) monoton fallend sein; dies hängt von der 1. Ableitung der Funktion ab.

Untersuchen Sie jeweils das Monotonieverhalten der Funktion f:

a) $f(x) = \frac{x^2}{x+1}$ b) $f(x) = \frac{3x}{e^x}$ c) $f(x) = \frac{2x}{\ln x}$

7.5 Tangenten und Normalen

Um die Gleichung einer Tangente t an eine Kurve in einem Punkt $P_1\,(x_1 \mid f(x_1))$ zu bestimmen, benutzt man meist die Punkt-Steigungsform

$$y - y_1 = m \cdot (x - x_1)$$

Dabei gilt: $y_1 = f(x_1)$ und für die Steigung $m = f'(x_1)$, d.h. der Wert der Ableitung an der Stelle x_1. Die Normale steht senkrecht auf der Tangente; für die Steigungen gilt $m_n \cdot m_t = -1$ bzw. $m_n = -\frac{1}{m_t}$ (negativer Kehrwert).

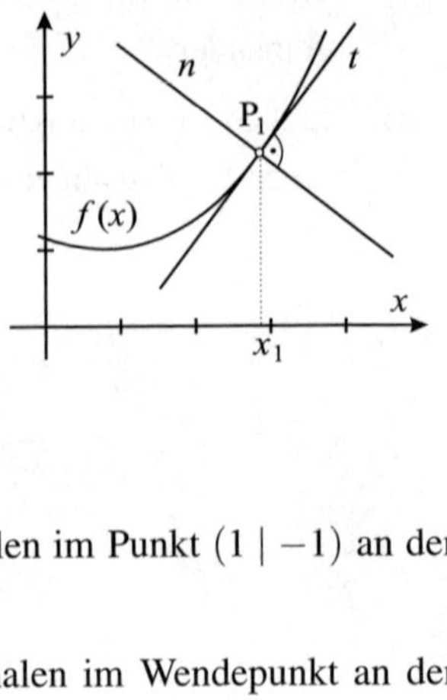

a) Bestimmen Sie die Gleichung der Tangente und der Normalen im Punkt $(1 \mid -1)$ an den Graphen der Funktion f mit $f(x) = x^2 - 4x + 2$.

b) Bestimmen Sie die Gleichung der Tangente und der Normalen im Wendepunkt an den Graphen der Funktion f mit $f(x) = x^3 + x + 1$.

c) Gegeben ist die Funktion f mit $f(x) = x^2 + 4x - 3$. Gesucht ist:

   I) Die Gleichung der Tangente mit Steigung $m = -2$.

   II) Die Gleichung der Tangente, welche orthogonal ist zur Geraden mit der Gleichung $y = -\frac{1}{3}x + 4$.

   III) Die Gleichung der Tangente, welche parallel ist zur Geraden $y = 4x - \frac{7}{2}$.

7.6 Berührpunkte zweier Kurven

Wenn sich zwei Kurven schneiden, dann müssen ihre Funktionswerte im Schnittpunkt gleich sein. Wenn sie sich berühren, dann müssen nicht nur die Funktionswerte im Berührpunkt gleich sein, sondern auch die Steigungen. Für einen Berührpunkt $\mathrm{B}\,(x_\mathrm{B} \mid y_\mathrm{B})$ muss also gelten:

1. B ist ein gemeinsamer Punkt beider Kurven: $f(x_\mathrm{B}) = g(x_\mathrm{B})$.
2. Im Punkt B haben die Graphen eine gemeinsame Tangente, also die gleiche Tangentensteigung: $f'(x_\mathrm{B}) = g'(x_\mathrm{B})$.

a) Zeigen Sie, dass sich die Graphen der Funktion f mit $f(x) = \frac{1}{5}x^3 - 2x^2 + 5x + 3$ und der Funktion g mit $g(x) = -x^2 + 5x + 3$ im Punkt $\mathrm{B}\,(0 \mid 3)$ berühren.

b) Berechnen Sie den Berührpunkt der Graphen der Funktion f mit $f(x) = \frac{1}{3}x^3 - 2x^2 + 3x + 4$ und der Funktion g mit $g(x) = -x^2 + 3x + 4$.

7.7 Symmetrie

Graphen von Funktionen können achsen- oder punktsymmetrisch sein. Handelt es sich bei der Achse um die y-Achse, so spricht man von y-Achsensymmetrie; handelt es sich beim Punkt, zu dem der Graph der Funktion symmetrisch ist, um den Ursprung, spricht man von Ursprungssymmetrie.

- Für y-Achsensymmetrie gilt $f(-x) = f(x)$
- Für Ursprungssymmetrie gilt $f(-x) = -f(x)$.

Sie können die Symmetrie zeigen, indem Sie $(-x)$ für x einsetzen und dann umformen. Dabei ist zu beachten, dass gilt: $(-x)^2 = x^2$ und $(-x)^3 = -x^3$.

a) Begründen Sie, dass der Graph von $f(x) = \frac{1}{x^2} + 3$; $x \in \mathbb{R} \setminus \{0\}$ achsensymmetrisch zur y-Achse ist.

b) Begründen Sie, dass der Graph von $f(x) = 3x^5 - 7{,}2x^3 + x$; $x \in \mathbb{R}$ punktsymmetrisch zum Ursprung ist.

c) Zeigen Sie, dass der Graph von $f(x) = 4 \cdot e^{-\frac{x^2}{2}}$; $x \in \mathbb{R}$ achsensymmetrisch zur y-Achse ist.

d) Zeigen Sie, dass der Graph von $f(x) = x \cdot \ln\left(x^2\right)$; $x \in \mathbb{R} \setminus \{0\}$ punktsymmetrisch zum Ursprung ist.

7.8 Ortskurven

Eine Ortskurve beschreibt den Verlauf eines speziellen Punktes einer Kurvenschar, z.B. des Hochpunktes oder des Wendepunktes.
Um eine Ortskurve zu bestimmen, gehen Sie wie folgt vor:

1. Zuerst wird der spezielle Punkt bestimmt, falls er nicht schon vorliegt, z.B. H $\left(\frac{4}{t} \mid t^2\right)$.
2. Der x-Wert des Punktes wird so umgeformt, dass der Parameter alleine steht:
$x = \frac{4}{t} \Rightarrow t = \frac{4}{x}$.
3. Der Parameter (in Abhängigkeit von x) wird in den y-Wert des Punktes eingesetzt:
$y = t^2 = \left(\frac{4}{x}\right)^2$.
4. Durch Ausrechnen erhalten Sie den y-Wert in Abhängigkeit von x: $y = \left(\frac{4}{x}\right)^2 = \frac{16}{x^2}$ und damit die Gleichung der Ortskurve.

Aufgaben

a) Bei einer Kurvenschar haben die Extrempunkte die Koordinaten E $\left(\frac{2}{3}t \mid \frac{2}{9}t^3\right)$; $t \in \mathbb{R}$. Bestimmen Sie die Gleichung der Ortskurve, auf der alle Extrempunkte liegen.

b) Bei einer Kurvenschar haben die Hochpunkte die Koordinaten H $\left(\frac{2}{3}t \mid \frac{9}{2t}\right)$; $t \neq 0$. Bestimmen Sie die Gleichung der Ortskurve, auf der alle Hochpunkte liegen.

c) Bei einer Kurvenschar haben die Hochpunkte die Koordinaten H$\left(\frac{t}{2} \mid \frac{t^3}{4} - t\right)$; $t \in \mathbb{R}$. Bestimmen Sie die Gleichung der Ortskurve, auf der alle Hochpunkte liegen.

d) Bestimmen Sie die Gleichung der Ortskurve, auf der alle Tiefpunkte der Kurvenschar f_t mit $f_t(x) = x^3 - 3tx^2$; $t > 0$ liegen.

e) Bestimmen Sie die Gleichung der Ortskurve, auf der alle Wendepunkte der Kurvenschar f_a mit $f_a(x) = (x-a) \cdot e^x$; $a \in \mathbb{R}$ liegen.

7.9 Das Newton-Verfahren

a) Erläutern Sie wesentliche Gesichtspunkte des Newtonschen Näherungsverfahrens und geben Sie Beispiele für die Anwendung an.

b) Bestimmen Sie mit Hilfe der ersten zwei Schritte des Newtonverfahrens die Nullstelle in der Nähe des gegebenen Startwerts auf 2 Stellen nach dem Komma genau.

I) $f(x) = x^3 + x - 3$; $x_1 = 1$ II) $f(x) = e^{\frac{1}{2}x} - x - 1$; $x_1 = 2{,}4$

7.10 Definitionsbereich

7.10.1 Definitionsbereich

Der Definitionsbereich einer Funktion gibt an, für welche Werte die Funktion definiert ist, d.h. welche Werte für x eingesetzt werden dürfen, wenn es sich um eine Funktion in Abhängigkeit von x handelt. Dabei ist zu beachten:

- Die Zahlen unter einer Wurzel dürfen nicht kleiner als Null sein.
- Bei einem Bruch darf im Nenner keine Null stehen.
- Der Logarithmus ist nur für positive Zahlen definiert.

Bestimmen Sie für folgende Funktionen den maximalen Definitionsbereich:

a) **Logarithmusfunktionen**

I) $f(x) = \ln(2x+3)$ II) $f(x) = \ln(3-2x)$ III) $f(x) = \ln\left(x^2-9\right)$

b) **Vermischte Aufgaben**

I) $f(x) = \frac{4x^2-3}{e^{3x}-2}$ II) $f(x) = \frac{x^2}{x+k}$ III) $f(x) = \frac{2x+1}{2x-k}$

IV) $f(x) = \frac{4x+\ln(5x-3)}{x-4}$ V) $f(x) = \frac{1}{x(1-\ln x)}$

7.10.2 * Definitionsbereich und Grenzwerte

Bestimmen Sie jeweils den Definitionsbereich und das Verhalten der Funktionswerte an den Grenzen des Definitionsbereichs:

a) $f(x) = 4\ln(2-x)$ b) $f(x) = \frac{2x^2+1}{x-1}$ c) $f(x) = \frac{4x}{e^{\frac{1}{2}x}}$ d) $f(x) = \frac{x^2}{x-k}$, $k > 0$

8 Integralrechnung

Tipps ab Seite 98, Lösungen ab Seite 163

8.1 Stammfunktionen

Für eine Stammfunktion F einer Funktion f gilt: $F'(x) = f(x)$.
Das Bilden einer Stammfunktion kann man daher als die Umkehrung des Ableitens bezeichnen. Die Stammfunktion ist immer nur bis auf den konstanten Faktor c bestimmt, da dieser beim Ableiten wieder wegfällt.

Folgende Regeln zum Bestimmen der Stammfunktion sollten Sie kennen:

$f(x)$	$F(x)$	$f(x)$	$F(x)$
$a \cdot x^r;\ r \geqslant 0,\ r \neq -1$	$\frac{1}{r+1} \cdot a \cdot x^{r+1}$+c	e^x	$e^x + c$
$\frac{1}{x}$	$\ln\|x\| + c$	$a \cdot e^{k \cdot x+b}$	$\frac{a}{k} \cdot e^{k \cdot x+b} + c$
$\frac{1}{k \cdot x+b}$	$\frac{1}{k} \ln\|k \cdot x + b\| + c$	$\frac{f'(x)}{f(x)}$	$\ln\|f(x)\| + c$
$\sin x$	$-\cos x + c$	$f'(x) \cdot e^{f(x)}$	$e^{f(x)} + c$
$a \cdot \sin(b \cdot x)$	$-\frac{a}{b} \cdot \cos(b \cdot x) + c$	$\ln x$	$-x + x \cdot \ln x + c$
$a \cdot \cos(b \cdot x)$	$\frac{a}{b} \cdot \sin(b \cdot x) + c$	$f(ax+b)$	$\frac{1}{a} \cdot F(ax+b) + c$
$\cos x$	$\sin x$+c		

Geben Sie eine Stammfunktion für alle Funktionen mit den folgenden Funktionstermen an, es gilt $a, t, k \in \mathbb{R}$:

8.1.1 Ganzrationale Funktionen

a) $f(x) = 2x^3 - \frac{4}{3}x^2 + 2$ b) $f(x) = ax^4 + 2ax^3 - x$ c) $f(x) = t^2x^3 - tx^2$

d) $f(x) = 4x^4 - 2tx^2 + tx$ e) $f(x) = -12(2x-3)^2$ f) $f(x) = 6(3x-1)^3$

8.1.2 Exponentialfunktionen

a) $f(x) = 3e^x$ b) $f(x) = 4e^{-x}$ c) $f(x) = t \cdot e^{-tx}$

d) $f(x) = a \cdot e^{3x+2}$ e) $f(x) = 2\left(x^2 - 6e^{3x}\right)$ f) $f(x) = 3x^2 \cdot e^{x^3}$

g) $f(x) = 2x \cdot e^{x^2+1}$ h) $f(x) = x \cdot e^{x^2}$ i) $f(x) = 2x \cdot e^{3x^2}$

8.1.3 Logarithmusfunktionen

a) $f(x) = \ln(3x)$ b) $f(x) = \ln(2x+1)$ c) $f(x) = 4 \cdot \ln(4x-2)$

8.1.4 Wurzelfunktionen

a) $f(x) = \sqrt{2x+1}$ b) $f(x) = 2 \cdot \sqrt{4x+2}$ c) $f(x) = \sqrt{kx+b};\ k \neq 0$

8.1.5 Trigonometrische Funktionen

a) $f(x) = 3 \cdot \cos(2x+1)$ b) $f(x) = 4 \cdot \sin(-3x+2)$ c) $f(x) = \frac{2}{3} \cdot \cos(\pi x)$

d) $f(x) = t \cdot \cos(tx+t)$ e) $f(x) = a \cdot \sin\left(ax-a^2\right)$ f) $f(x) = k^2 \cdot \cos(kx)$

8.2 Flächeninhalt zwischen zwei Kurven

Um den Flächeninhalt zwischen zwei Kurven zu bestimmen, berechnet man das Integral der Differenz der Funktionen über dem Intervall der beiden Schnittstellen, dabei gilt «obere Kurve minus untere Kurve»

$$\mathrm{A} = \int_{x_1}^{x_2} \left(f(x) - g(x)\right)\,\mathrm{d}x$$

Sind die Schnittpunkte nicht bekannt, müssen diese zuerst bestimmt werden.

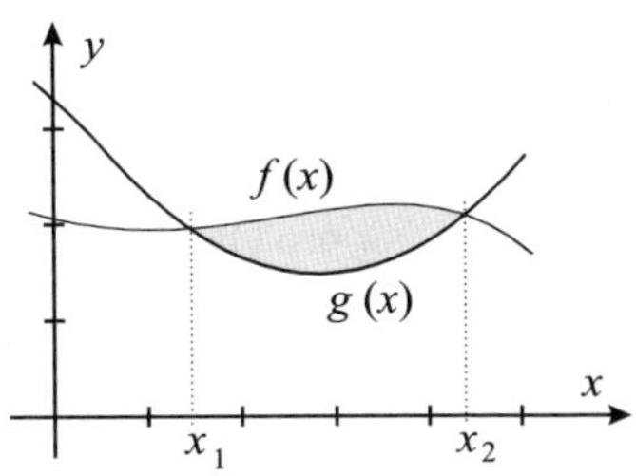

Berechnen Sie den Flächeninhalt zwischen den zwei Kurven:

a) $f(x) = 4 - x^2$, $g(x) = x^2 - 4$

b) $f(x) = x^2 + 1$, $g(x) = x + 1$

c) $f(x) = \sqrt{x}$, $g(x) = x^2$

8.3 Ins Unendliche reichende Flächen

Wenn Sie die Fläche unter einer Kurve berechnen wollen, die sich ins Unendliche erstreckt, können Sie dies nicht direkt durchführen. In diesem Fall berechnen Sie zuerst die Fläche bis zu einer Grenze z. Anschließend untersuchen Sie, ob es einen Grenzwert gibt, wenn z gegen Unendlich läuft. Dieser Grenzwert ist dann genau der Flächeninhalt.

a) Berechnen Sie die ins Unendliche reichende Fläche im 1. Quadranten zwischen der Kurve und den beiden Koordinatenachsen:

I) $f(x) = e^{-x}$ II) $f(x) = e^{-3x+1}$ III) $f(x) = 2e^{-4x-2}$

b) Gegeben sei die Funktion f durch $f(x) = e - e^x$ mit $x \in \mathbb{R}$, ihr Graph sei G.

I) Der Graph schließt mit der x- und der y-Achse eine Fläche ein. Berechnen Sie dessen Inhalt.

II) Bestimmen Sie die waagerechte Asymptote von G.

III) Die y-Achse, die waagerechte Asymptote und G schließen ein ins Unendliche reichendes Flächenstück ein. Berechnen Sie den Inhalt dieses Flächenstücks und prüfen Sie nach, ob dieses Flächenstück so groß ist wie das Flächenstück aus Aufgabe I.

8.4 Angewandte Integrale

Bei diesen Aufgaben kommen Integrale im Anwendungsbezug als Summe vor.

a) Die Produktionskosten eines Werkstücks in Abhängigkeit von der produzierten Stückzahl werden durch die Funktion P mit $\mathrm{P}(x) = \frac{20}{(x+2)^2} + 4;\ x \geqslant 0$ beschrieben.
(x: Stückzahl, $\mathrm{P}(x)$: Herstellungskosten des x-ten Werkstücks in €).
Berechnen Sie die Gesamtkosten der Herstellung der 50 ersten Werkstücke sowie die durchschnittlichen Kosten pro Werkstück .

b) Die Niederschlagsrate während eines Monsunregens kann modellhaft beschrieben werden durch die Funktion r mit $r(t) = 23 - 0{,}02 \cdot e^t$ (t in Tagen seit dem Einsetzen des Regens und $r(t)$ in Liter pro Quadratmeter und Tag gemessen).

I) Wann hört der Regen auf?

II) Welche Wassermenge geht insgesamt auf jeden Quadratmeter Fläche des betroffenen Gebiets nieder?

III) Geben Sie die mittlere Regenmenge pro Quadratmeter an, die während des Regens gefallen ist.

c) Der Zu- und Abfluss eines Wasserbeckens kann durch die Funktion f mit $f(t) = -0{,}5t + 3$ (t in Stunden $f(t)$ in Liter pro Stunde) beschrieben werden. Am Anfang ist das Becken mit 10 Litern gefüllt.
Wieviel Wasser enthält das Becken nach 9 Stunden?

8.5 Rotationskörper

Lässt man eine Kurve um die x-Achse rotieren, entsteht ein sog. «Rotationskörper». Die Formel zur Berechnung eines solchen Rotationskörpers ist

$$\mathrm{V} = \pi \cdot \int_{x_1}^{x_2} \left(f(x)\right)^2 \mathrm{d}x$$

a) Der Graph der Funktion f mit $f(x) = \frac{1}{4}e^{2x}$ über dem Intervall $[0;1]$ rotiert um die x-Achse. Berechnen Sie das Volumen des Rotationskörpers.

b) Der Graph der Funktion f mit $f(x) = x^2 + 1$ über dem Intervall $[1;2]$ rotiert um die x-Achse. Berechnen Sie das Volumen des Rotationskörpers.

c) Der Graph der Funktion f mit $f(x) = \frac{2}{x}$ über dem Intervall $[1;2]$ rotiert um die x-Achse. Berechnen Sie das Volumen des Rotationskörpers.

d) Die Fläche zwischen dem Graph der Funktion f mit $f(x) = e^x$ und der Geraden $y = e$ sowie der y-Achse rotiert um die x-Achse. Berechnen Sie das Volumen des Rotationskörpers.

e) Erläutern Sie die Grundidee zur Berechnung des Volumens eines Rotationskörpers, der entsteht, wenn ein Kurvenstück über dem Intervall $[a;b]$ um die x-Achse rotiert.

8.6 Vermischte Aufgaben

a) Bestimmen Sie zu $f(x) = 8x + 3e^{-x}$ diejenige Stammfunktion, deren Graph durch den Punkt $P(0 \mid 5)$ geht.

b) Bestimmen Sie zu $f(x) = \frac{1}{2} \cdot \cos(2x)$ diejenige Stammfunktion, deren Graph durch den Punkt $R\left(\frac{\pi}{4} \mid 1\right)$ geht.

c) Bestimmen Sie zu $f(t) = t^2 - 2t + 3$ die Integralfunktion $J_1(x) = \int_1^x f(t)\,dt$.

d) Bestimmen Sie zu $f(t) = 2t + 4e^{-\frac{1}{2}t}$ die Integralfunktion $J_2(x) = \int_2^x f(t)\,dt$.

8.7 Partielle Integration

Berechnen Sie folgende Integrale:

a) $\int_1^2 3x \cdot e^x dx$ b) $\int_0^{\pi} 2x \cdot \cos x\, dx$ c) $\int_1^e 3x \cdot \ln x\, dx$

9 Extremwertaufgaben

Tipps ab Seite 101, Lösungen ab Seite 169

Bei Extremwertaufgaben mit Nebenbedingungen geht es darum, dass das Maximum oder Minimum einer Größe (meist eine Länge oder Fläche) gesucht ist. Dabei muss in der Regel zuerst eine Funktion aufgestellt werden, die diese Größe beschreibt. Der Extremwert wird dann mit Hilfe der ersten und zweiten Ableitung dieser Funktion bestimmt. Für alle Anwendungsaufgaben ist es sehr hilfreich, eine Skizze der Aufgabenstellung anzufertigen.

a) Ein rechteckiger Spielplatz soll eingezäunt werden. Dafür stehen 40 m Zaun zur Verfügung. Wie lang sind die Seitenlängen des Spielplatzes, wenn dieser möglichst groß sein soll und außerdem noch eine 2 m breite Einfahrt besitzt?

b) Ein Gedenkstein, der die Form eines Rechtecks mit einem aufgesetzten Halbkreis besitzt, soll errichtet werden. Für den Umfang gilt: $U = 10\,m$. Die vordere Fläche des Gedenksteins soll maximal groß sein. Geben Sie einen Funktionsterm für die Umfangsfunktion an.

c) Ein Sportplatz hat die Form eines Rechtecks mit rechts und links angesetzten Halbkreisen. Der Gesamtumfang beträgt 400 m. Geben Sie einen Funktionsterm an, mit dem man die folgendenen Extremwertaufgaben lösen kann:
   I) Die Fläche des Rechtecks soll maximal sein.
   II) Die Fläche des gesamten Sportplatzes soll maximal sein.

d) Gegeben sei eine Funktion f mit $f(x) = 6 - \frac{1}{4}x^2$; $x \in \mathbb{R}$. Zwischen Kurve und x-Achse ist im 1. und 2. Quadranten ein Rechteck einzuschreiben
   I) mit maximalem Umfang   II) mit maximaler Fläche

   Berechnen Sie den maximalen Umfang bzw. die maximale Fläche.

e) In einen Halbkreis mit Radius 1 m soll ein Rechteck mit maximalem Flächeninhalt einbeschrieben werden. Geben Sie einen Funktionsterm an, mit dem man den maximalen Flächeninhalt berechnen kann.

f) Gegeben ist die Funktion f durch $f(x) = -(x+2)e^{-x}$; $x \in \mathbb{R}$. Ihr Graph sei G. Bestimmen Sie die Gleichung der Normalen im Punkt $W(0 \mid -2)$.
   Die Normale schneidet G in einem weiteren Punkt Q. Berechnen Sie dessen Koordinaten.
   $P(u \mid v)$ mit $-2 < u < 0$ sei ein Punkt auf G. Der Ursprung O und die Punkte P und Q sind die Eckpunkte eines Dreiecks OPQ. Für welchen Wert von u wird die Fläche $A(u)$ maximal?

g) Gegeben sind die Funktion f durch $f(x) = (2x+3) \cdot e^{-x}$; $x \in \mathbb{R}$ und die Funktion g durch $g(x) = e^{-x}$; $x \in \mathbb{R}$. Ihre Graphen seien G_f bzw. G_g.
   Die Gerade $x = u$ mit $u > -1$ schneidet G_f im Punkt P und G_g im Punkt Q.
   Für welchen Wert von u wird die Länge der Strecke PQ maximal?
   Berechnen Sie die maximale Länge der Strecke PQ.

Analytische Geometrie

10 Rechnen mit Vektoren

Tipps ab Seite 103, Lösungen ab Seite 173

In diesem Kapitel geht es darum, die Grundkenntnisse des Rechnens mit Vektoren zu wiederholen. Dazu gehören die Addition und Subtraktion von Vektoren. Neben diesen Rechenoperationen ist es wichtig, das Skalarprodukt zu kennen und zu wissen, dass es genau dann gleich Null ist, wenn zwei Vektoren senkrecht aufeinander stehen.

Da mit den Vektoren geometrische Objekte wie Dreiecke, Parallelogramme und verschiedene Körper beschrieben werden können, sollten Sie die grundlegenden Eigenschaften dieser Objekte kennen, z.B. dass in einem gleichschenklichen Dreieck zwei Seiten die gleiche Länge haben. Rechenregeln für das Rechnen mit Vektoren finden Sie bei den Tipps auf Seite *103*. Wenn nicht anders angegeben gilt für alle Parameter: $r, s, t, ... \in \mathbb{R}$.

10.1 Addition und Subtraktion von Vektoren

Gegeben sind die Vektoren $\vec{a} = \begin{pmatrix} -1 \\ 2 \\ 4 \end{pmatrix}$ und $\vec{b} = \begin{pmatrix} 3 \\ 1 \\ 2 \end{pmatrix}$. Berechnen Sie:

a) $\vec{a}+\vec{b}$ b) $\vec{a}-\vec{b}$ c) $2\cdot\vec{a}$ d) $-\vec{a}$ e) $2\vec{a}+3\vec{b}$

f) $\vec{a}\cdot\vec{b}$ g) $|\vec{a}|$ h) $|\vec{b}|$ i) $|\vec{a}+\vec{b}|$

10.2 Teilverhältnisse

Gegeben sind die Punkte $A(3 \mid -1 \mid 2)$ und $B(5 \mid -2 \mid 0)$.

a) Bestimmen Sie die Koordinaten des Punktes S so, dass S die Strecke AB innen im Verhältnis 1 : 2 teilt.

b) Bestimmen Sie die Koordinaten des Punktes T so, dass T die Strecke AB innen im Verhältnis 5 : 4 teilt.

c) In welchem Verhältnis teilt der Punkt $U(4,5 \mid -1,75 \mid 0,5)$ die Strecke AB?

10.3 Orthogonalität von Vektoren

Prüfen Sie, ob folgende Vektoren senkrecht (orthogonal) aufeinander stehen.

a) $\vec{a} = \begin{pmatrix} -1 \\ 0 \\ 1 \end{pmatrix}, \vec{b} = \begin{pmatrix} 2 \\ 2 \\ 0 \end{pmatrix}$, b) $\vec{r} = \begin{pmatrix} 5 \\ -1 \\ 3 \end{pmatrix}, \vec{n} = \begin{pmatrix} 2 \\ 1 \\ -3 \end{pmatrix}$,

10.4 Auffinden von orthogonalen Vektoren

Geben Sie drei verschiedene Vektoren an, die zu $\vec{n} = \begin{pmatrix} 1 \\ 2 \\ -3 \end{pmatrix}$ orthogonal sind.

10.5 Verschiedene Aufgaben

Tipp: Fertigen Sie eine Skizze zu den jeweiligen Aufgabenstellungen an und stellen Sie Vektorketten auf.

a) Prüfen Sie, ob das Dreieck ABC gleichschenklig ist:

I) $A(3\,|\,7\,|\,2),\ B(-1\,|\,5\,|\,1),\ C(2\,|\,3\,|\,0)$

II) $A(-5\,|\,2\,|\,-1),\ B(0\,|\,5\,|\,-3),\ C(-1\,|\,6\,|\,-3)$

b) Prüfen Sie, ob das Dreieck ABC rechtwinklig ist:

$A(5\,|\,1\,|\,0),\ B(1\,|\,5\,|\,2),\ C(-1\,|\,1\,|\,6)$

c) I) Bestimmen Sie den Mittelpunkt M von $A(4\,|\,1\,|\,3)$ und $B(-2\,|\,5\,|\,-5)$.

II) Bestimmen Sie die Koordinaten des Punktes P so, dass $B(4\,|\,2\,|\,5)$ der Mittelpunkt von $A(3\,|\,-1\,|\,-4)$ und P ist.

d) Bestimmen Sie jeweils den Schwerpunkt des Dreiecks:

I) $A(4\,|\,1\,|\,2),\ B(5\,|\,3\,|\,0),\ C(0\,|\,2\,|\,1)$

II) $P(-3\,|\,2\,|\,4),\ Q(5\,|\,1\,|\,2),\ R(-5\,|\,3\,|\,6)$

e) Gegeben sind die Punkte $A(4\,|\,2\,|\,3)$, $B(1\,|\,8\,|\,5)$ und $C(-2\,|\,1\,|\,-3)$.

I) Bestimmen Sie den Punkt D so, dass das Viereck ABCD ein Parallelogramm ist.

II) Bestimmen Sie den Punkt D^* so, dass das Viereck ABD^*C ein Parallelogramm ist.

f) Von einem Spat (Körper mit jeweils 4 parallelen Kanten) sind die Punkte $A(3\,|\,1\,|\,4)$, $B(-2\,|\,1\,|\,-3)$, $C(5\,|\,-2\,|\,3)$ und $F(9\,|\,2\,|\,6)$ gegeben.

I) Bestimmen Sie die Koordinaten der übrigen Punkte des Spats.

II) Berechnen Sie die Länge der Raumdiagonalen AG.

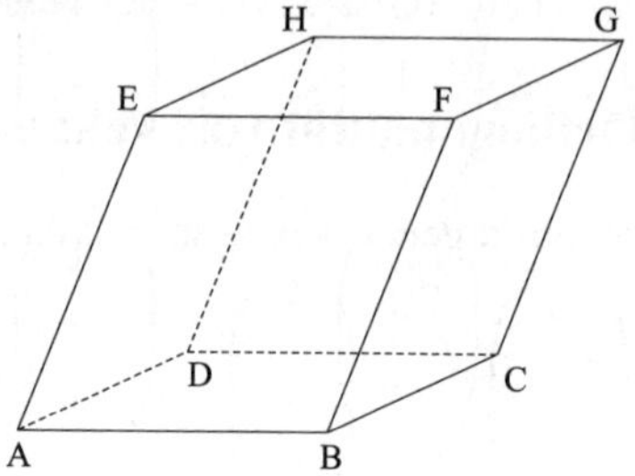

10.6 Vektorprodukt

a) Bestimmen Sie folgende Vektorprodukte:

I) $\begin{pmatrix} 2 \\ -1 \\ 3 \end{pmatrix} \times \begin{pmatrix} 4 \\ 2 \\ -1 \end{pmatrix}$ II) $\begin{pmatrix} -1 \\ 2 \\ 0 \end{pmatrix} \times \begin{pmatrix} 3 \\ 0 \\ 1 \end{pmatrix}$

b) Berechnen Sie den Flächeninhalt des Parallelogramms ABCD, welches durch die Punkte $A(4 \mid 2 \mid -1)$, $B(6 \mid 3 \mid 1)$, $C(-1 \mid 0 \mid 3)$ und $D(-3 \mid -1 \mid 1)$ gegeben ist.

c) Berechnen Sie den Flächeninhalt des Dreiecks ABC mit $A(2 \mid 1 \mid -3)$, $B(0 \mid 4 \mid 1)$ und $C(-1 \mid 2 \mid 2)$.

d) Berechnen Sie das Volumen des Spats, der durch die Punkte $A(3 \mid 1 \mid 4)$, $B(-2 \mid 1 \mid -3)$, $C(5 \mid -2 \mid 3)$, $D(10 \mid -2 \mid 10)$, $E(14 \mid 2 \mid 13)$, $F(9 \mid 2 \mid 6)$, $G(16 \mid -1 \mid 12)$ und $H(21 \mid -1 \mid 19)$ gegeben ist.

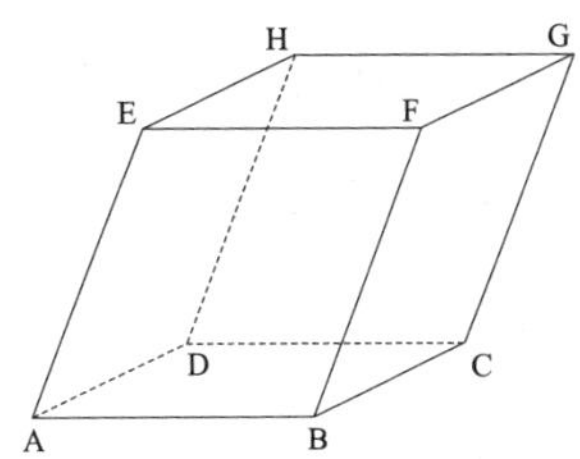

10.7 Lineare Abhängigkeit

Wenn zwei Vektoren $\vec{a}$ und $\vec{b}$ linear abhängig sind, bedeutet das, dass sie ein Vielfaches voneinander sind: $\vec{a} = k \cdot \vec{b}$ mit $k \in \mathbb{R}$. Es muss also immer einen Faktor geben, mit dem man einen der beiden Vektoren multiplizieren kann, so dass sich der andere ergibt.

Sind drei Vektoren $\vec{a}$, $\vec{b}$ und $\vec{c}$ linear abhängig, dann liegen sie in einer Ebene. Das bedeutet, dass man einen der drei Vektoren als «Linearkombination» der beiden andern ausdrücken kann, z.B. $\vec{c} = r \cdot \vec{a} + s \cdot \vec{b}$. Man stellt also ein Gleichungssystem auf und bestimmt r und s.

a) Prüfen Sie, ob die beiden Vektoren linear abhängig oder unabhängig sind:

I) $\vec{a} = \begin{pmatrix} 2 \\ 1 \\ -3 \end{pmatrix}, \vec{b} = \begin{pmatrix} -4 \\ -2 \\ 6 \end{pmatrix}$ II) $\vec{a} = \begin{pmatrix} 2 \\ 0 \\ 3 \end{pmatrix}, \vec{b} = \begin{pmatrix} -2 \\ 1 \\ -3 \end{pmatrix}$

b) Prüfen Sie, ob die drei angegebenen Vektoren linear abhängig oder unabhängig sind:

I) $\vec{a} = \begin{pmatrix} 2 \\ 1 \\ -3 \end{pmatrix}, \quad \vec{b} = \begin{pmatrix} 4 \\ -2 \\ 1 \end{pmatrix}, \quad \vec{c} = \begin{pmatrix} 3 \\ 5 \\ 0 \end{pmatrix}$

II) $\vec{a} = \begin{pmatrix} 4 \\ 0 \\ -2 \end{pmatrix}, \quad \vec{b} = \begin{pmatrix} 1 \\ 3 \\ -1 \end{pmatrix}, \quad \vec{c} = \begin{pmatrix} 6 \\ 6 \\ -4 \end{pmatrix}$

11 Geraden

Tipps ab Seite 105, Lösungen ab Seite 180

Die Parameterform der Geradengleichung in der vektoriellen Geometrie lautet

$$g: \vec{x} = \vec{a} + t \cdot \overrightarrow{r_g} \text{ mit } t \in \mathbb{R}$$

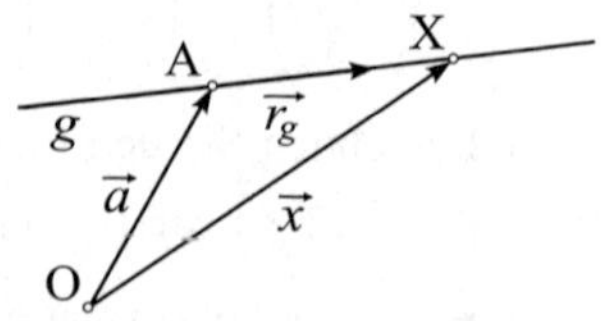

Dabei wird der Vektor $\vec{a}$ als Stützvektor bezeichnet, weil er dic Gerade «stützt», der Vektor $\overrightarrow{r_g}$ ist der Richtungsvektor der Geraden, da er die Richtung der Geraden angibt. t ist der Parameter.

11.1 Aufstellen von Geradengleichungen

Stellen Sie jeweils die Gleichung der Gerade auf, die durch die beiden Punkte geht:

a) A(1 | 0 | 2), B(3 | 1 | 3) b) C(2 | 1 | −4), D(4 | 0 | 1) c) E(1 | 1 | 0), F(0 | 0 | 1)

11.2 Punktprobe

Liegen die gegebenen Punkte A, B, C auf der Geraden $g: \vec{x} = \begin{pmatrix} 1 \\ 3 \\ -2 \end{pmatrix} + t \cdot \begin{pmatrix} 1 \\ 4 \\ 2 \end{pmatrix}$?

a) A(2 | 7 | 0) b) B(3 | 11 | 3) c) C(−2 | −9 | −8)

11.3 Gegenseitige Lage von Geraden

Zwei Geraden können auf vier verschiedene Weisen zueinander liegen: Sie können parallel liegen, identisch sein, sich schneiden oder windschief sein. Die genauen Rechenwege zur Bestimmung der gegenseitigen Lage sind in den Tipps auf Seite 105 beschrieben.

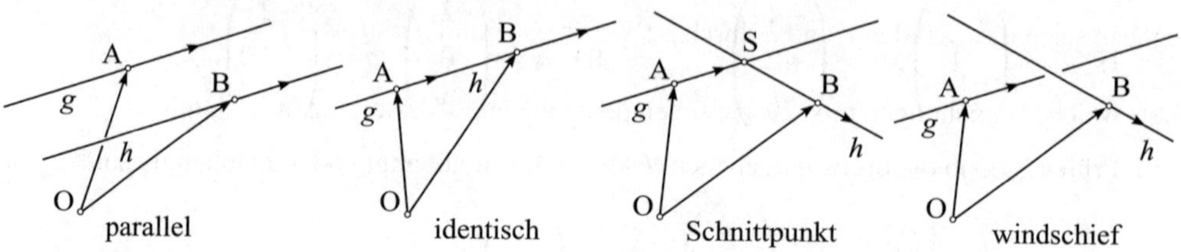

Bestimmen Sie die gegenseitige Lage der beiden gegebenen Geraden:

a) $g_1: \vec{x} = \begin{pmatrix} 4 \\ 2 \\ 5 \end{pmatrix} + s \cdot \begin{pmatrix} 1 \\ 1 \\ 2 \end{pmatrix}$ $\qquad g_2: \vec{x} = \begin{pmatrix} 0 \\ 0 \\ 0 \end{pmatrix} + t \cdot \begin{pmatrix} 2 \\ 0 \\ 1 \end{pmatrix}$

b) $g_1: \vec{x} = \begin{pmatrix} 2 \\ 0 \\ 0 \end{pmatrix} + s \cdot \begin{pmatrix} 1 \\ 1 \\ 1 \end{pmatrix}$ $\quad$ $g_2: \vec{x} = \begin{pmatrix} 3 \\ 2 \\ 3 \end{pmatrix} + t \cdot \begin{pmatrix} 3 \\ 4 \\ 5 \end{pmatrix}$

c) $g: \vec{x} = \begin{pmatrix} 1 \\ -3 \\ 5 \end{pmatrix} + s \cdot \begin{pmatrix} 2 \\ 1 \\ -3 \end{pmatrix}$ $\quad$ $h: \vec{x} = \begin{pmatrix} 5 \\ 1 \\ -3 \end{pmatrix} + t \cdot \begin{pmatrix} 4 \\ -5 \\ -1 \end{pmatrix}$

d) $g: \vec{x} = \begin{pmatrix} 4 \\ 0 \\ 1 \end{pmatrix} + s \cdot \begin{pmatrix} 2 \\ -1 \\ 3 \end{pmatrix}$ $\quad$ $h: \vec{x} = \begin{pmatrix} 6 \\ -1 \\ 4 \end{pmatrix} + t \cdot \begin{pmatrix} -2 \\ 1 \\ -3 \end{pmatrix}$

e) $g: \vec{x} = \begin{pmatrix} 1 \\ 4 \\ -2 \end{pmatrix} + s \cdot \begin{pmatrix} -2 \\ -1 \\ 3 \end{pmatrix}$ $\quad$ $h: \vec{x} = \begin{pmatrix} -1 \\ 3 \\ -1 \end{pmatrix} + t \cdot \begin{pmatrix} 4 \\ 2 \\ -6 \end{pmatrix}$

11.4 Parallele Geraden mit Parameter

Für welchen Wert des Parameters $t \in \mathbb{R}$ sind die Geraden g_t und h bzw. g_t parallel?

a) $g_t: \vec{x} = \begin{pmatrix} 1 \\ 1 \\ 1 \end{pmatrix} + r \cdot \begin{pmatrix} 0 \\ 2 \\ 2t \end{pmatrix}$ $\quad$ $h: \vec{x} = \begin{pmatrix} 4 \\ 1 \\ 7 \end{pmatrix} + s \cdot \begin{pmatrix} 0 \\ 4 \\ 4 \end{pmatrix}$

b) $g_t: \vec{x} = \begin{pmatrix} 2 \\ 1 \\ 3 \end{pmatrix} + r \cdot \begin{pmatrix} 0,5t \\ t \\ 4 \end{pmatrix}$ $\quad$ $h: \vec{x} = \begin{pmatrix} 3 \\ 4 \\ 5 \end{pmatrix} + s \cdot \begin{pmatrix} 1 \\ 2 \\ -2 \end{pmatrix}$

11.5 Allgemeines Verständnis von Geraden

Gegeben seien die Geraden g und h durch $g: \vec{x} = \vec{a} + s \cdot \vec{r}$ und $h: \vec{x} = \vec{b} + t \cdot \vec{v}$.

a) Welche Beziehungen müssen zwischen den genannten Vektoren gelten, damit:

   I) g (echt) parallel zu h ist

   II) $g = h$

   III) g senkrecht auf h steht.

b) Wie bestimmt man den Winkel zwischen g und h, falls sich g und h schneiden?

c) Erläutern Sie eine Strategie, wie man die gegenseitige Lage zweier Geraden überprüfen kann.

12 Ebenen

Tipps ab Seite 106, Lösungen ab Seite 185

Um eine Ebene zu beschreiben, gibt es verschiedene Gleichungen: Ähnlich wie für die Gerade gibt es eine *Parametergleichung*, diese lautet:

$$E\colon \vec{x} = \vec{a} + s \cdot \vec{v_1} + t \cdot \vec{v_2}$$

Der Vektor $\vec{a}$ ist auch hier der Stützvektor, die Vektoren $\vec{v_1}$ und $\vec{v_2}$ sind die Spannvektoren, da sie die Ebene «aufspannen».

Bei der *Punkt-Normalenform* der Ebene wird die Ebene durch einen Stützpunkt und einen Normalenvektor beschrieben. Der Normalenvektor $\vec{n}$ steht immer senkrecht auf der Ebene. Die dazugehörige Gleichung ist

$$E\colon \vec{n} \cdot (\vec{x} - \vec{a}) = 0$$

Anschaulich gesprochen bedeutet die Tatsache, dass das Skalarprodukt zwischen dem Normalenvektor $\vec{n}$ und jedem Vektor in der Ebene gleich null ist, dass der Normalenvektor $\vec{n}$ auf jedem Vektor, der in der Ebene liegt, senkrecht steht:

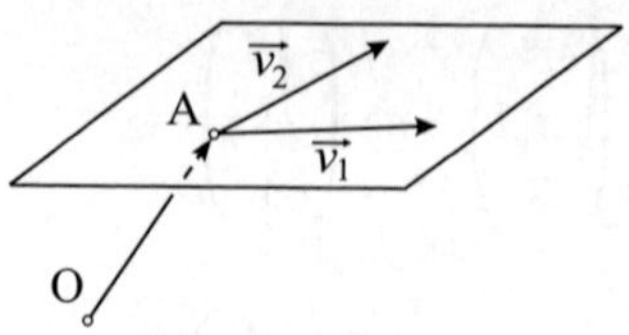

Parameterform

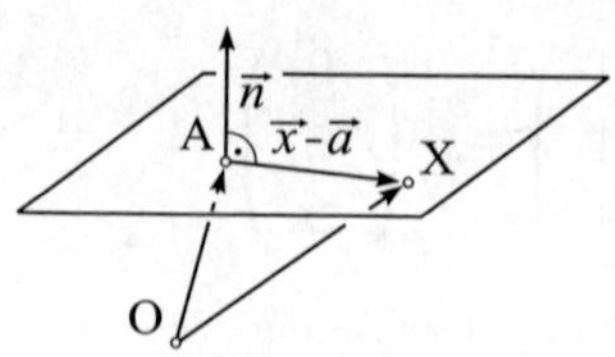

Punkt-Normalenform

Die Koordinatenform erhalten Sie durch Ausrechnen der Punkt-Normalenform. Sie lautet

$$E\colon n_1 \cdot x_1 + n_2 \cdot x_2 + n_3 \cdot x_3 + n_0 = 0$$

Dabei sind n_1, n_2 und n_3 die Komponenten des Normalenvektors $\vec{n}$.

Ist eine Ebene in Parameterform gegeben und suchen Sie die Koordinatenform, so stellen Sie zuerst die Punkt-Normalenform auf und rechnen diese anschließend aus. Dazu ist ein Normalenvektor gesucht, der senkrecht auf den beiden Spannvektoren $\vec{v_1}$ und $\vec{v_2}$ stehen muss. Diesen können Sie mit Hilfe des Skalarprodukts berechnen, indem Sie benutzen, dass $\vec{n} \cdot \vec{v_1} = 0$ und $\vec{n} \cdot \vec{v_2} = 0$ sein muss. Sie erhalten so ein Gleichungssystem aus zwei Gleichungen mit dessen Hilfe Sie den Vektor $\vec{n}$ bestimmen können. Ein weiterer Weg führt über das Kreuzprodukt, siehe die nächste Seite.

Tipp: Wenn man einen Vektor $\vec{n}$ sucht, der senkrecht auf zwei gegebenen Vektoren $\vec{a}$ und $\vec{b}$ steht, geschieht dies einfach und schnell mit dem **Vektorprodukt**:

$$\vec{n} = \left(\vec{a} \times \vec{b}\right) = \begin{pmatrix} a_2b_3 & - & a_3b_2 \\ a_3b_1 & - & a_1b_3 \\ a_1b_2 & - & a_2b_1 \end{pmatrix}$$

Die Merkhilfe dazu:

1. Beide Vektoren werden je zweimal untereinandergeschrieben, dann werden die erste und die letzte Zeile gestrichen.
2. Anschließend wird «über Kreuz» multipliziert. Dabei erhalten die abwärts gerichteten Pfeile ein positives und die aufwärts gerichteten Pfeile ein negatives Vorzeichen.
3. Die einzelnen Komponenten werden subtrahiert – fertig!

$$\begin{array}{cc} \cancel{a_1} & \cancel{b_1} \\ a_2 & b_2 \\ a_3 & b_3 \\ a_1 & b_1 \\ a_2 & b_2 \\ \cancel{a_3} & \cancel{b_3} \end{array} \Rightarrow \begin{array}{cc} a_2 & b_2 \\ a_3 & b_3 \\ a_1 & b_1 \\ a_2 & b_2 \end{array} \Rightarrow \begin{pmatrix} a_2b_3 - a_3b_2 \\ a_3b_1 - a_1b_3 \\ a_1b_2 - a_2b_1 \end{pmatrix}$$

Anmerkung: Der Betrag des senkrecht stehenden Vektors entspricht genau der Flächenmaßzahl des Parallelogramms, das von den beiden Vektoren aufgespannt wird.

Beispiel: Sind $\vec{a} = \begin{pmatrix} 1 \\ 3 \\ 2 \end{pmatrix}$ und $\vec{b} = \begin{pmatrix} -1 \\ 4 \\ 0 \end{pmatrix}$, ergibt sich für den gesuchten Vektor:

$$\begin{array}{cc} \cancel{1} & \cancel{-1} \\ 3 & 4 \\ 2 & 0 \\ 1 & -1 \\ 3 & 4 \\ \cancel{2} & \cancel{0} \end{array} \Rightarrow \begin{array}{cc} 3 & 4 \\ 2 & 0 \\ 1 & -1 \\ 3 & 4 \end{array} \Rightarrow \begin{pmatrix} 3 \cdot 0 - 2 \cdot 4 \\ 2 \cdot (-1) - 1 \cdot 0 \\ 1 \cdot 4 - 3 \cdot (-1) \end{pmatrix} = \begin{pmatrix} -8 \\ -2 \\ 7 \end{pmatrix}$$

12.1 Parameterform der Ebenengleichung

Im Folgenden sind drei Punkte bzw. eine Gerade und ein Punkt gegeben, die eine Ebene festlegen. Geben Sie zu diesen Ebenen jeweils eine Ebenengleichung in Parameterform an.

a) $A(1 \mid 4 \mid 3), B(2 \mid 7 \mid -3), C(3 \mid 5 \mid 1)$ b) $A(1 \mid 3 \mid 6)$, $g\colon \vec{x} = \begin{pmatrix} -1 \\ 2 \\ 4 \end{pmatrix} + t \cdot \begin{pmatrix} 3 \\ 6 \\ -1 \end{pmatrix}$

12.2 Koordinatengleichung einer Ebene

Bestimmen Sie eine Koordinatengleichung der Ebene E.

a) $A(2 \mid 2 \mid 2), B(4 \mid 1 \mid 3), C(8 \mid 4 \mid 5)$ b) $A(4 \mid 1 \mid 2)$, $g : \vec{x} = \begin{pmatrix} 3 \\ 5 \\ 7 \end{pmatrix} + t \cdot \begin{pmatrix} 1 \\ 1 \\ 1 \end{pmatrix}$

c) $g_1 : \vec{x} = \begin{pmatrix} 1 \\ 2 \\ 3 \end{pmatrix} + s \cdot \begin{pmatrix} 1 \\ 3 \\ 4 \end{pmatrix}$ $g_2 : \vec{x} = \begin{pmatrix} 1 \\ 2 \\ 3 \end{pmatrix} + t \cdot \begin{pmatrix} 2 \\ -1 \\ 3 \end{pmatrix}$

d) $g_1 : \vec{x} = \begin{pmatrix} 1 \\ 0 \\ 2 \end{pmatrix} + s \cdot \begin{pmatrix} 3 \\ 1 \\ 2 \end{pmatrix}$ $g_2 : \vec{x} = \begin{pmatrix} 4 \\ 1 \\ 1 \end{pmatrix} + t \cdot \begin{pmatrix} 6 \\ 2 \\ 4 \end{pmatrix}$

e) Die Ebene E ist Spiegelebene zwischen $A(1 \mid 4 \mid 7)$ und $A^*(3 \mid 2 \mid 3)$.

f) Die Ebene E enthält die Gerade $g : \vec{x} = \begin{pmatrix} 3 \\ 1 \\ 2 \end{pmatrix} + t \cdot \begin{pmatrix} 2 \\ 0 \\ -1 \end{pmatrix}$ und ist orthogonal zur Ebene $F : -x_1 + x_2 + 2x_3 + 2 = 0$.

g) Prüfen Sie, ob die vier Punkte $A(2 \mid 1 \mid 2)$, $B(4 \mid 3 \mid 4)$, $C(7 \mid 2 \mid 3)$ und $D(8 \mid -1 \mid 0)$ in einer Ebene liegen.

12.3 Ebenen im Koordinatensystem

Zeichnen Sie die Ebenen jeweils in ein kartesisches Koordinatensystem ein; bestimmen Sie dazu jeweils die Schnittpunkte mit den Koordinatenachsen (Spurpunkte):

a) $E: 3x_1 + 4x_2 + 3x_3 = 12$ b) $E: 4x_1 - 8x_2 + 4x_3 = 16$ c) $E: 2x_1 + 4x_2 = 8$

d) $E: x_1 + 2x_3 = 4$ e) $E: 3x_2 + x_3 = 3$ f) $E: x_2 = 3$

12.4 Bestimmen von Geraden und Ebenen in einem Quader

In der Abbildung ist ein Quader dargestellt, M und N seien die Mittelpunkte der beiden Kanten $\overline{BE}$ bzw. $\overline{CF}$.

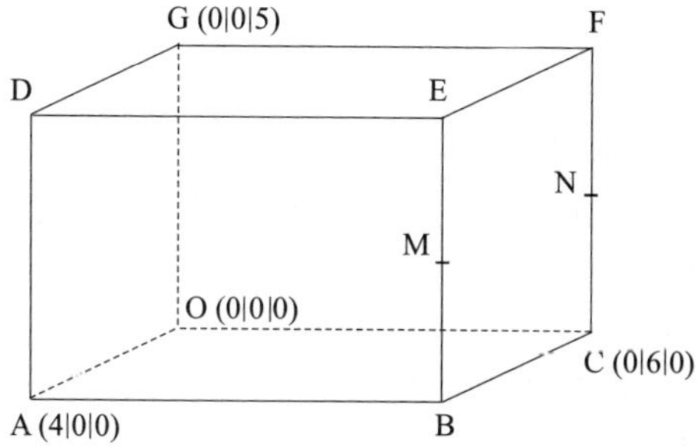

a) Bestimmen Sie die Koordinaten der übrigen Punkte.

b) Geben Sie eine Koordinatengleichung der Ebene durch B, E und F an.

c) Geben Sie eine Geradengleichung der Geraden durch A und N sowie G und M an.

d) Bestimmen Sie die Koordinatengleichung der Ebene durch A, O, E und F.

13 Gegenseitige Lage von Geraden und Ebenen

Tipps ab Seite 107, Lösungen ab Seite 191

Eine Gerade und eine Ebene können auf drei verschiedene Weisen zueinander liegen: Die Gerade kann die Ebene schneiden, sie kann parallel zu ihr liegen und sie kann in der Ebene liegen. Liegt die Ebene in der Parameterform vor, werden Geraden- und Ebenengleichung gleichgesetzt. Liegt sie in der Punkt-Normalenform oder der Koordinatenform vor, schreiben Sie die Gerade als «allgemeinen Punkt» um und setzten diesen in die Ebenengleichung ein.

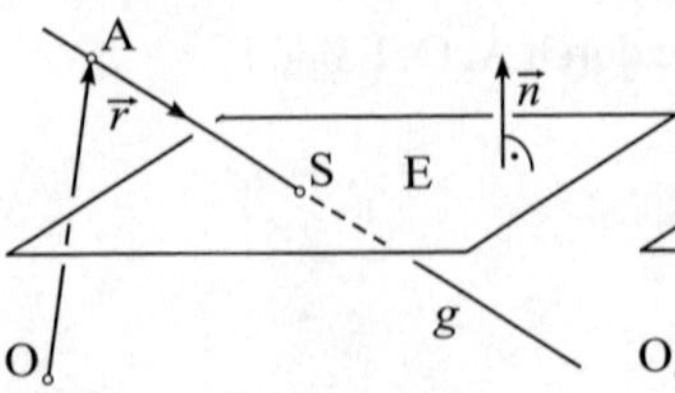

g schneidet E

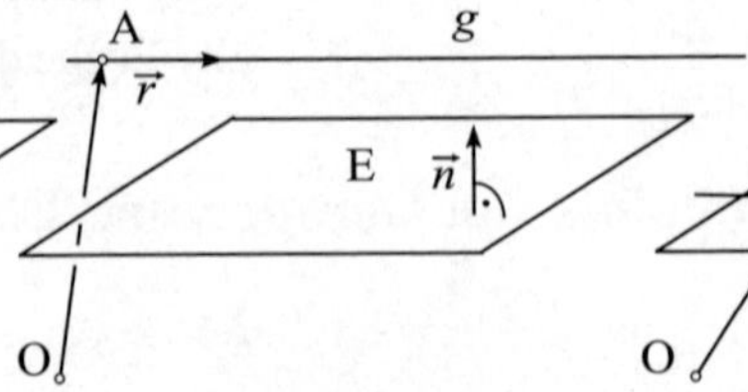

g ist parallel zu E

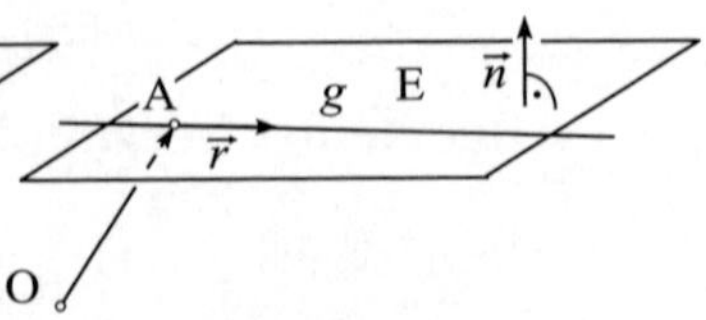

g liegt in E

13.1 Gegenseitige Lage

Bestimmen Sie die gegenseitige Lage der Gerade und der Ebene:

a) $g: \vec{x} = \begin{pmatrix} 4 \\ 6 \\ 2 \end{pmatrix} + t \cdot \begin{pmatrix} 1 \\ 2 \\ 3 \end{pmatrix}$ $\quad$ $E: 2x_1 + 4x_2 + 6x_3 + 12 = 0$

b) $g: \vec{x} = \begin{pmatrix} 3 \\ 2 \\ 2 \end{pmatrix} + t \cdot \begin{pmatrix} 2 \\ 5 \\ 7 \end{pmatrix}$ $\quad$ $E: 2x_1 + x_2 - 3x_3 = 4$

c) $g: \vec{x} = \begin{pmatrix} 4 \\ 1 \\ 3 \end{pmatrix} + t \cdot \begin{pmatrix} 2 \\ -1 \\ 1 \end{pmatrix}$ $\quad$ $E: \vec{x} = \begin{pmatrix} 1 \\ -2 \\ -2 \end{pmatrix} + r \cdot \begin{pmatrix} 3 \\ 6 \\ -3 \end{pmatrix} + s \cdot \begin{pmatrix} 8 \\ -4 \\ 4 \end{pmatrix}$

d) $g: \vec{x} = \begin{pmatrix} 3 \\ 4 \\ 7 \end{pmatrix} + t \cdot \begin{pmatrix} 1 \\ 0 \\ 1 \end{pmatrix}$ $\quad$ $E: \vec{x} = \begin{pmatrix} 4 \\ 6 \\ 8 \end{pmatrix} + r \cdot \begin{pmatrix} 3 \\ 8 \\ 9 \end{pmatrix} + s \cdot \begin{pmatrix} 10 \\ 5 \\ 4 \end{pmatrix}$

e) $g: \vec{x} = \begin{pmatrix} 1 \\ -2 \\ 3 \end{pmatrix} + t \cdot \begin{pmatrix} 2 \\ 1 \\ 2 \end{pmatrix}$ $\quad$ $E: x_1 - x_3 = 0$

13.2 Gerade und Ebene parallel

Bestimmen Sie den Parameter $t \in \mathbb{R}$ so, dass $g_t \parallel$ E bzw. $g_t \parallel E_t$ ist:

a) $g_t: \vec{x} = \begin{pmatrix} 1 \\ 4 \\ -2 \end{pmatrix} + s \cdot \begin{pmatrix} 2 \\ 1 \\ t \end{pmatrix}$ $\quad$ $E: \; x_1 + 2x_2 + 4x_3 = 2$

b) $g_t: \vec{x} = \begin{pmatrix} 2 \\ 1 \\ 2 \end{pmatrix} + s \cdot \begin{pmatrix} 1 \\ t \\ 2 \end{pmatrix}$ $\quad$ $E_t: \; tx_1 + 2x_2 - x_3 = 7$

13.3 Allgemeines Verständnis von Geraden und Ebenen

a) Gegeben seien die Gerade g und die Ebene E durch:

$g: \vec{x} = \vec{a} + t \cdot \vec{r}; \quad t \in \mathbb{R} \qquad E: \; n_1x_1 + n_2x_2 + n_3x_3 + n_0 = 0$

Welche Beziehung muss zwischen den Vektoren gelten, damit

I) g (echt) parallel zu E liegt

II) g senkrecht auf E steht

III) g in E liegt.

b) Wie kann man nachweisen, dass eine Gerade in einer Ebene enthalten ist?

13.4 * Vermischte Aufgaben

a) Gegeben ist die Ebene $E: \; 2x_1 + x_2 - 2x_3 = 12$. Bestimmen Sie die Gleichung einer Geraden, welche parallel zu E ist und durch den Punkt $P(4 \mid 9 \mid 7)$ verläuft.

b) Die Ebene E hat die Gleichung $E: \; 4x_1 - 3x_2 + 5x_3 = 17$. Bestimmen Sie die Gleichung der Geraden, die orthogonal zu E ist und durch den Punkt $Q(4 \mid -1 \mid 3)$ verläuft.

c) Gegeben ist die Ebene $E: \; -2x_1 + x_2 + 2x_3 = 10$. Im Abstand von 3 LE verläuft eine Gerade g parallel zur Ebene E. Geben Sie eine mögliche Geradengleichung von g an.

14 Gegenseitige Lage zweier Ebenen

Tipps ab Seite 108, Lösungen ab Seite 195

Zwei Ebenen können auf drei verschiedene Arten zueinander liegen: Die beiden Ebenen können sich schneiden, sie können identisch sein oder parallel zueinander liegen. Wenn sich die beiden Ebenen schneiden, entsteht eine Schnittgerade s.

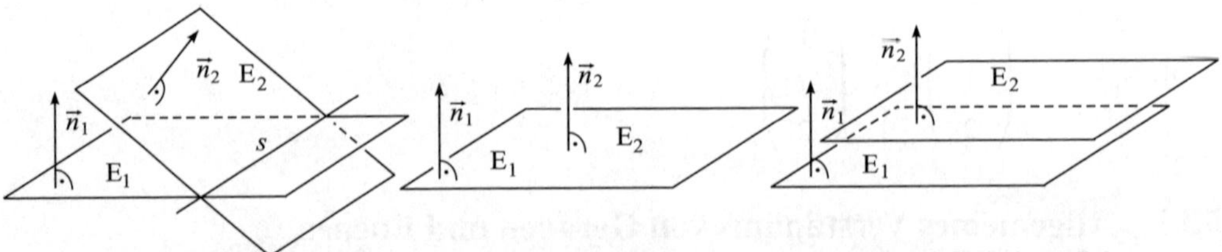

E_1 und E_2 schneiden sich | E_1 und E_2 sind identisch | E_1 und E_2 sind parallel

Liegen die Ebenen in Koordinatenform vor, so läßt sich die Aufgabe relativ einfach dadurch lösen, dass Sie die beiden Gleichungen als Gleichungssystem mit drei Unbekannten auffassen. Sie lösen dieses Gleichungssystem und können die Lösung als Geradengleichung schreiben, indem der Parameter der Lösung zum Geradenparameter wird. Liegen die Ebenen in Parametergleichung vor, setzen Sie diese gleich und benutzen das Gaußverfahren um nach einem Parameter aufzulösen. Sie erhalten so einen Ausdruck in Abhängigkeit vom anderen Parameter, setzen diesen in die Ebenengleichung ein und erhalten so die Schnittgerade.

14.1 Schnitt von zwei Ebenen

Bestimmen Sie eine Gleichung der Schnittgerade der beiden Ebenen.

a) $E_1: \; x_1 + 5x_3 = 8$
$E_2: \; x_1 + x_2 + x_3 = 1$

b) $E_1: \; x_1 - x_2 + 2x_3 = 7$
$E_2: \; 6x_1 + x_2 - x_3 + 7 = 0$

c) $E_1: \; 4x_2 = 5$
$E_2: \; 6x_1 + 5x_3 = 0$

d) $E_1: \; \vec{x} = \begin{pmatrix} 5 \\ 6 \\ -4 \end{pmatrix} + r \cdot \begin{pmatrix} 0 \\ -4 \\ 7 \end{pmatrix} + s \cdot \begin{pmatrix} 2 \\ -3 \\ 4 \end{pmatrix}, \; E_2: \; 2x_1 - x_2 + x_3 = 0$

e) $E_1: \; \vec{x} = \begin{pmatrix} 2 \\ 2 \\ 2 \end{pmatrix} + r \cdot \begin{pmatrix} -1 \\ 2 \\ 1 \end{pmatrix} + s \cdot \begin{pmatrix} 1 \\ -1 \\ 2 \end{pmatrix}, E_2: x_1 + x_2 - 2x_3 = -4$

f) $E_1: \vec{x} = \begin{pmatrix} -4 \\ 1 \\ 6 \end{pmatrix} + r \cdot \begin{pmatrix} 5 \\ -3 \\ -2 \end{pmatrix} + s \cdot \begin{pmatrix} 2 \\ 2 \\ -1 \end{pmatrix}, E_2: \vec{x} = \begin{pmatrix} 4 \\ 5 \\ -3 \end{pmatrix} + t \cdot \begin{pmatrix} 0 \\ -2 \\ 1 \end{pmatrix} + u \cdot \begin{pmatrix} -3 \\ 1 \\ 3 \end{pmatrix}$

g) $E_1: \vec{x} = \begin{pmatrix} 4 \\ 5 \\ 7 \end{pmatrix} + r \cdot \begin{pmatrix} 1 \\ 1 \\ 2 \end{pmatrix} + s \cdot \begin{pmatrix} 2 \\ 3 \\ 6 \end{pmatrix}$, $E_2: \vec{x} = \begin{pmatrix} 3 \\ 2 \\ 11 \end{pmatrix} + t \cdot \begin{pmatrix} 1 \\ -1 \\ 2 \end{pmatrix} + u \cdot \begin{pmatrix} 2 \\ -5 \\ 8 \end{pmatrix}$

14.2 Parallele Ebenen

Bestimmen Sie den Parameter t so, dass die beiden Ebenen parallel sind:

a) $E_t: \ tx_1 - 2tx_2 - 4x_3 = 6$
$F: \ -2x_1 + 4x_2 - 4x_3 = 7$

b) $E_t: \ 2tx_1 + x_2 + 3x_3 = 8$
$F: \ 8x_1 - 2x_2 - 6x_3 = 7$

14.3 Verschiedene Aufgaben

a) Für welchen Wert von d ist $E_d: \ 2x_1 + x_2 - 3x_3 = d$ identisch mit der Ebene $F: \ -4x_1 - 2x_2 + 6x_3 = 9$?

b) Zeigen Sie, dass die Ebene $E: \ 3x_1 + 4x_2 - 2x_3 = 7$ orthogonal zur Ebene $F: \ 2x_1 + x_2 + 5x_3 = 9$ ist.

c) Für welchen Wert von t ist $E: \ 2x_1 - x_2 + 3x_3 = 7$ orthogonal zur Ebene $E_t: \ tx_1 - 2tx_2 - 4x_3 = 6$?

d) Gegeben sind die Ebenen $E: \ ax_1 + bx_2 + cx_3 = d$ und $F: \ ex_1 + fx_2 + gx_3 = h$; $a, ..., h \in \mathbb{R}$. Welche Beziehung muss zwischen den Ebenen bestehen, damit

I) E (echt) parallel zu F liegt

II) E senkrecht auf F steht

III) E und F identisch sind.

15 Abstandsberechnungen

Tipps ab Seite 109, Lösungen ab Seite 200

Die verschiedenen Aufgaben der Abstandsberechnungen lassen sich oft auf die Berechnung des Abstands eines Punktes von einer Ebene oder des Abstands eines Punktes zu einem Punkt zurückführen. So können Sie den Abstand eines Punktes P zu einer Geraden g mit einer Hilfsebene E_H berechnen. Diese steht senkrecht auf g und enthält den Punkt P. Der Abstand ist dann die Länge des Vektors $\overrightarrow{LP}$. (Alternativ können Sie auch das Skalarprodukt benutzen.)

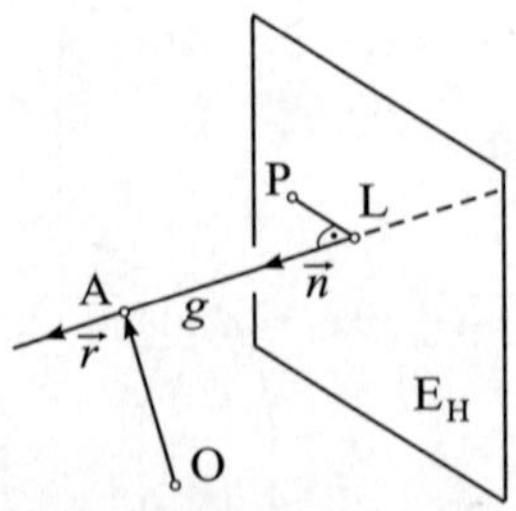

Den Abstand eines Punktes von einer Ebene berechnet man entweder mit einer Hilfsgeraden, mit der man den Lotfußpunkt bestimmt oder mit der Hesseschen Normalenform (HNF).

15.1 Abstand Punkt – Ebene

Berechnen Sie den Abstand des Punktes von der Ebene:

a) $P(2\,|\,4\,|\,-1)$, $E\colon 2x_1 - x_2 + 2x_3 = 1$

b) $S(9\,|\,4\,|\,-3)$, $E\colon x_1 + 2x_2 + 2x_3 = -3$

c) $R(6\,|\,9\,|\,4)$, $E\colon \begin{pmatrix} 2 \\ 2 \\ 1 \end{pmatrix} \cdot \left(\vec{X} - \begin{pmatrix} 7 \\ 5 \\ 2 \end{pmatrix} \right) = 0$

15.2 Abstand Punkt – Gerade

Berechnen Sie den Abstand des Punktes von der Geraden:

a) $g\colon \vec{x} = \begin{pmatrix} 4 \\ 5 \\ 6 \end{pmatrix} + t \cdot \begin{pmatrix} -2 \\ 1 \\ 1 \end{pmatrix}$, $T(6\,|\,-6\,|\,9)$

b)) $g\colon \vec{x} = \begin{pmatrix} -2 \\ -4 \\ 2 \end{pmatrix} + t \cdot \begin{pmatrix} 3 \\ 0 \\ -2 \end{pmatrix}$, $P(-1\,|\,2\,|\,-3)$

15.3 Abstand paralleler Geraden

Zeigen Sie, dass die beiden Geraden parallel sind, und berechnen Sie den Abstand der beiden Geraden:

a) $g:\ \vec{x}=\begin{pmatrix}2\\1\\2\end{pmatrix}+s\cdot\begin{pmatrix}1\\0\\1\end{pmatrix}$ $\qquad h:\ \vec{x}=\begin{pmatrix}2\\3\\4\end{pmatrix}+t\cdot\begin{pmatrix}3\\0\\3\end{pmatrix}$

b) $g:\ \vec{x}=\begin{pmatrix}5\\-1\\3\end{pmatrix}+s\cdot\begin{pmatrix}1\\3\\4\end{pmatrix}$ $\qquad h:\ \vec{x}=\begin{pmatrix}7\\-7\\7\end{pmatrix}+t\cdot\begin{pmatrix}-2\\-6\\-8\end{pmatrix}$

15.4 * Verschiedene Aufgaben

a) Bestimmen Sie denjenigen Punkt A auf $g:\ \vec{x}=\begin{pmatrix}2\\1\\3\end{pmatrix}+t\cdot\begin{pmatrix}2\\1\\2\end{pmatrix}$,

welcher von $P(5\mid 1\mid 0)$ und $Q(6\mid 3\mid 7)$ die gleiche Entfernung hat.

b) Bestimmen Sie denjenigen Punkt M auf $g:\ \vec{x}=\begin{pmatrix}-1\\4\\1\end{pmatrix}+t\cdot\begin{pmatrix}2\\-2\\1\end{pmatrix}$,

der von $A(2\mid -2\mid 1)$ und $C(-1\mid 4\mid -1)$ gleich weit entfernt ist.

c) Bestimmen Sie diejenigen Punkte auf $g:\ \vec{x}=\begin{pmatrix}1\\0\\2\end{pmatrix}+t\cdot\begin{pmatrix}2\\1\\2\end{pmatrix}$,

welche von $A(3\mid 1\mid 4)$ die Entfernung 3 LE haben.

d) Die Punkte $A(1\mid 1\mid 1)$, $B(3\mid 3\mid 1)$ und $C(0\mid 4\mid 5)$ sowie $S(6\mid -2\mid 8)$ bilden eine Pyramide mit der Grundfläche ABC. Berechnen Sie die Höhe der Pyramide.

e) Von welcher Ebene $E_b:\ 2x_1+x_2-2x_3=b$ hat der Punkt $P(-1\mid 2\mid -3)$ den Abstand 2 LE?

f) Welche Punkte der Geraden $g:\ \vec{x}=\begin{pmatrix}2\\-5\\-3\end{pmatrix}+t\cdot\begin{pmatrix}2\\4\\5\end{pmatrix}$ haben von der Ebene $E:\ 2x_1+x_2+2x_3-11=0$ den Abstand 3 LE?

g) Zeigen Sie, dass die Ebene $E_1:\ 2x_1-3x_2+x_3=4$ parallel ist zu $E_2:\ -2x_1+3x_2-x_3=-7$ und berechnen Sie den Abstand von E_1 zu E_2.

15.5 Abstand windschiefer Geraden

Berechnen Sie jeweils den Abstand der beiden windschiefen Geraden:

a) $g: \vec{x} = \begin{pmatrix} -1 \\ -3 \\ 5 \end{pmatrix} + s \cdot \begin{pmatrix} 4 \\ 1 \\ -1 \end{pmatrix}$ $\qquad h: \vec{x} = \begin{pmatrix} 0 \\ -4 \\ 8 \end{pmatrix} + t \cdot \begin{pmatrix} 2 \\ 0 \\ -1 \end{pmatrix}$

b) $g: \vec{x} = \begin{pmatrix} 6 \\ 1 \\ 3 \end{pmatrix} + t \cdot \begin{pmatrix} 2 \\ 1 \\ -2 \end{pmatrix}$ $\qquad h: \vec{x} = \begin{pmatrix} 4 \\ 5 \\ -3 \end{pmatrix} + s \cdot \begin{pmatrix} 0 \\ 1 \\ 2 \end{pmatrix}$

c) * Erläutern Sie die wesentlichen Arbeitsschritte, wie man ohne Formel den Abstand zweier windschiefer Geraden g und h bestimmen kann.

16 Winkelberechnungen

Tipps ab Seite 111, Lösungen ab Seite 204

Die verschiedenen Aufgaben der Winkelberechnungen lassen sich auf die Berechnung des Winkels α zwischen zwei Vektoren $\vec{a}$ und $\vec{b}$ zurückführen, den man mit Hilfe der Formel $\cos\alpha = \frac{\vec{a}\cdot\vec{b}}{|\vec{a}|\cdot|\vec{b}|}$ bestimmen kann.

Will man den spitzen Winkel zwischen zwei Geraden oder zwei Ebenen berechnen, verwendet man die Formel $\cos\alpha = \frac{|\vec{a}\cdot\vec{b}|}{|\vec{a}|\cdot|\vec{b}|}$, wobei $\vec{a}$ und $\vec{b}$ die beiden Richtungsvektoren der Geraden bzw. die beiden Normalenvektoren sind.

Will man den spitzen Winkel zwischen einer Geraden und einer Ebene berechnen, verwendet man die Formel $\sin\alpha = \frac{|\vec{a}\cdot\vec{b}|}{|\vec{a}|\cdot|\vec{b}|}$, wobei $\vec{a}$ der Richtungsvektor der Geraden und $\vec{b}$ der Normalenvektor der Ebene ist.

16.1 Winkel zwischen Vektoren bzw. Geraden

Tipp: Machen Sie eine Skizze. Überlegen Sie, welche Vektoren der Geraden den Winkel einschließen.

a) Berechnen Sie die Innenwinkel des Dreiecks ABC: A (6 | −1 | 1), B (4 | 3 | −3), C (0 | 5 | 1).

b) Berechnen Sie den Winkel zwischen den beiden Geraden:

I) $g:\ \vec{x} = \begin{pmatrix} 2 \\ 1 \\ -1 \end{pmatrix} + s\cdot\begin{pmatrix} -1 \\ 3 \\ 5 \end{pmatrix}$ $\qquad h:\ \vec{x} = \begin{pmatrix} 2 \\ 1 \\ -1 \end{pmatrix} + t\cdot\begin{pmatrix} 7 \\ -1 \\ 2 \end{pmatrix}$

II) $g:\ \vec{x} = \begin{pmatrix} 4 \\ 0 \\ 1 \end{pmatrix} + s\cdot\begin{pmatrix} 2 \\ -6 \\ 10 \end{pmatrix}$ $\qquad h:\ \vec{x} = \begin{pmatrix} 4 \\ 0 \\ 1 \end{pmatrix} + t\cdot\begin{pmatrix} 2 \\ 3 \\ 5 \end{pmatrix}$

16.2 Winkel zwischen Ebenen

Berechnen Sie den Winkel zwischen den Ebenen:

a) $E_1:\ x_1 - x_2 + 2x_3 = 7$
$E_2:\ 6x_1 + x_2 - x_3 + 7 = 0$

b) $E_1:\ 4x_2 = 5$
$E_2:\ 6x_1 + 5x_3 = 0$

16.3 Winkel zwischen Gerade und Ebene

Berechnen Sie jeweils den Winkel zwischen der Gerade und der Ebene:

a) $g: \vec{x} = \begin{pmatrix} 3 \\ 7 \\ -4 \end{pmatrix} + t \cdot \begin{pmatrix} 1 \\ 2 \\ -1 \end{pmatrix}$ E: $3x_1 + 5x_2 - 2x_3 - 7 = 0$

b) $g: x_2$-Achse E: $6x_1 + 10x_2 - 4x_3 = 14$

c) $g: \vec{x} = \begin{pmatrix} 4 \\ 6 \\ 2 \end{pmatrix} + t \cdot \begin{pmatrix} 1 \\ 2 \\ 3 \end{pmatrix}$ E: x_1-x_2-Ebene

17 Spiegelungen

Tipps ab Seite 111, Lösungen ab Seite 206

Die Aufgaben der Spiegelungen lassen sich oft auf die Spiegelung eines Punktes an einem Punkt zurückführen. Hierzu stellt man eine geeignete Vektorkette mit Hilfe des Ursprungs auf.
Um einen Punkt an einer Ebene zu spiegeln, schneidet man die Lotgerade durch diesen Punkt mit der Ebene.
Um einen Punkt an einer Geraden zu spiegeln, stellt man eine orthogonale Hilfsebene durch diesen Punkt auf und schneidet sie mit der Geraden.

17.1 Punkt an Punkt

Spiegeln Sie den Punkt $P(3 \mid 4 \mid 5)$ jeweils an den angegebenen Punkten:

a) $Q(2 \mid 1 \mid 2)$ b) $R(0 \mid 3 \mid -2)$ c) $S(-3 \mid 1 \mid 4)$

17.2 Punkt an Ebene

Spiegeln Sie den Punkt an der Ebene:

a) $A(1 \mid 4 \mid 7)$
$E: \; x_1 - x_2 - 2x_3 + 11 = 0$

b) $S(-1 \mid -4 \mid -9)$
$E: \; 2x_1 - 2x_2 + x_3 = 6$

c) $P(2 \mid 3 \mid 4)$
$E: \; 4x_1 + x_2 - x_3 = 3$

Tipp: Legen Sie eine Skizze an. Oft lässt sich ein neues Problem auf ein schon bekanntes zurückführen, wie die Spiegelung eines Punktes an einer Ebene auf die Spiegelung eines Punktes an einem Punkt.

17.3 Punkt an Gerade

Spiegeln Sie den Punkt an der Geraden:

a) $P(2 \mid 3 \mid 4), g: \vec{x} = \begin{pmatrix} 2 \\ 1 \\ 2 \end{pmatrix} + t \cdot \begin{pmatrix} 1 \\ 0 \\ 1 \end{pmatrix}$ b) $B(5 \mid -2 \mid 1), g: \vec{x} = \begin{pmatrix} -1 \\ 6 \\ 5 \end{pmatrix} + t \cdot \begin{pmatrix} 4 \\ -1 \\ -1 \end{pmatrix}$

17.4 Allgemeine Spiegelungen

a) Geben Sie die wesentlichen Arbeitsschritte zur Spiegelung einer Geraden an einer Ebene an, falls gilt:
I) $g \parallel E$ II) g schneidet E.

b) Geben Sie die wesentlichen Arbeitsschritte zur Spiegelung einer Ebene an einer Ebene an (mit Fallunterscheidung).

18 Kreis und Kugel

Tipps ab Seite 112, Lösungen ab Seite 208

Eine Kugel K mit Mittelpunkt $M(m_1 \mid m_2 \mid m_3)$ und Radius r hat die Koordinatengleichung

$$K\colon\ (x_1 - m_1)^2 + (x_2 - m_2)^2 + (x_3 - m_3)^2 = r^2$$

18.1 Der Kreis in der x-y-Ebene

Die Kreisgleichung in der Ebene lautet: $k\colon\ (x - x_M)^2 + (y - y_M)^2 = r^2$ wobei $M(x_M \mid y_M)$ der Mittelpunkt und r der Radius des Kreises ist.

a) Bestimmen Sie eine Gleichung des Kreises k mit Mittelpunkt M und Radius r.
I) $M(5 \mid 7)$, $r = 6$ II) $M(0 \mid 0)$, $r = 4$ III) $M(-1 \mid 3)$, $r = 2$

b) Geben Sie jeweils den Mittelpunkt und den Radius folgender Kreise k an:
I) $k\colon\ (x+1)^2 + (y+2)^2 = 16$ II) $k\colon\ x^2 + (y-5)^2 = 9$ III) $k\colon\ x^2 + y^2 = 8$

c) Prüfen Sie, ob die Punkte $P(7 \mid 7)$, $Q(6 \mid 2)$ und $R(9 \mid 6)$ innerhalb, außerhalb oder auf dem Kreis $k\colon\ (x-3)^2 + (y-4)^2 = 25$ liegen.

18.2 Gegenseitige Lage von Kreis und Gerade

a) Berechnen Sie die Schnittpunkte des Kreises k mit der Geraden g.

I) $k\colon\ (x+1)^2 + (y+2)^2 = 16;\ g\colon\ x + y = 1$

II) $k\colon\ (x-2)^2 + (y-2)^2 = 16;\ g\colon\ y - x = 4$

III) $k\colon\ x^2 + y^2 = 25;\ g\colon\ 3y + x = 15$

b) Zeigen Sie, dass die Gerade g den Kreis k berührt. Bestimmen Sie den Berührpunkt.

I) $g\colon\ 4y + 3x = 14;\ k\colon\ (x+1)^2 + (y+2)^2 = 25$

II) $g\colon\ 3y - 4x + 51 = 0;\ k\colon\ M(5 \mid -2),\ r = 5$

III) $g\colon\ 3y - 4x = -6;\ k\colon\ (x-11)^2 + (y+4)^2 = 100$

c) Bestimmen Sie die Gleichung der Tangente an den Kreis k im Punkt B.

I) $k\colon\ M(-3 \mid 7);\ r = 5;\ B(1 \mid 10)$

II) $k\colon\ (x+1)^2 + (y+2)^2 = 25;\ B(2 \mid 2)$

III) $k\colon\ x^2 + y^2 = 169;\ B(5 \mid 12)$

d) Wie ist der Radius r des Kreises k mit Mittelpunkt $M(1 \mid 1)$ zu wählen, dass die Gerade $g\colon\ y = x - 8$ keine gemeinsamen Punkte mit k hat?

18.3 Kugelgleichung

a) Bestimmen Sie jeweils eine Koordinatengleichung der Kugel K mit Mittelpunkt M und Radius r:

I) $M(2\,|\,1\,|\,5)$, $r=3$ II) $M(-3\,|\,2\,|\,-4)$, $r=\sqrt{7}$ III) $M(0\,|\,0\,|\,1)$, $r=4$

b) Geben Sie jeweils den Mittelpunkt und den Radius folgender Kugeln an:

I) $K_1:\ (x_1-2)^2+(x_2-3)^2+(x_3+2)^2=8$

II) $K_2:\ (x_1-4)^2+(x_2-3)^2+(x_3+1)^2-22=0$ III) $K_3:\ x_1^2+x_2^2+x_3^2=25$

c) Prüfen Sie, ob die Punkte $P(4\,|\,1\,|\,3)$ bzw. $Q(3\,|\,0\,|\,10)$ innerhalb, außerhalb oder auf der Kugel K mit Mittelpunkt $M(1\,|\,1\,|\,7)$ und Radius $r=5$ liegen.

18.4 Gegenseitige Lage von Kugel und Gerade

Eine Gerade kann eine Kugel in zwei Punkten schneiden (Sekante), in einem Punkt berühren (Tangente) oder an ihr vorbeigehen (Passante).

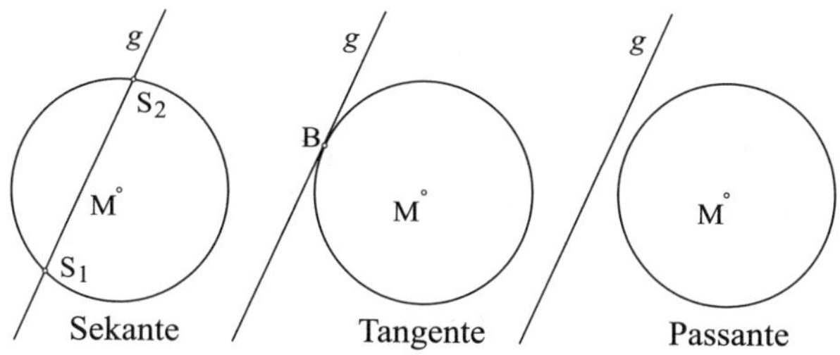

a) Berechnen Sie (falls möglich) die gemeisamen Punkte von Kugel und Gerade.

I) $K_1:\ M_1(0\,|\,0\,|\,0),\ r_1=3 \quad g:\ \vec{x}=\begin{pmatrix}1\\2\\2\end{pmatrix}+t\cdot\begin{pmatrix}-1\\1\\4\end{pmatrix}$

II) $K_2:\ (x_1-2)^2+(x_2-3)^2+(x_3-4)^2=4 \quad g_{AB}:\ A(4\,|\,2\,|\,2),\ B(4\,|\,4\,|\,6)$

III) $K_3:\ M_3(1\,|\,0\,|\,3),\ r_3=1 \quad h:\ \vec{x}=\begin{pmatrix}1\\0\\5\end{pmatrix}+t\cdot\begin{pmatrix}1\\1\\1\end{pmatrix}$

b) Bestimmen Sie die gegenseitige Lage der Kugel K mit Mittelpunkt $M(0\,|\,0\,|\,2)$ und Radius $r=6$ und der Geraden $g:\ \vec{x}=\begin{pmatrix}18\\-16\\22\end{pmatrix}+t\cdot\begin{pmatrix}2\\1\\0\end{pmatrix}$.

18.5 Gegenseitige Lage von Kugel und Ebene

Um den Mittelpunkt M* des Schnittkreises von Ebene und Kugel zu erhalten, stellt man eine Lotgerade l auf, die durch $M(-1 \mid 3 \mid 5)$ geht und den Normalenvektor $\vec{n} = \begin{pmatrix} 2 \\ 3 \\ 1 \end{pmatrix}$ der Ebene E als Richtungsvektor hat und schneidet diese mit E:

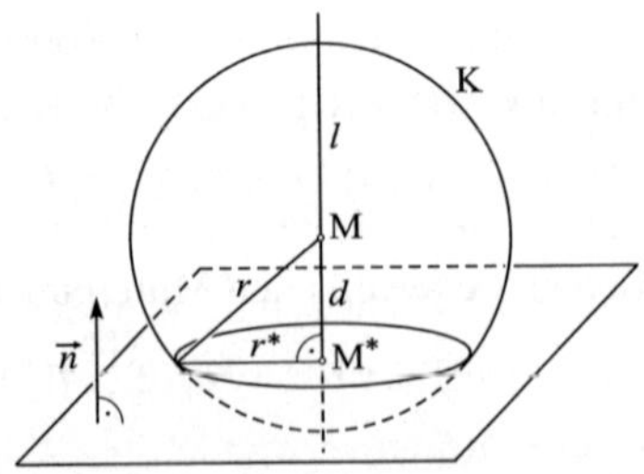

a) Berechnen Sie den Mittelpunkt M* und den Radius r^* des Schnittkreises von Kugel und Ebene.

I) E: $2x_1 + 2x_2 + x_3 = 6$ K: $(x_1 - 5)^2 + (x_2 - 2)^2 + (x_3 - 1)^2 = 49$

II) E: $2x_1 + 3x_2 + x_3 - 26 = 0$ K: $M(-1 \mid 3 \mid 5)$, $r = 5$

b) Bestimmen Sie die gegenseitige Lage von Kugel und Ebene.

I) E: $5x_1 + 6x_2 - 3x_3 = 11$ K: $(x_1 - 3)^2 + x_2^2 + (x_3 + 1)^2 = 9$

II) E: $2x_1 + 2x_2 + x_3 = 3$ K: $M(0 \mid 0 \mid 0)$, $r = 1$

c) Wie lautet die Koordinatengleichung der Tangentialebene E_T an die Kugel K mit Mittelpunkt $M(2 \mid 4 \mid 1)$, welche die Kugel im Punkt $B(7 \mid -3 \mid 2)$ berührt?

18.6 Gegenseitige Lage zweier Kugeln

Zwei Kugeln haben entweder keinen gemeinsamen Punkt, einen Berührpunkt (innen oder außen) oder schneiden sich in einem Schnittkreis, der in einer Ebene liegt.

a) Gegeben sind die Kugeln K_1: $M_1(3 \mid 1 \mid 4)$, $r_1 = 3$ und K_2: $M_2(5 \mid -2 \mid 8)$, $r_2 = 2$. Prüfen Sie, ob K_1 und K_2 gemeinsame Punkte haben.

b) Zeigen Sie, dass sich die beiden Kugeln K_1: $(x_1 + 1)^2 + x_2^2 + (x_3 - 2)^2 = 36$ und K_2: $M_2(1 \mid 2 \mid 3)$, $r_2 = 3$ berühren und berechnen Sie die Koordinaten des Berührpunkts.

c) Gegeben sind die Kugeln K_1 : $(x_1 - 3)^2 + (x_2 + 6)^2 + (x_3 - 7)^2 = 100$ und K_2: $M_2(-1 \mid 2 \mid -1)$, $r_2 = \sqrt{52}$.
Zeigen Sie, dass sich K_1 und K_2 schneiden und bestimmen Sie eine Gleichung der Ebene E, in welcher der Schnittkreis liegt.

Stochastik

19 Berechnung von Wahrscheinlichkeiten

Tipps ab Seite 115, Lösungen ab Seite 216

In diesem Kapitel geht es darum, mithilfe bereits bekannter Wahrscheinlichkeiten von Ereignissen die Wahrscheinlichkeiten weiterer, oft «komplizierterer» Ereignisse zu bestimmen. Dabei werden folgende Operatoren verwendet:

$A \cup B$ bedeutet: entweder A oder B oder A und B tritt ein

$A \cap B$ bedeutet: A und B treten ein

Ein wichtiges Hilfsmittel sind *Vierfeldertafeln*. Mit Hilfe einer Vierfeldertafel kann man beispielsweise in folgendem Beispiel arbeiten:
In einer Eisdiele wurde über längere Zeit das Kaufverhalten der Kunden beobachtet. Bei Kunden, die genau zwei Kugeln Eis bestellten, konnte folgende Regelmäßigkeit festgestellt werden: Die Wahrscheinlichkeit, dass die 1. der genannten Sorten Vanille ist, liegt bei $p = 0,4$. Für die Wahrscheinlichkeit, dass die 2. genannte Sorte Schokolade ist, gilt $p = 0,3$.

A bezeichnet dann das Ereigniss «Die 1. bestellte Sorte ist Vanille», $\overline{A}$ entsprechend «Die 1. bestellte Sorte ist nicht Vanille». Dabei werden zuerst die Werte in den Randspalten bzw. Zeilen eingetragen; die Werte in der Mitte ergeben sich durch Multiplikation.

	A	$\overline{A}$	
B	0,12	0,18	0,3
$\overline{B}$	0,28	0,42	0,7
	0,4	0,6	

Baumdiagramme sind insbesondere bei mehrstufigen Zufallsexperimenten hilfreich. Eine Verzweigung entspricht dabei den möglichen Versuchausgängen der jeweiligen Stufe; längs der «Äste» werden die zugehörigen Wahrscheinlichkeiten notiert. Ein Beispiel für ein Baumdiagramm, das sich auf das obere Beispiel bezieht, ist:

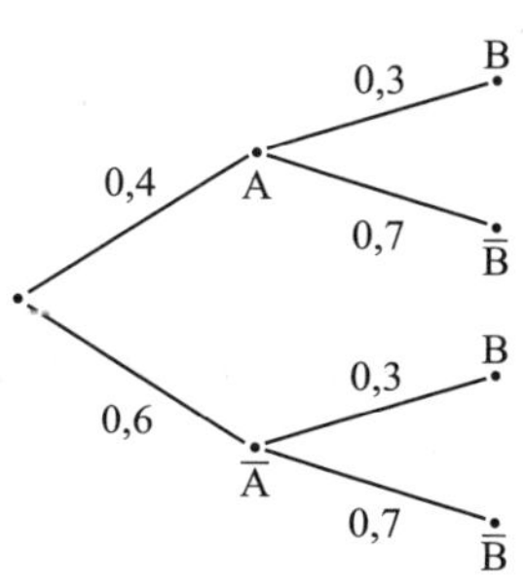

Wichtige Rechenregeln für Baumdiagramme sind die 1. *Pfadregel* und die 2. *Pfadregel*:
Die 1. Pfadregel (auch: Produktregel der Stochastik) besagt, dass man die Wahrscheinlichkeit längs eines Pfades berechnet, indem man die Wahrscheinlichkeiten der zugehörigen Äste miteinander multipliziert.
Mit der 2. Pfadregel (auch: Summenregel der Stochastik) kann man die Wahrscheinlichkeit eines Ereignisses berechnen, indem man die Wahrscheinlichkeiten aller zugehörigen Pfade addiert.

Ein Beispiel zum abgebildeten Baumdiagramm ist: $P(A \cap B) = 0,4 \cdot 0,3 = 0,12$

19.1 Additionssatz, Vierfeldertafel

a) Ergänzen Sie die folgenden Vierfeldertafeln:

I)

	A	$\overline{A}$	
B	0,3		
$\overline{B}$		0,1	
	0,8		

II)

	A	$\overline{A}$	
B			
$\overline{B}$	$\frac{1}{4}$		$\frac{3}{8}$
		$\frac{5}{8}$	

b) In einer Schule begeistern sich 70 % der Schüler für Fußball, 60 % für Schwimmen, 10 % mögen keine der beiden Sportarten.

I) Stellen Sie eine Vierfeldertafel auf und bestimmen Sie daraus den Anteil der Schüler, die sich für beide Sportarten begeistern.

II) Prüfen Sie den Additionssatz an diesem Beispiel nach.

19.2 Baumdiagramme und Pfadregeln

a) In einer Urne befinden sich 2 grüne, 3 rote und 5 blaue Kugeln. Es werden nacheinander ohne Zurücklegen 2 Kugeln gezogen.

I) Stellen sie ein Baumdiagramm auf.

II) Bestimmen Sie die Wahrscheinlichkeiten der folgenden Ereignisse:

A: Es werden die beiden grünen Kugeln gezogen.

B: Es wird zuerst eine rote und dann eine blaue Kugel gezogen.

C: Es werden eine rote und eine grüne Kugel gezogen.

D: Es werden 2 gleichfarbige Kugeln gezogen.

E: Es wird keine blaue Kugel gezogen.

b) Ein Würfel trägt auf einer Seite die Zahl 1, auf vier anderen Seiten die Zahl 2 und auf einer Seite die Zahl 3. Er wird zweimal nacheinander geworfen und das Ergebnis als zweistellige Zahl notiert.

I) Stellen Sie ein Baumdiagramm auf.

II) Bestimmen Sie die Wahrscheinlichkeiten der folgenden Ereignisse:

A: Das Ergebnis ist 12.

B: Das Ergebnis ist eine gerade Zahl.

C: Das Ergebnis ist kleiner als 20.

D: Die Quersumme des Ergebnisses ist 4.

E: Das Ergebnis ist eine Primzahl.

c) Ein Fertigungsteil durchläuft mehrmals dieselbe Kontrolle, da mit einer Wahrscheinlichkeit von 20 % ein Fehler übersehen wird.

I) Bestimmen Sie mit Hilfe eines Baumdiagramms die Wahrscheinlichkeit, dass ein vorhandener Fehler zweimal übersehen und beim 3. Mal erkannt wird.

II) Wie groß ist die Wahrscheinlichkeit, dass ein vorhandener Fehler spätestens beim 3. Mal erkannt wird?

d) Berechnen Sie die Gewinnwahrscheinlichkeit bei folgendem Spiel: Ein Würfel wird so oft geworfen, bis die Summe der gewürfelten Augenzahlen 3 oder mehr beträgt.
Man gewinnt, wenn die Summe genau 3 beträgt.

19.3 Unabhängigkeit von zwei Ereignissen

Zwei Ereignisse A und B heißen *(stochastisch) unabhängig* genau dann, wenn der *spezielle Multiplikationssatz* gilt:

$$P(A \cap B) = P(A) \cdot P(B)$$

Die *bedingte Wahrscheinlichkeit* $P_B(A)$ ist die Wahrscheinlichkeit dafür, dass das Ereignis A eintritt, unter der Bedingung, dass B bereits eingetreten ist. Dafür gilt:

$$P_B(A) = \frac{P(A \cap B)}{P(B)}$$

Beispiel:

Geworfen werden ein roter und ein schwarzer Würfel, die jeweils mit den Zahlen 1 bis 6 beschriftet sind. Berechnet werden soll die Wahrscheinlichkeit dafür, dass der schwarze Würfel «6» ergibt (Ereignis A), wenn die Gesamtaugenzahl «11» beträgt (Ereignis B). Da der rote Würfel dann ja 5 anzeigen «muss» und die beiden Würfe unabhängig voneinander sind. Man erhält:

$$P(A \cap B) = P(\{5;6\}) = \frac{1}{6} \cdot \frac{1}{6} = \frac{1}{36}$$

Weiter ist:

$$P(B) = P(\{5;6\};\{6;5\}) = \frac{2}{36} = \frac{1}{18}$$

(da es nur diese beiden Möglichkeiten gibt, insgesamt auf «11» zu kommen). Somit folgt:

$$P_B(A) = \frac{P(A \cap B)}{P(B)} = \frac{\frac{1}{36}}{\frac{1}{18}} = \frac{18}{36} = \frac{1}{2}$$

Die gesuchte bedingte Wahrscheinlichkeit beträgt hier also gerade 0,5.

Im allgemeinen – wenn der spezielle Multiplikationssatz nicht gilt – berechnet man die Wahrscheinlichkeit, dass die Ereignisse A und B beide eintreten, mit Hilfe der bedingten Wahrscheinlichkeit:

$$P(A \cap B) = P(B) \cdot P_B(A)$$

Beispiel:

Die Wahrscheinlichkeit, an einer gewissen Infektion zu erkranken, ist für Männer und Frauen unterschiedlich (die Merkmale «Geschlecht» und «Infektion positiv/negativ» sind also *nicht* unabhängig). Die Wahrscheinlichkeit, eine infizierte Person anzutreffen, liegt bei 2 %. Trifft man auf

eine infizierte Person, so beträgt die Wahrscheinlichkeit, dass es sich dabei um einen Mann handelt, etwa 53 %. Bezeichne A die Merkmalsausprägung «Mann», und bezeichne «B» die Merkmalsausprägung «Infektion positiv». Es ist damit $P(B) = 0{,}02$ und $P_B(A) = 0{,}53$.
Die Wahrscheinlichkeit, eine infizierte männliche Person zu treffen, beträgt demnach etwas mehr als 1 %:

$$P(A \cap B) = P(B) \cdot P_B(A) = 0{,}02 \cdot 0{,}53 = 0{,}0106 = 1{,}06\,\%$$

Aufgaben

a) Vervollständigen Sie die folgenden Vierfeldertafeln unter der Bedingung, dass A und B unabhängige Ereignisse sind.

I)

	A	$\overline{A}$	
B			0,4
$\overline{B}$			
	0,8		

II)

	A	$\overline{A}$	
B	$\frac{3}{5}$		
$\overline{B}$			
		$\frac{1}{10}$	

III)

	A	$\overline{A}$	
B	$\frac{1}{20}$		
$\overline{B}$			
	$\frac{1}{5}$		

b) Ein Fragebogen enthält die Zeilen

männlich ☐ weiblich ☐

Raucher ☐ Nichtraucher ☐

Von 200 befragten Personen waren 90 männlich (m), 80 waren Raucher (R). Es gab 36 männliche Raucher. Ist auf Grund der Umfrage zu schließen, dass Geschlecht und Rauchverhalten der befragten Personen unabhängig voneinander sind?

19.4 Bedingte Wahrscheinlichkeit

a) In einem Stadtteil sind 30 % der Einwohner über 70 Jahre alt, davon sind 40 % Männer. Unter den jüngeren Einwohnern (bis 70 Jahre) beträgt der Anteil der Männer 50 %. Wieviel Prozent der Männer sind höchstens 70 Jahre alt?

b) In einer Stadt sind 20 % der Bevölkerung an Aids erkrankt. Von einem Aids-Test weiß man, dass er nicht ganz sicher ist. Es können zwei Fehler auftreten:

1. Bei 96 % der Erkrankten fällt der Test positiv aus, beim Rest wird die Krankheit nicht erkannt.
2. Bei 94 % der Gesunden fällt der Test negativ aus, beim Rest wird fälschlicherweise ein Aidsverdacht ausgesprochen.

I) Wie groß ist die Wahrscheinlichkeit, dass eine Person, bei der der Test positiv ausfällt, wirklich an Aids erkrankt ist?
Wie groß ist die Wahrscheinlichkeit, dass eine Person, bei der der Test negativ ausfällt, wirklich gesund ist?

II) Beantworten Sie die Fragen aus Aufgabe I), wenn der Anteil der Aidskranken in der Bevölkerung auf 50 % steigt.
Beschreiben Sie die Veränderung.

20 Kombinatorische Zählprobleme

Tipps ab Seite 116, Lösungen ab Seite 221

Bei mehrstufigen Zählproblemen werden die Baumdiagramme oft sehr unübersichtlich, so dass es einfacher ist, kombinatorische Methoden anzuwenden. Man unterscheidet *geordnete Stichproben* (sogenannte Variationen) von *ungeordneten Stichproben* (sogenannte Kombinationen); beide Stichprobenarten können *mit oder ohne Zurücklegen* durchgeführt werden.

Es ist hilfreich, die im Folgenden genannten Formeln zur Berechnung der «günstigen Fälle» auswendig zu können, da man dann mithilfe der Idee «Anzahl der günstigen Fälle geteilt durch Anzahl aller möglichen Fälle» oft schnell die gesuchte Wahrscheinlichkeit angeben kann (unter der Voraussetzung, dass Laplace-Bedingungen vorliegen).

Geordnete Stichproben mit Zurücklegen

Bei geordneten Stichproben (der Größe k) mit Zurücklegen gilt für die Anzahl der möglichen Ausfälle (bei einem Grundraum der Größe n): n^k

Beispiel:

Bei 5-maligem Ziehen mit Zurücklegen aus einer Urne mit 20 verschiedenen Kugeln gibt es insgesamt $20^5 = 3\,200\,000$ verschiedene Variationen.

Geordnete Stichproben ohne Zurücklegen

Bei geordneten Stichproben (der Größe k) ohne Zurücklegen gilt für die Anzahl der möglichen Ausfälle (bei einem Grundraum der Größe n):

$$n \cdot (n-1) \cdot (n-2) \cdot \ldots \cdot (n-k+1) = \frac{n \cdot (n-1) \cdot \ldots \cdot 1}{(n-k) \cdot (n-k-1) \cdot \ldots \cdot 1} = \frac{n!}{(n-k)!}$$

Dabei steht n! (sprich: *n-Fakultät*) für $n \cdot (n-1) \cdot (n-2) \cdot \ldots \cdot 1$, bzw. $1 \cdot 2 \cdot 3 \cdot \ldots \cdot (n-1) \cdot n$

Beispiel:

bei 5-maligem Ziehen ohne Zurücklegen aus einer Urne mit 20 verschiedenen Kugeln gibt es insgesamt $20 \cdot 19 \cdot \ldots \cdot 16 = 1\,860\,480$ verschiedene Variationen.

Ungeordnete Stichproben ohne Zurücklegen

Bei ungeordneten Stichproben (der Größe k) ohne Zurücklegen gilt für die Anzahl der möglichen Ausfälle (bei einem Grundraum der Größe n):

$$\binom{n}{k} = \frac{n!}{(n-k)! \cdot k!} = \frac{n \cdot (n-1) \cdot \ldots \cdot (n-k+1)}{k!}$$

Dabei ist $\binom{n}{k}$ ein sogenannter *Binomialkoeffizient*.

Beispiel

verschiedene Spielarten von Lotto, beispielsweise «3 aus 20»: Beim Ziehen von 3 Kugeln ohne Zurücklegen aus insgesamt 20 durchnummerierten Kugel gibt es

$$\binom{20}{3} = \frac{20 \cdot 19 \cdot 18}{3 \cdot 2 \cdot 1} = 1140$$

verschiedene Kombinationen.

20.1 Geordnete Stichproben mit Zurücklegen

a) Die PIN einer EC-Karte besteht aus 4 Ziffern. Wie groß ist die Wahrscheinlichkeit für folgende Ereignisse?

A: Alle Ziffern sind ungerade.

B: Es kommen nur die Ziffern 0 und 1 vor.

C: Die Zahl ist eine «Spiegelzahl», d.h. die erste und die letzte sowie die zweite und die dritte Ziffer sind gleich.

b) Aus schwarzen und weißen Mühlesteinen werden Türme gebaut, indem immer 8 Steine übereinander gestapelt werden. Wie groß ist die Wahrscheinlichkeit für folgende Ereignisse, wenn die Farbe jedesmal zufällig gewählt wird?

A: Alle Steine haben dieselbe Farbe.

B: Nur ein Stein ist weiß.

C: Der erste und der letzte Stein haben dieselbe Farbe.

c) Aus den Buchstaben HANNA werden nacheinander mit Zurücklegen 3 Buchstaben gezogen und notiert.

Wie groß ist die Wahrscheinlichkeit folgender Ereignisse?

A: Es entsteht das Wort NAH.

B: Es entsteht das Wort AHA.

C: Man zieht dreimal H.

D: Man zieht kein H.

20.2 Geordnete Stichproben ohne Zurücklegen

a) In einer Urne sind 6 rote und 4 weiße Kugeln. Es werden nacheinander 5 Kugeln ohne Zurücklegen gezogen.

Wie groß ist die Wahrscheinlichkeit der folgenden Ereignisse?

A: Man zieht nur rote Kugeln.

B: Man zieht zuerst alle weißen, dann eine rote Kugel.

C: Die erste Kugel ist weiß.

D: Man zieht abwechselnd weiße und rote Kugeln.

b) Für eine Varietee-Veranstaltung stehen 5 Nummern zur Verfügung, darunter eine Jonglier-Nummer. Die Reihenfolge des Programms wird ausgelost.
Wie groß ist die Wahrscheinlichkeit folgender Ereignisse?
A: Die Jongliernummer steht an der 3. Stelle im Programm.
B: Die Jongliernummer steht nicht am Schluss.

c) Die Buchstaben des Wortes ANANAS werden geschüttelt und neu angeordnet.
Wie groß ist die Wahrscheinlichkeit der folgenden Ereignisse?
A: Es entsteht wieder das Wort ANANAS.
B: Die Buchstabenkombination beginnt mit AAA.
C: Es entsteht ein Wort mit dreifachem A direkt hintereinander.

20.3 Ungeordnete Stichproben ohne Zurücklegen

a) In einer Urne befinden sich 25 nummerierte Kugeln (Zahlen 1 bis 25). Es werden gleichzeitig 4 Kugeln aus der Urne gezogen.
Wie groß ist die Wahrscheinlichkeit für folgende Ereignisse?
A: Alle Zahlen sind durch 5 teilbar.
B: Alle Zahlen sind gerade.
C: Die Summe der vier Zahlen ist kleiner als 12.
D: Das Produkt der vier Zahlen ist 12.

b) In einer Urne sind 7 weiße, 5 schwarze und 3 rote Kugeln. Es werden 3 Kugeln gleichzeitig gezogen.
Wie groß ist die Wahrscheinlichkeit der folgenden Ereignisse?
A: Alle Kugeln sind weiß.
B: Alle Kugeln haben dieselbe Farbe.
C: Eine Kugel ist weiß, zwei sind schwarz.
D: Es ist keine rote Kugel dabei.
E: Von jeder Farbe ist eine Kugel dabei.
F: Es ist mindestens eine weiße Kugel dabei.

c) In einer Packung sind 10 Glühbirnen, davon sind zwei defekt.
Wie groß ist die Wahrscheinlichkeit für folgende Ereignisse, wenn drei Glühbirnen «blind» herausgegriffen werden?
A: Alle 3 Glühbirnen sind in Ordnung.
B: Genau eine Glühbirne ist defekt.
C: Genau 2 Glühbirnen sind defekt.

20.4 Vermischte Aufgaben

In der Stochastik gibt es für viele Aufgaben mehrere verschiedene Lösungswege. Die folgenden Aufgaben lassen sich u.a. mit Hilfe der in den vorangegangenen Abschnitten geübten Gedankengänge lösen.

a) 4 Freunde gehen ins Kino, sie haben in einer Reihe 4 nummerierte Plätze nebeneinander und verteilen die Karten zufällig.
Wie groß ist die Wahrscheinlichkeit der folgenden Ereignisse?
A: Holger sitzt zwischen 2 Freunden.
B: Holger und Christoph sitzen außen.
C: Holger und Christoph sitzen nebeneinander.

b) Für eine Prüfung werden 10 mögliche Themen vereinbart, 3 davon werden in der Prüfung abgefragt. Ein Prüfling lernt nur 6 der 10 Themen.
Wie groß ist die Wahrscheinlichkeit, dass keines (eines, zwei, alle drei) der Prüfungsthemen von ihm vorbereitet wurden?

c) Bei einem Multiple-Choice-Test gibt es 10 Fragen mit je drei möglichen Antworten, von denen jeweils genau eine richtig ist. Jemand kreuzt nach dem Zufallsprinzip bei jeder Frage eine Antwort an.
Wie groß ist die Wahrscheinlichkeit der folgenden Ereignisse?
A: Alle Antworten sind falsch.
B: Die ersten 5 sind richtig, die letzten 5 sind falsch angekreuzt.
C: Genau die Hälfte der Antworten sind richtig.
D: 4 Antworten sind richtig, 6 sind falsch.

21 Wahrscheinlichkeitsverteilung von Zufallsgrößen

Tipps ab Seite 118, Lösungen ab Seite 225

In diesem Kapitel geht es um *Zufallsvariablen*. Bei Zufallsvariablen handelt es sich nicht wirklich um Variablen, sondern um Funktionen. Eine Zufallsvariable ordnet den konkreten Beobachtungen eines Zufallsexperiments Werte zu.

Beispiel:

Bei der Ziehung von 4 Kugeln aus einer Urne mit 15 grünen und 5 gelben Kugeln kann man X definieren als Zufallsvariable für die Anzahl der gezogenen gelben Kugeln. Für den Versuchsausgang $\omega = \{\text{grün; gelb; gelb; gelb}\}$ gilt dann $X(\omega) = 3$, weil gelb drei Mal gezogen wurde. Eine weitere Zufallsvariable Y kann beispielsweise definiert werden für die Anzahl der gezogenen grünen Kugeln. Es ist dann $Y(\omega) = 1$.

Der *Erwartungswert* einer Zufallsvariablen wird häufig für die Gewinnerwartung eines Spiels oder für die Beurteilung der «Fairness» eines Spiels herangezogen. Anschaulich ergibt sich der Erwartungswert einer Zufallsvariable X bei genügend häufiger Wiederholung eines Zufallsexperiments als Mittelwert der Realisierungen von X.

Kann eine Zufallsvariable X bei jeder Durchführung des Zufallsexperiments k verschiedene Werte $x_1; x_2; \ldots x_k$ annehmen und sind die zugehörigen Wahrscheinlichkeiten gerade $p_1; p_2; \ldots p_k$ (mit $\sum_{j=1}^{k} p_j = 1$), so ergibt sich als Erwartungswert von X:

$$E[X] = \sum_{j=1}^{k} x_j \cdot p_j$$

Beispiel:

Bei einem Spiel mit einem fairen Würfel erhält der Spieler die von ihm erwürfelte Augenzahl in Euro ausgezahlt. Der zu erwartende Gewinn beträgt mit X als Zufallsvariable für die Höhe des Gewinns:

$$E[X] = \sum_{j=1}^{6} j \cdot \frac{1}{6} = \frac{1}{6} + \frac{2}{6} + \ldots + \frac{6}{6} = \frac{7}{2}$$

Ein Spieler hat also mit einem durchschnittlichen Gewinn von 3,50 Euro zu rechnen. Soll das Spiel fair sein, so müsste der Einsatz des Spielers ebenfalls 3,50 Euro betragen. Zahlt er einen höheren Einsatz, so begünstigt das Spiel die Bank; zahlt er einen geringeren Einsatz, so wird der Spieler begünstigt.

Die *Varianz* und *Standardabweichung* einer Zufallsvariablen sind Maße für die Streuung der Zufallsvariablen, das heißt, Maße für die mittlere quadratische Abweichung der Zufallsvariablen von ihrem Erwartungswert. Ist μ der Erwartungswert der Zufallsvariable X, so gilt für die zugehörige Varianz:

$$\text{Var}(X) = V(X) = E\left[(X-\mu)^2\right]$$

Die Quadratwurzel der Varianz wird als Standardabweichung bezeichnet. Es ist:

$$\sigma(X) = \sqrt{V(X)} \text{ bzw. } \sigma^2(X) = V(X) = E\left[(X-\mu)^2\right]$$

Beispiel:

Bei einem Glücksspiel zieht ein Spieler pro Runde eine von insgesamt 30 Kugeln aus einer Urne. 18 dieser Kugeln sind mit dem Wert 1, die übrigen 12 sind mit dem Wert -2 beschriftet. Im ersten Fall bekommt der Spieler einen Euro von der Bank; im zweiten Fall muss er zwei Euro an die Bank zahlen. Die Zufallsgröße X für den «Gewinn» des Spielers in einer gewissen Runde kann die Werte 1 und -2 annehmen. Es ist $P(X=1)=\frac{18}{30}=\frac{3}{5}$ und $P(X=-2)=\frac{12}{30}=\frac{2}{5}$.

Der Erwartungswert von X ist:

$$E[X]=1\cdot\frac{3}{5}-2\cdot\frac{2}{5}=-\frac{1}{5}$$

Das Spiel ist also nicht fair; die Bank wird bevorzugt, da der Spieler durchschnittlich 0,20 Euro pro Spiel verliert.

Für die zugehörige Varianz ergibt sich:

$$\begin{aligned} V(X) &= E\left[\left(X-\left(-\frac{1}{5}\right)\right)^2\right]=E\left[\left(X+\frac{1}{5}\right)^2\right] \\ &= \left(1+\frac{1}{5}\right)^2\cdot\frac{3}{5}+\left(-2+\frac{1}{5}\right)^2\cdot\frac{2}{5} \\ &= \frac{36}{25}\cdot\frac{3}{5}+\frac{81}{25}\cdot\frac{2}{5}=\frac{270}{125}=\frac{54}{25} \end{aligned}$$

Die Varianz von X beträgt demnach $V(X)=2,16$. Als Standardabweichung von X erhält man damit direkt:

$$\sigma(X)=\sqrt{V(X)}=\sqrt{2,16}\approx 1,47$$

21.1 Erwartungswert

a) Aus einer Urne mit 2 weißen und 8 roten Kugeln werden nacheinander ohne Zurücklegen so lange einzelne Kugeln entnommen, bis die erste rote Kugel auftritt.
Wie oft muss man durchschnittlich ziehen?

b) Es wird folgendes Spiel vereinbart: Zwei Würfel werden gleichzeitig geworfen und ihre Augensumme betrachtet. Beträgt sie 2, werden 4 Euro ausgezahlt, beträgt sie 3 oder 4, wird 1 Euro ausgezahlt, in allen anderen Fällen erfolgt keine Auszahlung. Wie viel Geld wird durchschnittlich ausgezahlt?

c) In einer Schachtel sind sechs 50-Cent-Münzen, drei 1-Euro-Münzen und eine 2-Euro-Münze.

   I) Es wird blindlings eine Münze entnommen. Mit wieviel Geld kann man durchschnittlich rechnen?

   II) Es werden blindlings zwei Münzen entnommen. Wieviel Geld erhält man jetzt im Durchschnitt?

21.2 Varianz und Standardabweichung

a) In einer Urne sind 10 Kugeln: 1 weiße, 1 rote und 8 schwarze. Es wird eine Kugel gezogen. Bei «weiß» erhält man 4 Euro, bei «rot» 8 Euro und bei «schwarz» nichts.
Bestimmen Sie den Erwartungswert, die Varianz und die Standardabweichung für den Gewinn.

b) In einer anderen Urne sind ebenfalls 10 Kugeln: 4 weiße, 4 rote und 2 schwarze. Es wird eine Kugel gezogen. Diesmal erhält man bei «weiß» 1 Euro, bei «rot» 2 Euro und bei «schwarz» wieder nichts.
Bestimmen Sie ebenfalls den Erwartungswert, die Varianz und die Standardabweichung für den Gewinn.

c) Vergleichen Sie die beiden Spiele in Bezug auf Erwartungswert und Standardabweichung und geben Sie eine anschauliche Erklärung. Welches Spiel würden Sie aus welchen Gründen bevorzugen?

22 Binomialverteilung

Tipps ab Seite 118, Lösungen ab Seite 228

Eine *Wahrscheinlichkeitsverteilung* gibt an, mit welchen Wahrscheinlichkeiten eine Zufallsvariable die möglichen Werte annimmt. In diesem Kapitel geht es um eine sehr häufige Wahrscheinlichkeitsverteilung, die sogenannte *Binomialverteilung*. Immer dann, wenn das einer Zufallsvariable zugrunde liegende Zufallsexperiment eine *Bernoullikette* ist, liegt eine Binomialverteilung vor.

Ein *Bernoulliexperiment* ist ein Zufallsexperiment, das genau zwei mögliche Ausgänge hat (bspw. Münzwurf mit Ausgängen «Kopf» und «Zahl», Wurf eines Würfels mit Ausgängen «Zahl gerade» und «Zahl ungerade» oder «1» und «Zahl größer als 1») .

Bernoulliketten sind Versuchsreihen, bei denen jeder Versuch ein identisches Bernoulliexperiment ist, also genau zwei mögliche Ausgänge hat (bspw. mehrmaliger Münzwurf). Bernoulliketten sind charakterisiert durch ihre *Länge* n («Anzahl der Versuche/Beobachtungen») und durch die sogenannte *Trefferwahrscheinlichkeit* p. Ist X Zufallsvariable für die «Anzahl der Treffer» in insgesamt n Bernoulliversuchen und ist «$X_i = 1$» gleichbedeutend mit «Treffer im i-ten Versuch» und «$X_i = 0$» gleichbedeutend mit «kein Treffer im i-ten Versuch», $1 \leqslant i \leqslant n$, so gilt für die Wahrscheinlichkeit, genau k, $0 \leqslant k \leqslant n$, Treffer zu erzielen:

$$P(X=k) = P\left(\sum_{i=1}^{n} X_i = k\right) = \binom{n}{k} \cdot p^k \cdot (1-p)^{n-k}$$

Beispiel:

Die Wahrscheinlichkeit, dass eine bestimmte Person in einem beliebigen Jahr an einem Wochenende Geburtstag hat, liegt näherungsweise bei $\frac{2}{7}$. Es halten sich 12 Personen in einem Raum auf. Die Wahrscheinlichkeit dafür, dass genau 5 Personen im kommenden Jahr an einem Wochenende Geburtstag haben, bestimmt man folgendermaßen:

Man stellt sich die «Befragung» der 12 Personen als Bernoullikette der Länge $n = 12$ vor, denn jede Einzelbefragung nach dem Wochentag erlaubt die beiden Ausgänge «Wochenende» (Treffer, $X_i = 1$, $1 \leqslant i \leqslant 12$) und «nicht Wochenende» (kein Treffer, $X_i = 0$, $1 \leqslant i \leqslant 12$). Man wählt also X als Zufallsvariable für die Anzahl derjenigen unter den Anwesenden, welche im kommenden Jahr an einem Samstag oder Sonntag Geburtstag haben. Gesucht ist also $P(X = 5)$. Es ist:

$$P(X=5) = P\left(\sum_{i=1}^{12} X_i = 5\right) = \binom{12}{5} \cdot \left(\frac{2}{7}\right)^5 \cdot \left(\frac{5}{7}\right)^7 \approx 0,143$$

Mit einer Wahrscheinlichkeit von etwas mehr als 14 % tritt also das Ereignis ein, dass genau 5 der 12 Anwesenden im nächsten Jahr an einem Wochenende Geburtstag haben werden.

Oft ist von Interesse, mit welcher Wahrscheinlichkeit eine Zufallsvariable einen Wert kleiner oder größer als ein vorgegebenes k erzielt. Dafür müssen die einzelnen Wahrscheinlichkeiten addiert werden:

$$P(X \leqslant k) = \sum_{j=1}^{k} \binom{n}{j} \cdot p^j \cdot (1-p)^{n-j}$$

bzw.

$$P(X > k) = 1 - P(X \leqslant k) = 1 - \sum_{j=1}^{k} \binom{n}{j} \cdot p^j \cdot (1-p)^{n-j}$$

Beispiel:
Betrachtet man im obigen Beispiel den Fall, dass höchstens 2 der 12 Anwesenden im betreffenden Jahr an einem Samstag oder Sonntag Geburtstag haben, so erhält man als zugehörige Wahrscheinlichkeit:

$$\begin{aligned} P(X \leqslant 2) &= \sum_{j=0}^{2} \binom{12}{j} \cdot \left(\frac{2}{7}\right)^{j} \cdot \left(\frac{5}{7}\right)^{12-j} \\ &= \underbrace{\binom{12}{0} \cdot \left(\frac{2}{7}\right)^{0} \cdot \left(\frac{5}{7}\right)^{12}}_{\text{0 Personen}} + \underbrace{\binom{12}{1} \cdot \left(\frac{2}{7}\right)^{1} \cdot \left(\frac{5}{7}\right)^{11}}_{\text{1 Person}} + \underbrace{\binom{12}{2} \cdot \left(\frac{2}{7}\right)^{2} \cdot \left(\frac{5}{7}\right)^{10}}_{\text{2 Personen}} \\ &\approx 0{,}018 + 0{,}085 + 0{,}186 = 0{,}289 \end{aligned}$$

Um die Werte der Binomialverteilung zu bestimmen, schaut man den entsprechenden Wert in der Tabelle zur Normalverteilung bzw. zur zugehörigen Summenfunktion auf Seite 249 nach.
Für den *Erwartungswert einer binomialverteilten Zufallsvariable* gilt:

$$E[X] = n \cdot p$$

Für die zu einer *binomialverteilten Zufallsvariable* gehörigen *Varianz* gilt:

$$V(X) = n \cdot p \cdot (1-p)$$

22.1 Binomialverteilung mit Gebrauch der Formel

Tipp: $\lg(a^n) = n \cdot \lg(a)$ $\quad P(X > k) = 1 - P(X \leqslant k)$

a) Eine Münze wird fünfmal geworfen. Wie groß ist die Wahrscheinlichkeit folgender Ereignisse?

   A: Es tritt zweimal Zahl auf.

   B: Es tritt nur Wappen auf.

   C: Es tritt höchstens einmal Zahl auf.

   D: Es tritt mindestens einmal Zahl auf.

b) Von einer großen Ladung Apfelsinen sind 20 % verdorben. Es werden 5 Stück entnommen. Wie groß ist die Wahrscheinlichkeit für folgende Ereignisse?

   A: Eine Apfelsine ist verdorben.

   B: Alle Apfelsinen sind in Ordnung.

   C: Mindestens 2 Apfelsinen sind verdorben.

c) Die Wahrscheinlichkeit für die Geburt eines Mädchens beträgt 0,49, für die Geburt eines Jungen 0,51. Wie groß ist die Wahrscheinlichkeit, dass in einer Familie mit 4 Kindern

A: genau 2 Mädchen sind? B: höchstens 3 Mädchen sind?

d) Wie oft muss man eine Münze werfen, um mit einer Wahrscheinlichkeit von 99 % (oder mehr) mindestens einmal «Wappen» zu erhalten?

e) Wie oft muss man würfeln, um mit einer Wahrscheinlichkeit von 90 % (oder mehr) mindestens eine «Sechs» zu bekommen?

22.2 Binomialverteilung mit Gebrauch der Tabelle

Tipp: $P(X < k) = P(X \leqslant k-1)$
$P(X > k) = 1 - P(X \leqslant k)$
$P(X = k) = P(X \leqslant k) - P(X \leqslant k-1)$

Für die Aufgaben in diesem Kapitel wird die Tabelle auf Seite 249 benötigt. Sie gibt für verschiedene Werte von n, p und k die Wahrscheinlichkeiten für $P(X \leqslant k)$ an.

a) Bestimmen Sie für $n = 20$ und $p = \frac{1}{3}$ die folgenden Wahrscheinlichkeiten:
$P(X \leqslant 5)$ $P(X < 10)$ $P(X > 6)$
$P(X \geqslant 3)$ $P(4 \leqslant X \leqslant 10)$

b) Bestimmen Sie für $n = 100$ und $p = 0,4$ die folgenden Wahrscheinlichkeiten:
$P(X \leqslant 40)$ $P(X > 45)$ $P(X \geqslant 50)$
$P(X < 30)$ $P(X = 40)$ $P(35 \leqslant X \leqslant 45)$

c) Ein Würfel wird 50-mal geworfen. Wie groß ist die Wahrscheinlichkeit für folgende Ereignisse?
A: Man wirft höchstens 10 «Sechsen».
B: Man wirft mindestens 10 «Sechsen».
C: Man wirft genau 10 «Sechsen».
D: Die Anzahl der «Sechsen» liegt zwischen 5 und 11 einschließlich.
E: Man wirft mehr als 3 und weniger als 14 «Sechsen».

d) Bestimmen Sie für $n = 50$ und $p = 0,7$ folgende Wahrscheinlichkeiten:
$P(X \leqslant 40)$ $P(X < 30)$
$P(X = 35)$ $P(32 \leqslant X \leqslant 38)$
$P(X > 36)$

e) Jemand kauft 20 Blumenzwiebeln einer Sorte, bei der erfahrungsgemäß 90 % der Zwiebeln keimen. Wie groß ist die Wahrscheinlichkeit, dass von den 20 Zwiebeln
A: mindestens 16 keimen? B: mindestens 18 keimen? C: alle keimen?

22.3 Erwartungswert und Standardabweichung

a) Ein Händler behauptet, dass höchstens 4 % der von ihm gelieferten Glühbirnen defekt sind. Wie viele defekte Glühbirnen kann man bei einer Entnahme von 150 Glühbirnen durchschnittlich erwarten?
Bestimmen Sie die zugehörige Standardabweichung.

b) Die Zufallsgröße X sei binomialverteilt. Bestimmen Sie jeweils den Erwartungswert und die Standardabweichung von X.

I) $n = 80,\ p = 0,3$
II) $n = 50,\ p = 0,4$
III) $n = 20,\ p = 0,6$

c) Von einer großen Ladung Tomaten sind 20 % verdorben. Wie viele verdorbene Tomaten kann man bei einer Entnahme von 30 kg erwarten? Bestimmen Sie die zugehörige Standardabweichung.

23 Normalverteilung

Tipps ab Seite 119, Lösungen ab Seite 231

In diesem Kapitel geht es um eine weitere Wahrscheinlichkeitsverteilung, die sogenannte *Normalverteilung*. Viele naturwissenschaftliche Vorgänge lassen sich in guter Näherung durch normalverteilte Zufallsvariablen beschreiben – der menschliche Kopfumfang ist beispielsweise in etwa normalverteilt. Die zur *Dichtefunktion* φ der Normalverteilung zugehörige Kurve ist sehr bekannt und wird oft als *Gaußsche Glockenkurve* bezeichnet.

Ist eine Zufallsvariable X normalverteilt mit $E[X] = \mu$ und $\sigma(X) > 0$, so gilt für die Wahrscheinlichkeit, dass X den Wert z annimmt, in guter Näherung:

$$P(X = z) = \varphi\left(\frac{z-\mu}{\sigma}\right)$$

Eine Approximation für die Wahrscheinlichkeit, dass X kleiner als ein gewisser Wert z ist, erhält man mit der zu φ gehörigen *Verteilungsfunktion* ϕ:

$$P(X \leqslant z) = \phi\left(\frac{z-\mu}{\sigma}\right)$$

Ebenso gilt für die Wahrscheinlichkeit, dass X größer als ein Wert z ist:

$$P(X > z) = 1 - \phi\left(\frac{z-\mu}{\sigma}\right)$$

Für die Wahrscheinlichkeit, dass X zwischen zwei Werten z_1 und z_2 liegt, gilt:

$$P(z_1 \leqslant X \leqslant z_2) = \phi\left(\frac{z_2-\mu}{\sigma}\right) - \phi\left(\frac{z_1-\mu}{\sigma}\right)$$

Die Werte zur Dichtefunktion φ der Normalverteilung sowie zur zugehörigen Verteilungsfunktion ϕ finden Sie in der Tabelle auf Seite 251.

23.1 Berechnung von Wahrscheinlichkeiten

a) Der Intelligenzquotient IQ ist näherungsweise normalverteilt mit dem Erwartungswert $\mu = 100$ und der Standardabweichung $\sigma = 15$.
Berechnen Sie folgende Wahrscheinlichkeiten:

I) Der IQ liegt zwischen 85 und 115.
II) Der IQ ist kleiner als 90.
III) Der IQ ist größer als 120.

b) In einer Bäckerei läßt sich das Gewicht von Brezeln durch eine Normalverteilung mit dem Erwartungswert $\mu = 58\,\text{g}$ und der Standardabweichung $\sigma = 2\,\text{g}$ beschreiben.
Berechnen Sie folgende Wahrscheinlichkeiten:

I) Eine Brezel wiegt weniger als 54 g. II) Eine Brezel wiegt zwischen 55 g und 61 g.

III) Eine Brezel wiegt mehr als 60 g.

c) Das Gewicht einer Birnensorte ist aufgrund der EU-Verordnung normalverteilt mit dem Erwartungswert $\mu = 150\,\text{g}$ und der Standardabweichung $\sigma = 5\,\text{g}$.
Eine Packung (Leergewicht 50 g) enthält 6 Birnen.
Berechnen Sie folgende Wahrscheinlichkeiten:
   I) Das Gesamtgewicht liegt zwischen 930 g und 960 g.
   II) Das Gesamtgewicht beträgt weniger als 925 g.
   III) Das Gesamtgewicht beträgt mehr als 980 g.

23.2 Erwartungswert und Standardabweichung

a) Bei Klassenarbeiten sind die Noten normalverteilt mit dem Erwartungswert $\mu = 3,5$ und der Standardabweichung $\sigma = 1,3$. Der Durchschnitt einer Mathematikarbeit betrug bei 34 Klassenarbeiten $\overline{x} = 3,9$.
Testen Sie die Hypothese, dass der Erwartungswert von Klassenarbeiten eingehalten wird.

b) In einer Fruchtsaftfabrik wird Apfelsaft mit einer Sollmenge von 1000 ml bei einer Standardabweichung von $\sigma = 10\,\text{ml}$ in Flaschen gefüllt. Bei einer Kontrolle von 20 Flaschen betrug die mittlere Füllmenge 995 ml.
Muss man die Hypothese, dass der Erwartungswert $\mu = 1000\,\text{ml}$ eingehalten wird, verwerfen und die Befüllungsanlage neu einstellen?

c) Die erwartete Leuchtdauer von Glühlampen beträgt 500 Stunden bei einer Standardabweichung von $\sigma = 20$ Stunden.
Bei einem Test mit 100 Lampen betrug die mittlere Leuchtdauer 495 Stunden.
Muss man die Hypothese, dass der Erwartungswert $\mu = 500$ Stunden eingehalten wird, verwerfen und auf der Verpackung eine andere Leuchtdauer angeben?

d) Das Gewicht von Feuerbohnen ist normalverteilt mit dem Erwartungswert $\mu = 0,4\,\text{g}$ und der Standardabweichung $\sigma = 0,1\,\text{g}$.
Eine Packung Feuerbohnen wiegt 250 g.
Testen Sie die Hypothese: «Die Packung enthält 620 Feuerbohnen».

e) Wie viele Menschen benötigt man für eine Menschenkette der Länge 1 km, wenn die Spannweite der Arme normalverteilt ist mit dem Erwartungswert $\mu = 1,6\,\text{m}$ und der Standardabweichung $\sigma = 0,4\,\text{m}$?

f) Das Gewicht einer Schraubensorte bei der Produktion von Schrauben ist normalverteilt mit einer Standardabweichung von $\sigma = 0,3\,\text{g}$.
Bei einer Stichprobe wiegen 30 Schrauben 162 g.
Welches Gewicht kann man mit einer Wahrscheinlichkeit von 95 % für eine Schraube erwarten?

23.3 Annäherung der Binomialverteilung durch die Normalverteilung

Für sehr große Werte von n kann die Binomialverteilung gut durch die Normalverteilung angenähert werden – unter der Voraussetzung, dass die zugehörige Standardabweichung $\sigma \geqslant 3$ ist. Diese Voraussetzung wird als «*Laplace-Bedingung*» bezeichnet.
Ist X binomialverteilte Zufallsvariable mit Erwartungswert $E[X] = \mu$ und Standardabweichung $\sigma \geqslant 3$, so kann man die folgenden Wahrscheinlichkeiten mithilfe der Normalverteilung ϕ approximieren:

$$P(X = k) \approx \frac{1}{\sigma} \cdot \varphi\left(\frac{k-\mu}{\sigma}\right)$$

$$P(X \leqslant k) \approx \phi\left(\frac{k+0,5-\mu}{\sigma}\right)$$

$$P(k_1 \leqslant X \leqslant k_2) \approx \phi\left(\frac{k_2+0,5-\mu}{\sigma}\right) - \phi\left(\frac{k_1-0,5-\mu}{\sigma}\right)$$

a) Eine Firma stellt Mikrochips her. Der Anteil der fehlerhaften Chips beträgt 20 %. Wie groß ist die Wahrscheinlichkeit, dass von 100 Chips mindestens 75 in Ordnung sind?

I) Berechnen Sie die gesuchte Wahrscheinlichkeit mit Hilfe der Binomialverteilung.

II) Zeigen Sie, dass für das vorliegende Problem die Laplace-Bedingung erfüllt ist und berechnen Sie die Wahrscheinlichkeit mit Hilfe der Normalverteilung näherungsweise.

b) An einer Ortseinfahrt wird eine Geschwindigkeitsmessung durchgeführt. Aus langjähriger Erfahrung weiß man, dass die Wahrscheinlichkeit dafür, dass ein Auto die zulässige Höchstgeschwindigkeit nicht überschreitet, 90 % beträgt. Es wird bei 100 Autos eine Geschwindigkeitsmessung durchgeführt. Berechnen Sie die Wahrscheinlichkeit dafür, dass mindestens 88 der Autos «korrekt» fahren, sowohl mit Hilfe der Binomialverteilung als auch näherungsweise mit der Normalverteilung. Vergleichen Sie die Werte und erläutern Sie die Güte der Näherung.

24 Hypergeometrische Verteilung

Tipps ab Seite 120, Lösungen ab Seite 235

Während die Binomialverteilung $B_{n;p}(k)$ bei Urnenmodellen zur Anwendung kommt, bei welchen «mit Zurücklegen» gezogen wird, eignet sich die hypergeometrische Verteilung zur Beschreibung des Urnenmodells «Ungeordnete Stichprobe ohne Zurücklegen».
Gegeben ist eine Urne mit N Kugeln, von denen M schwarz und N − M weiß sind. Es werden n Kugeln ohne Zurücklegen gezogen. Ist X Zufallsvariable für die Anzahl der schwarzen Kugeln unter der Gesamtheit aller gezogenen Kugeln, so gilt für die Wahrscheinlichkeit, genau k schwarze Kugeln zu ziehen:

$$P(X=k) = \frac{\binom{M}{k}\cdot\binom{N-M}{n-k}}{\binom{N}{n}};\ 0 \leqslant k \leqslant n,\ M \leqslant N,\ n \leqslant N$$

Die Wahrscheinlichkeitsverteilung von X heißt hypergeometrische Verteilung mit den Parametern n, M und N.

a) In einer Urne befinden sich 10 grüne und 7 gelbe Kugeln. Es werden daraus zufällig 3 Kugeln ohne Zurücklegen gezogen. Bestimmen Sie die Wahrscheinlichkeit, genau 2 grüne Kugeln zu ziehen sowohl mit Hilfe eines Baumdiagramms als auch mit der kombinatorischen Formel für hypergeometrische Verteilungen. Erläutern Sie in Worten, was die dort auftauchenden Binomialkoeffizienten genau angeben und vergleichen Sie die Ergebnisse.

b) I) Berechnen Sie die Wahrscheinlichkeit, beim Lottospiel «6 aus 49» mit einem Tipp genau zwei Richtige zu haben, bzw. mit zwei Tippscheinen, auf denen keine identischen Zahlen getippt werden, insgesamt mindestens zwei Richtige zu erzielen.

II) In einer Großstadt (inklusive Umland) werden beim Lotto «6 aus 49» am Samstag im langjährigen Durchschnitt etwa 100 000 Tipps abgegeben. Wie viele dieser Tipps werden durchschnittlich gar keine Zahl richtig haben? Im Abstand von wie vielen Jahren kann man erwarten, dass dort sechs Richtige getippt werden?

III) Wenn Sie die Wahl hätten, an einem Lottospiel «5 aus 90» oder «4 aus 72» teilzunehmen und einen Volltreffer erzielen wollen - für welches Spiel entscheiden Sie sich? Beurteilen Sie den Unterschied der Gewinnchancen für einen Volltreffer.

c) In einer Schraubenproduktion weisen bei Stichproben einige Exemplare immer wieder fehlerhafte Gewinde auf; etwa 2 % der Schrauben sind nicht makellos.

I) Um über eine Reparatur der Maschinerie zu entscheiden, werden aus einer Packung mit 1000 Schrauben 15 Stück zur Probe entnommen. Wie hoch ist die Wahrscheinlichkeit, dass höchstens eine davon fehlerhaft ist?

II) Legen Sie eine Binomialverteilung zugrunde und berechnen Sie erneut die gesuchte Wahrscheinlichkeit. Wie erklären Sie die geringe Abweichung der Werte?

d) Eine Zufallsvariable X hat den Erwartungswert $E[X] = \frac{16}{7}$, es gilt außerdem $P(X=2) = \frac{4}{7}$. Kann X hypergeometrisch verteilt sein mit $n = 4$ und $N = 7$?

25 Hypothesentests

Tipps ab Seite 121, Lösungen ab Seite 239

Beim Testen geht es darum, anhand vorliegender Daten eine *begründete* Entscheidung für oder gegen die Gültigkeit einer (Null-)Hypothese zu treffen. Die *Nullhypothese* bezieht sich normalerweise auf den «status quo»; wird sie abgelehnt, so wird die sogenannte «*Alternative*» angenommen. Da die Daten hierbei immer in Form von Realisationen von Zufallsvariablen vorliegen, lässt sich niemals mit absoluter Wahrscheinlichkeit sagen, dass die Entscheidung richtig ist. Um die Wahrscheinlichkeit einer Fehlentscheidung zu kontrollieren und möglichst gering zu halten, orientiert man sich am sogenannten *Signifikanzniveau* α. Standardmäßig wählt man $\alpha = 5\,\%$; es kann manchmal aber auch $\alpha = 2\,\%$ oder sogar $\alpha = 1\,\%$ gewählt werden.
Diejenigen Daten, welche zur Annahme der Nullhypothese führen, werden als Annahmebereich A bezeichnet; das Komplement dazu, der Ablehnungsbereich, mit $\overline{\text{A}}$.
Ein *Fehler 1. Art* liegt vor, wenn die Nullyhypothese fälschlicherweise abgelehnt wird: die Nullhypothese wird verworfen, obwohl sie wahr ist. Von einem *Fehler 2. Art* spricht man, wenn die Nullhypothese fälschlicherweise angenommen wird: die Nullhypothese wird angenommen, obwohl sie falsch ist.
Die Wahrscheinlichkeit für einen Fehler 1. Art wird als *Signifikanzniveau* oder *Irrtumswahrscheinlichkeit* bezeichnet und soll normalerweise höchstens $5\,\%$ betragen. Damit kann in vielen Aufgaben der Annahmebereich A bestimmt werden.
Man unterscheidet beim Hypothesentest folgende Typen: Bei einem *rechtsseitigen Hypothesentest* besteht der Ablehnungsbereich aus Werten, die größer sind als die zum Annahmebereich gehörigen. Beim *linksseitigen Hypothesentest* ist das Gegenteil der Fall: Die Werte des Ablehnungsbereichs liegen hier auf dem Zahlenstrahl «links» von den Werten des Annahmbereichs, sind also kleiner. Ein *zweiseitiger Test* hat einen zweiteiligen Ablehnungsbereich: er liegt in diesem Fall sowohl «links» als auch «rechts» des Annahmebereichs. Diese beiden Teile werden so bestimmt, dass die Irrtumswahrscheinlichkeit für jeden der Teile höchstens $\frac{\alpha}{2}$ beträgt.
Es werden hier nur Hypothesentests behandelt, die auf einer binomialverteilten Zufallsvariable basieren. Die Aufgaben sind im Allgemeinen mithilfe der Tabelle zur Binomialverteilung auf Seite 249 zu lösen.

25.1 Grundbegriffe, Fehler 1. und 2. Art

a) Ein Würfel soll getestet werden. Man nimmt an, dass die Wahrscheinlichkeit für eine «Sechs» wie üblich $\frac{1}{6}$ beträgt. Um die Annahme zu testen, wird er 60-mal geworfen. Kommt dabei mindestens 8-mal und höchstens 12-mal eine «Sechs» vor, geht man davon aus, dass der Würfel in Ordnung ist.
Wie lautet bei diesem Test die Nullhypothese?
Schreiben Sie den Annahmebereich A und den Ablehnungsbereich $\overline{\text{A}}$ als Menge auf.

Obwohl der Würfel in Ordnung ist (er wurde vorher genau untersucht), fällt bei obigem Test nur 7-mal eine Sechs. Welche Art von Fehler begeht man in diesem Fall?
Erläutern Sie den Begriff Irrtumswahrscheinlichkeit am vorliegenden Test.

b) Ein Händler garantiert, dass höchstens 5 % der gelieferten Äpfel nicht einwandfrei sind. Ein Käufer will die Aussage überprüfen, indem er eine Stichprobe von 50 Äpfeln entnimmt.
Wie lautet die Nullhypothese (Aussage des Händlers) in diesem Fall formal?
Geben Sie einen möglichen Annahme- und Ablehnungsbereich an.
Handelt es sich um einen rechts-, links- oder zweiseitigen Test?
Wie verändert sich die Wahrscheinlichkeit für einen Fehler 1. Art bzw. 2. Art, wenn Sie den Annahmebereich vergrößern?

25.2 Einseitiger Test

Bei einseitigen Tests besteht der Ablehnungsbereich nur aus besonders großen Werten (rechtsseitiger Test) oder besonders kleinen Werten (linksseitiger Test).

a) I) Für H_0: $p \leqslant 0,4$ und $n = 100$ wird $\overline{A} = \{50, ..., 100\}$ festgelegt. Wie groß ist α?
Wie groß wird α,wenn man zu $\overline{A}$ noch die Zahl 49 hinzunimmt?

II) Für H_0: $p \geqslant 0,8$ und $n = 100$ wird als Annahmebereich $A = \{75, ..., 100\}$ gewählt.
Bestimmen Sie α.

b) I) Bestimmen Sie für H_0: $p \leqslant 0,1$ und $n = 100$ den Ablehnungsbereich für $\alpha = 5\%$, $\alpha = 2\%$ und $\alpha = 1\%$.

II) Bestimmen Sie für H_0: $p \geqslant 0,3$ und $n = 50$ den Ablehnungsbereich für $\alpha = 5\%$, $\alpha = 2\%$ und $\alpha = 1\%$.

c) Ein Chiphersteller garantiert, dass der Anteil an Ausschuss höchstens 4 % beträgt. Ein Käufer findet unter 100 Chips 9 defekte Chips. Kann man hieraus mit einer Irrtumswahrscheinlichkeit von 5 % schließen, dass der Anteil an Ausschuss größer als 4 % ist?

d) Eine Partei hat bei der letzten Wahl 30 % der abgegebenen Stimmen erhalten. Um zu überprüfen, ob sie bei der nächsten Wahl mit mindestens 30 % der Stimmen rechnen kann, werden 100 Personen befragt. Es geben nur 25 Personen an, die Partei wählen zu wollen. Kann man mit einer Irrtumswahrscheinlichkeit von 5 % darauf schließen, dass der Stimmenanteil unter 30 % gesunken ist?

e) Ein Großhändler garantiert einem Kunden, dass höchstens 4 % der gelieferten Glühbirnen defekt sind. Der Kunde nimmt eine Stichprobe von 50 Birnen. Er schickt die Lieferung zurück, wenn mehr als 4 Birnen defekt sind.
Wie groß ist die Wahrscheinlichkeit, dass er die Lieferung irrtümlich ablehnt?
Wie muss man den Ablehnungsbereich wählen, wenn die Irrtumswahrscheinlichkeit 2 % betragen soll?

25.3 Zweiseitiger Test

Bei einem zweiseitigen Test besteht der Ablehnungsbereich aus einem oberen und einem unteren Teil. Sie werden so bestimmt, dass die Irrtumswahrscheinlichkeit für jeden einzelnen Teil höchstens $\frac{\alpha}{2}$ beträgt.

a) I) Für H_0: $p = \frac{1}{2}$ und $n = 20$ wird $A = \{8, ..., 12\}$ festgelegt. Wie groß ist α?
   II) Für H_0: $p = \frac{1}{6}$ und $n = 50$ wird $A = \{4, ..., 13\}$ festgelegt. Wie groß ist α?

b) Bestimmen Sie für H_0: $p = \frac{1}{3}$ und $n = 100$ den Annahme- und Ablehnungsbereich für $\alpha = 5\,\%$, $\alpha = 2\,\%$ und $\alpha = 1\,\%$.

c) Eine Münze wird 50-mal geworfen, dabei tritt 30-mal «Zahl» auf. Kann man mit einer Irrtumswahrscheinlichkeit von 5 % darauf schließen, dass die Münze nicht ideal ist?

d) An einem Glücksspielautomaten gewinnt man angeblich in 20 % der Spiele.
   Wie muss man bei einer Überprüfung von 100 Spielen den Annahme- und Ablehnungsbereich wählen, um bei einer Beanstandung eine Irrtumswahrscheinlichkeit von 2 % zu haben?

e) Der Bekanntheitsgrad einer Popgruppe unter Jugendlichen lag bisher bei 60 %. Nun soll durch Befragen von 100 Jugendlichen festgestellt werden, ob er gleich geblieben ist. Man geht davon aus, dass er immer noch 60 % beträgt, wenn mehr als 52 und weniger als 68 die Gruppe kennen.
   I) Wie groß ist die Wahrscheinlichkeit, dass man fälschlicherweise von einer Veränderung ausgeht?
   II) Wie muss $\overline{A}$ gewählt werden, damit die Irrtumswahrscheinlichkeit 5 % beträgt?

25.4 Alternativtests

Bei einem Alternativtest (Spezialfall eines einseitigen Hypothesentests) sind die Wahrscheinlichkeiten für die beiden Alternativen vorgegeben. Der Unterschied zum allgemeinen Hypothesentest ist, dass dort die beiden Hypothesen im Allgemeinen mehr als nur zwei Werte umfassen. Bei einem Alternativtest geht es darum, sich für eine der gegebenen Alternativen bzw. für einen der beiden gegebenen Werte begründet zu entscheiden. Dazu ermittelt man die Annahme- und Ablehnungsbereiche der Alternativen.

a) Eine Firma stellt Präzisionsgewichte her. Der Firmenchef weiß aus langjähriger Erfahrung, dass der Anteil der Gewichte, der die strengen Qualitätskontrollen passiert, bei durchschnittlich 60 % liegt. Nun hat der Fertigungsleiter ein neues Verfahren entwickelt und behauptet, der Anteil der tatsächlich einwandfreien Gewichte läge bei 80 %.

   I) Bestimmen Sie die zugehörigen Null- bzw. Alternativhypothesen.

II) Es wird eine Stichprobe vom Umfang $n = 100$ durchgeführt. Entscheiden Sie, ob aus der Sicht des Firmenchefs bzw. des Fertigungsleiters jeweils ein links- oder rechtsseitiger Hypothesentest durchgeführt werden sollte und bestimmen Sie in beiden Fällen die Annahmebereiche, wenn die Irrtumswahrscheinlichkeit höchstens 5 % betragen soll.

III) Formulieren Sie eine Entscheidungsregel, um für jeden möglichen Ausgang der Stichprobe mithilfe der Ergebnisse aus Aufgabenteil II) festlegen zu können, welche Hypothese beibehalten bzw. verworfen wird.

b) Ein Landwirt stellt aus eigenen Molkerei- und Obsterzeugnissen Kirschjoghurt her und bietet diesen zum Verkauf an. Er behauptet, dass 95 % der bei ihm gekauften Joghurtgläser absolut kernfrei seien. Ein Großabnehmer verlangt nun nachträglich einen Preisnachlass, da seines Erachtens nur 80 % der Joghurts des Landwirts keine Kerne enthalten.

I) Bestimmen Sie die zugehörigen Null- bzw. Alternativhypothesen.

II) Beschreiben Sie, wie der Landwirt bzw. der Großabnehmer einen Hypothesentest durchführen würden, dem eine Stichprobe vom Umfang $n = 1000$ zugrunde gelegt wird. Geben Sie in beiden Fällen die Annahmebereiche bei einer Irrtumswahrscheinlichkeit von maximal 5 % an.

III) Formulieren Sie mithilfe Ihrer bisherigen Ergebnisse eine Entscheidungsregel. Was besagt diese im Falle von 900 Joghurtgläsern in der Stichprobe, die keine Kerne enthalten? Kann die Entscheidungsregel so modifiziert werden, dass sie auch für diesen Fall aussagekräftig ist?

c) In einer deutschen Stadt lag der Anteil der übergewichtigen Kinder im Grundschulalter bisher bei ca. $\frac{1}{6}$. Aufgrund einer flächendeckenden Initiative eines lokalen Sportvereins, welcher mit gezielten Maßnahmen die Bewegung auch außerhalb des schulischen Sportunterrichts fördert, wird behauptet, dass dieser Anteil auf 11 % zurückgegangen ist. In einer Stichprobe von $n = 100$ Grundschulkindern finden sich nun 11 übergewichtige Kinder.

I) Kann damit die Nullhypothese, dass der Anteil unverändert $\frac{1}{6}$ beträgt, mit einer Irrtumswahrscheinlichkeit von höchstens 5 % verworfen werden? Lösen Sie die Fragestellung sowohl mithilfe der Binomialverteilung als auch mithilfe der σ-Regeln.

II) Können Sie eine Aussage zur Neutralität des obigen Hypothesentests machen? Erläutern Sie kurz, wie ein Mitglied des Sportvereins, das von der Wirksamkeit der Maßnahmen überzeugt ist, das Testergebnis beurteilen wird und was den Test wie durchgeführt im Sachzusammenhang dennoch gerechtfertigen könnte.

Tipps

Analysis

1 Von der Gleichung zur Kurve

1.1 Ganzrationale Funktionen

Den Schnittpunkt mit der y-Achse erhalten Sie durch Einsetzen von $x = 0$ in $f(x)$, die Schnittpunkte mit der x-Achse erhalten Sie durch Lösen der Gleichung $f(x) = 0$.

Zuerst wird gespiegelt und gestreckt, anschließend verschoben (Reihenfolge beachten!).

Ist $f(x) = a(x-b)^2 + c$ bzw. $g(x) = a(x-b)^3 + c$, so gibt es folgende Verwandlungen:

a: Streckfaktor in y-Richtung; $a < 0$: zusätzlich Spiegelung an der x-Achse.

$b > 0$ bzw. $b < 0$: Verschiebung nach rechts bzw. links.

$c > 0$ bzw. $c < 0$: Verschiebung nach oben bzw. unten.

1.2 Exponential- und Logarithmusfunktionen

Exponentialfunktionen

Zur Bestimmung der Asymptoten betrachten Sie $f(x)$ für $x \to \pm\infty$.

Die Graphen sind Variationen der Grundfunktionen $f(x) = e^x$ bzw. $g(x) = e^{-x}$.

Ist $f(x) = a \cdot e^{x-b} + c$ bzw. $g(x) = a \cdot e^{-(x-b)} + c$, so gibt es folgende Verwandlungen:

a: Streckfaktor in y-Richtung; $a < 0$: zusätzlich Spiegelung an der x-Achse.

$b > 0$ bzw. $b < 0$: Verschiebung nach rechts bzw. links.

$c > 0$ bzw. $c < 0$: Verschiebung nach oben bzw. unten.

Logarithmusfunktionen

Zur Bestimmung des Definitionsbereichs müssen Sie beachten, dass das Argument der Logarithmusfunktion (der Ausdruck in der Klammer) stets positiv sein muss.

Ist $f(x) = a \cdot \ln(x-b) + c$, so gibt es folgende Verwandlungen:

a: Streckfaktor in y-Richtung; $a < 0$: zusätzlich Spiegelung an der x-Achse.

$b > 0$ bzw. $b < 0$: Verschiebung nach rechts bzw. links.

$c > 0$ bzw. $c < 0$: Verschiebung nach oben bzw. unten.

1.3 Trigonometrische Funktionen

Die Graphen sind Variationen der Grundfunktionen $f(x) = \sin x$ bzw. $g(x) = \cos x$.

Ist $f(x) = a \cdot \sin(b \cdot (x-c)) + d$ bzw. $g(x) = a \cdot \cos(b \cdot (x-c)) + d$, so gibt es folgende Verwandlungen:

a: Streckfaktor in y-Richtung; $a < 0$: zusätzlich Spiegelung an der x-Achse.

b: Streckfaktor in x-Richtung.

$c > 0$ bzw. $c < 0$: Verschiebung nach rechts bzw. links.

$d > 0$ bzw. $d < 0$: Verschiebung nach oben bzw. unten.

Periode: $p = \frac{2\pi}{b}$.

2 Aufstellen von Funktionen mit Randbedingungen

2.1 Ganzrationale Funktionen

Für alle ganzrationalen Funktionen gilt:

- Parabel 2. Grades: $f(x) = ax^2 + bx + c$
- Zur y-Achse symmetrische Parabel 2. Grades: $f(x) = ax^2 + b$
- Parabel 3. Grades: $f(x) = ax^3 + bx^2 + cx + d$
- Zum Ursprung punktsymmetrische Parabel 3. Grades: $f(x) = ax^3 + bx$

Zum Aufstellen der Funktionen:

1. Bilden Sie die 1. und 2. Ableitung des jeweiligen Ansatzes (dies ist nicht nötig, falls es keine Angaben über die Steigung oder über die Extrempunkte gibt).
2. Verwenden Sie die Bedingungen der Kurvendiskussion:
   - Schnittpunkt mit der x-Achse: $f(x) = 0$
   - Schnittpunkt mit der y-Achse: $x = 0$
   - Extrempunkt: $f'(x) = 0$
   - Wendepunkt: $f''(x) = 0$
3. Sie brauchen so viele Gleichungen wie Unbekannte! Stellen Sie die Gleichungen auf und lösen Sie sie nach den Parametern (a, b, c, ...) auf.

2.2 Exponential- und Logarithmusfunktionen

a)-c) Stellen Sie zwei Gleichungen mit zwei Unbekannten auf, dazu müssen Sie eventuell noch ableiten.

d) Da der Graph von f um 1 LE nach rechts und um 2 LE nach unten verschoben wird, betrachten Sie $g(x) = f(x-1) - 2$.

e) Als Ansatz für eine mögliche ln-Funktion können Sie $f(x) = a \cdot \ln(x-b)$ wählen.
Beachten Sie, dass $\ln 1 = 0$ ist und bestimmen Sie damit den Parameter b. Setzen Sie die Koordinaten von P in $f(x)$ ein und bestimmen Sie den Parameter a.

f) Da der Graph von f um 1 LE nach links und um 3 LE nach oben verschoben wird, betrachten Sie $g(x) = f(x+1) + 3$.

2.3 Trigonometrische Funktionen

Eine verallgemeinerte Sinusfunktion hat die Gleichung $f(x) = a \cdot \sin(b \cdot (x-c)) + d$.
Die Eigenschaften des Graphen und die Koeffizienten a, b, c, d hängen dabei folgendermaßen zusammen:

- Streckfaktor in y-Richtung: a
- Streckfaktor in x-Richtung: b
- Verschiebung nach links bzw. rechts: $c < 0$ bzw. $c > 0$
- Verschiebung nach unten bzw. oben: $d < 0$ bzw. $d > 0$
- Periode: $p = \frac{2\pi}{b}$ bzw. $b = \frac{2\pi}{p}$

3 Von der Kurve zur Gleichung

3.1 Ganzrationale Funktionen

Allgemeine Tipps für ganzrationale Funktionen:
Es handelt sich bei allen Graphen um verschobene Funktionen 2. bis 3. Grades. Es gibt verschiedene Lösungswege:

1. Ansatz als allgemeine Funktion (ähnlich wie das Aufstellen von Funktionen mit Randbedingungen), z.B. $f(x) = ax^2 + bx + c$. Aus der Zeichnung werden drei Punkte bestimmt und drei Gleichungen aufgestellt, die man anschließend nach a, b und c auflöst. Dieser Weg ist etwas langwierig, führt aber immer zum Ziel.

2. Ansatz mit Hilfe der Linearfaktoren. Dieser Ansatz funktioniert nur dann, wenn die Funktion eindeutig ablesbare Nullstellen besitzt (z.B. bei den Aufgaben d). Der Hintergrund ist, dass sich eine Polynomfunktion (ein Funktionsterm der Gestalt $f(x) = a_n x^n + a_{n-1} x^{n-1} + \ldots + a_2 x^2 + a_1 x + a_0$) auch als Produkt von Linearfaktoren schreiben lässt, z.B. $f(x) = x^2 - x - 2 = (x-2) \cdot (x+1)$. Die Nullstellen dieser Funktion sind $x_1 = 2$ und $x_2 = -1$.
Da der Graph noch gestreckt oder gestaucht sein kann, muss im Ansatz noch ein zusätzlicher Faktor a vorhanden sein (z.B. $f(x) = a \cdot (x-2) \cdot (x+1)$), der mit Hilfe eines abgelesenen Punktes bestimmt werden kann.

3. Ansatz als verschobene Normalparabel: Wenn man eine Normalparabel $f(x) = x^2$ nach oben oder unten verschieben will, so addiert man eine Konstante c. Will man sie nach rechts oder links verschieben, so setzt man für eine Verschiebung nach rechts um eine Längeneinheit den Ausdruck $(x-1)$ statt x ein. Bei einer Verschiebung um 2 LE nach links entsprechend $(x+2)$ statt x.

3.2 Trigonometrische Funktionen

Allgemeine Tipps: Siehe Kapitel 2.3

Es handelt sich um Sinus- bzw. Kosinusfunktionen der Form $f(x) = a \cdot \sin(b \cdot (x - c)) + d$ bzw. $f(x) = a \cdot \cos(b \cdot (x - c)) + d$. Überlegen Sie, welche der in Kapitel 1 aufgezählten Veränderungen des Schaubilds in Frage kommen. Prüfen Sie zuerst, ob das Schaubild nach oben verschoben ist (bestimmen Sie die waagerechte «Mittelachse»). Prüfen Sie dann, ob das Schaubild nach links oder rechts verschoben ist (eine unverschobene Sinusfunktion hat einen Wendepunkt bei $x = 0$) und bestimmen Sie anschließend die Periode p. Zum Schluß bestimmen Sie den Abstand des Hoch-bzw. Tiefpunkts zur «Mittelachse» und damit die Amplitude a.

4 Differenzieren

4.1 Ganzrationale Funktionen

a) - c) Verwenden Sie die Potenzregel $(a \cdot x^n)' = a \cdot n \cdot x^{n-1}$; beachten Sie, dass teilweise Parameter vorhanden sind.

d) - e) Wenden Sie die Kettenregel an (äußere Ableitung mal innere Ableitung).

4.2 Exponential- und Logarithmusfunktionen

a) - d) Wenden Sie zuerst die Produktregel an; dann die Kettenregel.

e) - i) Wenden Sie die Kettenregel an.

j) - k) Wenden Sie zuerst die Produktregel an und dann die Kettenregel.

4.3 Gebrochene Exponential- und Logarithmusfunktionen

a) - g) Wenden Sie zum Ableiten der Funktion die Quotientenregel an, für den Zähler bzw. Nenner die Kettenregel.

4.4 Wurzelfunktionen

Für alle Wurzelfunktionen gilt: Zuerst die Wurzel als Potenz mit rationalem Exponenten («hoch $\frac{1}{2}$») schreiben und dann ableiten (oder wenden Sie die Regel $(\sqrt{x})' = \frac{1}{2\sqrt{x}}$ an).

a) - c) Umschreiben als Potenz, anschließend ableiten mit der Kettenregel.

d) Verwenden Sie die Produktregel.

4.5 Trigonometrische Funktionen

a) - d) Wenden Sie zuerst die Produktregel an, dann die Kettenregel.

e) - f) Wenden Sie Kettenregel an.

5 Gleichungslehre

5.1 Quadratische, biquadratische und nichtlineare Gleichungen

a) - c) pq- bzw. abc-Formel verwenden (Zahlen unter der Wurzel als Bruch schreiben).

d) - e) Beachten Sie die binomischen Formeln und Minuszeichen vor Klammern.

f) - g) Setzen Sie jeden einzelnen Faktor gleich Null und überlegen Sie, ob Lösungen existieren.

h) Klammern Sie x^3 aus.

i) Klammern Sie x^2 aus, lösen Sie dann die quadratische Gleichung mit der pq- oder abc-Formel.

j) - l) Klammern Sie x aus und bestimmen Sie damit die erste Lösung. Danach wiederholtes Ausklammern oder Lösen der Gleichung mit der pq- oder abc-Formel.

m) - n) Biquadratische Gleichungen: Substitution $x^2 = v$, die Gleichung lösen und rücksubstituieren (Zahlen unter der Wurzel als Bruch schreiben).

5.2 Exponential- und Logarithmus-Gleichungen

a) - f) Setzen Sie jeden einzelnen Faktor gleich Null und überlegen Sie, ob Lösungen existieren.

g) - h) Substitution $e^x = v$ bzw. $e^{2x} = v$, dann Lösen der quadratischen Gleichung mit der pq- oder abc-Formel, Rücksubstitution und x berechnen (Zahlen unter der Wurzel als Bruch schreiben).

i) - k) Vereinfachen Sie die Gleichungen so, dass Sie beide Seiten «e-hoch» nehmen können.

5.3 Wurzelgleichungen

Wurzelgleichungen werden gelöst, indem man die Gleichung so umformt, dass die Wurzel alleine auf der einen Seite der Gleichung steht. Dann wird quadriert und die entstehende (meist quadratische) Gleichung gelöst. Wichtig: Zum Schluss muss immer eine Probe in der Ausgangsgleichung gemacht werden, um zu kontrollieren, ob die Lösung in der Definitionsmenge enthalten ist.

a) - f) Isolieren Sie die Wurzel, quadrieren Sie die Gleichung und lösen Sie die entstehende Gleichung mit Hilfe der pq- oder abc-Formel. Machen Sie zum Schluss eine Probe in der Ausgangsgleichung.

5.4 Trigonometrische Gleichungen

Skizzieren Sie den Verlauf von $\sin x$ bzw. $\cos x$. Achten Sie auf das Lösungsintervall.

a) - d) Substituieren Sie den Term in der Klammer durch z, lösen Sie die Gleichung und resubstituieren Sie wieder.

5.5 Lineare Gleichungssysteme

a) - f) Anwenden des Gaußschen Eliminierungsverfahrens: Zuerst werden zwei Gleichungen so zusammengezählt, dass eine Unbekannte wegfällt (eventuell muss man dazu vorher eine Gleichung mit einem Faktor wie -1 oder -2 multiplizieren).
Im nächsten Schritt löst man die beiden Gleichungen, die nur noch zwei Unbekannte enthalten, nach einer Unbekannten auf.
Zum Schluss wird schrittweise eingesetzt und die Unbekannten werden bestimmt.

6 Graphen von f, f' und F

6.1 Von f zu f'

f_1 bis f_4

f_1 Bestimmen Sie die Steigung für einige wichtige Punkte, es bietet sich auf jeden Fall der Extrempunkt an. Überlegen Sie, wie die Steigung nahe des Koordinatenursprungs ist.

f_2 Bestimmen Sie die Steigung für einige wichtige Punkte; es bieten sich der Hoch- und der Wendepunkt an.

f_3 Bestimmen Sie die Steigung für einige Stellen, z.B. für $x = 0$ und für $x = 1$. Überlegen Sie, welche spezielle Kurve einen derartigen Verlauf zeigt.

f_4 Bestimmen Sie die Steigung für einige Stellen, z.B. $x = -1$ und $x = 0$. Bestimmen Sie den Wendepunkt und dessen Steigung.

f_5 bis f_8

f_5 Bestimmen Sie die Steigung für den Schnittpunkt mit der x-Achse, den Hochpunkt und den Wendepunkt.

f_6 Bestimmen Sie die Steigungen der Extrempunkte und der Wendepunkte.

f_7 Bestimmen Sie die Steigungen in den beiden Wendepunkten und im Extrempunkt.

f_8 Der Graph besitzt keine Extrempunkte. Bestimmen Sie daher die Steigung in einigen geeigneten Punkten, z.B. für $x = -1$und für $x = 0$ und für $x = 3$. Betrachten Sie die Steigung in der Umgebung von $x = 1$.

6.2 Von f' zu f

Allgemeine Tipps:

Es sind Aussagen über eine Stammfunktion f der gezeichneten Kurve von f' zu bewerten. Dabei gilt für alle Stammfunktionen f:

- $f'(x) = 0$ und VZW von $+$ nach $- \Rightarrow$ Der Graph von f hat einen Hochpunkt.
- $f'(x) = 0$ und VZW von $-$ nach $+ \Rightarrow$ Der Graph von f hat einen Tiefpunkt.
- $f'(x)$ hat einen Extrempunkt $\Rightarrow$ Der Graph von f hat einen Wendepunkt.

Aufgabe I

a) Überlegen Sie, was es für die Ableitung einer Funktion bedeutet, wenn der Graph der Funktion einen Extrempunkt besitzt.

b) Was bedeutet es für eine Kurve, wenn sie in einem Punkt eine waagerechte Tangente besitzt? Welche Steigung hat die Kurve in einem derartigen Punkt?

c) Was bedeutet es für die Ableitungskurve, wenn der Graph der Funktion f einen Wendepunkt besitzt? Finden Sie solche Punkte in der Kurve von f'?

d) Kann man die Aussage treffen, dass alle Funktionswerte für $x > -1$ größer als Null sind? Überlegen Sie, ob es genau eine Funktion gibt.

Aufgabe II

a) Überlegen Sie, was es für die Ableitung einer Funktion bedeutet, wenn der Graph der Funktion einen Extrempunkt besitzt.

b) Welchen Wert nimmt die Ableitung einer Funktion an einem Extremwert an? Was muss zusätzlich noch gelten, damit es sich um einen Hochpunkt handelt (wie sehen die Vorzeichenwechsel der Steigung aus)?

c) Überlegen Sie, welchen Grad das Polynom der gezeichneten Ableitungskurve besitzt.

d) Überlegen Sie, was man tun muss, um Informationen über die Steigung einer Kurve in einem Punkt zu bekommen. Welche Funktion gibt «Auskunft» über die Steigungswerte der Kurve in jedem Punkt?

Aufgabe III

a) Skizzieren Sie den Graphen einer Funktion zur gegebenen Ableitungsfunktion; benutzen Sie dazu die Extremwerte und die Nullstelle der angegebenen Ableitungsfunktion. Hat der Graph von f bei $x = 0$ einen Hoch- oder Tiefpunkt (Vorzeichenwechsel beachten)?

b) Überlegen Sie, wie genau Sie die Funktion bestimmen können.

c) Prüfen Sie, welche Bedingungen die Kurve der angegebenen Ableitungsfunktion erfüllen muss, damit die Funktion f an der Stelle $x = 0$ einen Tiefpunkt hat. Beachten Sie den Vorzeichenwechsel.

d) Überlegen Sie, was es für den Graphen der Ableitung bedeutet, wenn eine Kurve einen oder mehrere Extrempunkte besitzt.

6.3 Von f zu F

Allgemeine Tipps:

- Skizzieren Sie zuerst die Ableitung bzw. eine Stammfunktion.
- Das Schaubild von F hat einen Hochpunkt an der Stelle x_1, wenn $f(x_1) = 0$ und an dieser Nullstelle bei f ein Vorzeichenwechsel (VZW) von $+$ nach $-$ stattfindet.
- Das Schaubild von F hat einen Tiefpunkt an der Stelle x_2, wenn $f(x_2) = 0$ und bei f an dieser Stelle ein VZW von $-$ nach $+$ stattfindet.
- Das Schaubild von F hat einen Wendepunkt an der Stelle x_3, wenn f einen Extrempunkt an dieser Stelle hat.

Aufgabe I

a) Überlegen Sie, welche Art von Funktion vorliegt. Wie sieht das Schaubild der Ableitungsfunktion einer Geraden aus?

b) Zeichnen Sie eine Stammfunktion ein. Überlegen Sie, ob diese in Bezug auf die Verschiebung entlang der y-Achse festgelegt ist.

c) Streng monoton zunehmend für f bedeutet, dass f' immer > 0 ist (warum?). In der Aufgabe ist allerdings gefragt, ob f' monoton zunehmend ist. Also muss man f'' untersuchen.

d) y-achsensymmetrisch bedeutet $f(-x) = f(x)$.

Aufgabe II

a) Welche Gestalt besitzt das Schaubild der Ableitungsfunktion einer Parabel 2. Grades? Überlegen Sie, welche Aussagen Sie sicher über dieses Schaubild treffen können.

b) Zeichnen Sie eine Stammfunktion ein. Überlegen Sie, ob diese in Bezug auf die Verschiebung entlang der y-Achse festgelegt ist.

c) Überlegen Sie, was es für die Funktion f bedeutet, wenn die Stammfunktion Extremstellen besitzt (f ist die 1. Ableitung von F).

6.4 Zuordnen von Graphen

a) Überlegen Sie ohne abzuleiten, welche Eigenschaften das Schaubild von $f(x) = x^2 e^x$ hat.

b) Überlegen Sie, was für das Schaubild von f' gilt, wenn das Schaubild von f Extremstellen hat. Was gilt für das Schaubild von F, wenn das Schaubild von f einen Extrempunkt hat, der die x-Achse berührt bzw. wenn alle Funktionswerte von f größer oder gleich Null sind? Welche besondere Eigenschaft hat das Schaubild der gebrochenen Funktion g mit $g(x) = \frac{1}{x^2 e^x}$?

6.5 Interpretation von Graphen

Aufgabe I

a) Besondere Punkte im Graph sind die Punkte, an denen sich die Steigung stark ändert.

b) Überlegen Sie, ob die y-Werte des Graphen die verkauften Artikel *pro Tag* oder *insgesamt* angeben.

c) Lesen Sie die Verkaufszahlen des 40. und des 60. Tages an der Zeichnung ab und berechnen Sie den Durchschnitt.

d) Die Verkaufsrate entspricht der Steigung der Kurve am 50. Tag. Legen Sie eine Gerade durch die Kurve, die die Steigung des 50. Tages besitzt, und bestimmen Sie die Steigung dieser Geraden.

e) Schätzen Sie ab, wie sich die Kurve weiterentwickeln wird. Wie ist die Steigung der Kurve?

Aufgabe II

a) Besondere Punkte im Graph sind die Punkte, an denen sich die Steigung stark ändert.

b) Überlegen Sie, welche Aussagen die Kurve trifft. Was bedeutet die unter a) angesprochene Steigungsänderung?

c) Überlegen Sie, was man tun muss, um die Funktionswerte der einzelnen Tage zu addieren. Was kann man tun, wenn man die Funktion nicht genau kennt? Wie könnte eine Näherungsfunktion aussehen?

d) Die Besucherzahlen scheinen sich auf einen gewissen Wert «einzupendeln». Wie groß ist dieser Wert?

7 Kurvendiskussion

7.1 Elemente der Kurvendiskussion

a) Die Bedingungen für ein Minimum sind: $f'(x) = 0$ und Vorzeichenwechsel von f' von $-$ nach $+$ bzw. $f''(x) > 0$. Prüfen Sie, ob diese auf den Punkt zutreffen. Benutzen Sie zum Ableiten die Produktregel.

b) Was für ein Punkt ist $\mathrm{P}(x_0 \mid 0)$? Machen Sie eine Skizze, um sich die Situation zu veranschaulichen.

c) Überlegen Sie, welche Terme für $x \to +\infty$ gegen Null gehen und welche übrigbleiben.

d) Die Bedingungen für ein Minimum sind $f'(x) = 0$ und Vorzeichenwechsel von f' von $-$ nach $+$. Prüfen Sie, ob diese auf den Punkt zutreffen.

e) Punkte mit waagerechter Tangente haben die Steigung Null, also wird die 1. Ableitung Null gesetzt.

f) Wendepunkte bestimmen Sie mit Hilfe von $f''(x)$ und $f'''(x)$.

g) Überlegen Sie, an welcher Stelle x die 1. Ableitung Null ist und ob die 1. Ableitung das Vorzeichen von $-$ nach $+$ wechselt.

h) Berechnen Sie die Steigung in P mit Hilfe der 1. Ableitung. Überlegen Sie, welche Art von Punkten eine waagerechte Tangente hat.

i) Für den Nachweis eines Wendepunkts verwenden Sie die 2. und 3. Ableitung.

7.2 Funktionenscharen / Funktionen mit Parameter

a) - b) I) Setzen Sie für t Werte wie ± 1; ± 2 bzw. 0 ein und skizzieren Sie die Kurven.

II) Setzen Sie die entsprechenden Punkte in die Funktionsgleichung ein und stellen Sie nach t um.

c) Bestimmen Sie zuerst die Schnittstelle x_s. Für die Ableitungen im Schnittpunkt muss gelten: $f'(x_s) \cdot g'(x_s) = -1$. Setzen Sie die Ableitungen ein, setzen Sie dann den Ausdruck für x_s ein und lösen Sie nach t auf.

d) Berechnen Sie die Nullstelle des Graphen der Funktion f_t in Abhängigkeit von t und lesen Sie die Nullstellen der abgebildeten Graphen ab. Setzen Sie diese Terme gleich. Alternativ können Sie auch die Schnittpunkte der Graphen mit der y-Achse ablesen und den Schnittpunkt des Graphen von f_t mit der y-Achse in Abhängigkeit von t berechnen.

e) Bestimmen Sie mit Hilfe der Produkt- und Kettenregel die 1. und 2. Ableitung von f_t. Setzen Sie die 1. Ableitung gleich Null und berechnen Sie die Extremstelle von $f_t(x)$. Prüfen Sie mit Hilfe der 2. Ableitung, ob es sich tatsächlich um eine Extremstelle handelt. Schließlich setzen Sie $x = 2$ mit der berechneten Extremstelle gleich und lösen die Gleichung nach t auf.

f) Berechnen Sie mit Hilfe der 1. Ableitung von $f_k(x)$ und $g(x)$ jeweils die Steigung der Graphen von g und von f_k im Ursprung und setzen diese gleich; lösen Sie die Gleichung nach k auf und beachten Sie den Wertebereich von k.

g) Bestimmen Sie mögliche Extremstellen in Abhängigkeit von a und setzen Sie $x = 3$ ein; beachten Sie den Wertebereich von a.

7.3 Krümmungsverhalten von Kurven

Bestimmen Sie mit Hilfe von Ketten-, Produkt- und Quotientenregel die 1. und 2. Ableitung. Eine Kurve ist linksgekrümmt, wenn gilt: $f''(x) > 0$, sie ist rechtsgekrümmt, wenn $f''(x) < 0$. Lösen Sie jeweils die entstandene Ungleichung.
Manchmal ist es hilfreich, die linke Seite der Ungleichung als weitere Kurve aufzufassen und sich zu überlegen, wann diese oberhalb bzw. unterhalb der x-Achse verläuft.

7.4 Monotonie

Bestimmen Sie jeweils mit Hilfe der Quotientenregel die 1. Ableitung von f und überlegen Sie, für welche Werte von x der Zähler bzw. der Nenner größer oder kleiner als Null ist.
Ist $f'(x) > 0$, so ist f streng monoton zunehmend, ist $f'(x) < 0$, so ist f streng monoton abnehmend.

7.5 Tangenten und Normalen

Geradengleichungen kann man mit der Punkt-Steigungsform $y - y_1 = m \cdot (x - x_1)$ aufstellen.

a) Bestimmen Sie die Tangentensteigung mit Hilfe der 1. Ableitung. Benutzen Sie dann die Steigung und den Punkt, um die Geradengleichung aufzustellen. Für die Normalensteigung m_n gilt: $m_n = -\frac{1}{m_t}$ mit m_t = Steigung der Tangente.

b) Bestimmen Sie zuerst den Wendepunkt und dann die Steigung der Tangente bzw. der Normalen und stellen Sie die Geradengleichungen auf.

c) I) Da die Tangentensteigung schon bekannt ist, muss in dieser Aufgabe der Punkt P bestimmt werden, in dem der Graph von f die Steigung $m = -2$ besitzt. Also wird die erste Ableitung gleich -2 gesetzt und x_P bestimmt. Mit den Koordinaten des Punktes und der Steigung wird anschließend die Tangentengleichung aufgestellt.

II) Man verfährt ähnlich wie bei I), nur muss die Steigung der Tangente erst aus der Steigung der angegebenen Geraden ermittelt werden. Für die Steigung zweier aufeinander senkrecht stehender Geraden m_1 und m_2 gilt: $m_2 = -\frac{1}{m_1}$.

III) Man verfährt ähnlich wie bei I), die Steigung paralleler Geraden ist gleich: $m_t = m_g = 4$.

7.6 Berührpunkte zweier Kurven

Damit sich zwei Graphen in einem Punkt B $(x_B \mid y_B)$ berühren, müssen zwei Bedingungen erfüllt sein:

1. B ist ein gemeinsamer Punkt beider Kurven: $f(x_B) = g(x_B)$.
2. Im Punkt B haben die Graphen eine gemeinsame Tangente, also die gleiche Tangentensteigung $f'(x_B) = g'(x_B)$.

7.7 Symmetrie

a) Die Bedingung für y-Achsensymmetrie ist $f(-x) = f(x)$.

b) Die Bedingung für Ursprungssymmetrie ist $f(-x) = -f(x)$.

c) Die Bedingung für y-Achsensymmetrie ist $f(-x) = f(x)$.

d) Die Bedingung für Punktsymmetrie zum Ursprung ist $f(-x) = -f(x)$.

7.8 Ortskurven

Die Gleichung der Ortskurve beschreibt den Zusammenhang zwischen dem gegebenen x-Wert und dem gegebenen y-Wert (jeweils in Abhängigkeit eines Parameters), d.h. man sucht die Gleichung, in die man den x-Wert einsetzen kann, um den y-Wert zu erhalten.
Gehen Sie folgendermaßen vor:

1. x-Wert so umformen, dass der Parameter alleine steht, z.B. $x = \frac{4}{t} \Rightarrow t = \frac{4}{x}$.
2. Parameter (in Abhängigkeit von x) in den y-Wert einsetzen, z.B. $y = t^2 = \left(\frac{4}{x}\right)^2$.
3. Durch Ausrechnen erhalten Sie den y-Wert in Abhängigkeit von x, z.B. $y = \frac{16}{x^2}$ und damit die Gleichung der Ortskurve.

Bei den Aufgaben d) und e) müssen Sie zunächst den gesuchten Punkt bestimmen. Hierbei gehen Sie wie bei einer «normalen» Funktion ohne Parameter vor. Beachten Sie: Die Parameter werden beim Ableiten wie Zahlen behandelt!

7.9 Das Newton-Verfahren

a) Machen Sie eine Skizze einer Funktion mit einer Tangenten im Punkt $(x_0 \mid f(x_0))$ (wobei x_0 keine Nullstelle ist). Wo schneidet die Tangente die x-Achse? Für welchen x-Wert sollte man die nächste Tangente bestimmen?

b) Verwenden Sie die Newtonsche Iterationsformel $x_{n+1} = x_n - \frac{f(x_n)}{f'(x_n)}$ zur näherungsweisen Berechnung von Nullstellen.

7.10 Definitionsbereich

7.10.1 Definitionsbereich

a) **Logarithmusfunktionen**
Bei Logarithmusfunktionen muss das Argument (der Term, auf den der ln angewendet wird) immer größer als Null sein. Es ist also auch hier eine Ungleichung zu lösen.

b) **Vermischte Aufgaben**
Es sind jeweils Kombinationen von zu berücksichtigen.

7.10.2 Definitionsbereich und Grenzwerte

Zur Bestimmung des Definitionsbereichs überlegen Sie, welche Werte für x nicht in die Funktion eingesetzt werden dürfen. Das Verhalten der Funktion an den Grenzen des Definitionsbereichs wird untersucht, indem man Grenzwerte (lim) bildet. Bei Funktionen mit Definitionslücken müssen Sie sich dieser Definitionslücke von beiden Seiten nähern.

8 Integralrechnung

8.1 Stammfunktionen

8.1.1 Ganzrationale Funktionen

a) - d) Benutzen Sie die Integrationsregel für Potenzfunktionen: Besitzt f die Form $f(x) = a \cdot x^n$, dann ist $\mathrm{F}(x) = a \cdot \frac{1}{n+1}x^{n+1} + c$ falls $n \neq -1$ eine Stammfunktion.

e) -f) Für verkettete (verschachtelte) Funktionen mit innerem *linearem* Ausdruck gilt die Integrationsregel für lineare Substitution: $\int f(ax+b)\mathrm{d}x = \frac{1}{a} \cdot \mathrm{F}(ax+b) + c$
«Äußere Stammfunktion geteilt durch innere Ableitung»

8.1.2 Exponentialfunktionen

a) - e) Für verkettete (verschachtelte) Funktionen mit innerem *linearem* Ausdruck gilt die Integrationsregel für lineare Substitution:
«Äußere Stammfunktion geteilt durch innere Ableitung»
Bei e-Funktionen mit $f(x) = a \cdot e^{k \cdot x + b}$ ist $e^{(\dots)}$ die äußere Funktion und $k \cdot x + b$ die innere Funktion. Der Parameter a verändert sich nicht beim Integrieren.

f) - i) Verwenden Sie die Regel: $\int f'(x) \cdot e^{f(x)} dx = e^{f(x)} + c$
Eventuell müssen Sie die gegebene Funktion umformen, so dass Sie die Stammfunktion bilden können.

8.1.3 Logarithmusfunktionen

a) - c) Eine Stammfunktion von $f(x) = \ln x$ ist $\mathrm{F}(x) = -x + x \cdot \ln|x| + c$.
Für verkettete (verschachtelte) Funktionen mit innerem *linearem* Ausdruck gilt die Integrationsregel für lineare Substitution:
«Äußere Stammfunktion geteilt durch innere Ableitung»
Bei Logarithmusfunktionen mit $f(x) = a \ln(kx + b)$ ist ln(...) die äußere Funktion und $kx + b$ die innere Funktion. Der Parameter a verändert sich nicht beim Integrieren.

8.1.4 Wurzelfunktionen

a) - c) Für verkettete (verschachtelte) Funktionen mit innerem *linearem* Ausdruck gilt die Integrationsregel für lineare Substitution:
«Äußere Stammfunktion geteilt durch innere Ableitung»
Bei Wurzelfunktionen mit $f(x) = a\sqrt{kx+b}$ ist $\sqrt{\ldots}$ die äußere Funktion und $kx + b$ die innere Funktion. Der Parameter a verändert sich nicht beim Integrieren.

8.1.5 Trigonometrische Funktionen

a) - f) Beachten Sie, dass $\sin x$ eine Stammfunktion von $\cos x$ und $-\cos x$ eine Stammfunktion von $\sin x$ ist.
Auch bei diesen Aufgaben gilt die Regel für verkettete Funktionen mit innerem *linearem* Ausdruck:
«Äußere Stammfunktion geteilt durch innere Ableitung»
Ist $f(x) = a \cdot \sin(bx + c)$, so ist sin(...) die äußere Funktion und $bx + c$ die innere Funktion. Der Parameter a verändert sich nicht beim Integrieren.

8.2 Flächeninhalt zwischen zwei Kurven

Bestimmen Sie jeweils die Integrationsgrenzen durch Gleichsetzen der Funktionsterme. Prüfen Sie, welche Kurve die obere Kurve ist. Verwenden Sie die Formel $\mathrm{A} = \int_{x_1}^{x_2} (f(x) - g(x))\,\mathrm{d}x$ sowie den Hauptsatz der Differential- und Integralrechnung.

8.3 Ins Unendliche reichende Flächen

a) Die Fläche wird anfänglich durch die vertikale Gerade $x = z$ mit $z > 0$ begrenzt. Setzen Sie z als obere Grenze ein und bestimmen Sie $\mathrm{A}(z)$. Lassen Sie dann $z \to \infty$ gehen.

b) I) Bestimmen Sie die Grenzen des Integrals und integrieren Sie die Funktion.

II) Betrachten Sie das Verhalten der Funktion für $x \to -\infty$. Welcher Term fällt weg?

III) Die Fläche zwischen zwei Kurven wird berechnet, indem man die Funktionsgleichung der unteren Kurve von der der oberen Kurve abzieht und dann integriert. Für die ins Unendliche reichende Fläche setzt man als untere Grenze z ein und bildet dann den Grenzwert $\lim\limits_{z \to -\infty} A(z)$.

8.4 Angewandte Integrale

a) Die Gesamtkosten erhalten Sie durch Integration. Die durchschnittlichen Kosten erhalten Sie, indem Sie die Gesamtkosten durch die Anzahl der Werkstücke teilen.

b) I) Der Regen hört auf, wenn die Niederschlagsrate gleich Null ist; bestimmen Sie die Nullstelle der Funktion.

II) Die gesamte Wassermenge können Sie bestimmen, indem Sie die Niederschlagsrate vom Beginn des Regens bis zum Ende integrieren.

III) Die mittlere Regenmenge erhalten Sie, indem Sie die Gesamtmenge durch die Anzahl der Tage teilen.

c) Die gegebene Funktion f beschreibt die Änderungsrate. Um zu berechnen, wieviel Wasser das Becken nach 9 Stunden enthält, müssen Sie zuerst eine Stammfunktion F von f bestimmen. Die Integrationskonstante c bestimmen Sie mit Hilfe des Anfangswerts. Anschließend müssen Sie $t = 9$ in die Integralfunktion einsetzen.

8.5 Rotationskörper

Rotiert der Graph einer Funktion f über dem Intervall $[a;b]$ um die x-Achse, so verwenden Sie die Formel:

$V_{rot} = \pi \cdot \int_a^b (f(x))^2\,dx$. Beachten Sie, dass Sie unter Umständen die Binomischen Formeln verwenden müssen, um den Ausdruck in der Klammer auszurechnen.

Rotiert eine Fläche um die x-Achse, so müssen Sie zuerst die Integrationsgrenzen bestimmen (Schnittstellen) und anschließend für jede Kurve das Volumenintegral berechnen. Zum Schluss bilden Sie die Differenz der Volumenintegrale.

8.6 Vermischte Aufgaben

a) - b) Bestimmen Sie entsprechend der Aufgaben in Kapitel 8.1 eine Stammfunktion mit absolutem Glied $(+c)$ und berechnen Sie c durch Einsetzen des Punktes in Ihren Ansatz.

c) - d) Verwenden Sie den Hauptsatz der Differential- und Integralrechnung

$\int_a^b f(x)dx = F(b) - F(a)$, wobei F eine Stammfunktion von f ist.

8.7 Partielle Integration

Wenn Sie ein Produkt zweier Funktionen integrieren, so verwenden Sie die Formel zur partiellen Integration:

$$\int_a^b u(x) \cdot v'(x)dx = \Big[u(x) \cdot v(x)\Big]_a^b - \int_a^b u'(x) \cdot v(x)dx$$

Wählen Sie dabei $u(x)$ und $v'(x)$ so, dass $u'(x) \cdot v(x)$ «einfacher» als $u(x) \cdot v'(x)$ integrierbar ist.

a) Setzen Sie $u(x) = 3x$ und $v'(x) = e^x$

b) Setzen Sie $u(x) = 2x$ und $v'(x) = \cos x$

c) Setzen Sie $u(x) = \ln x$ und $v'(x) = 3x$

9 Extremwertaufgaben

Allgemein können Sie beim Lösen von Extremwertaufgaben nach folgendem Schema vorgehen:

1. Skizzieren Sie die Problemstellung.
2. Schreiben Sie die Größe auf, die minimiert oder maximiert werden soll. Das kann z.B. $\mathrm{A} = r \cdot h$ für eine Fläche in Abhängigkeit von r und h sein. In diesem Ausdruck dürfen verschiedene Variablen vorkommen.
3. Formulieren Sie die Nebenbedingungen. Im Beispiel von oben könnte dies z.B. $r + h = 100$ sein, wenn in der Aufgabe formuliert ist, dass r und h zusammen 100 ergeben müssen.
4. Lösen Sie die Nebenbedingung nach einer Variablen auf, z.B. $r = 100 - h$, und setzen Sie diese in den Ausdruck bei 2. ein. Dadurch ergibt sich, von welcher Variablen die sogenannte «Zielfunktion» abhängig ist. Löst man die Nebenbedingung nach r auf und setzt sie in die Gleichung unter 2. ein, ergibt sich im Beispiel: $\mathrm{A}(h) = (100 - h) \cdot h$.
5. Nun können die Extremstellen der Zielfunktion der Fläche in Abhängigkeit von h durch Ableiten und Nullsetzen der Ableitung untersucht werden. Handelt es sich um ein lokales Minimum, muss man noch die Randwerte überpüfen, d.h. man setzt den kleinst- und größtmöglichen x-Wert der Definitionsmenge in die Zielfunktion ein und vergleicht mit den Werten der Extremstelle. (Dies ist allerdings nicht nötig, wenn die 2. Ableitung keine Variablen mehr enthält, also inbesondere bei allen quadratsichen Funktionen.)

Zu den Aufgaben:

a) Die gesuchte Größe ist die Fläche. Die Nebenbedingung ist die Länge des Zauns. Von der Gesamtlänge der 4 Seiten des Spielplatzes müssen noch 2 m abgezogen werden. Anschließend wird die Zielfunktion aufgestellt und das Maximum bestimmt.

b) Die gesuchte Größe ist die Fläche. Für die Seiten des Rechtecks ist es hilfreich, wenn man die senkrechte Seite als y wählt und die waagerechte Seite als $2x$. Dann ist der Radius $r = x$. Die Nebenbedingung ist der festgelegte Umfang (Kreisfläche: $\mathrm{A_K} = \pi \cdot r^2$, Kreisumfang: $\mathrm{U_K} = 2 \cdot \pi \cdot r$). Lösen Sie die Nebenbedingung nach einer Variablen auf.

c) Die gesuchte Größe ist die Fläche. Zum Aufstellen der Nebenbedingung hilft die Überlegung, dass die beiden Halbkreise zusammen einen ganzen Kreis ergeben (Kreisfläche: $A_K = \pi \cdot r^2$, Kreisumfang: $U_K = 2 \cdot \pi \cdot r$). Stellen Sie die Zielfunktion für die Fläche auf. Bei I) bezieht sich die Zielfunktion nur auf das Rechteck, bei II) auf den gesamten Sportplatz!

d) I) Die gesuchte Größe ist der Umfang des Rechtecks. Die Grundseite des Rechtecks wird als $2x$ gewählt. Nebenbedingung: Für die Höhe h gilt $h = f(x)$. Stellen Sie die Zielfunktion für den Umfang auf, setzen Sie die Nebenbedingung ein und bestimmen Sie das Maximum mit Hilfe der 1. und 2. Ableitung.

II) Die gesuchte Größe ist die Fläche des Rechtecks. Die Grundseite des Rechtecks wird als $2x$ gewählt. Nebenbedingung: Für die Höhe h gilt $h = f(x)$. Stellen Sie die Zielfunktion für die Fläche auf und setzen Sie die Nebenbedingung ein.

e) Die gesuchte Größe ist die Fläche des Rechtecks. Die Grundseite des Rechtecks wird als $2x$ gewählt. Nebenbedingung: Zwei Ecken des Rechtecks müssen immer auf dem Kreis liegen. Damit gilt für die Grundseite $g = 2x$ und die Höhe h mit dem Satz des Pythagoras die Beziehung $x^2 + h^2 = 1$, mit $x = \frac{g}{2}$. Lösen Sie nach h auf und setzen Sie in die Zielfunktion der Fläche ein.

f) Die gesuchte Größe ist der Flächeninhalt des Dreiecks OPQ. Nach dem Ableiten stellt man die Gleichung der Normalen auf. Für die Normalensteigung gilt $m_n = -\frac{1}{m_t}$ (wobei m_t die Tangentensteigung ist). Diese wird mit der Kurve G geschnitten, um den Schnittpunkt Q zu bestimmen. Anschließend wird eine Flächenfunktion aufgestellt, wobei die Strecke $\overline{OQ}$ die Grundseite des Dreiecks bildet und $| f(u) |$ die Höhe. Die Flächenfunktion wird abgeleitet und der Extremwert bestimmt.

g) Skizzieren Sie die Graphen der beiden Funktionen.
Bestimmen Sie die Koordinaten der Punkte P und Q und überlegen Sie sich, wie Sie die Länge von PQ in Abhängigkeit von u bestimmen können. Stellen Sie hierzu eine Funktionsgleichung (Zielfunktion) auf. Zur Berechnung des Maximums verwenden Sie die 1. und 2. Ableitung (Produkt- und Kettenregel).
Die maximale Länge erhalten Sie, indem Sie das berechnete u in die Zielfunktion einsetzen.

Analytische Geometrie

10 Rechnen mit Vektoren

10.1 Addition und Subtraktion von Vektoren

Für das Rechnen mit Vektoren gelten folgende Gesetze:

Addition: $\begin{pmatrix} a_1 \\ a_2 \\ a_3 \end{pmatrix} + \begin{pmatrix} b_1 \\ b_2 \\ b_3 \end{pmatrix} = \begin{pmatrix} a_1+b_1 \\ a_2+b_2 \\ a_3+b_3 \end{pmatrix}$, Subtraktion: $\begin{pmatrix} a_1 \\ a_2 \\ a_3 \end{pmatrix} - \begin{pmatrix} b_1 \\ b_2 \\ b_3 \end{pmatrix} = \begin{pmatrix} a_1-b_1 \\ a_2-b_2 \\ a_3-b_3 \end{pmatrix}$

Skalare Multiplikation: $s \cdot \begin{pmatrix} a_1 \\ a_2 \\ a_3 \end{pmatrix} = \begin{pmatrix} s\cdot a_1 \\ s\cdot a_2 \\ s\cdot a_3 \end{pmatrix}$ (Zahl · Vektor = Vektor) für $s \in \mathbb{R}$.

Skalarprodukt: $\begin{pmatrix} a_1 \\ a_2 \\ a_3 \end{pmatrix} \cdot \begin{pmatrix} b_1 \\ b_2 \\ b_3 \end{pmatrix} = a_1\cdot b_1 + a_2\cdot b_2 + a_3\cdot b_3$ (Vektor · Vektor = Zahl),

Betrag bzw. Länge: $\left|\begin{pmatrix} a_1 \\ a_2 \\ a_3 \end{pmatrix}\right| = \sqrt{a_1^2+a_2^2+a_3^2}$.

10.2 Teilverhältnisse

a) - b) Erstellen Sie jeweils eine Skizze. Berechnen Sie die Länge des Vektors $\overrightarrow{AB}$ und stellen Sie eine geeignete Vektorkette für den Ortsvektor von S bzw. T auf.

c) Überlegen Sie, wo der Punkt U liegt, berechnen Sie die Längen der Vektoren $\overrightarrow{AU}$ und $\overrightarrow{UB}$ und teilen Sie die Ergebnisse durcheinander.

10.3 Orthogonalität von Vektoren

Zwei Vektoren stehen genau dann senkrecht aufeinander, wenn das Skalarprodukt gleich Null ist. Ist das Skalarprodukt ungleich Null, dann sind die beiden Vektoren nicht orthogonal.

10.4 Auffinden von orthogonalen Vektoren

Es sind Vektoren zu suchen, deren Skalarprodukt mit $\vec{n}$ Null ergibt.

10.5 Verschiedene Aufgaben

a) Stellen Sie jeweils drei Verbindungsvektoren zwischen je zwei Punkten auf und berechnen Sie deren Länge.

b) Die Orthogonalität lässt sich mit dem Skalarprodukt überprüfen.

c) Tragen Sie in Ihre Skizze jeweils die gegebenen und gesuchten Punkte sowie den Ursprung O ein. Bestimmen Sie mit Hilfe einer Vektorkette den Ortsvektor des gesuchten Punktes. Geben Sie die Koordinaten des gesuchten Punktes an.

d) Den Schwerpunkt S eines Dreiecks ABC erhalten Sie mit der Formel $\vec{s} = \frac{1}{3} \cdot \left(\vec{a} + \vec{b} + \vec{c}\right)$.

e) Tragen Sie in Ihre Skizze die gegebenen und gesuchten Punkte sowie den Ursprung O ein. Achten Sie dabei auf die Reihenfolge der Punkte (*gegen* den Uhrzeigersinn). Bestimmen Sie jeweils mit Hilfe einer Vektorkette den Ortsvektor des gesuchten Punktes. Geben Sie die Koordinaten des gesuchten Punktes an.

f) Da je vier Kanten parallel sind, gilt:
$\overrightarrow{BF} = \overrightarrow{CG} = \overrightarrow{DH} = \overrightarrow{AE}$, $\overrightarrow{BC} = \overrightarrow{AD} = \overrightarrow{FG} = \overrightarrow{EH}$ und $\overrightarrow{AB} = \overrightarrow{EF} = \overrightarrow{DC} = \overrightarrow{HG}$.
Bestimmen Sie mit Hilfe einer Vektorkette den Ortsvektor des gesuchten Punktes. Geben Sie die Koordinaten des gesuchten Punktes an.

10.6 Vektorprodukt

a) Siehe den allgemeinen Tipp zum Vektorprodukt auf Seite 47

b) Stellen Sie die Verbindungsvektoren $\overrightarrow{AB}$ und $\overrightarrow{AD}$ auf und verwenden Sie für den Flächeninhalts A des Parallelogramms die Formel:
$A = \left|\overrightarrow{AB} \times \overrightarrow{AD}\right|$.

c) Stellen Sie die Verbindungsvektoren $\overrightarrow{AB}$ und $\overrightarrow{AC}$ auf und verwenden Sie für den Flächeninhalt A des Dreiecks die Formel:
$A = \frac{1}{2} \cdot \left|\overrightarrow{AB} \times \overrightarrow{AC}\right|$.

d) Stellen Sie die Verbindungsvektoren $\overrightarrow{AB}$, $\overrightarrow{AD}$ und $\overrightarrow{AE}$ auf und verwenden Sie für das Volumen V des Spats die Formel:
$V = \left|\overrightarrow{AB} \cdot \left(\overrightarrow{AD} \times \overrightarrow{AE}\right)\right|$.

10.7 Lineare Abhängigkeit

a) Wenn zwei Vektoren $\vec{a}$ und $\vec{b}$ linear abhängig sind, dann ist der eine Vektor ein Vielfaches des anderen, d.h. sie müssen eine Zahl k finden, so dass gilt: $k \cdot \vec{a} = \vec{b}$; $k \in \mathbb{R}$.

b) Wenn drei Vektoren $\vec{a}$, $\vec{b}$ und $\vec{c}$ linear abhängig sind können Sie einen der drei Vektoren als «Linearkombination» der beiden andern ausdrücken, z.B. $\vec{c} = r \cdot \vec{a} + s \cdot \vec{b}$. Stellen Sie also das zugehörige Gleichungssystem auf und bestimmen Sie r und s.

11 Geraden

11.1 Aufstellen von Geradengleichungen

Verwenden Sie den Ortsvektor des einen Punktes als Stützvektor. Bilden Sie den Richtungsvektor, indem Sie den Verbindungsvektor zwischen den beiden Punkten aufstellen.

11.2 Punktprobe

Setzen Sie den Ortsvektor des Punktes in die Geradengleichung ein und prüfen Sie, ob sich für alle drei Komponenten der gleiche Parameter ergibt.

11.3 Gegenseitige Lage von Geraden

Für die gegenseitige Lage von zwei Geraden gibt es vier Möglichkeiten: Die Geraden können sich schneiden, parallel, identisch oder windschief sein.

Zur Bestimmung der gegenseitigen Lage prüft man zuerst die Richtungsvektoren auf lineare Abhängigkeit bzw. Unabhängigkeit:

1. Sind die Richtungsvektoren ein Vielfaches voneinander (linear abhängig), können die Geraden parallel oder identisch sein.
   Sie sind identisch, wenn ein Punkt der einen Geraden auf der anderen Geraden liegt (positive Punktprobe), sonst sind sie parallel (negative Punktprobe).

2. Sind die Richtungsvektoren kein Vielfaches voneinander (linear unabhängig), können die Geraden sich schneiden oder windschief sein.
   Durch Gleichsetzen erhält man den Schnittpunkt oder einen Widerspruch, welcher angibt, dass die Geraden windschief sind.

11.4 Parallele Geraden mit Parameter

Damit die Geraden parallel sind, müssen die Richtungsvektoren $\vec{r}$ und $\vec{v}$ linear abhängig sein. Der Parameter t muss also so bestimmt werden, dass $\vec{r_t} = k \cdot \vec{v}$ mit $k,\ t \in \mathbb{R}$ gilt. Dazu prüft man, ob der eine Vektor ein Vielfaches des anderen ist.

11.5 Allgemeines Verständnis von Geraden

Legen Sie eine Skizze an, um zu veranschaulichen, welche Beziehung für die Stütz- und Richtungsvektoren gelten muss. Überlegen Sie, welche Beziehung die Richtungsvektoren haben.

12 Ebenen

12.1 Parameterform der Ebenengleichung

a) Nehmen Sie einen der Punkte als «Stützpunkt». Die Verbindungsvektoren zwischen den Punkten ergeben die Spannvektoren.

b) Der Stützvektor der Geraden dient als Stützvektor der Ebene, der Richtungsvektor bildet den ersten Spannvektor. Den zweiten Spannvektor erhalten Sie, indem Sie den Verbindungsvektor zwischen dem Stützpunkt und dem angegebenen Punkt bilden.

12.2 Koordinatengleichung einer Ebene

Um eine Ebenengleichung aufzustellen, braucht man in der Regel entweder einen Punkt, der in der Ebene liegt, und zwei Spannvektoren oder einen Punkt A, der in der Ebene liegt, und einen Normalenvektor $\vec{n}$, welche man dann in die Punkt-Normalenform $\vec{n} \cdot (\vec{x} - \vec{a}) = 0$ einsetzt.

Ein Normalenvektor $\vec{n}$ berrechnen Sie am einfachsten mit Hilfe des Vektorprodukts aus den beiden Spannvektoren, siehe Seite 47.

Zur Koordinatengleichung kommt man durch Ausmultiplizieren der Punkt-Normalenform.

a) Wählen Sie einen der 3 Punkte als «Stützpunkt» und bestimmen Sie die Spannvektoren als Verbindungsvektoren zwischen dem ersten Punkt und den beiden anderen Punkten. Anschließend bestimmt man einen Normalenvektor wie oben beschrieben und rechnet über die Punkt-Normalenform die Koordinatenform aus.

b) Als Stützvektor bietet sich der Stützvektor der Geraden an. Als 1. Spannvektor benutzt man den Richtungsvektor der Geraden, als 2. Spannvektor nimmt man den Verbindungsvektor zwischen dem Punkt außerhalb der Geraden und dem «Stützpunkt» der Geraden.

c) Bestimmen Sie zuerst den Stützvektor der Ebene. Bestimmen Sie dazu den Schnittpunkt der beiden Geraden. Der Ortsvektor des Schnittpunktes dient als Stützvektor, die beiden Richtungsvektoren der Geraden werden als Spannvektoren der Ebene genommen. (wichtig: Wenn man s und t mit Hilfe von zwei Gleichungen bestimmt hat, muss man s und t in der 3. Gleichung überprüfen).

d) Wenn das Gleichungssystem zu einem Widerspruch wie z.B. $3 = 0$ führt, besitzt es keine Lösung. Die Geraden schneiden sich dann nicht. Untersuchen Sie die beiden Richtungsvektoren. Sind diese linear abhängig, dann sind die Geraden parallel.

e) Um die Ebenengleichung aufzustellen, brauchen Sie einen Punkt der Ebene und einen Normalenvektor. Die Spiegelebene befindet sich genau in der Mitte zwischen A und A^*. Anhand einer Skizze kann man sich gut klarmachen, wie der Normalenvektor aussehen muss.

f) Wenn die Ebene E die Gerade g enthält, dann sind der Normalenvektor von E und der Richtungsvektor von g orthogonal. Damit ist das Skalarprodukt dieser beiden gleich Null. Gleiches gilt für den Normalenvektor von E und den Normalenvektor der bekannten Ebene F. Wenn man die beiden Skalarprodukte ausrechnet, erhält man zwei Gleichungen mit den 3 Unbekannten n_1, n_2 und n_3. Eine Unbekannte wird gesetzt, die anderen ausgerechnet. Auf diese Weise erhält man $\vec{n}$. Zum Schluss setzt man noch $\vec{n}$ und den «Stützpunkt» der Geraden in die Punkt-Normalenform ein und rechnet diese aus.

g) Drei der gegebenen Punkte benutzt man, um eine Ebene aufzustellen. Mit dem letzten macht man eine Punktprobe.

12.3 Ebenen im Koordinatensystem

Zuerst bestimmen Sie die Schnittpunkte der Ebene mit den Koordinatenachsen. Überlegen Sie, welchen Wert die x_2- und die x_3-Koordinate für einen Schnittpunkt der Ebene mit der x_1-Achse besitzen; setzen Sie diese in die Ebenengleichung ein und formen Sie nach x_1 um. Die übrigen Schnittpunkte erhalten Sie ebenso.

12.4 Bestimmen von Geraden und Ebenen in einem Quader

a) Der Punkt O des Quaders liegt im Ursprung des Koordinatensystems. Bestimmen Sie die übrigen Punkte, indem Sie die Ortsvektoren addieren.

b) Die Gleichung kann wie im vorherigen Kapitel rechnerisch bestimmt werden, oder durch Überlegung und Ablesen an der Zeichnung.

c) Um eine Geradengleichung aufzustellen, braucht man einen Stützvektor und einen Richtungsvektor.

d) Wählen Sie drei der angegebenen Punkte und stellen Sie die Ebenengleichung wie im vorangegangenen Kapitel auf.

13 Gegenseitige Lage von Geraden und Ebenen

13.1 Gegenseitige Lage

Eine Gerade und eine Ebene können auf drei verschiedene Arten zueinander liegen: g schneidet E, g ist parallel zu E oder g liegt in E.

Liegt die Ebene in Koordinatenform vor, wird die Gerade als «allgemeiner Punkt» geschrieben und in die Ebenengleichung eingesetzt. Anschließend wird der Parameter der Geraden bestimmt und in den allgemeinen Punkt eingesetzt, um den Schnittpunkt zu bestimmen. Liegt die Ebene in der Parameterform vor, werden Ebenengleichung und Geradengleichung gleichgesetzt und das Gleichungssystem mit 3 Unbekannten gelöst.

Beim Lösen des Gleichungssystems bzw. der Gleichung können drei Fälle auftreten:

1. Es gibt eine eindeutige Lösung: Die Gerade schneidet die Ebene.
2. Es tritt ein Widerspruch auf (wie z.B. $3 = 0$): Die Gerade ist parallel zur Ebene.
3. Das Gleichungssystem bzw. die Gleichung hat unendlich viele Lösungen (beim Lösen ergibt sich z.B. $3 = 3$ oder $0 = 0$): Die Gerade liegt in der Ebene.

13.2 Gerade und Ebene parallel

Überlegen Sie, wie der Richtungsvektor der Geraden g und der Normalenvektor der Ebene E zueinander stehen müssen, damit die g parallel zu E liegt. Nehmen Sie das Skalarprodukt zu Hilfe. Prüfen Sie anschließend mit einer Punktprobe, ob g und E echt parallel sind oder ob g in E liegt.

13.3 Allgemeines Verständnis von Geraden und Ebenen

Veranschaulichen Sie sich die Beziehungen am besten mit Hilfe einer Skizze.

13.4 Vermischte Aufgaben

a) Wenn g parallel zu E ist, gilt: $\vec{n} \cdot \vec{r_g} = 0$. Für den Richtungsvektor $\vec{r_g}$ der Geraden gibt es unendlich viele Möglichkeiten.

b) Da g senkrecht auf E steht, gilt: $\vec{r_g} = k \cdot \vec{n};\ k \in \mathbb{R}$, d.h. der Richtungsvektor $\vec{r_g}$ ist linear abhängig zum Normalenvektor zu wählen.

c) Bestimmen Sie einen Punkt und einen Normalenvektor der Ebene mit Länge 1 LE. Mit diesen legen Sie einen weiteren Punkt außerhalb der Ebene mit Abstand 3 LE fest. Der Richtungsvektor $\vec{r_g}$ der Geraden muss so gewählt werden, dass $\vec{n} \cdot \vec{r_g} = 0$. Hierfür gibt es unendlich viele Möglichkeiten.

14 Gegenseitige Lage zweier Ebenen

Auch hier gibt es verschiedene Lösungswege, abhängig davon, welche Art von Ebenengleichung vorliegt. Da der Weg über die Koordinatengleichung oft am einfachsten zu rechnen ist, werden viele Aufgaben auf diese Weise gelöst. Gerade beim Schnitt von zwei Ebenen kann es sich lohnen, eine Gleichung in die Koordinatenform umzuformen.

Die beiden Ebenengleichungen in Koordinatenform bilden ein lineares Gleichungssystem mit zwei Gleichungen und drei Variablen.

Beim Lösen des Gleichungssystems bzw. der Gleichung können drei Fälle auftreten:

1. Es gibt eine Lösung, wenn man eine Variable als t einsetzt und nach den anderen Variablen auflöst: Die Ebenen schneiden sich in einer Schnittgeraden.

2. Es tritt ein Widerspruch auf (wie z.B. $3 = 0$): Die beiden Ebenen sind parallel.
3. Die eine Gleichung ist ein Vielfaches der anderen Gleichung: Die beiden Ebenen sind identisch.

14.1 Schnitt von zwei Ebenen

a) - c) Lösen Sie jeweils das zugehörige lineare Gleichungssystem.

d) - e) Schreiben Sie E_1 in drei Gleichungen für x_1, x_2 und x_3 um, setzen Sie diese in die Koordinatenebene E_2 ein und lösen Sie nach einem Parameter auf. Dieser wird dann wieder in E_1 eingesetzt, die Vektoren zusammengefasst und so die Gleichung der Schnittgeraden bestimmt.

f) - g) Gleichsetzen der beiden Ebenen führt zu einem Gleichungssystem mit 4 Unbekannten und 3 Gleichungen. Bringen Sie dieses mit Hilfe des Gauß-Verfahrens auf Stufenform, um eine Lösungsmatrix zu bestimmen. Sie erhalten einen Ausdruck wie z.B. $t = 2 - u$. Setzen Sie diesen Ausdruck für t in die Ebenengleichung ein und fassen Sie die Vektoren zusammen um die Gleichung der Schnittgeraden zu erhalten.

14.2 Parallele Ebenen

Beim Bestimmen von t muss man überlegen, wie die beiden Normalenvektoren zueinander stehen müssen, damit die Ebenen parallel sind.

14.3 Verschiedene Aufgaben zur Lage zweier Ebenen

Überlegen Sie anhand einer Skizze, wie die beiden Normalenvektoren zueinander stehen müssen, wenn die Ebenen senkrecht aufeinander stehen. Nehmen Sie das Skalarprodukt zu Hilfe.

15 Abstandsberechnungen

15.1 Abstand Punkt – Ebene

Bei einer Abstandsberechnung zwischen einem Punkt und einer Ebene rechnet man immer die Länge eines Lots von einem Punkt auf die Ebene aus. Man benutzt in der Regel die Hessesche Normalenform der Ebenengleichung (HNF), in die der Punkt eingesetzt wird. Für den Punkt $P(p_1 \mid p_2 \mid p_3)$ und die Ebene
E: $n_1x_1 + n_2x_2 + n_3x_3 + n_0 = 0$ mit dem Normalenvektor $\vec{n}$ gilt

$$d = \frac{|n_1p_1 + n_2p_2 + n_3p_3 + n_0|}{\sqrt{n_1^2 + n_2^2 + n_3^2}},$$

wobei d der Abstand des Punktes P zur Ebene E ist.

15.2 Abstand Punkt – Gerade

Den Abstand eines Punktes P von einer Geraden g bestimmt man in drei Schritten:

1. Zuerst stellt man eine Hilfsebene E_H auf. Diese Hilfsebene enthält den Punkt P und ist orthogonal zu g, d.h. der Richtungsvektor von g dient als Normalenvektor der Ebene.

2. Die Hilfsebene wird mit g geschnitten, dies ergibt den Schnittpunkt L.

3. Der Verbindungsvektor $\overrightarrow{LP}$ wird aufgestellt, sein Betrag (= seine Länge) ist der gesuchte Abstand.

15.3 Abstand paralleler Geraden

Zuerst muss bewiesen werden, dass die beiden Geraden echt parallel sind. Dies geschieht mit Hilfe der Richtungsvektoren und einer Punktprobe. Anschließend berechnet man den Abstand eines Punktes der Geraden h zur Geraden g wie in den vorangehenden Aufgaben.

15.4 Verschiedene Aufgaben

a) Schreiben Sie die Gerade als «allgemeinen Punkt» A. Wenn dieser von P und Q gleich weit entfernt sein soll, muss gelten: $|\overrightarrow{PA}| = |\overrightarrow{QA}|$. Man setzt ein, löst nach t auf und setzt in die Geradengleichung ein.

b) Gehen Sie vor, wie bei Aufgabenteil a).

c) Auch bei dieser Aufgabe wird die Gerade als «allgemeiner Punkt» geschrieben. Es gilt: $|\overrightarrow{AP}| = 3$. Setzen Sie ein und lösen Sie nach t auf.

d) Stellen Sie zuerst die Gleichung der Ebene durch ABC auf und berechnen Sie den Abstand des Punktes S mit Hilfe der Abstandsformel.

e) Setzen Sie in die Abstandsformel den Punkt, die Ebene und den Abstand ein. Anschließend wird nach b aufgelöst. Dabei muss eine Fallunterscheidung gemacht werden, wenn man die Betragsgleichung lösen will. Es ergeben sich zwei Werte für b.

f) Schreiben Sie die Gerade als «allgemeinen Punkt». Anschließend wird dieser, der Abstand und die Ebene in die Abstandsformel eingesetzt und nach dem Parameter t der Geraden aufgelöst. Dabei muss eine Fallunterscheidung gemacht werden. Die Lösungen t_1 und t_2 werden zum Schluss in die Geradengleichung eingesetzt.

g) Zuerst ist zu zeigen, dass die beiden Ebenen parallel sind. Anschließend bestimmt man einen Punkt in einer der Ebenen und setzt diesen und die andere Ebene in die Abstandsformel ein und berechnet den Abstand.

15.5 Abstand windschiefer Geraden

a)-b) Um den Abstand von zwei windschiefen Geraden $g : \vec{x} = \vec{a} + s \cdot \vec{r}$ und $h : \vec{x} = \vec{b} + t \cdot \vec{v}$ zu berechnen, benötigt man einen Vektor $\vec{n}$, der auf den beiden Richtungsvektoren senkrecht steht. Für den Abstand d gilt dann

$$d(g;h) = \frac{\left|\left(\vec{a} - \vec{b}\right) \cdot \vec{n}\right|}{|\vec{n}|}.$$

Den Vektor $\vec{n}$ bestimmt man mit Hilfe des Vektorproduktes: $\vec{n} = \vec{r} \times \vec{v}$.

c) Der Verbindungsvektor der beiden Punkte G bzw. H auf g bzw. h, welche den kleinsten Abstand voneinander haben, steht jeweils senkrecht auf den Richtungsvektoren $\overrightarrow{r_g}$ bzw. $\overrightarrow{r_h}$ der Geraden. Benutzen Sie das Skalarprodukt.

16 Winkelberechnungen

16.1 Winkel zwischen Vektoren bzw. Geraden

a) Überlegen Sie, zwischen welchen Vektoren man den Winkel berechnet (Orts- oder Verbindungsvektoren). Wenn zwei Kosinuswerte gleich sind, was gilt dann für die entsprechenden Winkel? Machen Sie sich eine Skizze.

b) Verwenden Sie zur Winkelberechnung die Richtungsvektoren der beiden Geraden.

16.2 Winkel zwischen Ebenen

Überlegen Sie, mit Hilfe welcher Vektoren man den Winkel zwischen den beiden Ebenen bestimmen könnte.

16.3 Winkel zwischen Gerade und Ebene

Welche Vektoren der Geraden und der Ebene kommen für die Winkelbestimmung in Betracht? Machen Sie eine Skizze. Verwenden Sie den Sinus des Winkels.

17 Spiegelungen

17.1 Punkt an Punkt

Machen Sie eine Skizze. Überlegen Sie, welche Vektoren man aneinanderhängen muss, um von P zum Spiegelpunkt P^* zu gelangen, wenn z.B. Q in der Mitte liegen soll.

17.2 Punkt an Ebene

Machen Sie eine Skizze. Der Punkt A wird an dem Punkt der Ebene, der A am nächsten ist, gespiegelt. Um diesen Punkt zu bestimmen, braucht man eine Hilfsgerade durch A, die senkrecht auf der Ebene steht.

17.3 Punkt an Gerade

Machen Sie auch hier eine Skizze. Der Punkt P wird an dem Punkt der Gerade gespiegelt, der den kleinsten Abstand zu P besitzt. Um diesen zu bestimmen, braucht man eine Hilfsebene. Diese geht durch P und steht senkrecht zur Geraden.

17.4 Allgemeine Spiegelungen

a) Machen Sie eine Skizze. Um die neue Gerade aufzustellen, braucht man einen Stützvektor und einen Richtungsvektor.

   I) Überlegen Sie, wie der Richtungsvektor aussieht, wenn die neue Gerade parallel zur alten Geraden sein soll. Wie erhält man den neuen «Stützpunkt»?

   II) Die Gerade schneidet die Ebene E. Den Schnittpunkt von g mit E haben Gerade und Spiegelgerade gemeinsam. Nun braucht man noch einen 2. Punkt, um den Richtungsvektor aufzustellen. Dazu muss man einen Punkt der Geraden an der Ebene spiegeln. Welcher Punkt bietet sich dazu an?

b) Machen Sie eine Skizze. Es gibt zwei verschiedene Fälle: Entweder beide Ebenen sind parallel, dann muss man nur einen Punkt von E_1 an E_2 spiegeln. Sind die Ebenen nicht parallel, so wird zuerst die Schnittgerade bestimmt. Überlegen Sie, wann die Normalenvektoren die gleichen bleiben und wann nicht.

18 Kreis und Kugel

18.1 Der Kreis in der x-y-Ebene

a) Verwenden Sie die allgemeine Gleichung für einen Kreis: $k\colon\ (x-x_M)^2+(y-y_M)^2=r^2$, wobei $M\,(x_M \mid y_M)$ der Mittelpunkt und r der Radius des Kreises ist.

b) Schreiben Sie die gegebene Kreisgleichung in die obige Form um und lesen Sie den Mittelpunkt und den Radius ab.

c) Bestimmen Sie Mittelpunkt und Radius des Kreises, berechnen Sie jeweils den Abstand der gegebenen Punkte zum Mittelpunkt und vergleichen Sie diesen mit dem Radius.

18.2 Gegenseitige Lage von Kreis und Gerade

a) Formen Sie die Geradengleichung so um, dass sie nach x oder y aufgelöst ist und setzen Sie diese in die Kreisgleichung ein. Beachten Sie die binomischen Formeln und lösen Sie die quadratische Gleichung; somit erhalten Sie die x-Werte der Schnittpunkte. Indem Sie diese in die Geradengleichung einsetzen, erhalten Sie die zugehörigen y-Werte.

b) Setzen Sie die Geradengleichung in die Kreisgleichung ein und lösen Sie die quadratische Gleichung. Hat diese genau eine Lösung, so ist die Gerade Tangente an den Kreis. Den y-Wert des Berührpunkts erhalten Sie durch Einsetzen des x-Werts in die Geradengleichung.

c) Bestimmen Sie (sofern nicht gegeben) den Mittelpunkt und den Radius des Kreises und verwenden Sie folgende Formel für die Tangentengleichung:
$t\colon\ (x - x_\mathrm{M}) \cdot (x_\mathrm{B} - x_\mathrm{M}) + (y - y_\mathrm{M}) \cdot (y_\mathrm{B} - y_\mathrm{M}) = r^2$, wobei $\mathrm{M}\,(x_\mathrm{M} \mid y_\mathrm{M})$ der Mittelpunkt des Kreises und $\mathrm{B}\,(x_\mathrm{B} \mid y_\mathrm{B})$ der Berührpunkt ist.

d) Bestimmen Sie die Kreisgleichung mit dem gegebenen Mittelpunkt M und einem allgemeinen Radius r, setzen Sie die Geradengleichung in die Kreisgleichung ein, beachten Sie die binomischen Formeln und lösen Sie die quadratische Gleichung so weit wie möglich. Wenn g und k keine gemeinsamen Punkte haben, muss der Term unter der Wurzel (Diskriminante) kleiner als Null sein. Lösen Sie die entstandene Ungleichung.

18.3 Kugelgleichung

Ein Punkt $\mathrm{X}\,(x_1 \mid x_2 \mid x_3)$ liegt auf einer Kugel K mit Mittelpunkt $\mathrm{M}\,(m_1 \mid m_2 \mid m_3)$ und Radius r, wenn gilt:K: $(x_1 - m_1)^2 + (x_2 - m_2)^2 + (x_3 - m_3)^2 = r^2$.

a) Setzen Sie den gegebenen Mittelpunkt sowie den Radius in die Koordinatengleichung ein und beachten Sie beim Auflösen die binomischen Formeln .

b) Formen Sie die gegebenen Kugelgleichungen so um, dass Sie aus der Koordinatengleichung den Mittelpunkt sowie den Radius ablesen können. Beachten Sie dabei die Vorzeichen.

c) Berechnen Sie jeweils den Abstand der gegebenen Punkte zum Mittelpunkt und vergleichen Sie diese Abstände mit dem Radius.

18.4 Gegenseitige Lage von Kugel und Gerade

a) Schreiben Sie die Gerade als «allgemeinen Punkt», setzen Sie diesen in die Koordinatengleichung der Kugel ein, beachten Sie binomische Formeln und lösen Sie die quadratische Gleichung. Gibt es zwei Lösungen, so berechnen Sie die zugehörigen Koordinaten der Schnittpunkte durch Einsetzen in den «allgemeinen Punkt»; die Gerade ist eine Sekante. Gibt es eine Lösung, so berechnen Sie die Koordinaten des Berührpunkts durch Einsetzen in den «allgemeinen Punkt»; die Gerade ist eine Tangente. Hat die quadratische Gleichung keine reelle Lösung, gibt es keine gemeinsamen Punkte; die Gerade ist eine Passante.

b) Um die gegenseitige Lage von Kugel und Gerade zu bestimmen, versuchen Sie die gemeinsamen Punkte von K und g entsprechend Aufgabe a) zu berechnen.

18.5 Gegenseitige Lage von Kugel und Ebene

a) Machen Sie eine Skizze.
Um den Mittelpunkt M^* des Schnittkreises zu berechnen, stellen Sie eine Lotgerade mit dem Mittelpunkt der Kugel und dem Normalenvektor der Ebene auf und schneiden diese mit der Ebene.
Den Radius r^* erhalten Sie mit Hilfe des Satzes des Pythagoras im rechtwinkligen Dreieck. Hierzu benötigen Sie den Radius der Kugel und den Abstand von M zu E.

b) Um die gegenseitige Lage von Kugel und Ebene zu bestimmen, berechnen Sie den Abstand d des Mittelpunkts M der Kugel zur Ebene E (mit HNF). Es können drei Fälle auftreten:
1. $d < r \Rightarrow$ E schneidet K in einem Schnittkreis
2. $d = r \Rightarrow$ E berührt K in einem Punkt
3. $d > r \Rightarrow$ E und K haben keine gemeinsamen Punkte.

c) Skizzieren Sie die Problemstellung.
Um die Koordinatengleichung der Tangentialebene E_T aufzustellen, benötigen Sie den gegebenen Punkt B und einen Normalenvektor für die Punkt-Normalenform. Beachten Sie, dass die Tangentialebene orthogonal zum Vektor $\overrightarrow{MB}$ liegt.

18.6 Gegenseitige Lage zweier Kugeln

a) Um zu prüfen, ob K_1 und K_2 gemeinsame Punkte haben, vergleichen Sie den Abstand der beiden Mittelpunkte mit den Radien r_1 und r_2.

b) Um zu zeigen, dass sich K_1 und K_2 berühren, vergleichen Sie den Abstand der beiden Mittelpunkte mit den Radien r_1 und r_2. Skizzieren Sie die Problemstellung.
Um die Koordinaten des Berührpunkts B zu bestimmen, stellen Sie eine geeignete Vektorkette auf.

c) Um die Gleichung der Ebene des Schnittkreises zu bestimmen, benötigen Sie die jeweiligen Koordinatengleichungen der Kugeln. Beachten Sie die binomischen Formeln. Anschließend subtrahieren Sie die Gleichungen der beiden Kugeln voneinander.

Stochastik

19 Berechnung von Wahrscheinlichkeiten

19.1 Addidtionssatz, Vierfeldertafel

a) Ergänzen Sie zunächst die Zeile oder Spalte, in der schon zwei Zahlen stehen. Beachten Sie, dass sich «rechts unten» 1 ergeben muss.

b) Überlegen Sie, welche der angegebenen Zahlen bei der Vierfeldertafel innen und welche außen stehen.

19.2 Baumdiagramme und Pfadregeln

a) Beachten Sie beim Baumdiagramm, wieviele Kugeln nach dem ersten Ziehen noch in der Urne sind. Benutzen Sie für II) die Pfadregeln; überlegen Sie zuerst, welche Pfade zu dem jeweiligen Ereignis gehören.

b) Nach der Erstellung des Baumdiagrammes schreiben Sie die Ereignisse zunächst als Mengen auf und benutzen Sie dann die Pfadregeln.

c) I) Die Pfade in diesem Baumdiagramm sind unterschiedlich lang, da die Kontrolle abgebrochen wird, wenn ein Fehler erkannt ist.

II) Sie können die Wahrscheinlichkeit aller möglichen Pfade addieren oder mit dem Gegenereignis arbeiten.

d) Fassen Sie auf jeder Stufe die Augenzahlen, die zu einer Summer größer als 3 führen, zusammen, um den Baum nicht zu kompliziert zu gestalten.

19.3 Unabhängigkeit von zwei Ereignissen

a) Wenn A und B unabhängig sind, so sind auch A und $\overline{B}$, $\overline{A}$ und B bzw. $\overline{A}$ und $\overline{B}$ voneinander unabhängig und es gilt jeweils der spezielle Multiplikationssatz.

b) $P(R)$, $P(m)$ und $P(m \cap R)$ entsprechen den jeweiligen relativen Häufigkeiten. Prüfen Sie nach, ob dafür der spezielle Multiplikationssatz gilt.

19.4 Bedingte Wahrscheinlichkeit

Bei Fragen nach der bedingten Wahrscheinlichkeit sind Vierfeldertafeln und Baumdiagramme hilfreich, wenn Sie folgendes beachten:

	A	$\overline{A}$	
B	$P(A \cap B)$	$P(\overline{A} \cap B)$	$P(B)$
$\overline{B}$	$P(A \cap \overline{B})$	$P(\overline{A} \cap \overline{B})$	$P(\overline{B})$
	$P(A)$	$P(\overline{A})$	1

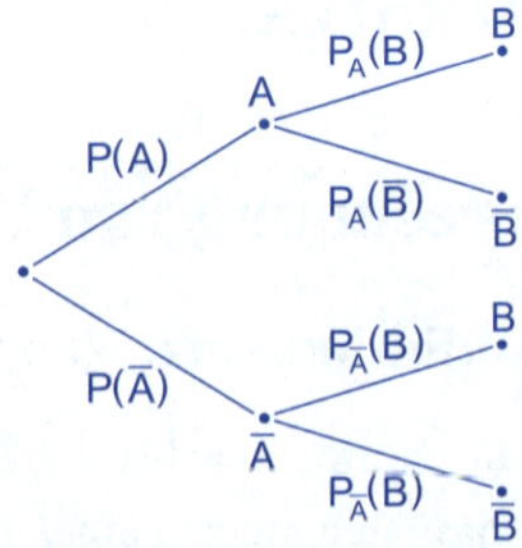

$P(A \cap B) = P(A) \cdot P_A(B) = P(B) \cdot P_B(A)$.

Damit kann man auch bei anspruchsvollen Aufgabenstellungen die Orientierung behalten.

a) Notieren Sie zunächst formal, welche Wahrscheinlichkeiten den verschiedenen %-Angaben entsprechen.
Stellen Sie eine Vierfeldertafel auf (a: über 70 Jahre, j: bis 70 Jahre, m: männlich, w: weiblich).
Bedenken Sie dabei: $P(a \cap m) = P(a) \cdot P_a(m)$ und $P(j \cap m) = P(j) \cdot P_j(m)$.
Mit Hilfe der Vierfeldertafel und der Formel lässt sich dann $P_m(j)$, der Anteil der jüngeren unter den Männern, berechnen.

b) Verwenden Sie: k: krank, g $(= \overline{k})$: gesund, «+»: positiv getestet, «−»: negativ getestet.
Aus der Aufgabenstellung lassen sich $P(k)$, $P_k(+)$ und $P_g(-)$ ablesen.
Bestimmen Sie $P(g)$, $P(k \cap +)$, $P(g \cap -)$ und benutzen Sie eine Vierfeldertafel, um $P_+(k)$ und $P_-(g)$ zu bestimmen.

20 Kombinatorische Zählprobleme

20.1 Geordnete Stichproben mit Zurücklegen

a)-b) Bestimmen Sie zuerst mit Hilfe der Formel die Anzahl aller möglichen Ausfälle, dann für jedes einzelne Ereignis die Anzahl der günstigen Ausfälle und berechnen Sie die entsprechende Laplace-Wahrscheinlichkeit.

c) Es sind 5 Buchstaben, aus denen gezogen wird, von denen je 2 doppelt vorkommen, was zu verschiedenen Wahrscheinlichkeiten z.B. für H und A führt.

20.2 Geordnete Stichproben ohne Zurücklegen

Benutzen Sie wieder die Formel für Laplace-Wahrscheinlichkeiten. Zur Berechnung der Anzahl der günstigen Möglichkeiten gehen Sie Schritt für Schritt die einzelnen Stufen durch und multiplizieren Sie die gefundenen Anzahlen.

a) zu D: Beachten Sie die Fälle «zuerst rot» und «zuerst weiß» getrennt.

b) zu B: Beachten Sie die verschiedenen Reihenfolgen.

c) zu C: Überlegen Sie, wo die 3 «A» stehen können und verwenden Sie die Wahrscheinlichkeit von Ereignis B.

20.3 Ungeordnete Stichproben ohne Zurücklegen

Es gilt: Bestimmen Sie zuerst die Anzahl aller möglichen Ausfälle und anschließend für das jeweilige Ereignis die Anzahl der günstigen Ausfälle.

a) zu A: Bestimmen Sie die durch 5 teilbaren Zahlen und die Anzahl der Möglichkeiten, davon 4 auszuwählen.
zu B: Bestimmen Sie die geraden Zahlen und die Anzahl der Möglichkeiten, davon 4 auszuwählen.
zu C und D: Probieren Sie einfach aus, welche Ergebnisse günstig sind.

b) zu A: Bestimmen Sie die Anzahl der Möglichkeiten, von 7 weißen Kugeln 3 auszuwählen.
zu B: Teilen Sie das Ereignis für die verschiedenen Farben auf und addieren Sie die Wahrscheinlichkeiten.
zu C: Man kann sich die Urne aufgeteilt denken in 3 Teile mit jeweils nur weißen, schwarzen und roten Kugeln, aus denen die entsprechende Anzahl von Kugeln genommen wird. Die Anzahl der günstigen Möglichkeiten erhält man dann als Produkt.
zu D: Fassen Sie schwarze und weiße Kugeln zusammen.
zu E: siehe Ereignis C.
zu F: Benutzen Sie das Gegenereignis.

c) Sie können die Glühbirnen wie Kugeln in einer Urne behandeln. Siehe auch b) zu C.

20.4 Vermischte Aufgaben

a) Man kann die Verteilung der 4 Freunde auf die 4 Plätze als geordnete Stichprobe ohne Wiederholung auffassen.

b) Es handelt sich um eine ungeordnete Stichprobe ohne Zurücklegen.

c) Zu A und B: Es handelt sich um eine geordnete Stichprobe mit Zurücklegen.
Zu C und D: Überlegen Sie, auf wie viele Arten Sie die 5 bzw. die 4 richtigen Antworten auf die 10 Fragen verteilen können.

21 Wahrscheinlichkeitsverteilung von Zufallsgrößen

21.1 Erwartungswert

a)-c) Bestimmen Sie zunächst z.B. mit Hilfe eines Baumdiagrammes die Wahrscheinlichkeiten für die möglichen Ergebnisse. Legen Sie eine Tabelle für die Anzahl der Züge und ihre jeweilige Wahrscheinlichkeit an und bestimmen Sie dann den Erwartungswert.

21.2 Varianz und Standardabweichung

Legen Sie eine Tabelle wie in 23.1 für E(X) an und ergänzen Sie diese durch die Spalten $(x_i - E(X))^2$ und $(x_i - E(X))^2 \cdot P(x_i)$, um die Berechnung der Varianz übersichtlich zu gestalten.

22 Binomialverteilung

22.1 Binomialverteilung mit Gebrauch der Formel

a)-c) Notieren Sie zunächst, welcher Ausfall des Bernoulli-Experiments als Treffer gelten soll und bestimmen Sie die Trefferwahrscheinlichkeit p sowie die Kettenlänge n.
Überlegen Sie, welche Trefferanzahlen zum fraglichen Ereignis gehören und berechnen Sie deren Wahrscheinlichkeiten mit der Formel $P(X = k) = \binom{n}{k} \cdot p^k \cdot (1-p)^{n-k}$. Prüfen sie, ob gegebenenfalls die Wahrscheinlichkeit des Gegenereignisses einfacher zu berechnen ist.

d)-e) Für das Gegenereignis lässt sich eine Formel angeben. Damit lässt sich die Kettenlänge n durch Probieren (mit dem Taschenrechner) oder durch das Auflösen der zugehörigen Exponentialgleichung bzw. Exponentialungleichung bestimmen.

22.2 Binomialverteilung mit Gebrauch der Tabelle

a)-b) Überlegen Sie, wie Sie $P(X \geqslant k)$ und $P(k_1 \leqslant X \leqslant k_2)$ mit Hilfe von Ausdrücken der Form $P(X \leqslant k)$ berechnen können, die Sie dann aus der Tabelle ablesen.

c) Legen Sie fest, was als «Treffer» zählt und bestimmen Sie zuerst jeweils n und p. Schreiben Sie dann die Wahrscheinlichkeit für das jeweilige Ereignis so auf, dass Sie es mit Hilfe der Tabelle bestimmen können (vgl. Aufgabe a) und b)).

d) Beachten Sie, dass bei $p > 0,5$ in der Tabelle «von unten» abgelesen und die Differenz zu 1 gebildet werden muss, um $P(X \leqslant k)$ zu erhalten.
Beispiel: Bei $n = 100$ und $p = 0,8$ ist $P(X \leqslant 80) = 1 - 0,4602 = 0,5398$.

e) Das Ablesen in der Tabelle fällt leichter, wenn man «Treffer» so wählt, dass p nicht größer als $0,5$ ist.

22.3 Erwartungswert und Standardabweichung

Um den Erwartungswert μ und die Standardabweichung σ einer binomialverteilten Zufallsgröße X mit den Parametern n und p zu berechnen, verwenden Sie folgende Formeln:
Erwartungswert: $E(X) = \mu = n \cdot p$. Zugehörige Standardabweichung: $\sigma = \sqrt{n \cdot p \cdot (1-p)}$

23 Normalverteilung

23.1 Berechnung von Wahrscheinlichkeiten

Ist ein Merkmal X normalverteilt mit Erwartungswert μ und Standardabweichung σ, so berechnen Sie die die Wahrscheinlichkeiten folgendermaßen:

$P(a < X < b) = P(a \leqslant X \leqslant b) = \Phi\left(\frac{b-\mu}{\sigma}\right) - \Phi\left(\frac{a-\mu}{\sigma}\right)$

$P(X < b) = P(X \leqslant b) = \Phi\left(\frac{b-\mu}{\sigma}\right)$

$P(X > b) = 1 - P(X \leqslant b) = 1 - \Phi\left(\frac{b-\mu}{\sigma}\right)$

Die Werte für Φ finden Sie in der Tabelle auf Seite 251.

Für eine Summe von n Werten mit Erwartungswert μ und Standardabweichung σ gilt: $\mu^* = n \cdot \mu$ und $\sigma^* = \sqrt{n} \cdot \sigma$.

Beachten Sie bei Aufgabe c), dass das Gewicht der Verpackung gleich bleibt; rechnen Sie daher mit dem «Nettogewicht»: Nettogewicht = Gesamtgewicht − Leergewicht

23.2 Erwartungswert und Standardabweichung

a)-c) Berechnen Sie die Standardabweichung σ^* mit der Formel $\sigma^* = \frac{\sigma}{\sqrt{n}}$ und prüfen Sie, ob der angegebene Mittelwert $\overline{x}$ im $2\sigma^*$-Intervall $[\mu - 2\sigma^*; \mu + 2\sigma^*]$ liegt.

d) Verwenden Sie das Gesamtgewicht als Testgröße. Berechnen Sie den Erwartungswert des Gesamtgewichts mit der Formel $\mu^* = n \cdot \mu$ und die Standardabweichung $\sigma^* = \sqrt{n} \cdot \sigma$ und prüfen Sie, ob das angegebene Gesamtgewicht im $2\sigma^*$-Intervall $[\mu^* - 2\sigma^*; \mu^* + 2\sigma^*]$ liegt.

e) Berechnen Sie den Erwartungswert der Länge mit der Formel $\mu^* = n \cdot \mu$ und die Standardabweichung $\sigma^* = \sqrt{n} \cdot \sigma$ und bestimmen Sie das $2\sigma^*$-Intervall $[\mu^* - 2\sigma^*; \mu^* + 2\sigma^*]$ in Abhängigkeit von n.
Da die angegebene Länge (1000 m) innerhalb dieses Intervalls liegen muss, stellen Sie mit Hilfe der Intervallgrenzen zwei Gleichungen auf und lösen diese mit Substitution $z = \sqrt{n}$.
Bestimmen Sie das «Konfidenzintervall» (Vertrauensintervall).

f) Berechnen Sie mit den gegebenen Daten den Mittelwert $\overline{x}$ für das Gewicht einer Schraube sowie die Standardabweichung mit der Formel $\sigma^* = \frac{\sigma}{\sqrt{n}}$. Anschließend bestimmen Sie das

$2\sigma^*$-Intervall $[\overline{x} - 2\sigma^*; \overline{x} + 2\sigma^*]$, innerhalb dessen der Erwartungswert für das Gewicht einer Schraube liegt.

23.3 Annäherung der Binomialverteilung durch die Normalverteilung

a) I) Verwenden Sie die Regel für binomialverteilte Zufallsgrößen:

$$P(k_1 \leqslant X \leqslant k_2) = P(X \leqslant k_2) - P(X \leqslant k_1 - 1).$$

II) Die Laplace-Bedingung $\sigma > 3$ lautet bei Stichprobengröße n und Trefferwahrscheinlichkeit p der Binomialverteilung: $\sqrt{n \cdot p \cdot (1-p)} > 3$.

Um die gesuchte Wahrscheinlichkeit näherungsweise zu berechnen, verwenden Sie die Näherungsformel von de Moivre-Laplace. Demnach gilt für eine binomialverteilte Zufallsvariable X mit Erwartungswert $\mu = n \cdot p$ und Standardabweichung $\sigma = \sqrt{n \cdot p \cdot (1-p)}$, falls die Laplace-Bedingung erfüllt ist:

$$P(k_1 \leqslant X \leqslant k_2) \approx \Phi\left(\frac{k_2 - \mu + 0,5}{\sigma}\right) - \Phi\left(\frac{k_1 - \mu - 0,5}{\sigma}\right)$$

b) Gehen Sie vor wie bei Aufgabenteil a). Überlegen Sie zusätzlich, was es bedeutet, wenn die Laplace-Bedingung nur knapp erfüllt ist.

24 Hypergeometrische Verteilung

a) Definieren Sie X als Zufallsvariable für die Anzahl der gezogenen grünen Kugeln. Beim Eintragen der Wahrscheinlichkeiten in ein Baumdiagramm beachten Sie, dass sich die Grundmenge nach jeder Ziehung um «1» reduziert; wenden Sie dann die Pfadregel an. Zur direkten rechnerischen Bestimmung der gesuchten Wahrscheinlichkeit verwenden Sie die am Anfang des Kapitels angegebene kombinatorische Formel.

b) I) Sie definieren im ersten Fall eine hypergeometrisch verteilte Zufallsvariable X mit $n = 6$, $M = 6$ und $N = 49$ für die Anzahl der Richtigen (pro Tipp). Für den zweiten Fall, dass zwei Tippscheine mit 12 unterschiedlichen angekreuzten Zahlen abgegeben werden, definieren Sie eine neue Zufallsvariable Y, die sich von X lediglich durch den Parameterwert $n = 12$ unterscheidet. Zur Berechnung der Wahrscheinlichkeit, insgesamt mindestens zwei Richtige zu haben, verwenden Sie das Gegenereignis.

II) Definieren Sie X als Zufallsvariable analog zum vorhergehenden Aufgabenteil. Die Gesamtanzahl der Tippscheine ohne Treffer erhalten Sie als Produkt der Wahrscheinlichkeit, keinen Treffer zu erzielen, und der Anzahl aller Tippscheine. Zur Bestimmung des Zeitraums, in dem durchschnittlich ein Volltreffer in der Großstadt oder im Umland erzielt wird, berechnen Sie zunächst die Anzahl aller möglichen Tipps. Überlegen Sie, jede wievielte Ziehung zu einem Sechser in der Großstadt führt. Gehen Sie von 52 Samstagsziehungen pro Jahr aus.

III) Definieren Sie für beide Lottospiele jeweils eine Zufallsvariable für die Anzahl der Richtigen; beide Zufallsvariable sind hypergeometrisch verteilt. Bilden Sie den Quotienten der berechneten Wahrscheinlichkeiten für 4 bzw. 5 Richtige und kommentieren Sie dessen Größenordnung.

c) I) Sie wählen X als Zufallsvariable für die Anzahl der fehlerhaften Schrauben, welche in der Stichprobe mit 15 Stück gefunden werden. X ist hypergeometrisch verteilt.

II) Um X (fälschlicherweise) eine Binomialverteilung zugrunde zu legen, überlegen Sie, welche Werte die zwei Parameter n und p annehmen. Zur Erklärung der geringen Abweichung der Werte begründen Sie, warum die Binomialverteilung mit $p = \frac{M}{N}$ immer dann als annehmbare Approximation für die hypergeometrische Verteilung herangezogen werden kann, wenn der Stichprobenumfang n klein ist im Vergleich zu M und N − M. Erklären Sie, warum dann angenommen werden kann, dass in Näherung gilt:

$$\frac{\binom{M}{k} \cdot \binom{N-M}{n-k}}{\binom{N}{n}} \approx \binom{n}{k} \cdot \left(\frac{M}{N}\right)^k \cdot \left(1 - \frac{M}{N}\right)^{n-k} ; 0 \leqslant k \leqslant n$$

d) Nehmen Sie an, dass X hypergeometrisch verteilt ist. Bestimmen Sie zunächst den Wert des Parameters M mit Hilfe der Form des Erwartungswerts einer hypergeometrisch verteilten Zufallsvariablen. Prüfen Sie im nächsten Schritt, ob die drei Parameterwerte n, M und N die angegebene Wahrscheinlichkeit für das Ereignis «$X = 2$» liefern.

25 Hypothesentests

25.1 Grundbegriffe, Fehler 1. und 2. Art

a)-b) Die Nullhypothese hat stets die Form H_0: $p = ...$ oder H_0: $p \leqslant ...$ oder H_0: $p \geqslant ...$.
Ein Fehler 1. Art bedeutet: Eine Hypothese wird (fälschlicherweise) abgelehnt, obwohl sie zutrifft.
Ein Fehler 2. Art bedeutet: Eine Hypothese wird (fälschlicherweise) angenommen, obwohl sie nicht zutrifft.

25.2 Einseitiger Test

a) Bei einseitigen Tests geht man bei der Benutzung der Tabelle vom «schlimmsten» Fall aus, benutzt also den größten bzw. kleinsten Wert für p, der noch der Hypothese entspricht.
Die Irrtumswahrscheinlichkeit α entspricht der Wahrscheinlichkeit $P(\overline{A})$ für diesen Wert p. Sie kann mit Hilfe der Tabelle bestimmt werden.

b) Prüfen Sie zuerst, ob ein links- oder rechtsseitiger Test vorliegt.
Aus der Tabelle können Sie k ablesen, so dass α den entsprechenden Wert oder einen leicht darunter liegenden Wert annimmt.

c) Stellen Sie zunächst die Nullhypothese auf und bestimmen sie dann A und $\overline{A}$ für die vorgegebene Irrtumswahrscheinlichkeit. Zum Schluss prüfen Sie, in welchen Bereich die konkret durchgeführte Stichprobe fällt.

d) Siehe Aufgabe c).

e) Notieren Sie zuerst formal alles, was im Text vorgegeben ist und gehen Sie dann wie bei Aufgabe a) und b) vor.

25.3 Zweiseitiger Test

a) Notieren Sie $\overline{A}$ als Menge und ermitteln Sie zunächst die Irrtumswahrscheinlichkeit für jeden der beiden Teile mit Hilfe der Tabelle.

b) Gehen Sie für jeden der beiden Teile von $\overline{A}$ so vor wie bei Aufgabe 25.2 b). Beachten Sie dabei, dass die Wahrscheinlichkeit für jeden Teil $\frac{\alpha}{2}$ nicht überschreiten darf.

c) Bestimmen Sie $\overline{A}$ für $\alpha = 5\,\%$; prüfen Sie dann, ob die aufgetretene Anzahl in $\overline{A}$ liegt.

d) Notieren Sie H_0, n und α und gehen Sie dann wie bei Aufgabe b) vor.

e) Notieren Sie formal die Aussagen des Testes und gehen Sie dann wie bei Aufgabe a) und b) vor. Beachten Sie beim Ablesen, dass $p > 0{,}5$ ist.

25.4 Alternativtests

a) I) Beachten Sie, dass Sie für die Formulierung der Hypothesen zwischen der Sicht des Firmenchefs und der des Fertigungsleiters unterscheiden müssen.

II) Definieren Sie eine geeignete binomialverteilte Zufalsvariable, die angibt, wieviele der 100 überprüften Gewichte die strengen Kriterien der Qualitätskontrollen erfüllen. Beachten Sie, dass die Durchführung des Hypothesentests als links- oder rechtsseitiger Test wie auch die Trefferwahrscheinlichkeit der Zufallsvariablen von der jeweiligen Position (Firmenchef vs. Fertigungsleiter) abhängen.
Einen rechtsseitigen Test wählen Sie, wenn die Nullhypothese bei signifikant nach oben abweichendem Stichprobenwert abgelehnt werden soll; einen linksseitigen Test bei analog nach unten abweichendem Wert.
Den Ablehnungsbereich der Nullhypothese können Sie auf zweierlei Arten bestimmen: entweder Sie stellen mit Hilfe der gegebenen Irrtumswahrscheinlichkeit eine Ungleichung auf und bestimmen mit Hilfe der Binomialverteilungstabelle den gesuchten Ablehnungs- bzw. Annahmebereich. Sie können den Ablehnungsbereich der Nullhypothese jedoch auch mithilfe von $\sigma-$Regeln für Alternativtests (näherungsweise!) bestimmen. Dazu ist zu prüfen, ob $\sigma > 3$ erfüllt ist. Den benötigten Wert der Konstante c können Sie in Abhängigkeit von der Irrtumswahrscheinlichkeit einer Tabelle entnehmen.

III) Sie erhalten mithilfe der Ergebnisse aus dem vorigen Aufgabenteil zwei Fälle, in welchen die Entscheidung, welche aufgrund eines Stichprobenergebnisses getroffen werden kann, eindeutig ist. Überlegen Sie auch, wann keine begründete Entscheidung möglich ist und ob diese Situation zu verbessern ist.

b) I) Unterscheiden Sie zwischen der Perspektive des Landwirts und der des Großabnehmers, um die jeweilige Null- bzw. Alternativhypothese formulieren zu können.

II) Definieren Sie eine geeignete binomialverteilte Zufalsvariable für die Anzahl der kernfreien Kirschjoghurts unter den 1000 überprüften Gläsern. Beachten Sie, dass die Durchführung des Hypothesentests als links- oder rechtsseitiger Test wie auch die Trefferwahrscheinlichkeit der Zufallsvariablen von der jeweiligen Position (Landwirt vs. Großabnehmer) abhängen.

Einen rechtsseitigen Test wählen Sie, wenn die Nullhypothese bei signifikant nach oben abweichendem Stichprobenwert abgelehnt werden soll; einen linksseitigen Test bei analog nach unten abweichendem Wert.

Den Ablehnungsbereich der Nullhypothese können Sie auf zweierlei Arten bestimmen: Entweder (näherungsweise) mithilfe der $\sigma-$Regeln für Alternativtests; dazu ist zu prüfen, ob $\sigma > 3$ erfüllt ist. Oder Sie benutzen eine Tabelle der Binomialverteilung.

III) Sie erhalten mithilfe der zuvor berechneten Ergebnisse zwei Fälle, in welchen die Entscheidung, welche aufgrund eines Stichprobenergebnisses getroffen werden kann, eindeutig ist. Überlegen Sie auch, wann keine begründete Entscheidung möglich ist und ob diese Situation zu verbessern ist.

c) I) Bestimmen Sie die Nullhypothese und die zugehörige Alternativhypothese. Überlegen Sie, was es für die Gestalt des Tests bedeutet, dass die Nullhypothese dann verworfen werden soll, wenn die Anzahl übergewichtiger Kinder in einer Stichprobe klein ist.

Definieren Sie X als binomialverteilte Zufallsvariable für die Anzahl übergewichtiger Kinder in einer Stichprobe des Umfangs $n = 100$. Mit der Bedingung, dass das Signifikanzniveau 5 % betragen soll, stellen Sie eine Ungleichung auf und bestimmen mithilfe der Tabelle zur kumulierten Binomialverteilung den Ablehnungsbereich von H_0. Um den Ablehnungsbereich alternativ mithilfe der $\sigma-$Regeln zu bestimmen, prüfen Sie $\sigma > 3$ ($\sigma = \sqrt{n \cdot p \cdot (1-p)}$ ist die Standardabweichung)

II) Beschreiben Sie, wann bei einem links- bzw. rechtsseitigen Test die Nullhypothese verworfen wird. Überlegen Sie auch, ob es Möglichkeiten zur Herstellung größerer Neutralität gibt und ob es im Sachzusammenhang eventuelle Gründe für eine Bevorzugung der einen oder anderen Alternative geben kann.

Lösungen

1 Von der Gleichung zur Kurve

1.1 Ganzrationale Funktionen

a) $f(x) = \frac{1}{2}x + 1$. Schnittpunkt mit der y-Achse: $f(0) = \frac{1}{2} \cdot 0 + 1 = 1 \Rightarrow \mathrm{S}(0 \mid 1)$
Schnittpunkt mit der x-Achse: $f(x) = 0$ bzw. $\frac{1}{2}x + 1 = 0$ führt zu $x = -2 \Rightarrow \mathrm{N}(-2 \mid 0)$
Es handelt sich um eine Gerade mit y-Achsenabschnitt $b = 1$ und Steigung $m = \frac{1}{2}$.

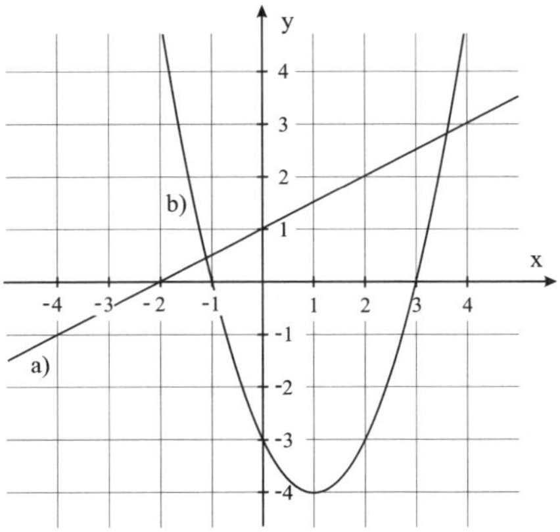

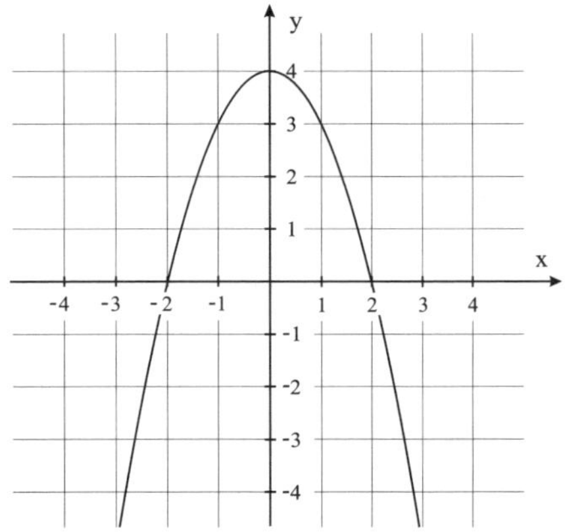

a) $f(x) = \frac{1}{2}x + 1$,
b) $f(x) = (x-1)^2 - 4$

c) $f(x) = -x^2 + 4$

b) $f(x) = (x-1)^2 - 4$
Schnittpunkt mit der y-Achse: $f(0) = (0-1)^2 - 4 = -3 \Rightarrow \mathrm{S}(0 \mid -3)$
Schnittpunkt mit der x-Achse: $f(x) = 0$ bzw. $(x-1)^2 - 4 = 0$ führt zu $x_1 = 3$, $x_2 = -1 \Rightarrow \mathrm{N}_1(3 \mid 0), \mathrm{N}_2(-1 \mid 0)$. Es handelt sich um eine Normalparabel, die um eine LE nach rechts und 4 LE nach unten verschoben wurde, d.h. eine nach oben geöffnete Normalparabel mit Scheitel bei $(1 \mid -4)$.

c) $f(x) = -x^2 + 4$. Schnittpunkt mit der y-Achse: $f(0) = -0^2 + 4 = 4 \Rightarrow \mathrm{S}(0 \mid 4)$
Schnittpunkt mit der x-Achse: $f(x) = 0$ bzw. $-x^2 + 4 = 0$ führt zu $x_1 = 2, x_2 = -2$
$\Rightarrow \mathrm{N}_1(2 \mid 0), \mathrm{N}_2(-2 \mid 0)$.
Es handelt sich um eine Normalparabel, die an der x-Achse gespiegelt und dann um vier LE nach oben verschoben wurde, d.h. eine nach unten geöffnete Normalparabel mit Scheitel $(0 \mid 4)$.

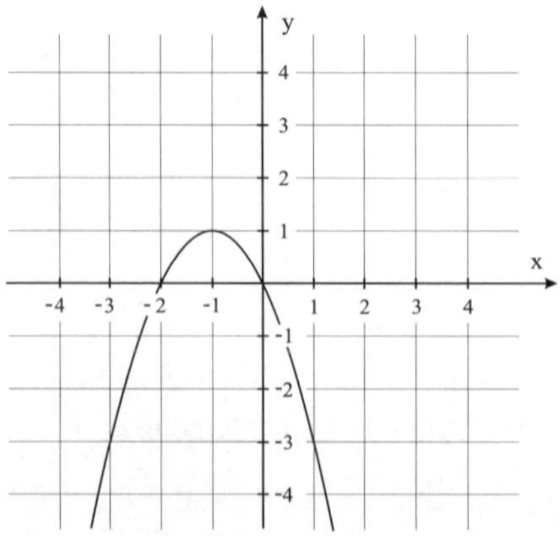

d) $f(x) = -(x+1)^2+1$

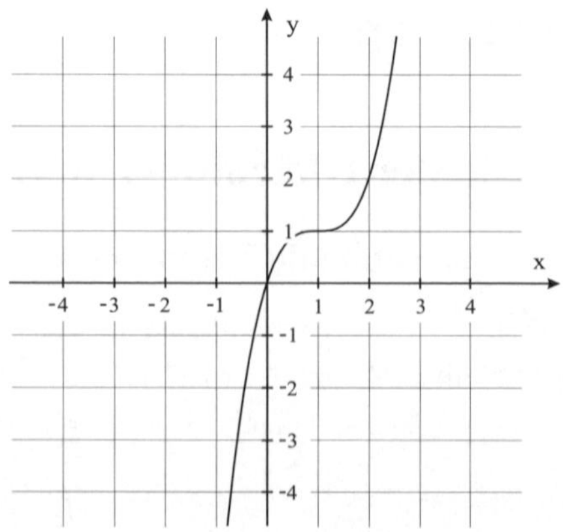

e) $f(x) = (x-1)^3+1$

d) $f(x) = -(x+1)^2+1$
Schnittpunkt mit der y-Achse: $f(0) = -(0+1)^2+1 = 0 \Rightarrow S\,(0\mid 0)$
Schnittpunkt mit der x-Achse: $f(x) = 0$ bzw. $f(x) = -(x+1)^2+1 = 0$ führt zu $x_1 = 0$, $x_2 = -2 \Rightarrow N_1(0\mid 0)$, $N_2(-2\mid 0)$.
Es handelt sich um eine Normalparabel, die an der x-Achse gespiegelt und anschließend um eine LE nach links und eine LE nach oben verschoben wurde, d.h. eine nach unten geöffnete Normalparabel mit Scheitel $(-1\mid 1)$.

e) $f(x) = (x-1)^3+1$
Schnittpunkt mit der y-Achse: $f(0) = (0-1)^3+1 = 0 \Rightarrow S\,(0\mid 0)$
Schnittpunkt mit der x-Achse: $f(x) = 0$ bzw. $f(x) = (x-1)^3+1 = 0$ führt zu $x = 0 \Rightarrow N\,(0\mid 0)$.
Es handelt sich um eine kubische Parabel, die um eine LE nach rechts und eine LE nach oben verschoben wurde.

1.2 Exponential- und Logarithmusfunktionen

a) $f(x) = e^{x-1}+1$. Asymptote: $x \to -\infty$ führt zu $y = 1$ (waagerechte Asymptote).
Der Graph der Funktion $g(x) = e^x$ wurde um eine LE nach rechts und eine LE nach oben verschoben.

b) $f(x) = -e^{x-1}+1$. Asymptote: $x \to -\infty$ führt zu $y = 1$ (waagerechte Asymptote).
Der Graph der Funktion $g(x) = e^x$ wurde an der x-Achse gespiegelt und anschließend um eine LE nach rechts und eine LE nach oben verschoben.

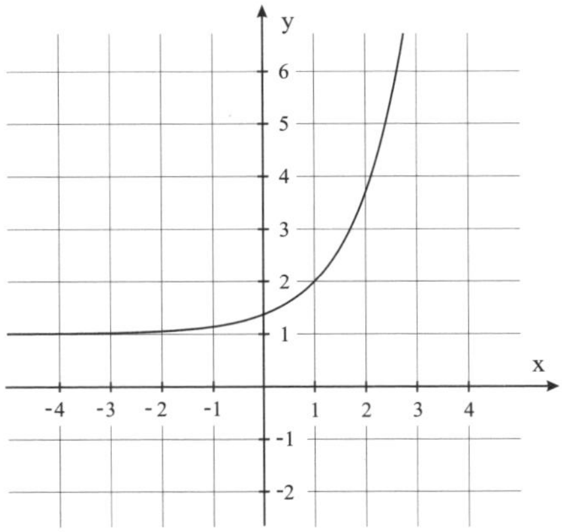

a) $f(x) = e^{x-1} + 1$

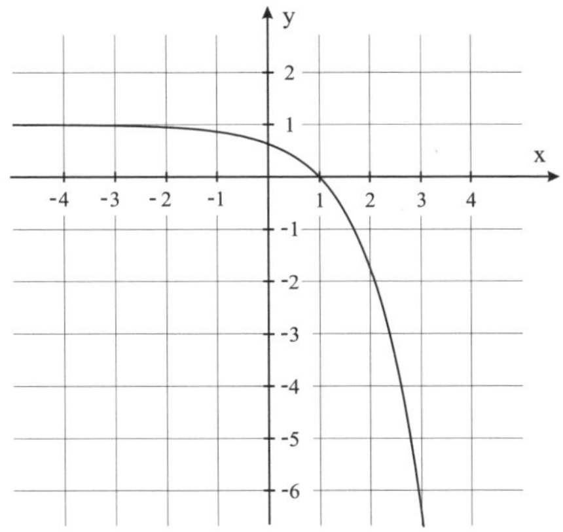

b) $f(x) = -e^{x-1} + 1$

c) $f(x) = \ln x + 2$. Definitionsbereich: $x > 0$, senkrechte Asymptote: $x = 0$.
Der Graph der Funktion $g(x) = \ln x$ wurde um zwei LE nach oben verschoben.

d) $f(x) = \ln(x+2)$. Definitionsbereich: $x + 2 > 0$ führt zu $x > -2$, senkrechte Asymptote: $x = -2$.
Der Graph der Funktion $g(x) = \ln x$ wurde um zwei LE nach links verschoben.

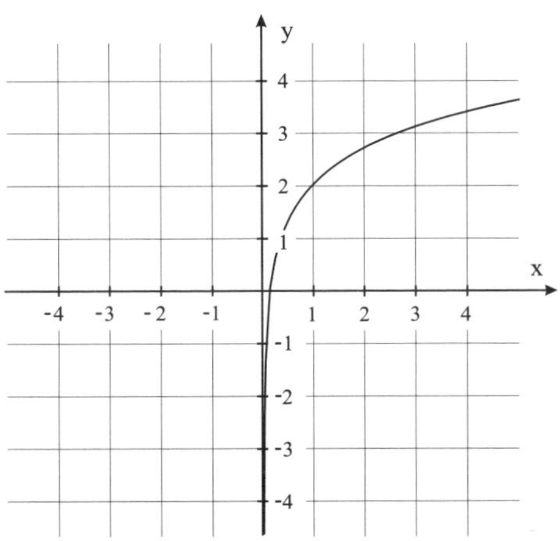

c) $f(x) = \ln x + 2$

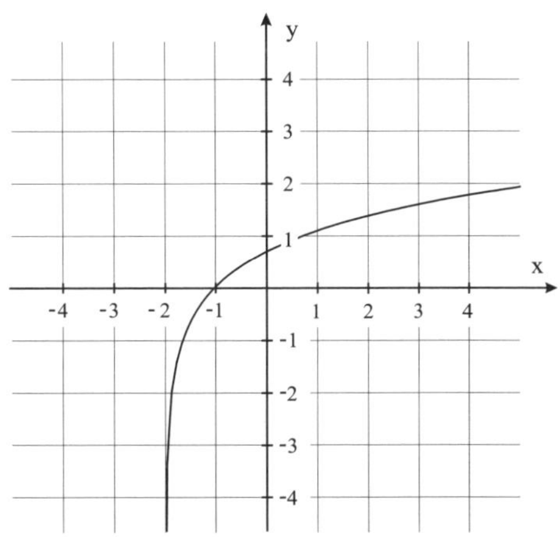

d) $f(x) = \ln(x+2)$

1.3 Trigonometrische Funktionen

a) $f(x) = 2\sin x$, Periode: $p = \frac{2\pi}{1} = 2\pi$.
Der Graph der Funktion $g(x) = \sin x$ wurde mit Faktor 2 in y-Richtung gestreckt.

b) $f(x) = \frac{1}{2}\cos x$, Periode: $p = \frac{2\pi}{1} = 2\pi$.
Der Graph von $g(x) = \cos x$ wurde mit Faktor $\frac{1}{2}$ in y-Richtung gestaucht (bzw. gestreckt).

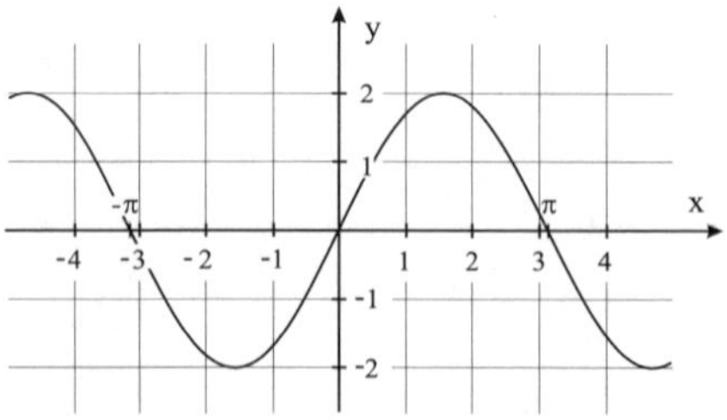

a) $f(x) = 2\sin x$

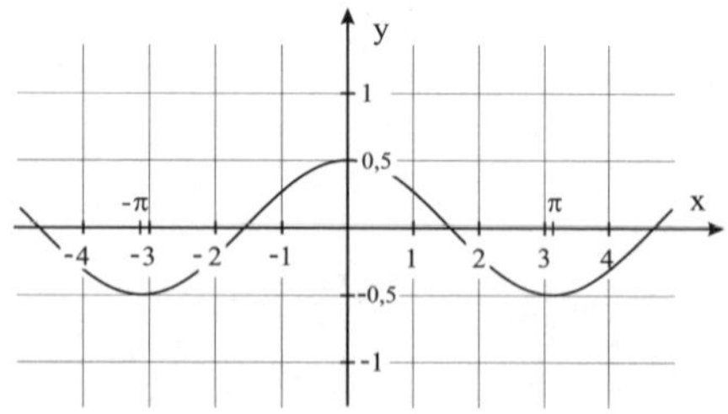

b) $f(x) = \frac{1}{2}\cos x$

c) $f(x) = \sin(2x)$, Periode: $p = \frac{2\pi}{2} = \pi$.
Der Graph der Funktion $g(x) = \sin x$ wurde mit Faktor 2 in x-Richtung gestaucht.

d) $f(x) = -\sin(2x) + 1$, Periode: $p = \frac{2\pi}{2} = \pi$.
Der Graph der Funktion $g(x) = \sin x$ wurde an der x-Achse gespiegelt, mit Faktor 2 in x-Richtung gestaucht und um eine LE nach oben verschoben.

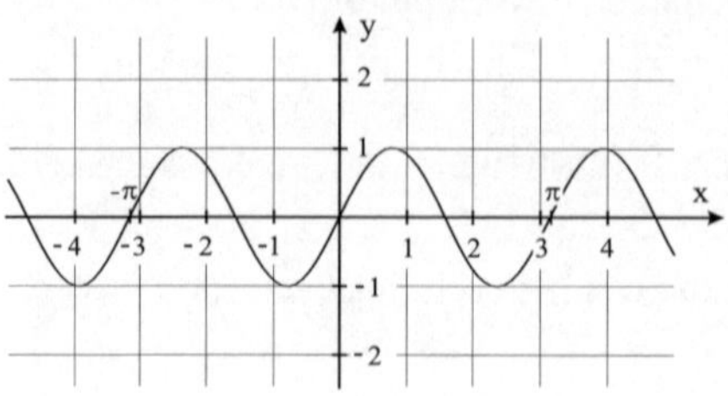

c) $f(x) = \sin(2x)$

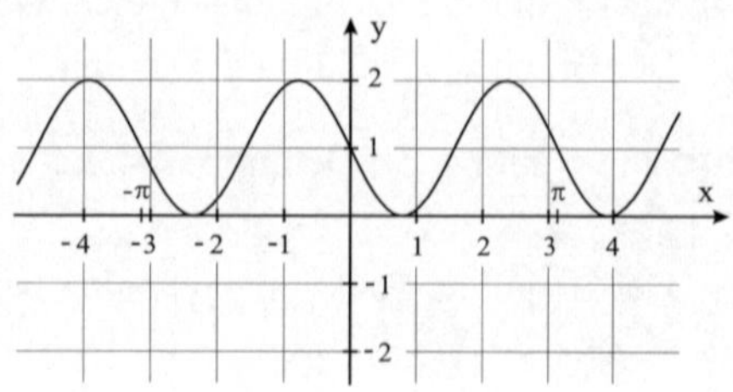

d) $f(x) = -\sin(2x) + 1$

e) $f(x) = \sin(x + 1)$, Periode: $p = \frac{2\pi}{1} = 2\pi$.
Der Graph der Funktion $g(x) = \sin x$ wurde um eine LE nach links verschoben.

f) $f(x) = \frac{1}{2}\sin(2x) + \frac{3}{2}$, Periode: $p = \frac{2\pi}{2} = \pi$.
Der Graph der Funktion $g(x) = \sin x$ wurde in x-Richtung mit Faktor 2 und in y-Richtung mit Faktor $\frac{1}{2}$ gestaucht, anschließend wurde es um $\frac{3}{2}$ LE nach oben verschoben.

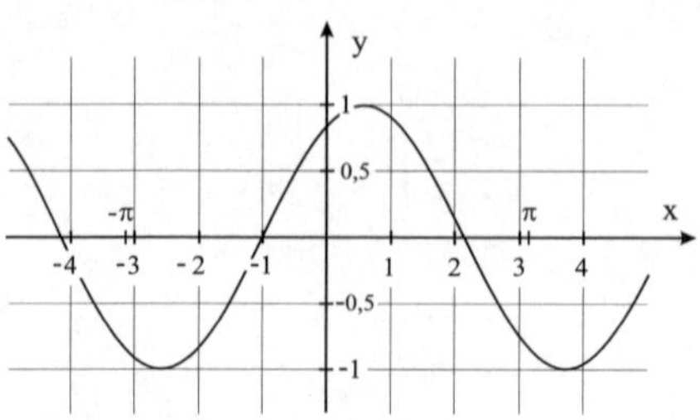

e) $f(x) = \sin(x + 1)$

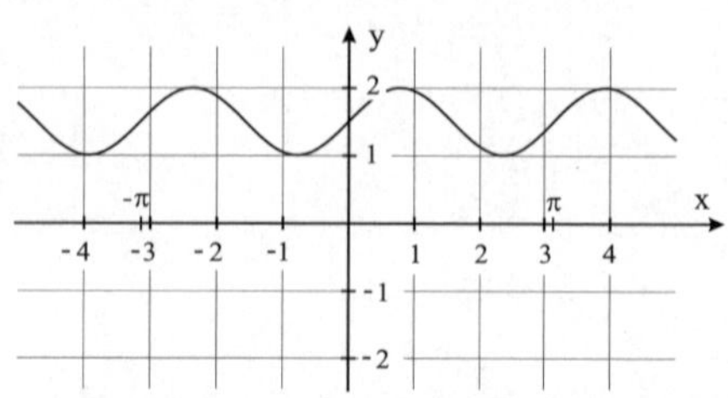

f) $f(x) = \frac{1}{2}\sin(2x) + \frac{3}{2}$

2 Aufstellen von Funktionen mit Randbedingungen

2.1 Ganzrationale Funktionen

a) Ansatz: $f(x) = ax^2 + bx + c$. Die drei Bedingungen ergeben:

$$\begin{array}{lclclclcr} f(0)=4 & \Rightarrow & a\cdot 0^2 & + & b\cdot 0 & + & c & = & 4 \\ f(1)=0 & \Rightarrow & a\cdot 1^2 & + & b\cdot 1 & + & c & = & 0 \\ f(2)=18 & \Rightarrow & a\cdot 2^2 & + & b\cdot 2 & + & c & = & 18 \end{array}$$

Daraus ergibt sich das folgende Gleichungssystem:

$$\begin{array}{lrcrcrcr} \text{I} & & & & & c & = & 4 \\ \text{II} & a & + & b & + & c & = & 0 \\ \text{III} & 4a & + & 2b & + & c & = & 18 \end{array}$$

Einsetzen von c und Auflösen von II und III führt auf $a = 11$ und $b = -15$. Damit ergibt sich für die Funktionsgleichung: $f(x) = 11x^2 - 15x + 4$.

b) Ansatz: $f(x) = ax^2 + bx + c$ und $f'(x) = 2ax + b$. Die drei Bedingungen ergeben:

$$\begin{array}{lclclclcr} f(0)=2 & \Rightarrow & a\cdot 0^2 & + & b\cdot 0 & + & c & = & 2 \\ f(1)=3 & \Rightarrow & a\cdot 1^2 & + & b\cdot 1 & + & c & = & 3 \\ f'(1)=0 & \Rightarrow & 2a\cdot 1 & + & b & & & = & 0 \end{array}$$

Daraus ergibt sich das folgende Gleichungssystem:

$$\begin{array}{lrcrcrcr} \text{I} & & & & & c & = & 2 \\ \text{II} & a & + & b & + & c & = & 3 \\ \text{III} & 2a & + & b & & & = & 0 \end{array}$$

Einsetzen von c und Auflösen von II und III führt auf $a = -1$ und $b = 2$. Damit ergibt sich für die Funktionsgleichung: $f(x) = -x^2 + 2x + 2$. Da es sich um eine nach unten geöffnete Parabel handelt, muss M$(1 \mid 3)$ ein Hochpunkt sein.

c) Ansatz: $f(x) = ax^3 + bx^2 + cx + d$, $f'(x) = 3ax^2 + 2bx + c$, $f''(x) = 6ax + 2b$. Die vier Bedingungen ergeben:

$$\begin{array}{lclclclclcr} f(0)=0 & \Rightarrow & a\cdot 0^3 & + & b\cdot 0^2 & + & c\cdot 0 & + & d & = & 0 \\ f''(0)=0 & \Rightarrow & 6a\cdot 0 & + & 2b & & & & & = & 0 \\ f(2)=2 & \Rightarrow & a\cdot 2^3 & + & b\cdot 2^2 & + & c\cdot 2 & + & d & = & 2 \\ f'(2)=0 & \Rightarrow & 3a\cdot 2^2 & + & 2b\cdot 2 & + & c & & & = & 0 \end{array}$$

Daraus ergibt sich das folgende Gleichungssystem:

$$\begin{array}{rcrcrcrcr} & & & & & & d & = & 0 \\ & & 2b & & & & & = & 0 \\ 8a & + & 4b & + & 2c & + & d & = & 2 \\ 12a & + & 4b & + & c & & & = & 0 \end{array}$$

Es ergeben sich $d = 0$, $b = 0$. Einsetzen in die beiden unteren Gleichungen und Auflösen nach a und c ergibt: $a = -\frac{1}{8}$ und $c = \frac{3}{2} = 1,5$. Damit ergibt sich für die Funktionsgleichung: $f(x) = -\frac{1}{8}x^3 + 1,5x$.

d) Ansatz: $f(x) = ax^3 + bx^2 + cx + d$, $f'(x) = 3ax^2 + 2bx + c$, $f''(x) = 6ax + 2b$. Die vier Bedingungen ergeben:

$$\begin{array}{lcrcrcrcrcr} f(0)=1 & \Rightarrow & a\cdot 0^3 & + & b\cdot 0^2 & + & c\cdot 0 & + & d & = & 1 \\ f'(0)=-1 & \Rightarrow & 3a\cdot 0^2 & + & 2b\cdot 0 & + & c & & & = & -1 \\ f(-1)=4 & \Rightarrow & a\cdot(-1)^3 & + & b\cdot(-1)^2 & + & c\cdot(-1) & + & d & = & 4 \\ f''(-1)=0 & \Rightarrow & 6a\cdot(-1) & + & 2b & + & & & & = & 0 \end{array}$$

Daraus ergibt sich das folgende Gleichungssystem:

$$\begin{array}{rcrcrcrcr} & & & & & & d & = & 1 \\ & & & & c & & & = & -1 \\ -a & + & b & - & c & + & d & = & 4 \\ -6a & + & 2b & & & & & = & 0 \end{array}$$

Es ergeben sich $a = 1$, $b = 3$, $c = -1$, $d = 1$. Damit ergibt sich für die Funktionsgleichung: $f(x) = x^3 + 3x^2 - x + 1$.

2.2 Exponential- und Logarithmusfunktionen

a) Die Funktion f mit $f(x) = a \cdot e^{kx}$ hat die 1. Ableitung $f'(x) = k \cdot a \cdot e^{kx}$.
Zuerst wird a bestimmt: $f(0) = 2 \Rightarrow a \cdot e^{k\cdot 0} = 2 \Rightarrow a = 2$. Anschließend setzt man dies in die zweite Gleichung ein und bestimmt k: $f(4) = 2e^{12} \Rightarrow 2 \cdot e^{k\cdot 4} = 2 \cdot e^{12}$. Teilen durch 2 ergibt:$e^{k\cdot 4} = e^{12}$. Logarithmieren mit ln führt zu $k \cdot 4 = 12 \Rightarrow k = 3$. Damit ist $f(x) = 2 \cdot e^{3x}$.

b) Die Funktion f mit $f(x) = a \cdot e^{kx}$ hat die 1. Ableitung $f'(x) = k \cdot a \cdot e^{kx}$.
Zuerst wird a bestimmt: $f(0) = 3 \Rightarrow a \cdot e^{k\cdot 0} = 3 \Rightarrow a = 3$. Anschließend setzt man dies in die zweite Gleichung ein und bestimmt k: $f(2) = 3e^8 \Rightarrow 3 \cdot e^{k\cdot 2} = 3 \cdot e^8$. Teilen durch 3 ergibt $e^{k\cdot 2} = e^8$. Logarithmieren mit ln führt zu $k \cdot 2 = 8 \Rightarrow k = 4$. Damit ist $f(x) = 3 \cdot e^{4x}$.

c) Die Funktion f mit $f(x) = a \cdot e^{kx}$ hat die 1. Ableitung $f'(x) = k \cdot a \cdot e^{kx}$.
Zuerst wird wie in den vorangegangenen Aufgaben a bestimmt: $f(0) = 3 \Rightarrow a \cdot e^{k\cdot 0} = 3 \Rightarrow a = 3$. Dies setzt man in die zweite Aussage der Ableitung ein, um k zu bestimmen: $f'(0) = 6 \Rightarrow k \cdot 3 \cdot e^{k\cdot 0} = 6 \Rightarrow k \cdot 3 = 6 \Rightarrow k = 2$. Damit ist $f(x) = 3 \cdot e^{2x}$.

d) Da der Graph der Funktion f mit $f(x) = 2 \cdot e^{x+1}$ um 1 LE nach rechts und um 2 LE nach unten verschoben wird, gilt für die Funktion g des verschobenen Graphs:

$$g(x) = f(x-1) - 2 = 2 \cdot e^{x-1+1} - 2 = 2 \cdot e^x - 2$$

e) Als Ansatz für eine mögliche ln-Funktion kann man $f(x) = a \cdot \ln(x-b)$ wählen.
Da der Graph die Nullstelle $x = 3$ hat, muss wegen $\ln 1 = 0$ gelten: $3 - b = 1 \Rightarrow b = 2 \Rightarrow f(x) = a \cdot \ln(x-2)$
Da der Graph durch den Punkt $\mathrm{P}(e+2 \mid 4)$ geht, muss gelten: $f(e+2) = 4$ bzw. $a \cdot \ln(e+2-2) = 4 \Rightarrow a = 4$
Damit erhält man als mögliche Funktionsgleichung: $f(x) = 4 \cdot \ln(x-2)$

f) Da der Graph der Funktion f mit $f(x) = \ln(2x-3)$ um 1 LE nach links und um 3 LE nach oben verschoben wird, gilt für die Funktion g des verschobenen Graphs:

$$g(x) = f(x+1) + 3 = \ln(2 \cdot (x+1) - 3) + 3 = \ln(2x-1) + 3$$

2.3 Trigonometrische Funktionen

Eine allgemeine Sinusfunktion hat die Gleichung $f(x) = a \cdot \sin(b \cdot (x-c)) + d$.

a) Verschiebung um 3 LE nach oben: $d = +3$
Periode $p = \pi \Rightarrow b = \frac{2\pi}{p} = \frac{2\pi}{\pi} = 2$
Keine Verschiebung nach links/ rechts: $c = 0$
Keine Streckung in y-Richtung: $a = 1$
Setzt man die Koeffizienten ein, erhält man als Lösung $f(x) = \sin(2x) + 3$.

b) Streckfaktor 2,5 in y-Richtung: $a = 2{,}5$
Periode $p = \frac{\pi}{2} \Rightarrow b = \frac{2\pi}{p} = \frac{2\pi}{\frac{\pi}{2}} = 4$
Verschiebung um 3 LE nach rechts: $c = +3$
Verschiebung um 1,5 LE nach unten: $d = -1{,}5$
Setzt man die Koeffizienten ein, erhält man als Lösung $f(x) = 2{,}5 \cdot \sin(4(x-3)) - 1{,}5$.

c) Verschiebung um 2 LE nach links: $c = -2$
Verschiebung um 4 LE nach oben: $d = +4$
Streckfaktor 0,8 in y-Richtung: $a = 0{,}8$
Abstand zwischen zwei Hochpunkten = Periodenlänge $\Rightarrow p = 3\pi \Rightarrow b = \frac{2\pi}{p} = \frac{2\pi}{3\pi} = \frac{2}{3}$
Setzt man die Koeffizienten ein, erhält man als Lösung $f(x) = 0{,}8 \sin\left(\frac{2}{3} \cdot (x+2)\right) + 4$.

d) Verschiebung um 1 LE nach rechts: $c = +1$
Verschiebung um 2 LE nach unten: $d = -2$
Streckfaktor 1,7 in y-Richtung: $a = 1{,}7$
Abstand zwischen zwei Wendepunkten = halbe Periodenlänge $= \frac{\pi}{2} \Rightarrow p = 2 \cdot \frac{\pi}{2} = \pi$
$\Rightarrow b = \frac{2\pi}{p} = \frac{2\pi}{\pi} = 2$
Setzt man die Koeffizienten ein, erhält man als Lösung $f(x) = 1{,}7 \sin(2 \cdot (x-1)) - 2$.

3 Von der Kurve zur Gleichung

3.1 Ganzrationale Funktionen

Zu jeder Aufgabe gibt es verschiedene Lösungswege, diese sind bei den Tipps zu dieser Aufgabe ausführlich beschrieben.

a) 1. Ansatz als allgemeine symmetrische Parabel 2. Grades: $f(x) = ax^2 + b$. Aus der Zeichnung liest man ab: $f(0) = 1$ und $f(1) = 2$. Einsetzen in die allgemeine Funktion ergibt folgende Gleichungen:

$$\begin{array}{rcrcr} & & b & = & 1 \\ a & + & b & = & 2 \end{array}$$

Auflösen der beiden Gleichungen führt zu $a = 1$ und $b = 1 \Rightarrow f(x) = x^2 + 1$.

2. Linearfaktoransatz ist nicht möglich, da keine Nullstellen existieren.

3. Ansatz als verschobene Normalparabel: Es handelt sich um eine Normalparabel, die um 1 LE nach oben verschoben wurde. Daher wird $f(x) = x^2$ zu $f(x) = x^2 + 1$.

b) 1. Ansatz als allgemeine Funktion 2. Grades $f(x) = ax^2 + bx + c$. Aus der Zeichnung liest man ab: $f(-1) = -2$, $f(0) = -1$, $f(1) = 2$. Einsetzen in die allgemeine Funktion ergibt folgende Gleichungen:

$$\begin{array}{rcrcrcr} a & - & b & + & c & = & -2 \\ & & & & c & = & -1 \\ a & + & b & + & c & = & 2 \end{array}$$

Einsetzen von c und Auflösen der oberen und unteren Gleichung führt zu $a = 1$ und $b = 2$, damit ist $f(x) = x^2 + 2x - 1$.

2. Ansatz mit Linearfaktoren ist nicht möglich, da sich die Nullstellen nicht genau bestimmen lassen.

3. Ansatz als verschobene Normalparabel: Es handelt sich um eine Normalparabel, die um 1 LE nach links und um 2 LE nach unten verschoben ist:
$f(x) = x^2$ wird zu $f(x) = (x+1)^2 - 2$. Kontrolle für $x = 0$: $f(0) = -1$, d.h. Übereinstimmung. Ausmultiplizieren führt zu $f(x) = x^2 + 2x - 1$.

c) 1. Ansatz als allgemeine Funktion 2. Grades $f(x) = ax^2 + bx + c$. Aus der Zeichnung liest man ab: $f(0) = -3$, $f(1) = 0$, $f(2) = 1$. Einsetzen in die allgemeine Funktion ergibt folgende Gleichungen:

$$\begin{array}{rcrcrcr} a & + & b & + & c & = & 0 \\ 4a & + & 2b & + & c & = & 1 \\ & & & & c & = & -3 \end{array}$$

Einsetzen von c und Auflösen der beiden oberen Gleichungen führt zu $a = -1$ und $b = 4$, damit ist $f(x) = -x^2 + 4x - 3$.

2. Ansatz mit Linearfaktoren: Der Graph hat Nullstellen für $x = 1$ und $x = 3$, außerdem ist es eine nach unten geöffnete Parabel, daher muss ein Faktor -1 vor die Gleichung gesetzt werden $\Rightarrow -1 \cdot (x-1) \cdot (x-3) = 0 \Rightarrow -x^2 + 4x - 3 = 0$. Kontrolle für $x = 2$: $f(2) = 1$, damit ist $f(x) = -x^2 + 4x - 3$.
3. Ansatz als verschobene Normalparabel: Es handelt sich um eine nach unten geöffnete Normalparabel, die um 2 LE nach rechts und um 1 LE nach oben verschoben ist: $f(x) = -x^2$ wird zu $f(x) = -(x-2)^2 + 1$. Auch hier Kontrolle für $x = 2$: $f(2) = 1$, es herrscht Übereinstimmung. Ausmultiplizieren führt zu $f(x) = -x^2 + 4x - 3$.

d) 1. Der Ansatz als allgemeine Funktion 3. Grades $f(x) = ax^3 + bx^2 + cx + d$ ist zwar möglich, aber etwas langwierig: Aus der Zeichnung liest man ab: $f(-1) = 0$, $f(0) = 3$, $f(1) = 0$ und $f(3) = 0$. Einsetzen in die allgemeine Funktion ergibt folgende Gleichungen:

$$\begin{array}{rcrcrcrcl} -a & + & b & - & c & + & d & = & 0 \\ & & & & & & d & = & 3 \\ a & + & b & + & c & + & d & = & 0 \\ 27a & + & 9b & + & 3c & + & d & = & 0 \end{array}$$

Einsetzen von d und Auflösen der oberen Gleichungen führt zu $a = 1$, $b = -3$ und $c = -1$, damit ist $f(x) = x^3 - 3x^2 - x + 3$.

2. Ansatz mit Linearfaktoren: Der Graph hat Nullstellen für $x = -1$, $x = 1$ und $x = 3$ und geht durch den Punkt $P(2 \mid -3)$.
Also ist $f(x) = a \cdot (x+1) \cdot (x-1) \cdot (x-3)$ und es gilt:
$f(2) = -3 \Rightarrow -3 = a \cdot (2+1) \cdot (2-1) \cdot (2-3) \Rightarrow a = 1$.
Damit ist die Lösung $f(x) = x^3 - 3x^2 - x + 3$.

3.2 Trigonometrische Funktionen

a) Als möglichen Ansatz kann man eine Sinusfunktion der Form $f(x) = a \cdot \sin(b \cdot (x-c)) + d$ verwenden. Die «Mittelachse» des Schaubildes liegt genau auf der x-Achse, also ist das Schaubild der Grundfunktion $g(x) = \sin x$ nicht in y-Richtung verschoben, somit ist $d = 0$. Da das Schaubild durch den Ursprung geht, ist die Grundfunktion $g(x) = \sin x$ nicht in x-Richtung verschoben, somit ist $c = 0$. Da die Periode $p = 2\pi$ ist, gilt: $b = \frac{2\pi}{p} = \frac{2\pi}{2\pi} = 1$. Der Abstand des Hoch- bzw. Tiefpunkts zur «Mittelachse» (Amplitude) beträgt 2 LE, also ist der Streckfaktor in y-Richtung $a = 2$. Eine mögliche Funktionsgleichung ist $f(x) = 2 \cdot \sin x$.

b) Das Maximum des Schaubilds im Punkt $H(1 \mid 1{,}5)$ liegt, kann man eine Kosinusfunktion der Form $f(x) = a \cdot \cos(b \cdot (x-c)) + d$ verwenden. Die «Mittelachse» des Schaubildes liegt genau auf der x-Achse, also ist das Schaubild der Grundfunktion $g(x) = \cos x$ nicht in y-Richtung verschoben, somit ist $d = 0$. Wegen $H(1 \mid 1{,}5)$ ist das Schaubild der Grundfunktion $g(x) = \cos x$ um 1 LE in x-Richtung verschoben, somit ist $c = 1$. Da die Periode $p = 2\pi$ ist, gilt: $b = \frac{2\pi}{p} = \frac{2\pi}{2\pi} = 1$. Der Abstand des Hoch- bzw. Tiefpunkts zur «Mittelachse» (Amplitude) beträgt 1,5 LE, also ist der Streckfaktor in y-Richtung $a = 1{,}5$. Eine mögliche Funktionsgleichung ist damit $f(x) = 1{,}5 \cdot \cos(x-1)$.

c) Als möglichen Ansatz kann man eine Sinusfunktion der Form $f(x) = a \cdot \sin(b \cdot (x - c)) + d$ verwenden. Die «Mittelachse» des Schaubildes liegt genau auf der Geraden $y = 1$, also ist das Schaubild der Grundfunktion $g(x) = \sin x$ um 1 LE in y-Richtung verschoben, somit ist $d = 1$. Da das Schaubild durch den Punkt $(0 \mid 1)$ geht, ist die Grundfunktion $g(x) = \sin x$ nicht in x-Richtung verschoben, somit ist $c = 0$. Da die Periode $p = 2\pi$ beträgt, gilt: $b = \frac{2\pi}{p} = \frac{2\pi}{2\pi} = 1$. Der Abstand des Hoch- bzw. Tiefpunkts zur «Mittelachse» (Amplitude) beträgt 2 LE, also ist der Streckfaktor in y-Richtung $a = 2$. Eine mögliche Funktionsgleichung ist damit $f(x) = 2 \cdot \sin x + 1$.

d) Als möglichen Ansatz kann man eine Sinusfunktion der Form $f(x) = a \cdot \sin(b \cdot (x - c)) + d$ verwenden. Die «Mittelachse» des Schaubildes liegt genau auf der x-Achse, also ist das Schaubild der Grundfunktion $g(x) = \sin x$ nicht in y-Richtung verschoben, somit ist $d = 0$. Da das Schaubild durch den Ursprung geht, ist die Grundfunktion $g(x) = \sin x$ nicht in x-Richtung verschoben, somit ist $c = 0$. Die Periodenlänge lässt sich an den Schnittpunkten mit der x-Achse ablesen, sie beträgt ca. $p = 7{,}4$, also gilt: $b = \frac{2\pi}{7{,}4}$. Der Abstand des Hoch- bzw. Tiefpunkts zur «Mittelachse» (Amplitude) beträgt etwa 4, 1 LE, also ist der Streckfaktor in y-Richtung $a = 4{,}1$. Eine mögliche Funktionsgleichung ist damit
$f(x) = 4{,}1 \cdot \sin\left(\frac{2\pi}{7{,}4}x\right)$.
Bemerkung: Diese Aussagen sind über diese Funktion nur möglich, weil vorher bekannt war, dass es sich um eine trigonometrische Funktion handelt. Wäre dies nicht bekannt, hätte es sich auch um eine Funktion der Gestalt $f(x) = ax^4 - bx^2$ handeln können.

4 Differenzieren

Klammern und das Multiplikationszeichen werden bei den Lösungen verwendet, um die Ausdrücke übersichtlich zu machen (z.B. um bei der Quotientenregel zu zeigen, wo sich u' und v befinden).

4.1 Ganzrationale Funktionen

a) $f'(x) = 5 \cdot 4x^4 - 3 \cdot 2x^2 = 20x^4 - 6x^2$

b) $f'(x) = 2a \cdot 3x^2 - 6a^2 \cdot 2x = 6ax^2 - 12a^2x$

c) $f'(x) = t^2 \cdot 4x^3 - 3t^3 \cdot 2x + 0 = 4t^2x^3 - 6t^3x$

d) $f'(x) = 3 \cdot (4x+1)^2 \cdot 4 = 12 \cdot (4x+1)^2$

e) $f'(x) = 4 \cdot \left(2x^2 + a\right)^3 \cdot 2 \cdot 2x = 16x \cdot \left(2x^2 + a\right)^3$

4.2 Exponential- und Logarithmusfunktionen

a) $f'(x) = 6x \cdot e^{-4x} + 3x^2 \cdot e^{-4x} \cdot (-4) = e^{-4x}\left(6x - 12x^2\right) = 6xe^{-4x}(1-2x)$

b) $f'(x) = \frac{3}{2}x^2 \cdot e^{2x} + \frac{1}{2}x^3 \cdot e^{2x} \cdot 2 = e^{2x}\left(\frac{3}{2}x^2 + x^3\right) = x^2e^{2x}\left(\frac{3}{2} + x\right)$

c) $f'(x) = 2e^{-x} + (2x+5) \cdot e^{-x} \cdot (-1) = e^{-x}(2 - (2x+5)) = e^{-x}(-2x-3)$

d) $f'(x) = 1 \cdot e^{-kx} + (x+k) \cdot e^{-kx} \cdot (-k) = e^{-kx}\left(1 - kx - k^2\right)$

e) $f'(x) = 2 \cdot (4x + e^{-x}) \cdot (4 + e^{-x} \cdot (-1)) = 2 \cdot (4x + e^{-x}) \cdot (4 - e^{-x})$

f) $f'(x) = 2 \cdot \left(2k + e^{-2x}\right) \cdot e^{-2x} \cdot (-2) = -4e^{-2x} \cdot \left(2k + e^{-2x}\right)$

g) $f'(x) = \frac{1}{2+3x^2} \cdot 6x = \frac{6x}{2+3x^2}$

h) $f'(x) = \frac{4x+1}{2x^2+x}$

i) $f'(x) = \frac{8x-2}{4x^2-2x+1}$

j) $f'(x) = 2\ln(4+x) + \frac{2x}{4+x}$

k) $f'(x) = 2x\ln\left(x^2+1\right) + x^2 \cdot \frac{2x}{x^2+1} = 2x\ln\left(x^2+1\right) + \frac{2x^3}{x^2+1}$

4.3 Gebrochene Exponential- und Logarithmusfunktionen

a) $f'(x) = \frac{0-3\cdot e^x}{(1+e^x)^2} = \frac{-3e^x}{(1+e^x)^2}$

b) $f'(x) = \frac{0-4\left(-e^{-x}\right)\cdot(-1)}{(1-e^{-x})^2} = \frac{-4e^{-x}}{(1-e^{-x})^2}$

c) $f'(x) = \frac{1\cdot\left(2+e^{3x}\right)-x\cdot e^{3x}\cdot 3}{\left(2+e^{3x}\right)^2} = \frac{e^{3x}\cdot(1-3x)+2}{\left(2+e^{3x}\right)^2}$

d) $f'(x) = \frac{2x\cdot\left(1+e^{-x}\right)-x^2\cdot e^{-x}\cdot(-1)}{(1+e^{-x})^2} = \frac{e^{-x}\cdot\left(2x+x^2\right)+2x}{(1+e^{-x})^2}$

e) $f'(x) = \frac{0-2\cdot\frac{1}{x}}{(\ln x)^2} = -\frac{2}{x\cdot(\ln x)^2}$

f) $f'(x) = \frac{2\cdot\ln(ax)-2x\cdot\frac{1}{ax}\cdot a}{(\ln(ax))^2} = \frac{2\ln(ax)-2}{(\ln(ax))^2}$

g) $f'(x) = \frac{\frac{1}{2x}\cdot 2\cdot x^2-\ln(2x)\cdot 2x}{\left(x^2\right)^2} = \frac{x-2x\cdot\ln(2x)}{x^4} = \frac{1-2\ln(2x)}{x^3}$

4.4 Wurzelfunktionen

a) $f'(x) = \frac{1}{2}\cdot\left(x^2+4\right)^{-\frac{1}{2}}\cdot 2x = \frac{x}{\sqrt{x^2+4}} = \frac{x}{x^2+4}\sqrt{x^2+4}$

b) $f'(x) = \frac{1}{2}\cdot\left(\frac{1}{2}x^2-2x\right)^{-\frac{1}{2}}\cdot(x-2) = \frac{x-2}{2\sqrt{\frac{1}{2}x^2-2x}} = \frac{x-2}{x^2-4x}\sqrt{\frac{1}{2}x^2-2x}$

c) $f'(x) = \frac{1}{2}\cdot\left(x^3-x^2\right)^{-\frac{1}{2}}\cdot\left(3x^2-2x\right) = \frac{3x^2-2x}{2\sqrt{x^3-x^2}} = \frac{x\cdot(3x-2)}{2x\sqrt{x-1}} = \frac{3x-2}{2\sqrt{x-1}} = \frac{3x-2}{2x-2}\sqrt{x-1}$

d) $f'(x) = 1\sqrt{x}+x\cdot\frac{1}{2\sqrt{x}} = \sqrt{x}+\frac{1}{2}\sqrt{x} = \frac{3}{2}\sqrt{x}$

4.5 Trigonometrische Funktionen

a) $f'(x) = 2\cdot\cos\left(\frac{1}{2}x^2+4\right)+2x\cdot\left(-\sin\left(\frac{1}{2}x^2+4\right)\right)\cdot x = 2\cdot\cos\left(\frac{1}{2}x^2+4\right)-2x^2\cdot\sin\left(\frac{1}{2}x^2+4\right)$

b) $f'(x) = 2x\cdot\sin(4x+3)+x^2\cdot\cos(4x+3)\cdot 4 = 2x\cdot\sin(4x+3)+4x^2\cdot\cos(4x+3)$

c) $f'(x) = 2x\cdot\sin\left(\frac{1}{3}x^2+2\right)+\left(x^2-4\right)\cdot\cos\left(\frac{1}{3}x^2+2\right)\cdot\frac{2}{3}x$
$\quad = 2x\cdot\sin\left(\frac{1}{3}x^2+2\right)+\left(\frac{2}{3}x^3-\frac{8}{3}x\right)\cdot\cos\left(\frac{1}{3}x^2+2\right)$

d) $f'(x) = 2x\cdot\cos\left(\frac{1}{2}x-1\right)+x^2\cdot\left(-\sin\left(\frac{1}{2}x-1\right)\cdot\frac{1}{2}\right) = 2x\cdot\cos\left(\frac{1}{2}x-1\right)-\frac{1}{2}x^2\cdot\sin\left(\frac{1}{2}x-1\right)$

e) $f'(x) = 2\cdot(x+\cos x)\cdot(1-\sin x)$

f) $f'(x) = 2\cdot(\sin x+\cos x)\cdot(\cos x-\sin x) = 2\cdot\left(\cos^2 x-\sin^2 x\right)$

5 Gleichungslehre

5.1 Quadratische, biquadratische und nichtlineare Gleichungen

Die quadratische Gleichung $x^2+px+q=0$ lässt sich mit der pq-Formel $x_{1,2}=-\frac{p}{2}\pm\sqrt{\frac{p^2}{4}-q}$, die quadratische Gleichung $ax^2+bx+c=0$ lässt sich mit der abc-Formel $x_{1,2}=\frac{-b\pm\sqrt{b^2-4ac}}{2a}$ lösen.

a) Die Gleichung lässt sich mit der pq- bzw. der abc-Formel lösen, z.B. durch
$$x_{1,2}=-\frac{3}{2}\pm\sqrt{\frac{3^2}{4}-(-4)}=-\frac{3}{2}\pm\sqrt{\frac{9}{4}+\frac{16}{4}}=-\frac{3}{2}\pm\sqrt{\frac{25}{4}}=-\frac{3}{2}\pm\frac{5}{2}$$
Damit sind $x_1=1$ und $x_2=-4$.
Die Gleichung hat damit die Lösungsmenge $\mathrm{L}=\{1;-4\}$.

b) Die Gleichung lässt sich mit der pq- bzw. der abc-Formel lösen: $x_1=7$, $x_2=-8$.
Die Gleichung hat damit die Lösungsmenge $\mathrm{L}=\{7;-8\}$.

c) Die Gleichung lässt sich mit der pq- bzw. der abc-Formel lösen: $x_1=\frac{3}{5}$, $x_2=-1$.
Die Gleichung hat damit die Lösungsmenge $\mathrm{L}=\{\frac{3}{5};-1\}$.

d) $(2x-5)\cdot(2x+5)+1=(x-3)^2+2x\cdot(x-1)$ führt zu $4x^2-25+1=x^2-6x+9+2x^2-2x$ bzw. $x^2+8x-33=0$. Diese Gleichung lässt sich mit der pq- bzw. der abc-Formel lösen: $x_{1,2}=-4\pm\sqrt{16+33}\Rightarrow$ Lösungen: $x_1=3$, $x_2=-11$. L$=\{-11;3\}$.

e) $(x-2)\cdot(x+3)-2\cdot(x-1)^2=2\cdot(2-x)$ führt zu $x^2+3x-2x-6-2\cdot(x^2-2x+1)=4-2x$ bzw. $x^2-7x+12=0$. Diese Gleichung lässt sich mit der pq- bzw. der abc-Formel lösen: $x_{1,2}=\frac{7}{2}\pm\sqrt{\frac{49}{4}-12}\Rightarrow$ Lösungen: $x_1=3$, $x_2=4$. L$=\{3;4\}$.

f) $(x-1)\cdot(x-a)^2=0$ führt zu $x-1=0$ mit der Lösung: $x_1=1$ und zu $(x-a)^2=0$ bzw. $x-a=0$ mit der Lösung: $x_2=a$. L$=\{1;a\}$.

g) $x^2\cdot(ax-4a)=0$ führt zu $x^2=0$ mit der Lösung: $x_1=0$ und zu $ax-4a=0$ bzw. $x-4=0$ mit der Lösung: $x_2=4$. L$=\{0;4\}$.

h) Ausklammern von x^3 führt zu $x^3\cdot(2x-3)=0$. Dies führt zu $x^3=0$ mit der Lösung $x_1=0$ und zu $2x-3=0$ mit der Lösung $x_2=\frac{3}{2}$. Die Gleichung hat damit die Lösungsmenge $\mathrm{L}=\{0;\frac{3}{2}\}$.

i) Ausklammern von x^2 führt zu $x^2\cdot(x^2-3x+2)=0$. Dies führt zu $x^2=0$ mit der Lösung $x_1=0$ und zu $x^2-3x+2=0$. Lösen mit Hilfe der pq- oder abc-Formel führt zu $x_2=1$ und $x_3=2$. Die Gleichung hat damit die Lösungsmenge $\mathrm{L}=\{0;1;2\}$.

j) x ausklammern führt zu $x\cdot(x^2-4)=0$. Dies führt zu $x=0$ mit der Lösung $x_1=0$ und zu $x^2-4=0$ mit den Lösungen $x_2=2$ und $x_3=-2$. Die Gleichung hat damit die Lösungsmenge $\mathrm{L}=\{-2;0;2\}$.

k) x^2 ausklammern führt zu $x^2 \cdot (x^2 - 2) = 0 \Rightarrow x_1 = 0$. Die Gleichung $x^2 - 2 = 0$ führt zu $x_2 = \sqrt{2}$ und $x_3 = -\sqrt{2}$. Die Gleichung hat damit die Lösungsmenge $\mathrm{L} = \left\{ -\sqrt{2}; 0; \sqrt{2} \right\}$.

l) x ausklammern führt zu $x \cdot \left(x^2 - 5x + 6\right) = 0$. Die erste Lösung ist damit $x_1 = 0$. Lösen von $x^2 - 5x + 6 = 0$ mit der pq- bzw. abc-Formel führt zu $x_2 = 2$ und $x_3 = 3$. Die Gleichung hat damit die Lösungsmenge $\mathrm{L} = \{0; 2; 3\}$.

m) Substitution $x^2 = v$: Die Gleichung wird zu $v^2 - 4v + 3 = 0$. Lösen mit Hilfe der pq- oder abc-Formel ergibt $v_1 = 1$ und $v_2 = 3$. Rücksubstitution: $x^2 = 1$ und $x^2 = 3$. Die Lösungen sind damit $x_{1,2} = \pm 1$ und $x_{3,4} = \pm\sqrt{3}$. Die Gleichung hat damit die Lösungsmenge $\mathrm{L} = \{-\sqrt{3}; -1; 1; \sqrt{3}\}$.

n) Die Substitution $x^2 = v$ führt zu $v^2 - 13v + 36 = 0$. Lösen mit Hilfe der pq- oder abc-Formel ergibt $v_1 = 9$ und $v_2 = 4$. Rücksubstitution: $x^2 = 9$ und $x^2 = 4$. Für die Lösungen ergibt sich damit: $x_{1,2} = \pm 3$ und $x_{3,4} = \pm 2$. Die Gleichung hat damit die Lösungsmenge $\mathrm{L} = \{-3; -2; 2; 3\}$.

5.2 Exponential- und Logarithmus-Gleichungen

a) $(2x-5) \cdot e^{-x} = 0$ führt zu $2x - 5 = 0$ mit der Lösung: $x = \frac{5}{2}$. Der Term $e^{-x} = 0$ besitzt keine Lösung, also ist $\mathrm{L} = \left\{ \frac{5}{2} \right\}$.

b) $\left(x^2 - 4\right) \cdot e^{0,5x} = 0$ führt zu $x^2 - 4 = 0$ mit den Lösungen: $x_1 = -2$, $x_2 = 2$. Der Term $e^{0,5x} = 0$ besitzt keine Lösung, also ist $\mathrm{L} = \{-2; 2\}$.

c) $x \cdot e^x = 0$ führt zu $x = 0$. Der Term $e^x = 0$ besitzt keine Lösung, also ist $\mathrm{L} = \{0\}$.

d) $(x - t) \cdot e^{-x} = 0$ führt zu $x - t = 0$ mit der Lösung: $x = t$. Der Term $e^{-x} = 0$ besitzt keine Lösung, also ist $\mathrm{L} = \{t\}$.

e) $(2x - 4k) \cdot e^{2kx} = 0$ führt zu $2x - 4k = 0$ mit der Lösung: $x = 2k$. Der Term $e^{2kx} = 0$ besitzt keine Lösung, also ist $\mathrm{L} = \{2k\}$.

f) $\left(kx^2 - k\right) \cdot e^{-kx} = 0$ führt zu $kx^2 - k = 0 \Rightarrow k \cdot (x^2 - 1) = 0$ bzw. $x^2 - 1 = 0$ mit den Lösungen: $x_1 = -1$, $x_2 = 1$. Der Term $e^{-kx} = 0$ besitzt keine Lösung, also ist $\mathrm{L} = \{-1; 1\}$.

g) Substitution $e^x = v$: Wegen $e^{2x} = (e^x)^2$ gilt $e^{2x} = v^2$. Die Gleichung $e^{2x} - 6e^x + 5 = 0$ wird damit zu $v^2 - 6v + 5 = 0$. Lösen mit pq- oder abc-Formel ergibt $v_1 = 5$ und $v_2 = 1$. Rücksubstitution: $e^{x_1} = 1$ und $e^{x_2} = 5$. Die Lösungen sind damit: $x_1 = \ln 1 = 0$ und $x_2 = \ln 5$. Die Gleichung hat damit die Lösungsmenge $\mathrm{L} = \{0; \ln 5\}$.

h) Substitution $e^{2x} = v$: Da $e^{4x} = \left(e^{2x}\right)^2$ gilt $e^{4x} = v^2$. Die Gleichung $e^{4x} - 5e^{2x} + 6 = 0$ wird damit zu $v^2 - 5v + 6 = 0$. Lösen mit Hilfe der pq- oder abc-Formel ergibt $v_1 = 2$ und $v_2 = 3$. Rücksubstitution führt auf $e^{2x_1} = 2$ und $e^{2x_2} = 3$. Die Lösungen sind damit $x_1 = \frac{1}{2}\ln 2$ und $x_2 = \frac{1}{2}\ln 3$. Die Gleichung hat damit die Lösungsmenge $\mathrm{L} = \left\{ \frac{1}{2}\ln 2; \frac{1}{2}\ln 3 \right\}$.

i) $2 \cdot (1 - \ln x) = 1$ führt zu $2 - 2\ln x = 1$ bzw. $\ln x = \frac{1}{2}$. Nimmt man beide Seiten «e-hoch», so erhält man: $e^{\ln x} = e^{\frac{1}{2}} \Rightarrow x = e^{\frac{1}{2}}$, also ist L= $\left\{ e^{\frac{1}{2}} \right\}$.

j) Die Gleichung $\ln(3 - x) = 0$ kann man lösen, indem man beide Seiten «e-hoch» nimmt; man erhält: $e^{\ln(3-x)} = e^0 \Rightarrow 3 - x = 1 \Rightarrow x = 2$, also ist L= $\{2\}$.

k) Die Gleichung $\ln(2x - 3) = 0$ kann man lösen, indem man beide Seiten «e-hoch» nimmt; man erhält: $e^{\ln(2x-3)} = e^0 \Rightarrow 2x - 3 = 1 \Rightarrow x = 2$, also ist L= $\{2\}$.

5.3 Wurzelgleichungen

a) Umformen der Gleichung führt zu $\sqrt{x} = 12 - x$, quadrieren auf $x = (12 - x)^2$ bzw. $x = 144 - 24x + x^2$. Daraus ergibt sich die quadratische Gleichung $x^2 - 25x + 144 = 0$, die mit Hilfe der pq- oder abc-Formel gelöst wird. Es ergibt sich $x_1 = 16$ und $x_2 = 9$. Einsetzen von x_1 in die Ausgangsgleichung ergibt $\sqrt{16} + 16 \neq 12$ und für x_2: $\sqrt{9} + 9 = 12$. Damit ist die Lösungsmenge L $= \{9\}$.

b) Die Gleichung wird quadriert: $x + 5 = x^2 + 10x + 25$. Umformen führt auf die quadratische Gleichung $x^2 + 9x + 20 = 0$ mit den Lösungen $x_1 = -4$ und $x_2 = -5$. Einsetzen in die Ausgangsgleichung ergibt für beide Lösungen wahre Aussagen, damit ist die Lösungsmenge L $= \{-4; -5\}$.

c) Zuerst wird der Nenner beseitigt: $x + 5 = \sqrt{x + 5}$. Nun wird die Gleichung quadriert: $x + 5 = x^2 + 10x + 25$. Umformen führt auf die quadratische Gleichung $x^2 + 9x + 20 = 0$ mit den Lösungen $x_1 = -4$ und $x_2 = -5$. Einsetzen in die Ausgangsgleichung ergibt für x_2 (im Unterschied zur vorangehenden Aufgabe) keine Lösung. Die Lösungsmenge ist damit L $= \{-4\}$.

d) Die Gleichung wird umgeformt und quadriert: $x + 7 = (x + 5)^2$. Es ergibt sich die quadratische Gleichung $x^2 + 9x + 18 = 0$ mit den Lösungen $x_1 = -6$ und $x_2 = -3$. Einsetzen in die Ausgangsgleichung ergibt für x_1 einen Widerspruch, damit ergibt sich für die Lösungsmenge L $= \{-3\}$.

e) Die Gleichung wird zuerst umgeformt und dann quadriert: $2x - 4 = (x - 1)^2$. Es ergibt sich $2x - 4 = x^2 - 2x + 1$ bzw. $-5 = x^2$. Da diese Gleichung keine (reelle) Lösung besitzt, besitzt die Ausgangsgleichung nur die Lösungsmenge L $= \{\}$.

f) Die Gleichung wird zuerst umgeformt: $\frac{2}{\sqrt{x}} = \sqrt{x} \quad 1$. Nun wird mit $\sqrt{x}$ multipliziert, um den Nenner zu beseitigen: $2 = x - \sqrt{x}$. Umformen und quadrieren führt zu $x = x^2 - 4x + 4$ bzw. $x^2 - 5x + 4 = 0$ mit den Lösungen $x_1 = 4$ und $x_2 = 1$. Einsetzen in die Ausgangsgleichung ergibt für x_2 einen Widerspruch, damit ergibt sich für die Lösungsmenge L $= \{4\}$.

5.4 Trigonometrische Gleichungen

a) Die Substitution $3x = z$ führt zu $\sin z = 1$ mit den Lösungen $z = \frac{\pi}{2} + k \cdot 2\pi$; $k \in \mathbb{Z}$, also sind $z_1 = \frac{\pi}{2}$, $z_2 = \frac{5}{2}\pi$, $z_3 = \frac{9}{2}\pi, \ldots$ mögliche Lösungen.
Die Resubstitution $z_1 = \frac{\pi}{2} = 3x_1$ ergibt $x_1 = \frac{\pi}{6}$, $z_2 = \frac{5}{2}\pi = 3x_2$ ergibt $x_2 = \frac{5}{6}\pi$, $z_3 = \frac{9}{2}\pi = 3x_3$ ergibt $x_3 = \frac{3}{2}\pi$, $z_4 = \frac{13}{2}\pi$ ergibt keine weitere Lösung.
Als Lösungsmenge erhält man $\mathrm{L} = \left\{ \frac{1}{6}\pi; \frac{5}{6}\pi; \frac{3}{2}\pi \right\}$.

b) Die Substitution $4x = z$ führt zu $\sin z = 0$ mit den Lösungen $z = k \cdot \pi$; $k \subset \mathbb{Z}$, also sind $z_1 = 0$, $z_2 = \pi$, $z_3 = 2\pi, \ldots$ mögliche Lösungen.
Die Resubstitution $z_1 = 0 = 4x_1$ ergibt $x_1 = 0$, $z_2 = \pi = 4x_2$ ergibt $x_2 = \frac{\pi}{4}$, $z_3 = 2\pi = 4x_3$ ergibt $x_3 = \frac{\pi}{2}$, $z_4 = 3\pi = 4x_4$ ergibt $x_4 = \frac{3}{4}\pi$, $z_5 = 4\pi = 4x_5$ ergibt $x_5 = \pi$, $z_6 = 5\pi$ ergibt keine weitere Lösung.
Als Lösungsmenge erhält man $\mathrm{L} = \left\{ 0; \frac{1}{4}\pi; \frac{1}{2}\pi; \frac{3}{4}\pi; \pi \right\}$.

c) Die Substitution $2x = z$ führt zu $\cos z = -1$ mit den Lösungen $z = \pi + k \cdot 2\pi$; $k \in \mathbb{Z}$, also sind $z_1 = \pi$, $z_2 = 3\pi$, $z_3 = 5\pi, \ldots$ mögliche Lösungen.
Die Resubstitution $z_1 = \pi = 2x_1$ ergibt $x_1 = \frac{\pi}{2}$, $z_2 = 3\pi = 2x_2$ ergibt $x_2 = \frac{3}{2}\pi$, $z_3 = 5\pi$ ergibt keine weitere Lösung.
Als Lösungsmenge erhält man $\mathrm{L} = \left\{ \frac{1}{2}\pi; \frac{3}{2}\pi \right\}$.

d) Die Substitution $3x = z$ führt zu $\cos z = 0$ mit den Lösungen $z = \frac{\pi}{2} + k \cdot \pi$; $k \in \mathbb{Z}$, also sind $z_1 = \frac{\pi}{2}$, $z_2 = \frac{3}{2}\pi$, $z_3 = \frac{5}{2}\pi, \ldots$ mögliche Lösungen.
Die Resubstitution $z_1 = \frac{\pi}{2} = 3x_1$ ergibt $x_1 = \frac{\pi}{6}$, $z_2 = \frac{3}{2}\pi = 3x_2$ ergibt $x_2 = \frac{\pi}{2}$, $z_3 = \frac{5}{2}\pi = 3x_3$ ergibt $x_3 = \frac{5}{6}\pi$, $z_4 = \frac{7}{2}\pi$ ergibt keine weitere Lösung.
Als Lösungsmenge erhält man $\mathrm{L} = \left\{ \frac{1}{6}\pi; \frac{1}{2}\pi; \frac{5}{6}\pi \right\}$.

5.5 Lineare Gleichungssysteme

a) Gegeben ist das Gleichungssystem:

$$\begin{array}{lrcrcrcr} \text{I} & x_1 & + & 2x_2 & - & x_3 & = & 8 \\ \text{II} & -x_1 & + & x_2 & + & 2x_3 & = & 0 \\ \text{III} & -x_1 & - & 5x_2 & - & 4x_3 & = & -12 \end{array}$$

Addieren von I zu II und I zu III führt zu:

$$\begin{array}{lrcrcrcr} \text{I} & x_1 & + & 2x_2 & - & x_3 & = & 8 \\ \text{IIa} & & & 3x_2 & + & x_3 & = & 8 \\ \text{IIIa} & & - & 3x_2 & - & 5x_3 & = & -4 \end{array}$$

Addieren von IIa und IIIa führt zu:

$$\begin{array}{lrcrcrcr} \text{I} & x_1 & + & 2x_2 & - & x_3 & = & 8 \\ \text{IIa} & & & 3x_2 & + & x_3 & = & 8 \\ \text{IIIb} & & & & - & 4x_3 & = & 4 \end{array}$$

Aus IIIb folgt: $x_3 = -1$. Einsetzen in IIa ergibt: $3x_2 + (-1) = 8 \Rightarrow x_2 = 3$.
Einsetzen in I ergibt: $x_1 + 2 \cdot 3 - (-1) = 8 \Rightarrow x_1 = 1$.
Die Lösungsmenge ist damit: $L = \{(1;3;-1)\}$.

b) Gegeben ist das Gleichungssystem:

$$\begin{array}{lrcrcrcr} \text{I} & x_1 & + & 2x_2 & - & 2x_3 & = & 7 \\ \text{II} & x_1 & - & x_2 & - & 4x_3 & = & -9 \\ \text{III} & x_1 & + & 4x_2 & + & 3x_3 & = & 25 \end{array}$$

Multiplikation von I mit (-1) und addieren zu II und III führt zu:

$$\begin{array}{lrcrcrcr} \text{I} & x_1 & + & 2x_2 & - & 2x_3 & = & 7 \\ \text{IIa} & & - & 3x_2 & - & 2x_3 & = & -16 \\ \text{IIIa} & & & 2x_2 & + & 5x_3 & = & 18 \end{array}$$

Multiplikation von IIa mit 2 und IIIa mit 3 und addieren führt zu:

$$\begin{array}{lrcrcrcr} \text{I} & x_1 & + & 2x_2 & - & 2x_3 & = & 7 \\ \text{IIb} & & - & 6x_2 & - & 4x_3 & = & -32 \\ \text{IIIb} & & & & & 11x_3 & = & 22 \end{array}$$

Aus IIIb folgt: $x_3 = 2$. Einsetzen in IIb ergibt: $-6x_2 - 4 \cdot 2 = -32 \Rightarrow x_2 = 4$.
Einsetzen in I ergibt: $x_1 + 2 \cdot 4 - 2 \cdot 2 = 7 \Rightarrow x_1 = 3$. Die Lösungsmenge ist damit: $L = \{(3;4;2)\}$.

c) Gegeben ist das Gleichungssystem:

$$\begin{array}{lrcrcrcr} \text{I} & x_1 & + & x_2 & + & 7x_3 & = & 2 \\ \text{II} & 2x_1 & - & x_2 & - & 3x_3 & = & -5 \\ \text{III} & 4x_1 & - & x_2 & + & 4x_3 & = & -7 \end{array}$$

Multiplikation von I mit (-2) und addieren zu II, sowie Multiplikation von I mit (-4) und addieren zu III führt zu:

$$\begin{array}{lrcrcrcr} \text{I} & x_1 & + & x_2 & + & 7x_3 & = & 2 \\ \text{IIa} & & - & 3x_2 & - & 17x_3 & = & -9 \\ \text{IIIa} & & - & 5x_2 & - & 24x_3 & = & -15 \end{array}$$

Multiplikation von IIa mit (-5) und von IIIa mit 3 und addieren führt zu:

$$\begin{array}{lrcrcrcr} \text{I} & x_1 & + & x_2 & + & 7x_3 & = & 2 \\ \text{IIb} & & & 15x_2 & + & 85x_3 & = & 45 \\ \text{IIIb} & & & & & 13x_3 & = & 0 \end{array}$$

Aus IIIb folgt: $x_3 = 0$. Einsetzen in IIb ergibt: $15x_2 + 0 = 45 \Rightarrow x_2 = 3$. Einsetzen in I ergibt: $x_1 + 3 + 7 \cdot 0 = 2 \Rightarrow x_1 = -1$. Die Lösungsmenge ist damit: $L = \{(-1;3;0)\}$.

d) Gegeben ist das Gleichungssystem

$$\begin{array}{rcrcrcl} x_1 & + & 2x_2 & - & x_3 & = & 4 \\ -x_1 & + & 2x_2 & - & 3x_3 & = & 6 \\ 2x_1 & + & 4x_2 & - & 2x_3 & = & 8 \end{array}$$

Der Vergleich der verschiedenen Gleichungen ergibt, dass die erste und die dritte Gleichung Vielfache voneinander sind, da die dritte Gleichung das Doppelte der ersten Gleichung ist. Es bleiben daher folgende Gleichungen übrig:

$$\begin{array}{lrcrcrcl} \text{I} & x_1 & + & 2x_2 & - & x_3 & = & 4 \\ \text{II} & -x_1 & + & 2x_2 & - & 3x_3 & = & 6 \end{array}$$

addieren von I zu II führt zu:

$$\begin{array}{lrcrcrcl} \text{I} & x_1 & + & 2x_2 & - & x_3 & = & 4 \\ \text{IIa} & & & 4x_2 & - & 4x_3 & = & 10 \end{array}$$

Man wählt nun z.B. $x_3 = t$ und setzt dies in Gleichung IIa ein:

$$\begin{array}{lrcrcrcl} \text{I} & x_1 & + & 2x_2 & - & x_3 & = & 4 \\ \text{IIb} & & & 4x_2 & - & 4t & = & 10 \end{array}$$

auflösen von IIb nach x_2 führt zu: $x_2 = t + 2,5$.
Nun wird in I eingesetzt und nach x_1 aufgelöst: $x_1 + 2(t + 2,5) - t = 4 \Rightarrow x_1 = -t - 1$.
Damit ist die Lösungsmenge: $\mathrm{L} = \{(-t-1\,;t+2,5\,;t) \mid t \in \mathbb{R}\}$.

e) Gegeben ist das Gleichungssystem:

$$\begin{array}{lrcrcrcl} \text{I} & x & + & 2y & + & z & = & 4 \\ \text{II} & -x & - & 4y & + & z & = & 7 \\ \text{III} & 2x & + & 8y & - & 2z & = & 18 \end{array}$$

addieren von I zu II, sowie Multiplikation von I mit (-2) und addieren zu III führt zu:

$$\begin{array}{lrcrcrcl} \text{I} & x & + & 2y & + & z & = & 4 \\ \text{IIa} & & - & 2y & + & 2z & = & 11 \\ \text{IIIa} & & & 4y & - & 4z & = & 10 \end{array}$$

Multiplikation von IIa mit 2 und addieren zu IIIa führt zu:

$$\begin{array}{lrcrcrcl} \text{I} & x & + & 2y & + & z & = & 4 \\ \text{IIb} & & - & 4y & + & 4z & = & 22 \\ \text{IIIb} & & & & & 0 & = & 32 \end{array}$$

Gleichung IIIb ist ein Widerspruch. Damit ist das Gleichungssystem nicht lösbar und die Lösungsmenge ist leer: $\mathrm{L} = \{\,\}$.

f) Gegeben ist das Gleichungssystem

$$\begin{array}{lrcrcrcr} \text{I} & x & - & y & + & 2z & = & 6 \\ \text{II} & -2x & + & 2y & - & 4z & = & -12 \\ \text{III} & 2x & + & y & + & z & = & 3 \end{array}$$

Der Vergleich der verschiedenen Gleichungen ergibt, dass die erste und die zweite Gleichung ein Vielfaches voneinander sind, denn es ist $\text{II} = -2 \cdot \text{I}$. Die zweite Gleichung kann daher gestrichen werden. Es bleiben folgende Gleichungen:

$$\begin{array}{lrcrcrcr} \text{I} & x & - & y & + & 2z & = & 6 \\ \text{III} & 2x & + & y & + & z & = & 3 \end{array}$$

Addieren von I zu III führt zu:

$$\begin{array}{lrcrcrcr} \text{I} & x & - & y & + & 2z & = & 6 \\ \text{IIIa} & 3x & & & + & 3z & = & 9 \end{array}$$

Man wählt nun z.B. $z = t$ und setzt dies in die Gleichung IIIa ein:

$$\begin{array}{lrcrcrcr} \text{I} & x & - & y & + & 2z & = & 6 \\ \text{IIIb} & 3x & & & + & 3t & = & 9 \end{array}$$

Auflösen von IIIb nach x führt zu: $x = 3 - t$.
Nun wird in I eingesetzt und nach y aufgelöst: $(3-t) - y + 2t = 6 \Rightarrow y = t - 3$. Damit ist die Lösungsmenge: $\mathbb{L} = \{(3-t\,; t-3\,; t) \mid t \in \mathbb{R}\}$.

6 Graphen von f, f' und F

6.1 Von f zu f'

f_1 **bis** f_4

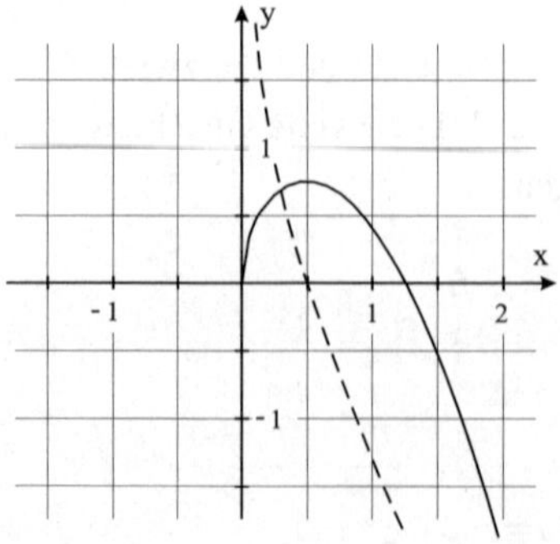

f_1

Extremwert:	$x = 0,5$	$\Rightarrow f'(0,5) \approx 0$
Punkt 1:	$x = 0,75$	$\Rightarrow f'(0,75) \approx -\frac{1}{2}$
Punkt 2:	$x = 1,5$	$\Rightarrow f'(1,5) \approx -2$

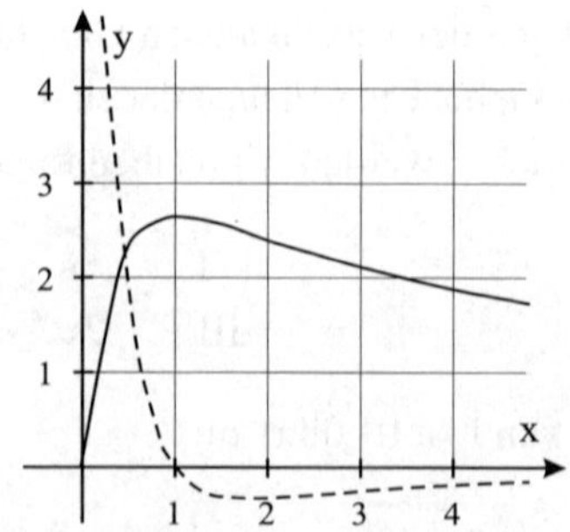

f_2

Punkt 1:	$x = 0,5$	$\Rightarrow f'(0,5) \approx 2$
Extremwert:	$x \approx 1$	$\Rightarrow f'(1) = 0$
Wendepunkt:	$x \approx 2,2$	$\Rightarrow f'(2,2) \approx -\frac{1}{3}$

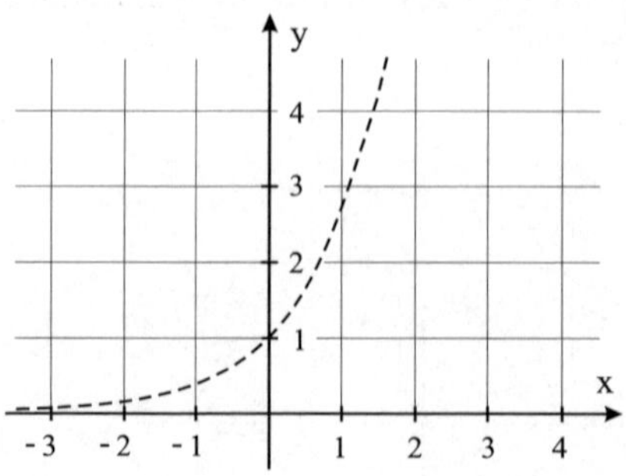

f_3

Punkt 1:	$x = -1$	$\Rightarrow f'(-1) \approx \frac{1}{3}$
Punkt 2:	$x = 0$	$\Rightarrow f'(0) \approx 1$
Punkt 3:	$x = 1$	$\Rightarrow f'(1) \approx 3$

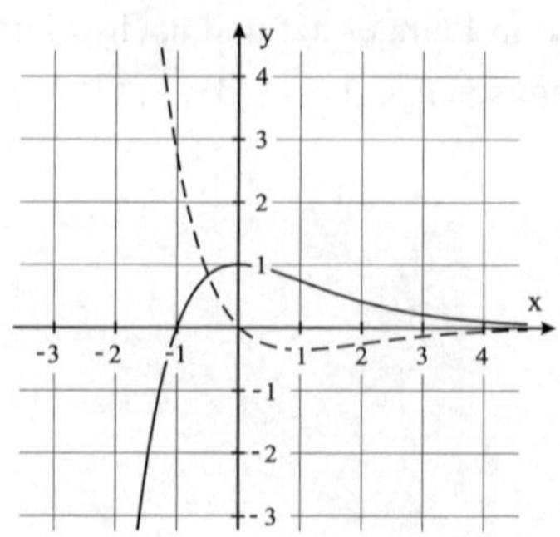

f_4

Punkt 1:	$x = -1$	$\Rightarrow f'(-1) \approx 2$
Extremwert:	$x = 0$	$\Rightarrow f'(0) = 0$
Wendepunkt:	$x \approx 1$	$\Rightarrow f'(1) \approx -\frac{1}{3}$

Bemerkung: Bei f_3 handelt es sich um die Funktion $f(x) = e^x$, daher sind Kurve und Ableitungskurve identisch.

Bewertung der Aussagen:					
	f' hat bei $x = 1$ ein relatives Maximum	$\not{f}_1$	$\not{f}_2$	$\not{f}_3$	$\not{f}_4$
	f' ist für $x > 0$ monoton fallend	f_1	$\not{f}_2$	$\not{f}_3$	$\not{f}_4$
	f' ist für $x > 0$ monoton steigend	$\not{f}_1$	$\not{f}_2$	f_3	$\not{f}_4$
	f' ist für $x > 1$ negativ	f_1	f_2	$\not{f}_3$	f_4

f_5 **bis** f_8

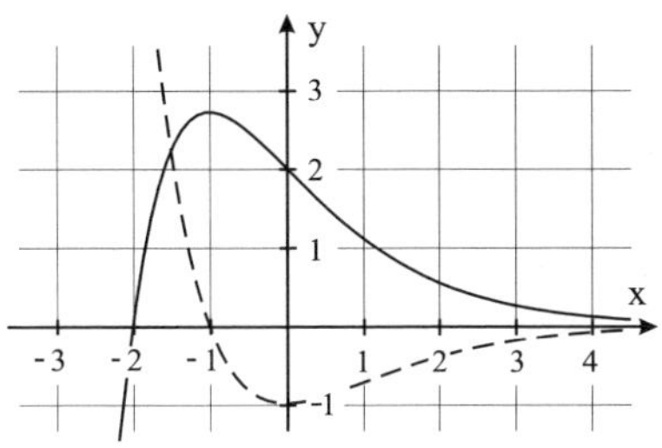

f_5

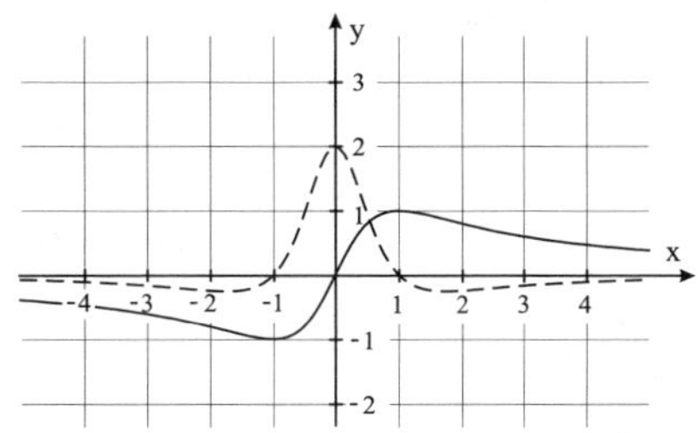

f_6

Punkt 1:	$x = -2$	$\Rightarrow f'(-2) \approx 4,5$
Extremwert:	$x = -1$	$\Rightarrow f'(-1) = 0$
Wendepunkt:	$x = 0$	$\Rightarrow f'(0) \approx -1$
Punkt 3:	$x = 2$	$\Rightarrow f'(2) \approx -\frac{1}{3}$

Wendepunkte:	$x = \pm 2$	$\Rightarrow f'(\pm 2) \approx -\frac{1}{3}$
Extremwert:	$x = -1$	$\Rightarrow f'(-1) = 0$
Wendepunkt:	$x = 0$	$\Rightarrow f'(0) \approx 2$
Extremwert:	$x = 1$	$\Rightarrow f'(1) = 0$

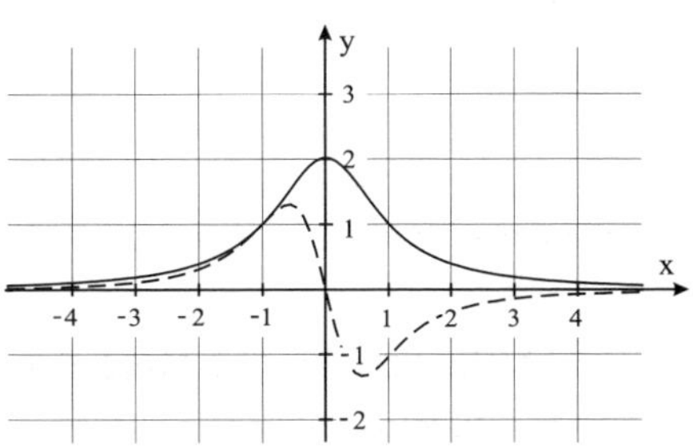

f_7

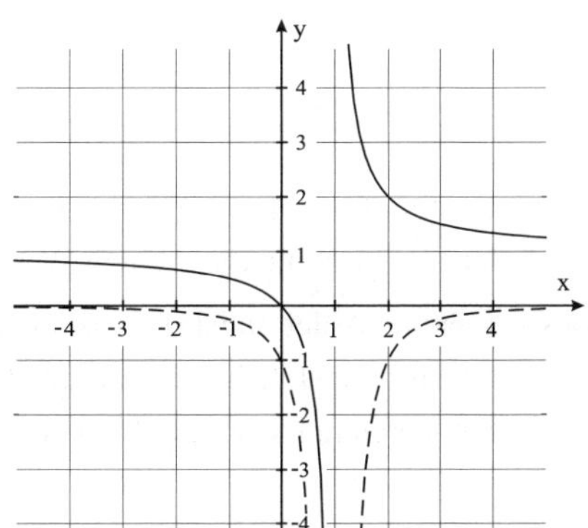

f_8

Wendepunkt:	$x=-1$	$\Rightarrow f'(-1)\approx 1$	Punkt 1:	$x=-1$	$\Rightarrow f'(-1)\approx -\frac{1}{4}$
Extrempunkt:	$x=0$	$\Rightarrow f'(0)=0$	Punkt 2:	$x=0$	$\Rightarrow f'(0)=-1$
Wendepunkt:	$x=1$	$\Rightarrow f'(1)\approx -1$	Punkt 3:	$x=1,5$	$\Rightarrow f'(1,5)\approx -4$
Punkt 1:	$x=2$	$\Rightarrow f'(2)\approx -\frac{1}{3}$	Punkt 4:	$x=3$	$\Rightarrow f'(3)\approx -\frac{1}{3}$

Bewertung der Aussagen:					
	$f'(x)<0$	~~f_5~~	~~f_6~~	~~f_7~~	f_8
	$f''(0)=0$	f_5	f_6	~~f_7~~	~~f_8~~
	$f'(1)=f'(-1)$	~~f_5~~	f_6	~~f_7~~	~~f_8~~

6.2 Von f' zu f

Aufgabe I

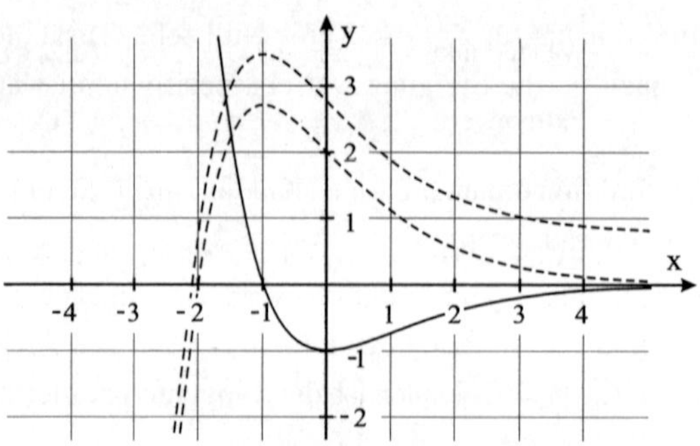

- Ableitung $f'(x)$: ——
- Mögliche Funktionen $f(x)$: – – –
- Die Funktion ist in Bezug auf Verschiebungen in y-Richtung nicht festgelegt.

a) Antwort: nein, die Ableitungskurve hat an dieser Stelle einen Extrempunkt, daher hat der Graph der Funktion für $x=0$ einen Wendepunkt.

b) Antwort: ja, die Ableitungskurve hat an dieser Stelle eine Nullstelle und einen Vorzeichenwechsel. Dies bedeutet, dass der Graph der Funktion einen Extrempunkt für $x=-1$ besitzt. Da die Tangenten in Extrempunkten immer waagerecht sind (Steigung $=0$), ist die Aussage richtig.

c) Antwort: nein, die Kurve der Ableitung hat an der Stelle $x=0$ einen Tiefpunkt. Das bedeutet, dass der Graph der Funktion f an dieser Stelle einen Wendepunkt besitzt.

d) Antwort: unentscheidbar, die Stammfunktion ist in Bezug auf eine Verschiebung in y-Richtung unbestimmt, da das absolute Glied nicht gegeben ist.

Aufgabe II

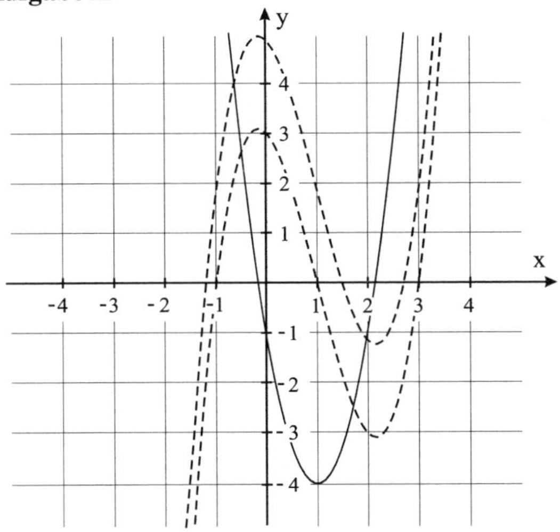

- Ableitung $f'(x)$: ——
- Mögliche Funktionen $f(x)$: - - -
- Die Funktion ist in Bezug auf Verschiebungen in y-Richtung nicht festgelegt.

a) Antwort: nein, der Graph der angegebenen Ableitungsfunktion f' hat an dieser Stelle einen Tiefpunkt. Das bedeutet, dass der Graph der Funktion f für $x = 1$ einen Wendepunkt besitzt.

b) Antwort: ja, der Graph der Ableitungsfunktion hat für $x \approx -0,2$ eine Nullstelle. Zusätzlich wechselt das Vorzeichen von f' von $+$ nach $-$ (die Steigung war erst positiv und ist nun negativ): Es liegt ein Hochpunkt vor.

c) Antwort: ja, da es sich bei der Ableitungsfunktion um eine Parabel handelt, muss die Funktion f eine ganzrationale Funktion genau 3. Grades sein.

d) Antwort: ja, die Gerade $y = 2x$ hat die Steigung 2. Die Funktionswerte der angegebenen Ableitungsfunktion f' geben in jedem Punkt die Steigung der Funktion f an. Die Ableitungsfunktion hat für $x \approx 2,4$ den Wert $f'(2,4) = 2$. Daher ist die Tangente parallel zur Geraden $y = 2x$.

Aufgabe III

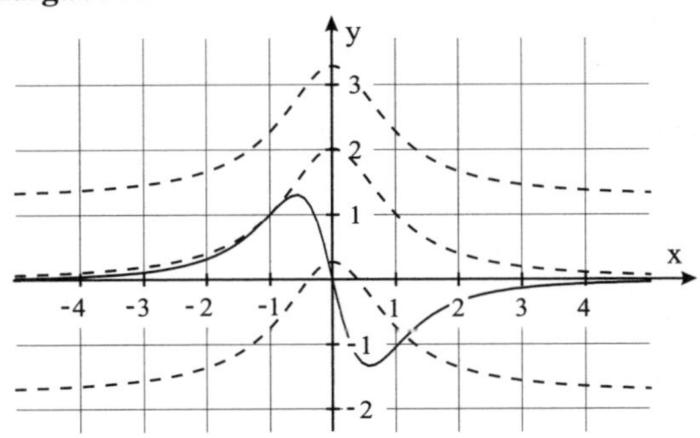

- Ableitung $f'(x)$: ——
- Mögliche Funktionen $f(x)$: - - -
- Die Funktion ist in Bezug auf Verschiebungen in y-Richtung nicht festgelegt.

a) Antwort: ja, bei $x = 0$ wechselt f' das Vorzeichen von $+$ nach $- \Rightarrow$ Der Graph von f hat bei $x = 0$ einen Hochpunkt. Der gezeichnete Graph der Ableitungsfunktion ist ursprungssymmetrisch, damit unterscheiden sich die Steigungswerte rechts und links der y-Achse nur durch ihr Vorzeichen und der Graph von f ist y-achsensymmetrisch.

b) Antwort: unentscheidbar, die Funktion lässt sich nur bis auf eine Konstante genau bestimmen, daher kann der Graph nach oben oder unten verschoben sein.

c) Antwort: nein, die angegebene Ableitungsfunktion f' hat für $x = 0$ zwar eine Nullstelle, es handelt sich aber um einen Hochpunkt des Graphen von f, da an der Nullstelle ein Vorzeichenwechsel von $+$ nach $-$ stattfindet.

d) Antwort: nein, die gezeichnete Ableitungsfunktion f' hat nur eine Nullstelle mit Vorzeichenwechsel. Daher besitzt der Graph von f genau einen Extrempunkt.

6.3 Von f zu F

Aufgabe I

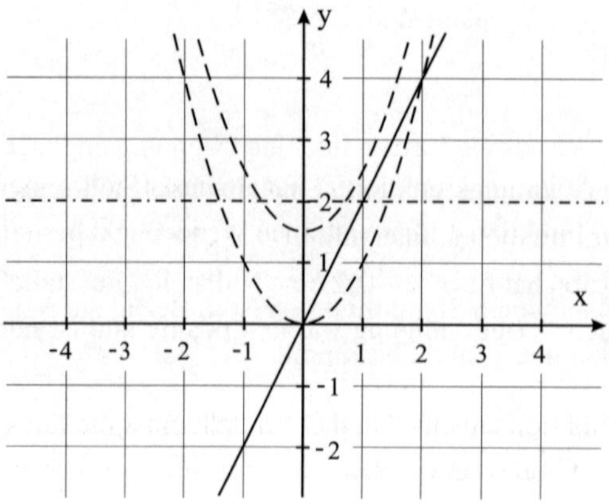

- Funktion $f(x)$: ——
- Mögliche Stammfunktionen $F(x)$: – – –
- Ableitung $f'(x)$: –·–·
- Die eingezeichneten Stammfunktionen sind nur einige von vielen möglichen Stammfunktionen, da diese in Bezug auf eine Verschiebung in y-Richtung nicht festgelegt sind.

a) Antwort: ja, die Ableitung einer Geraden ist immer eine waagerechte Gerade, da die Steigung einer Geraden konstant ist. Daher ist das Schaubild der Ableitungsfunktion parallel zur Geraden $y = 1$.

b) Antwort: unentscheidbar, die Lage einer allgemeinen Stammfunktion ist in Bezug auf Verschiebung in y-Richtung (nach «oben» und «unten») nicht bestimmt.

c) Antwort: nein, streng monoton wachsend bedeutet für das Schaubild, dass die y-Werte für zunehmende x-Werte auch immer größer werden. Mathematisch heißt das: $f'(x) > 0$, die Steigung ist an jedem Punkt des Schaubildes positiv. Dies gilt zwar für f, nicht aber für f'.

d) Antwort: ja, das Schaubild der Ableitungsfunktion ist eine waagerechte Gerade. Diese erfüllt die Bedingung $f'(-x) = f'(x) = 2$.

Aufgabe II

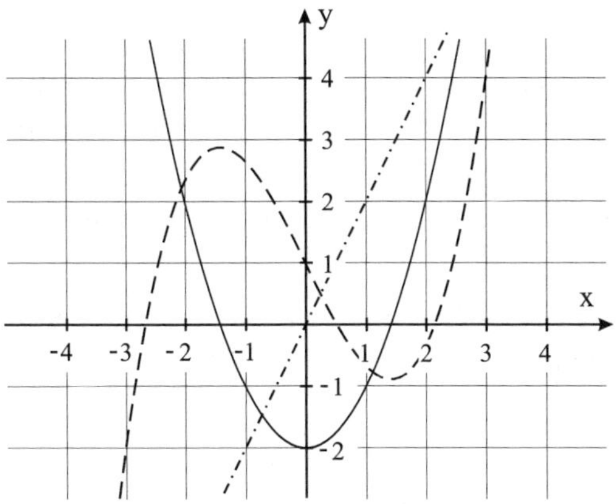

- Funktion $f(x)$: ——
- Mögliche Stammfunktionen $\mathrm{F}(x)$: - - -
- Ableitung $f'(x)$: - · - ·
- Die eingezeichnete Stammfunktion ist nur eine von vielen möglichen Stammfunktionen, da diese in Bezug auf eine Verschiebung in y-Richtung nicht festgelegt sind.

a) Antwort: ja, die Ableitungskurve einer Parabel ist eine Gerade mit einer Steigung ungleich Null. Diese besitzt genau eine Nullstelle am Extrempunkt der Parabel. Da die Parabel diesen für $x = 0$ hat, liegt die Nullstelle auch im fraglichen Intervall.

b) Antwort: unentscheidbar, die Lage einer allgemeinen Stammfunktion ist in Bezug auf Verschiebung in y-Richtung (nach «oben» und «unten») nicht bestimmt.

c) Antwort: ja, die Extremstellen einer Funktion sind Nullstellen der 1. Ableitung. Da die Funktion f die Ableitung von F ist, besitzt F genau 2 Extremstellen im Intervall. Da die Nullstellen von f an den Stellen $x \approx \pm 1{,}4$ liegen, befinden sich die Extrempunkte an den Punkten $(1{,}4 \mid (\mathrm{F}(1{,}4))$ bzw. $(-1{,}4 \mid (\mathrm{F}(-1{,}4))$.

6.4 Zuordnen von Graphen

a) Da das Schaubild von f mit $f(x) = x^2 e^x$ genau eine Nullstelle bei $x = 0$ hat, kann nur Bild 1 das Schaubild der Funktion f sein.

b) Bild 2 ist das Schaubild der Stammfunktion F, da das Schaubild von f bei $x = 0$ einen Extrempunkt, der die x-Achse berührt, hat, so dass das Schaubild von F bei $x = 0$ einen Sattelpunkt mit Steigung Null hat. Alternativ: Das Schaubild von f verläuft nie unterhalb der x-Achse, also ist F monoton steigend.
Bild 3 ist das Schaubild der Funktion g mit $g(x) = \frac{1}{f(x)} = \frac{1}{x^2 e^x}$, da das Schaubild von f bei $x = 0$ eine Nullstelle und damit das Schaubild von g dort eine Polstelle hat.
Bild 4 ist das Schaubild der Funktion f', da das Schaubild von f bei $x_1 = 0$ und $x_2 = -2$ Extremstellen hat, so dass das Schaubild von f' bei $x_1 = 0$ und $x_2 = -2$ Nullstellen mit Vorzeichenwechsel hat.

6.5 Interpretation von Graphen

Aufgabe I

a) Besondere Punkte im Graph sind alle Punkte, an denen sich die Steigung der Kurve stark ändert. Dies ist zuerst am Anfang ($t = 0$), dann nach ca. 10 Tagen der Fall, wenn die Kurve waagerecht wird. Der nächste besondere Punkt ist nach ca. 40 Tagen: die Kurve steigt wieder an. Der letzte wichtige Punkt kommt bei ca. 60 Tagen: Die Anzahl der verkauften Artikel steigt fast nicht mehr an.

b) Keine! Die y-Achse gibt die Absolutanzahl der verkauften Artikel an (und nicht die verkauften Artikel pro Tag). Da die Kurve in der Zeit zwischen der 3. und 4. Woche waagerecht verläuft, sind keine Artikel verkauft worden.

c) Nach 40 Tagen hat die Firma ca. 150 Artikel verkauft, nach 60 Tagen ca. 680. Um die durchschnittliche Verkaufszahl zu ermitteln, berechnet man den Durchschnitt: $\frac{680-150}{60-40} = \frac{530}{20} = 26{,}5$. Soweit sich die Zahlen an der Kurve genau ablesen lassen, hat die Firma in der Zeit vom 40. bis zum 60. Tag durchschnittlich 27 Artikel pro Tag verkauft.

d) Man legt eine Hilfsgerade durch die Kurve, die der Steigung des 50. Tages entspricht. Die Steigung dieser Gerade ermittelt man durch «Abzählen»: $m \approx \frac{780}{20} = 39$. Also ist die Verkaufsrate am 50. Tag ca. 39 Artikel pro Tag.

e) Die Zukunftsprognose ist eher schlecht, da die Kurve sich der 800-Artikel-Marke nur sehr langsam annähert. In der Zeit zwischen dem 65. und dem 130. Tag wurden fast keine Artikel mehr verkauft.

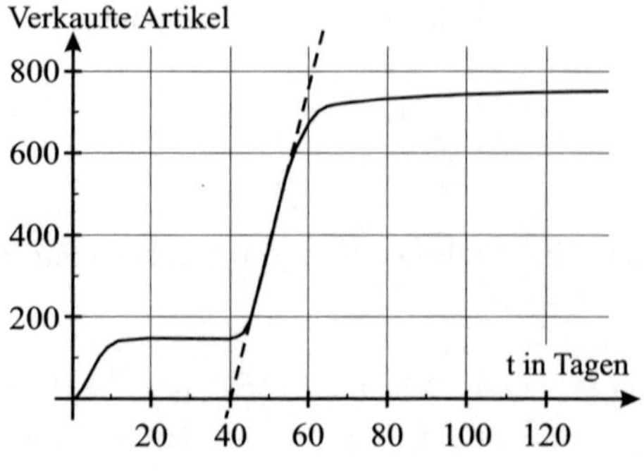

Aufgabe I

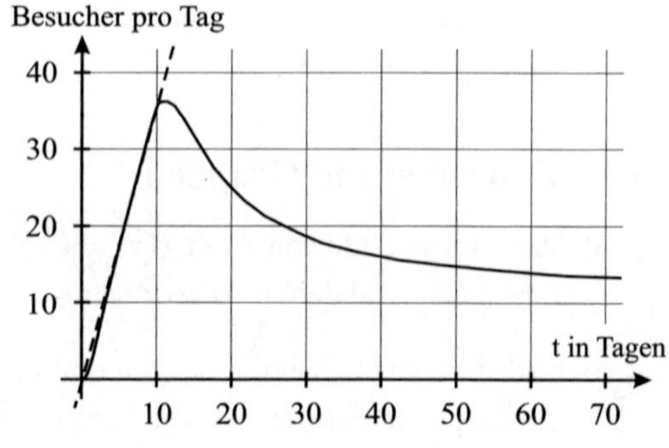

Aufgabe II

Aufgabe II

a) Besondere Punkte im Graph der Funktion sind die Punkte, an denen sich die Steigung der Kurve stark ändert. In dieser Aufgabe betrifft dies vor allem den Bereich zwischen 10 und 12 Tagen, da hier die Anzahl der Besucher pro Tag nicht mehr zunimmt, sondern kurz stagniert, um dann abzunehmen.

Auch die Punkte zwischen 12 und 60 Tagen könnten als «besondere» Punkte bezeichnet werden: Die Steigung verändert sich auch hier, die Abnahme der Besucherzahlen ist nicht mehr so stark wie am Anfang, sondern langsamer.

b) Der Bereich um $t = 11$ sind die Tage, an denen die Ausstellung am besten besucht war.

c) Um genau herauszufinden, wie viele Besucher die Ausstellung in den ersten 10 Tagen besucht haben, müsste man die Kurve integrieren. Ohne eine Kenntnis des Funktionsterms ist dies aber nicht ohne weiteres möglich. Da die Kurve am Anfang aber fast gerade verläuft, kann man sie durch eine Gerade mit der Steigung $m = \frac{35}{10} \approx 3,5$ annähern. Die Gesamtbesucherzahl entspricht der Fläche unter dieser Geraden. Diese Fläche kann man mit der Dreiecksflächenformel ausrechnen: $\mathrm{A} = \frac{1}{2} \cdot 10 \cdot 35 = 175$ FE. Das bedeutet, dass in den ersten 10 Tagen ca. 175 Besucher die Ausstellung gesehen haben (alternativ könnte man auch die Gleichung der Gerade aufstellen: $y = 3,5x$ und diese in den Grenzen $t = 0$ und $t = 10$ integrieren).

d) Nach 80 Tagen kann man ca. 12 Besucher pro Tag erwarten. Die tägliche Besucherzahl nähert sich dem Wert 10 asymptotisch an.

7 Kurvendiskussion

7.1 Elemente der Kurvendiskussion

a) $f(x) = x^2 \cdot e^x$, Ableiten (Produktregel) und Ausklammern ergibt $f'(x) = (x^2+2x) \cdot e^x$. Erneutes Ableiten (Produktregel) und Ausklammern ergibt $f''(x) = \left(x^2+4x+2\right) \cdot e^x$. Einsetzen von $x=0$: $f'(0) = (0^2+2\cdot 0)e^0 = 0 \Rightarrow$ die Funktion hat einen Extremwert für $x=0$. Überprüfen in $f''(x): f''(0) = (0^2+4\cdot 0+2)e^0 = 2$, es ist $2>0 \Rightarrow$ Es handelt sich um ein Minimum.

b) Nein, die Kurve berührt die x-Achse nur, da es sich bei dem Punkt $\mathrm{P}(x_0 \mid 0)$ um einen Hochpunkt handelt.

c) $\lim\limits_{x\to\infty} \left(x^2 \cdot e^{-x}+1\right) = \lim\limits_{x\to\infty} x^2 \cdot e^{-x} + \lim\limits_{x\to\infty} 1$.
Es ist $\lim\limits_{x\to\infty} x^2 \cdot e^{-x} = 0$ und $\lim\limits_{x\to\infty} 1 = 1$.
Damit ist $y=1$ die Asymptote der Funktion für $x \to \infty$.

d) Es ist $f(x) = \frac{1}{4}x^4 - x^3 + 4x - 2$, $f'(x) = x^3 - 3x^2 + 4$, $f''(x) = 3x^2 - 6x$, $f'''(x) = 6x - 6$
Einsetzen von $x=2$: $f'(2) = 0$, $f''(2) = 0$, $f'''(2) = 6 \neq 0$. Der Punkt $(2 \mid 2)$ ist daher ein Sattelpunkt und kein Tiefpunkt.

e) Es ist $f'(x) = 2xe^{-x} + x^2 \cdot e^{-x} \cdot (-1) = \left(2x - x^2\right) e^{-x}$.
Bei Punkten mit waagerechter Tangente ist $f'(x) = 0$, also $\left(2x-x^2\right) e^{-x} = 0 \Rightarrow x_1 = 0$ und $x_2 = 2$. Um die y-Werte zu erhalten, setzt man die x-Werte in $f(x)$ ein: $y_1 = 0^2 e^{-0} = 0$ und $y_2 = 2^2 e^{-2} = 4e^{-2} \Rightarrow \mathrm{P}_1\,(0 \mid 0)$ und $\mathrm{P}_2\left(2 \mid 4e^{-2}\right)$.

f) Es ist $f'(x) = 1e^{-x} + x \cdot e^{-x} \cdot (-1) = (1-x)e^{-x}$,
$f''(x) = -1e^{-x} + (1-x)e^{-x} \cdot (-1) = (x-2)e^{-x}$,
$f'''(x) = 1e^{-x} + (x-2)e^{-x} \cdot (-1) = (3-x)e^{-x}$.
Setzt man $f''(x) = 0$, so erhält man $(x-2)e^{-x} = 0 \Rightarrow x = 2$.
Setzt man $x=2$ in $f'''(x)$ ein, so ergibt sich $f'''(2) = (3-2)e^{-2} \neq 0$, also existiert genau ein Wendepunkt $\mathrm{W}\left(2 \mid 2e^{-2}\right)$.

g) Es ist $f'(x) = g'(x)e^{-x} + g(x)e^{-x} \cdot (-1) = (g'(x) - g(x))\,e^{-x}$.
Bei Punkten mit waagerechter Tangente ist $f'(x) = 0$, also $(g'(x) - g(x))\,e^{-x} = 0$ bzw. $g'(x) - g(x) = 0$. Dies ist eine quadratische Gleichung, da $g'(x)$ 1. Grades und $g(x)$ 2. Grades ist. (Somit ist $g'(x) - g(x)$ 2. Grades.) Eine quadratische Gleichung hat maximal zwei Lösungen, also hat der Graph von f maximal zwei Punkte mit waagerechter Tangente.

h) Es ist $f(x) = 2 \cdot \sin\left(x - \frac{\pi}{2}\right)$. P liegt auf dem Graphen von f, da $f(\pi) = 2 \cdot \sin\left(\pi - \frac{\pi}{2}\right) = 2 \cdot \sin\left(\frac{\pi}{2}\right) = 2$.
Es ist $f'(x) = 2 \cdot \cos\left(x - \frac{\pi}{2}\right)$. Die Steigung im Punkt $\mathrm{P}\,(\pi \mid 2)$ erhält man durch Einsetzen von $x = \pi$ in $f'(x)$:
$f'(\pi) = 2 \cdot \cos\left(\pi - \frac{\pi}{2}\right) = 2 \cdot \cos\left(\frac{\pi}{2}\right) = 0$, also liegt im Punkt P eine waagrechte Tangente vor.

i) Es ist $f(x) = \frac{1}{2} \cdot \sin(2x - \pi)$,
$f'(x) = \frac{1}{2} \cdot \cos(2x - \pi) \cdot 2 = \cos(2x - \pi)$,
$f''(x) = -\sin(2x - \pi) \cdot 2 = -2 \cdot \sin(2x - \pi)$,
$f'''(x) = -2 \cdot \cos(2x - \pi) \cdot 2 = -4 \cdot \cos(2x - \pi)$.
Da $f''(\pi) = -2 \cdot \sin(2\pi - \pi) = -2 \cdot \sin(\pi) = -2 \cdot 0 = 0$ und $f'''(\pi) = -4 \cdot \cos(2\pi - \pi) = -4 \cdot \cos(\pi) = 4 \neq 0$, hat der Graph von f bei $x = \pi$ einen Wendepunkt.

7.2 Funktionenscharen/ Funktionen mit Parameter

a) I) Es handelt sich bei den Graphen von f_t um Geraden, die alle durch den Punkt $(2 \mid 0)$ gehen. Man kann dies an der Funktion sehen, wenn man t ausklammert:
$f_t(x) = tx - 2t = t(x-2)$. Es handelt sich um eine gegenüber der Geraden $y = t \cdot x$ um 2 LE nach rechts verschobene Gerade (siehe Zeichnung).

II) Der Punkt $P_1(3 \mid 2)$ wird in die Gleichung eingesetzt und liefert $2 = t \cdot 3 - 2 \cdot t$. Umstellen nach t ergibt $t = 2$. Die Funktion ist damit $f_2(x) = 2x - 4$.
Der Punkt $P_2(1 \mid \frac{1}{2})$ wird in die Gleichung eingesetzt und liefert $\frac{1}{2} = t \cdot 1 - 2 \cdot t$. Umstellen nach t ergibt $t = -\frac{1}{2}$. Die Funktion ist damit $f_{-\frac{1}{2}}(x) = -\frac{1}{2}x + 1$.

b) I) Es handelt sich bei den Graphen von f_t um Parabeln, die symmetrisch zur y-Achse sind. Je nach Wert von t sind die Parabeln «gestreckt» oder «gestaucht». Für positive Werte von t sind die Parabeln nach oben geöffnet, für negative Werte sind sie nach unten geöffnet (siehe Zeichnung).

II) Der Punkt $P_1(2 \mid 2)$ wird in die Gleichung eingesetzt und liefert $2 = t \cdot 2^2$. Umstellen nach t ergibt $t = \frac{1}{2}$. Die Funktion damit $f_{\frac{1}{2}}(x) = \frac{1}{2}x^2$.
Der Punkt $P_2(-1 \mid -2)$ wird in die Gleichung eingesetzt und liefert $-2 = t \cdot (-1)^2$. Umstellen nach t ergibt $t = -2$. Die Funktion ist damit $f_{-2}(x) = -2x^2$.

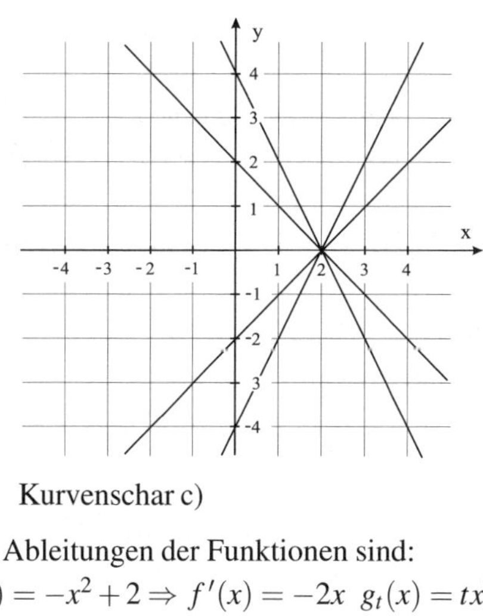

Kurvenschar c)

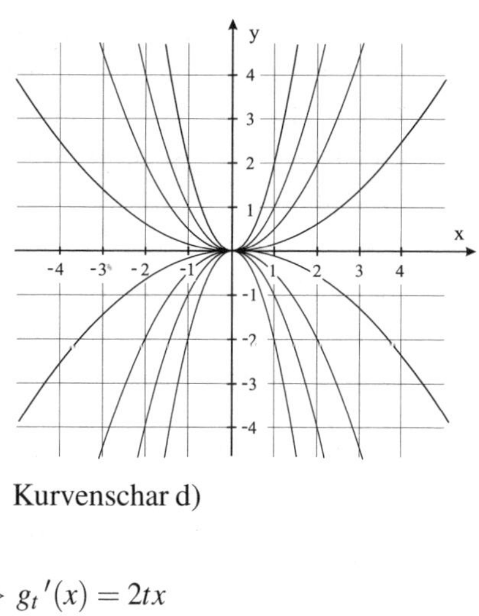

Kurvenschar d)

c) Die Ableitungen der Funktionen sind:
$f(x) = -x^2 + 2 \Rightarrow f'(x) = -2x \quad g_t(x) = tx^2 - 1 \Rightarrow g_t{}'(x) = 2tx$

Damit die Graphen der Funktionen im Schnittpunkt aufeinander senkrecht stehen, müssen folgende Gleichungen gelten:

$$\begin{array}{lrcl} \text{I} & f(x) & = & g_t(x) \\ \text{II} & f'(x)\cdot g_t'(x) & = & -1 \end{array}$$

Dabei ist Gleichung I die Gleichung für den Schnittpunkt und Gleichung II die Orthogonalitätsbedingung. Setzt man die Funktionen bzw. die Ableitungen ein, führt dies zu:

$$\begin{array}{lrclcrclcrcl} \text{Ia} & -x^2+2 & = & tx^2-1 & \Rightarrow & 3 & = & x^2\cdot(t+1) & \Rightarrow & x^2 & = & \frac{3}{t+1} \\ \text{IIa} & -2x\cdot 2tx & = & -1 & \Rightarrow & & & & & -4tx^2 & = & -1 \end{array}$$

Nun setzt man Gleichung Ia in Gleichung IIa ein: $-4t\cdot\frac{3}{t+1}=-1$. Auflösen nach t ergibt $t=\frac{1}{11}$. Die beiden Kurven stehen also für $t=\frac{1}{11}$ im Schnittpunkt senkrecht aufeinander.

d) Es ist $f_t(x)=(2x+t)\cdot e^{-x}$; $x\in\mathbb{R}$; $t\geqslant 0$. Um den abgebildeten Graphen der Funktionenschar f_t den jeweiligen Parameter t zuzuordnen, kann man die Nullstellen der Graphen betrachten. Die Nullstelle von f_t erhält man rechnerisch, indem man die Funktionsgleichung gleich Null setzt:
$f_t(x)=0$ führt zu $(2x+t)\cdot e^{-x}=0$ bzw. $2x+t=0 \Rightarrow x=-\frac{t}{2}$ ist einzige Nullstelle.
Der Graph G hat als einzige Nullstelle $x=-2$, somit gilt: $-\frac{t}{2}=-2 \Rightarrow t=4$.
Der Graph G* hat als einzige Nullstelle $x=-1$, somit gilt: $-\frac{t}{2}=-1 \Rightarrow t=2$.
Der Graph G** hat als einzige Nullstelle $x=0$, somit gilt: $-\frac{t}{2}=0 \Rightarrow t=0$.
Damit gehört zu G der Parameter $t=4$, zu G* der Parameter $t=2$ und zu G** der Parameter $t=0$.

Alternativ kann man auch den Schnittpunkt mit der y-Achse untersuchen. Für $x=0$ ergibt sich: $f_t(0)=(2\cdot 0+t)\cdot e^{-0}=t\cdot 1=t$. Anhand der Graphen kommt man zu den gleichen Lösungen wie oben angegeben.

e) Man erhält die Extremstellen von $f_t(x)=x\cdot e^{tx}$; $x\in\mathbb{R}$; $t<0$, indem man die 1. Ableitung (Produkt- und Kettenregel) gleich Null setzt:
$f_t'(x)=1\cdot e^{tx}+x\cdot e^{tx}\cdot t=(1+tx)\cdot e^{tx}=0$ führt zu $1+tx=0$ bzw. $x=-\frac{1}{t}$.
Setzt man $x=-\frac{1}{t}$ in die 2. Ableitung $f_t''(x)=t\cdot e^{tx}+(1+tx)\cdot e^{tx}\cdot t=\left(2t+t^2x\right)\cdot e^{tx}$ ein, so erhält man:
$f_t'\left(-\frac{1}{t}\right)=\left(2t+t^2\cdot\left(-\frac{1}{t}\right)\right)\cdot e^{t\cdot\left(-\frac{1}{t}\right)}=t\cdot e^{-1}\neq 0 \Rightarrow x=-\frac{1}{t}$ ist die einzige Extremstelle von $f_t(x)$.
Da $x=2$ Extremstelle sein soll, muss gelten: $2=-\frac{1}{t} \Rightarrow t=-\frac{1}{2}$.
Für $t=-\frac{1}{2}$ hat der Graph von f_t bei $x=2$ eine Extremstelle.

f) Die Steigung m_k im Ursprung des Graphen von f_k mit $f_k(x)=k\cdot\sin(kx)$; $x\in\mathbb{R}$; $k>0$ erhält man, indem man $x=0$ in die 1. Ableitung von f_k (Kettenregel) einsetzt:
$f_k'(x)=k\cdot\cos(kx)\cdot k=k^2\cdot\cos(kx)$, d.h. $m_k=f_k'(0)=k^2\cdot\cos(k\cdot 0)=k^2$.
Die Steigung m im Ursprung des Graphen von g mit $g(x)=2x^3+4x$ erhält man, indem man $x=0$ in die 1. Ableitung von g einsetzt:

$g'(x) = 6x^2 + 4$, d.h. $m = g'(0) = 6 \cdot 0^2 + 4 = 4$.
Da die beiden Steigungen gleich sein sollen, muss gelten: $m_k = m$ bzw. $k^2 = 4$ mit den Lösungen $k_1 = -2$ und $k_2 = 2$.
Wegen $k > 0$ haben die beiden Graphen im Ursprung nur für $k = 2$ die gleiche Steigung.

g) Man erhält Extremstellen von $f_a(x) = \sin(ax)$; $x \in \mathbb{R}$; $0 < a < \frac{\pi}{2}$, indem man die 1. Ableitung von $f_a(x)$, die man mit Hilfe der Kettenregel bestimmt, gleich Null setzt:
$f_a{}'(x) = \cos(ax) \cdot a = 0$ führt wegen $a > 0$ zu $\cos(ax) = 0 \Rightarrow ax = \frac{\pi}{2} + k \cdot \pi$; $k \in \mathbb{Z}$.
Da $x = 3$ Extremstelle sein soll, muss gelten: $a \cdot 3 = \frac{\pi}{2} + k \cdot \pi$ bzw. $a = \frac{\pi}{6} + k \cdot \frac{\pi}{3}$.
Wegen $0 < a < \frac{\pi}{2}$ ist $a = \frac{\pi}{6}$ die einzige Lösung.
Für $a = \frac{\pi}{6}$ hat der Graph von f_a bei $x = 3$ eine Extremstelle.
Alternativ hätte man sich auch direkt, d.h. aufgrund des Verlaufs der Sinuskurve, überlegen können, dass der Graph von $f_a(x) = \sin(ax)$ für $ax = \frac{\pi}{2} + k \cdot \pi$; $k \in \mathbb{Z}$ Extremstellen hat, so dass man zum gleichen Ergebnis kommt.

7.3 Krümmungsverhalten von Kurven

a) Es ist $f(x) = \frac{1}{3}x^3 - x$. Zur Bestimmung des Krümmungsverhaltens benötigt man die 2. Ableitung: Es ist $f'(x) = x^2 - 1$ und $f''(x) = 2x$.
Der Graph von f ist linksgekrümmt, wenn $f''(x) > 0$ gilt: $2x > 0 \Rightarrow x > 0$. Also ist f für $x > 0$ linksgekrümmt.
Der Graph von f ist rechtsgekrümmt, wenn $f''(x) < 0$ gilt: $2x < 0 \Rightarrow x < 0$. Also ist f für $x < 0$ rechtsgekrümmt.

b) Es ist $f(x) = (x-1)^5$. Zur Bestimmung des Krümmungsverhaltens benötigt man die 2. Ableitung (Kettenregel): Es ist $f'(x) = 5 \cdot (x-1)^4$ und $f''(x) = 20 \cdot (x-1)^3$.
Der Graph von f ist linksgekrümmt, wenn $f''(x) > 0$ gilt: $20 \cdot (x-1)^3 > 0 \Rightarrow x > 1$. Also ist f für $x > 1$ linksgekrümmt.
Der Graph von f ist rechtsgekrümmt, wenn $f''(x) < 0$ gilt: $20 \cdot (x-1)^3 < 0 \Rightarrow x < 1$. Also ist f für $x < 1$ rechtsgekrümmt.

c) Es ist $f(x) = (2x-3) \cdot e^{-x}$. Zur Bestimmung des Krümmungsverhaltens benötigt man die 2. Ableitung (Produkt- und Kettenregel): Es ist $f'(x) = 2 \cdot e^{-x} + (2x-3) \cdot e^{-x} \cdot (-1) = (-2x+5) \cdot e^{-x}$ und $f''(x) = -2 \cdot e^{-x} + (-2x+5) \cdot e^{-x} \cdot (-1) = (2x-7) \cdot e^{-x}$.
Der Graph von f ist linksgekrümmt, wenn $f''(x) > 0$ gilt: $(2x-7) \cdot e^{-x} > 0 \Rightarrow x > \frac{7}{2}$. Also ist f für $x > \frac{7}{2}$ linksgekrümmt.
Der Graph von f ist rechtsgekrümmt, wenn $f''(x) < 0$ gilt: $(2x-7) \cdot e^{-x} < 0 \Rightarrow x < \frac{7}{2}$. Also ist f für $x < \frac{7}{2}$ rechtsgekrümmt.

7.4 Monotonie

a) Es ist $f(x) = \frac{x^2}{x+1}$. Mit Hilfe der Quotientenregel erhält man die 1. Ableitung von f:
$f'(x) = \frac{2x \cdot (x+1) - x^2 \cdot 1}{(x+1)^2} = \frac{x^2+2x}{(x+1)^2} = \frac{x \cdot (x+2)}{(x+1)^2}$

Der Ausdruck im Nenner ist immer positiv, daher ist der Ausdruck im Zähler dafür verantwortlich, ob der Bruch positiv oder negativ ist.
Man kann folgende Fälle unterscheiden:
Für $x < -2$ sind Zähler und Nenner von f' positiv, also $f'(x) > 0$.
Für $-2 < x < 0 \, (x \neq 1)$ ist der Zähler von f' negativ, der Nenner ist positiv, also $f'(x) < 0$.
Für $x > 0$ sind Zähler und Nenner von f' positiv, also $f'(x) > 0$.
Somit ist f für $x < -2$ oder $x > 0$ streng monoton zunehmend, für $-2 < x < 0 \, (x \neq 1)$ ist f streng monoton abnehmend.

b) Es ist $f(x) = \frac{3x}{e^x}$. Mit Hilfe der Quotientenregel erhält man die 1. Ableitung von f:
$f'(x) = \frac{3 \cdot e^x - 3x \cdot e^x}{(e^x)^2} = \frac{3e^x \cdot (1-x)}{(e^x)^2}$
Der Ausdruck im Nenner ist immer positiv, daher ist der Ausdruck im Zähler dafür verantwortlich, ob der Bruch positiv oder negativ ist.
Man kann folgende Fälle unterscheiden:
Für $x < 1$ sind Zähler und Nenner von f' positiv, also $f'(x) > 0$.
Für $x > 1$ ist der Zähler von f' negativ, der Nenner ist positiv, also $f'(x) < 0$.
Somit ist f für $x < 1$ streng monoton zunehmend, für $x > 1$ ist f streng monoton abnehmend.

c) Es ist $f(x) = \frac{2x}{\ln x}$. Mit Hilfe der Quotientenregel erhält man die 1. Ableitung von f:
$f'(x) = \frac{2 \cdot \ln x - 2x \cdot \frac{1}{x}}{(\ln x)^2} = \frac{2 \ln x - 2}{(\ln x)^2} = \frac{2 \cdot (\ln x - 1)}{(\ln x)^2}$
Der Ausdruck im Nenner ist immer positiv, daher ist der Ausdruck im Zähler dafür verantwortlich, ob der Bruch positiv oder negativ ist. Der Term in der Klammer im Zähler wechselt das Vorzeichen für $x = e$, da $\ln e = 1$.
Man kann folgende Fälle unterscheiden:
Für $x < e$ ist der Zähler von f' negativ, der Nenner ist positiv, also $f'(x) < 0$.
Für $x > e$ sind Zähler und Nenner von f' positiv, also $f'(x) > 0$.
Somit ist f für $x > e$ streng monoton zunehmend, für $x < e$ ist f streng monoton abnehmend.

7.5 Tangenten und Normalen

a) Aus $f(x) = x^2 - 4x + 2$ folgt $f'(x) = 2x - 4$. Für die Steigung m_t der Tangente im Punkt x_0 gilt $m_t = f'(x_0)$. Damit ist die Tangente in $\mathrm{P}(1 \mid -1)$: $m_t = f'(1) = 2 \cdot 1 - 4 = -2$. Setzt man $\mathrm{P}(1 \mid -1)$ und $m_t = -2$ in die Punkt-Steigungsform $y - y_1 = m \cdot (x - x_1)$ einer Geraden ein, so erhält man $y - (-1) = -2 \cdot (x - 1)$ und damit die Tangentengleichung $t: \; y = -2x + 1$. Für die Normalensteigung m_n gilt $m_n = -\frac{1}{m_t} = -\frac{1}{-2} = \frac{1}{2}$. Setzt man P und m_n in die Punkt-Steigungsform ein, so erhält man $y - (-1) = \frac{1}{2} \cdot (x - 1)$ und damit die Normalengleichung $n: \; y = \frac{1}{2}x - \frac{3}{2}$.

b) Aus $f(x) = x^3 + x + 1$ folgt $f'(x) = 3x^2 + 1$, $f''(x) = 6x$ und $f'''(x) = 6$. Um den Wendepunkt zu bestimmen, wird die 2. Ableitung gleich Null gesetzt: $f''(x) = 6x = 0 \Rightarrow x_W = 0$. Probe in f''' ergibt $f'''(0) = 6 \neq 0$, es handelt sich also um einen Wendepunkt. Der y-Wert

wird bestimmt, indem man $x_W = 0$ in $f(x)$ einsetzt, was zu $W(0 \mid 1)$ führt.
Die Tangentensteigung in W ist $m_t = f'(0) = 1$. Setzt man $W(0 \mid 1)$ und $m_t = 1$ in die Punkt-Steigungsform ein, so erhält man $y - 1 = 1 \cdot (x - 0)$ und damit die Tangentengleichung $t:\ y = x + 1$. Für die Normalensteigung m_n gilt $m_n = -\frac{1}{m_t} = -\frac{1}{1} = -1$. Setzt man $W(0 \mid 1)$ und $m_n = -1$ in die Punkt-Steigungsform ein, so erhält man $y - 1 = -1 \cdot (x - 0)$ und damit die Normalengleichung $n:\ y = -x + 1$.

c) I) Da die Steigung der Tangente schon angegeben ist, muss zuerst der Punkt P bestimmt werden, in dem die Tangente die Kurve berührt. In diesem Punkt soll die Steigung der Kurve nach Aufgabenstellung gleich -2 sein. Daher setzt man die 1. Ableitung gleich -2. Es ist $f(x) = x^2 + 4x - 3$ und $f'(x) = 2x + 4$. Gleichsetzen der 1. Ableitung: $f'(x) = 2x + 4 = -2 \Rightarrow x_P = -3$. Durch Einsetzen in $f(x)$ wird die y-Koordinate des Punktes bestimmt. Damit ist der gesuchte Punkt $P(-3 \mid -6)$. Setzt man $P(-3 \mid -6)$ und $m_t = -2$ in die Punkt-Steigungsform ein, so erhält man $y - (-6) = -2 \cdot (x - (-3))$ und damit die Tangentengleichung $t:\ y = -2x - 12$.

II) Da die Tangente orthogonal zu der angegebenen Geraden g ist, gilt für ihre Steigung $m_t = -\frac{1}{m_g}$, die Steigung der Tangente ist damit $m_t = -\frac{1}{-\frac{1}{3}} = 3$. Nun muss der Punkt P bestimmt werden, in dem die Tangente die Kurve berührt: Da in diesem Punkt die Steigung der Kurve gleich 3 sein muss, setzt man die 1. Ableitung gleich 3 und löst nach x auf: $f'(x) = 2x + 4 = 3 \Rightarrow x_P = -\frac{1}{2}$. Durch Einsetzen in $f(x)$ wird die y-Koordinate des Punktes bestimmt. Damit ist der gesuchte Punkt $P\left(-\frac{1}{2} \mid -\frac{19}{4}\right)$. Setzt man $P\left(-\frac{1}{2} \mid -\frac{19}{4}\right)$ und $m_t = 3$ in die Punkt-Steigungsform ein, so erhält man
$y - \left(-\frac{19}{4}\right) = 3 \cdot \left(x - \left(-\frac{1}{2}\right)\right)$ und damit die Tangentengleichung $t:\ y = 3x - \frac{13}{4}$.

III) Da die Tangente parallel zur angegebenen Geraden ist und die Tangentensteigung damit gleich groß ist wie die Geradensteigung, muss zuerst der Punkt P bestimmt werden, in dem die Tangente die Kurve berührt: In diesem Punkt ist die Steigung gleich 4. Daher setzt man die 1. Ableitung gleich 4: $f'(x) = 2x + 4 = 4 \Rightarrow x_P = 0$. Durch Einsetzen in $f(x)$ wird der y-Wert des Punktes bestimmt. Damit ist der gesuchte Punkt $P(0 \mid -3)$. Setzt man $P(0 \mid -3)$ und $m_t = 4$ in die Punkt-Steigungsform ein, so erhält man $y - (-3) = 4 \cdot (x - 0)$ und damit die Tangentengleichung $t:\ y = 4x - 3$.

7.6 Berührpunkte zweier Kurven

Wenn sich zwei Graphen G_f und G_g in einem Punkt $B(x_B \mid y_B)$ berühren, gelten folgende zwei Bedingungen:

1. Da B gemeinsamer Punkt ist, gilt $f(x_B) = g(x_B)$.

2. Da in B eine gemeinsame Tangente vorhanden ist, gilt $f'(x_B) = g'(x_B)$.

a) Es genügt zu zeigen, dass im Punkt $B(0 \mid 3)$ die beiden Bedingungen $f(x) = g(x)$ und $f'(x) = g'(x)$ erfüllt sind:

Es ist $f(0) = \frac{1}{5} \cdot 0^3 - 2 \cdot 0^2 + 5 \cdot 0 + 3 = 3$ und $g(0) = -0^2 + 5 \cdot 0 + 3 = 3$, also $f(0) = g(0)$, d.h. B $(0 \mid 3)$ ist gemeinsamer Punkt.
Ferner gilt $f'(x) = \frac{3}{5}x^2 - 4x + 5$ und $g'(x) = -2x + 5$.
Es ist $f'(0) = \frac{3}{5} \cdot 0^2 - 4 \cdot 0 + 5 = 5$ und $g'(0) = -2 \cdot 0 + 5 = 5$,
also $f'(0) = g'(0)$, d.h. in B $(0 \mid 3)$ existiert eine gemeinsame Tangente. Somit berühren sich die beiden Kurven in B $(0 \mid 3)$.

b) Um mögliche Berührpunkte zu berechnen, kann man entweder die Funktionsgleichungen oder die Tangentensteigungen gleichsetzen. Anschließend muss die jeweils andere Bedingung überprüft werden.
Es ist $f'(x) = x^2 - 4x + 3$ und $g'(x) = -2x + 3$.
Gleichsetzen der Tangentensteigungen führt auf $x^2 - 4x + 3 = -2x + 3$ bzw. $x^2 - 2x = 0$ mit den Lösungen $x_1 = 2$ und $x_2 = 0$.
Setzt man $x_1 = 2$ in $f(x)$ bzw. $g(x)$ ein, so ergibt sich $f(2) = \frac{1}{3} \cdot 2^3 - 2 \cdot 2^2 + 3 \cdot 2 + 4 = 4\frac{2}{3}$ und $g(2) = -2^2 + 3 \cdot 2 + 4 = 6$, d.h. $f(2) \neq g(2)$, also liegt kein gemeinsamer Punkt vor.
Setzt man $x_2 = 0$ in $f(x)$ bzw. $g(x)$ ein, so ergibt sich $f(0) = \frac{1}{3} \cdot 0^3 - 2 \cdot 0^2 + 3 \cdot 0 + 4 = 4$ und $g(0) = -0^2 + 3 \cdot 0 + 4 = 4$, also ist auch $f(0) = g(0)$, d.h. B $(0 \mid 4)$ ist ein Berührpunkt.

7.7 Symmetrie

a) Da die Funktion f mit $f(x) = \frac{1}{x^2} + 3$ nur gerade Exponenten enthält, erfüllt sie das Kriterium für y-Achsensymmetrie: $f(-x) = \frac{1}{(-x)^2} + 3 = \frac{1}{x^2} + 3 = f(x)$.

b) Da die Funktion f mit $f(x) = 3x^5 - 7{,}2x^3 + x$ nur ungerade Exponenten enthält, erfüllt sie das Kriterium für Punktsymmetrie zum Ursprung: $f(-x) = 3 \cdot (-x)^5 - 7{,}2 \cdot (-x)^3 + (-x)$ $= -3x^5 + 7{,}2x^3 - x = -\left(3x^5 - 7{,}2x^3 + x\right) = -f(x)$.

c) Für die Funktion f mit $f(x) = 4 \cdot e^{-\frac{x^2}{2}}$ gilt: $f(-x) = 4 \cdot e^{-\frac{(-x)^2}{2}} = 4 \cdot e^{-\frac{x^2}{2}} = f(x)$.
Somit ist das Kriterium für y-Achsensymmetrie erfüllt.

d) Für die Funktion f mit $f(x) = x \cdot \ln\left(x^2\right)$ gilt:
$f(-x) = (-x) \cdot \ln\left((-x)^2\right) = -x \cdot \ln\left(x^2\right) = -f(x)$.
Somit ist das Kriterium für Punktsymmetrie zum Ursprung erfüllt.

7.8 Ortskurven

Um die Gleichung der Ortskurve zu erhalten, wird der x-Wert so umgeformt, dass der Parameter alleine steht. Der Parameter wird dann in den y-Wert eingesetzt und man erhält die Gleichung der Ortskurve durch Ausrechnen.

a) Es ist E $\left(\frac{2}{3}t \mid \frac{2}{9}t^3\right)$; zuerst wird der x-Wert $x = \frac{2}{3}t$ nach t aufgelöst: $t = \frac{3}{2}x$. In den y-Wert $y = \frac{2}{9}t^3$ wird für $t = \frac{3}{2}x$ eingesetzt $y = \frac{2}{9} \cdot \left(\frac{3}{2}x\right)^3$.
Ausrechnen ergibt $y = \frac{2}{9} \cdot \frac{3^3}{2^3}x^3 = \frac{3}{4}x^3$. Die Gleichung der Ortskurve lautet also: $y = \frac{3}{4}x^3$.

b) Es ist H $\left(\frac{2}{3}t \mid \frac{9}{2t}\right)$; zuerst wird der x-Wert $x = \frac{2}{3}t$ nach t aufgelöst: $t = \frac{3}{2}x$.
In den y-Wert $y = \frac{9}{2t}$ wird für $t = \frac{3}{2}x$ eingesetzt $y = \frac{9}{2\cdot\left(\frac{3}{2}x\right)}$.
Ausrechnen ergibt $y = \frac{9}{3x} = \frac{3}{x}$.
Die Gleichung der Ortskurve lautet $y = \frac{3}{x}$.

c) Es ist H $(\frac{t}{2} \mid \frac{t^3}{4} - t)$; zuerst wird der x-Wert $x = \frac{t}{2}$ nach t aufgelöst: $t = 2x$.
In den y-Wert $y = \frac{t^3}{4} - t$ wird für $t = 2x$ eingesetzt $y = \frac{(2x)^3}{4} - 2x$.
Ausrechnen ergibt $y = \frac{2^3 \cdot x^3}{4} - 2x = 2x^3 - 2x$.
Die Gleichung der Ortskurve lautet $y = 2x^3 - 2x$.

d) Es ist $f_t(x) = x^3 - 3tx^2$; $t > 0$,
Ableiten ergibt $f_t{}'(x) = 3x^2 - 6tx$ und $f_t{}''(x) = 6x - 6t$.
Setzt man $f_t{}'(x) = 0$, so erhält man $3x^2 - 6tx = 0$ bzw. $x \cdot (3x - 6t) = 0 \Rightarrow x_1 = 0$ und $x_2 = 2t$.
Für den Parameter t gilt $t > 0$, also ist t eine beliebige positive Zahl.
Setzt man $x_1 = 0$ in $f_t{}''(x)$ ein, so ergibt sich $f_t{}''(0) = 6 \cdot 0 - 6t = -6t < 0 \Rightarrow$ Hochpunkt.
Setzt man $x_2 = 2t$ in $f_t{}''(x)$ ein, so ergibt sich $f_t{}''(2t) = 6 \cdot 2t - 6t = 6t > 0 \Rightarrow$ Tiefpunkt.
Den y-Wert von T erhält man durch Einsetzen von $x = 2t$ in $f_t(x)$:
$f_t(2t) = (2t)^3 - 3t \cdot (2t)^2 = 8t^3 - 12t^3 = -4t^3$.
Somit haben die Tiefpunkte der Kurvenschar die Koordinaten $T_t\left(2t \mid -4t^3\right)$.
Um die Gleichung der Ortskurve aller Tiefpunkte zu erhalten, wird zuerst wird der x-Wert $x = 2t$ nach t aufgelöst: $t = \frac{x}{2}$.
In den y-Wert $y = -4t^3$ wird für $t = \frac{x}{2}$ eingesetzt: $y = -4\left(\frac{x}{2}\right)^3$.
Ausrechnen ergibt $y = -4 \cdot \frac{x^3}{8} = -\frac{1}{2}x^3$.
Die Gleichung der Ortskurve lautet $y = -\frac{1}{2}x^3$.

e) Es ist $f_a(x) = (x - a) \cdot e^x$, mit der Produktregel erhält man:
$f_a{}'(x) = 1 \cdot e^x + (x - a) \cdot e^x = (x + 1 - a) \cdot e^x$
$f_a{}''(x) = 1 \cdot e^x + (x + 1 - a) \cdot e^x = (x + 2 - a) \cdot e^x$
$f_a{}'''(x) = 1 \cdot e^x + (x + 2 - a) \cdot e^x = (x + 3 - a) \cdot e^x$.
Setzt man $f_a{}''(x) = 0$, so erhält man $(x + 2 - a) \cdot e^x = 0 \Rightarrow x + 2 - a = 0 \Rightarrow x = a - 2$.
Setzt man $x = a - 2$ in $f_a{}'''(x)$ ein, so ergibt sich:
$f_a{}'''(a - 2) = (a - 2 + 3 - a) \cdot e^{a-2} = e^{a-2} \neq 0 \Rightarrow$ Wendepunkt.
Den y-Wert des Wendepunktes erhält man durch Einsetzen von $x = a - 2$ in $f_a(x)$:
$f_a(a - 2) = (a - 2 - a) \cdot e^{a-2} = -2 \cdot e^{a-2}$.
Somit haben die Wendepunkte der Kurvenschar die Koordinaten $W_a\left(a - 2 \mid -2 \cdot e^{a-2}\right)$.
Um die Gleichung der Ortskurve aller Wendepunkte zu erhalten, wird zuerst wird der x-Wert $x = a - 2$ nach a aufgelöst: $a = x + 2$.
In den y-Wert $y = -2 \cdot e^{a-2}$ wird für $a = x + 2$ eingesetzt: $y = -2 \cdot e^{x+2-2}$.
Ausrechnen ergibt $y = -2 \cdot e^x$.
Die Gleichung der Ortskurve lautet damit $y = -2 \cdot e^x$.

7.9 Das Newton-Verfahren

a) Das Newtonsche Näherungsverfahren ist eine Methode, mit der man numerisch Nullstellen bestimmen kann:
Man startet bei x_0 und legt mit Hilfe der Steigung $f'(x_0)$ eine Tangente t an die Kurve im Punkt P $(x_0 \mid f(x_0))$:

$$t: y - f(x_0) = f'(x_0) \cdot (x - x_0)$$

Dann schneidet man diese Tangente mit der x-Achse; diese Schnittstelle ist x_1. Für x_1 legt man wieder eine Tangente an die Kurve in $(x_1 \mid f(x_1))$. Diese Tangente schneidet die x-Achse an der Stelle x_2. Dieses Verfahren setzt man beliebig lange fort und nähert sich so der Nullstelle im Allgemeinen relativ rasch.
Beispiele für die Anwendung des Newtonschen Näherungsverfahrens sind: Nullstellenbestimmung, Bestimmung von Schnittpunkten von Kurven, Bestimmung von bestimmten Funktionswerten einer Funktion.

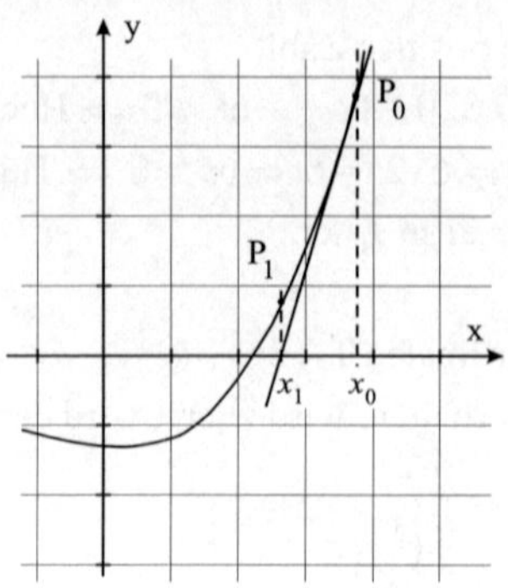

Voraussetzungen und mögliche Fehler

- $f'(x_0)$ muss existieren.
- x_1 kann außerhalb des Definitionsbereichs liegen (z.B. wenn es sich um eine Funktion handelt, die nur für $x > 0$ definiert ist, wie die Wurzelfunktion).
- Die Werte laufen gegen die falsche Nullstelle, weil man die erste Tangente jenseits eines Maximums oder eines Wendepunktes angesetzt hat.

b) I) Die Funktion $f(x) = x^3 + x - 3$ hat die 1. Ableitung $f'(x) = 3x^2 + 1$. Setzt man den Startwert $x_0 = 1$ in die Newtonsche Iterationsformel $x_{n+1} = x_n - \frac{f(x_n)}{f'(x_n)}$ ein, erhält man:

$$x_1 = x_0 - \frac{f(x_0)}{f'(x_0)} = 1 - \frac{f(1)}{f'(1)} = 1 - \frac{1^3 + 1 - 3}{3 \cdot 1^2 + 1} = 1{,}25$$

$$x_2 = x_1 - \frac{f(x_1)}{f'(x_1)} = 1{,}25 - \frac{f(1{,}25)}{f'(1{,}25)} = 1{,}25 - \frac{1{,}25^3 + 1{,}25 - 3}{3 \cdot 1{,}25^2 + 1} = \frac{17}{14} \approx 1{,}21$$

Die Nullstelle liegt bei $x \approx 1{,}21$.

II) Die Funktion $f(x) = e^{\frac{1}{2}x} - x - 1$ hat die 1. Ableitung $f'(x) = \frac{1}{2}e^{\frac{1}{2}x} - 1$. Setzt man den Startwert $x_0 = 2{,}4$ in die Newtonsche Iterationsformel $x_{n+1} = x_n - \frac{f(x_n)}{f'(x_n)}$ ein, erhält man:

$$x_1 = x_0 - \frac{f(x_0)}{f'(x_0)} = 2{,}4 - \frac{f(2{,}4)}{f'(2{,}4)} = 2{,}4 - \frac{e^{\frac{1}{2}\cdot 2{,}4} - 2{,}4 - 1}{\frac{1}{2}e^{\frac{1}{2}\cdot 2{,}4} - 1} \approx 2{,}52$$

$$x_2 = x_1 - \frac{f(x_1)}{f'(x_1)} \approx 2{,}52 - \frac{f(2{,}52)}{f'(2{,}52)} = 2{,}52 - \frac{e^{\frac{1}{2}\cdot 2{,}52} - 2{,}52 - 1}{\frac{1}{2}e^{\frac{1}{2}\cdot 2{,}52} - 1} \approx 2{,}51$$

Die Nullstelle liegt bei $x \approx 2{,}51$.

7.10 Definitionsbereich

7.10.1 Definitionsbereich

a) **Logarithmusfunktionen**

Da $y = \ln x$ nur für $x > 0$ definiert ist, muss das Argument (der Ausdruck, auf den der ln angewendet wird) positiv sein:

I) Argument: $2x+3>0 \Rightarrow 2x>-3 \Rightarrow x>-\frac{3}{2} \Rightarrow \mathrm{D}=\left\{x\in\mathbb{R}\mid x>-\frac{3}{2}\right\}$

II) Argument: $3-2x>0 \Rightarrow 3>2x \Rightarrow \frac{3}{2}>x \Rightarrow \mathrm{D}=\left\{x\in\mathbb{R}\mid x<\frac{3}{2}\right\}$

III) Argument: $x^2-9>0 \Rightarrow x^2>9 \Rightarrow x>3$ oder $x<-3$
$\Rightarrow \mathrm{D}=\{x\in\mathbb{R}\mid x<-3 \text{ oder } x>3\}$

b) **Vermischte Aufgaben**

Handelt es sich bei der Funktion um eine Funktionenschar, hängt der Definitionsbereich noch vom Scharparameter ab.

I) Nullstelle des Nenners: $e^{3x}-2=0 \Rightarrow x=\frac{\ln 2}{3}$. Also ist $\mathrm{D}=\mathbb{R}\setminus\left\{\frac{\ln 2}{3}\right\}$

II) Nullstelle des Nenners: $x+k=0 \Rightarrow x=-k$. Also ist $\mathrm{D}=\mathbb{R}\setminus\{-k\}$

III) Nullstelle des Nenners: $2x-k=0 \Rightarrow x=\frac{k}{2}$. Also ist $\mathrm{D}=\mathbb{R}\setminus\left\{\frac{k}{2}\right\}$

IV) Nullstelle des Nenners: $x-4=0 \Rightarrow x=4$. Das Argument des ln muss ausserdem größer als Null sein: $5x-3>0 \Rightarrow 5x>3 \Rightarrow x>\frac{3}{5} \Rightarrow \mathrm{D}=\left\{x\in\mathbb{R}\mid x>\frac{3}{5}\right\}\setminus\{4\}$

V) Da in der Funktion der Ausdruck $\ln x$ auftritt, muss x in jedem Fall größer als Null sein. Der Nenner ist Null, wenn entweder $x=0$ oder $(1-\ln x)=0$ ist. Aus $1-\ln x=0$ folgt $1=\ln x \Rightarrow x=e$. Also ist $\mathrm{D}=\{x\in\mathbb{R}\mid x>0\}\setminus\{e\}$ bzw. $\mathrm{D}=\mathbb{R}^+\setminus\{e\}$

7.10.2 Definitionsbereich und Grenzwerte

Es bezeichnet $\to a+$ die Annäherung an den Wert a von «oben» bzw. «rechts» und $\to a-$ die Annäherung von «unten» bzw. «links».

a) Es ist $f(x)=4\ln(2-x)$. Der Term in der Klammer (das Argument) muss größer als Null sein: $2-x>0 \Rightarrow 2>x$ bzw. $x<2$. Also ist $\mathrm{D}=\{x\in\mathbb{R}\mid x<2\}$.

Verhalten an den Grenzen des Definitionsbereichs:

$$\lim_{x\to-\infty} f(x)=\lim_{x\to-\infty} 4\ln(2-x)=\lim_{x\to-\infty} 4\ln\underbrace{(2-x)}_{\to+\infty} \Rightarrow \lim_{x\to-\infty} \underbrace{4\ln(2-x)}_{\to+\infty}=+\infty$$

$$\lim_{x\to2-} f(x)=\lim_{x\to2-} 4\ln(2-x)=\lim_{x\to2-} 4\ln\underbrace{(2-x)}_{\to0+} \Rightarrow \lim_{x\to2-} \underbrace{4\ln(2-x)}_{\to-\infty}=-\infty$$

b) Es ist $f(x)=\frac{2x^2+1}{x-1}$. Nullstelle des Nenners: $x-1=0 \Rightarrow x=1$. Also ist $\mathrm{D}=\mathbb{R}\setminus\{1\}$.

Verhalten an den Grenzen des Definitionsbereichs:

$$\lim_{x\to1+} f(x)=\lim_{x\to1+} \frac{2x^2+1}{x-1}=\lim_{x\to1+} \frac{\overbrace{2x^2+1}^{\to3}}{\underbrace{x-1}_{\to0+}}=+\infty$$

$$\lim_{x\to 1-} f(x) = \lim_{x\to 1-} \tfrac{2x^2+1}{x-1} = \lim_{x\to 1-} \frac{\overbrace{2x^2+1}^{\to 3}}{\underbrace{x-1}_{\to 0-}} = -\infty$$

$$\lim_{x\to +\infty} f(x) = \lim_{x\to +\infty} \tfrac{2x^2+1}{x-1} = \lim_{x\to +\infty} \frac{\overbrace{2x^2+1}^{\to +\infty}}{\underbrace{x-1}_{\to +\infty}} = +\infty,$$ da Zählergrad größer als Nennergrad.

$$\lim_{x\to -\infty} f(x) = \lim_{x\to -\infty} \tfrac{2x^2+1}{x-1} = \lim_{x\to -\infty} \frac{\overbrace{2x^2+1}^{\to +\infty}}{\underbrace{x-1}_{\to -\infty}} = -\infty,$$ da Zählergrad größer als Nennergrad.

c) Es ist $f(x) = \frac{2x}{e^{\frac{1}{2}x}}$. Der Nenner kann nicht Null sein, daher gilt $D = \mathbb{R}$.

Verhalten an den Grenzen des Definitionsbereichs:

$\lim_{x\to +\infty} f(x) = \lim_{x\to +\infty} \frac{2x}{e^{\frac{1}{2}x}} = 0$, da $\lim_{x\to +\infty} \left(\frac{x^n}{e^{kx}}\right) = 0$ weil der Nenner stärker wächst als der Zähler.

$$\lim_{x\to -\infty} f(x) = \lim_{x\to -\infty} \frac{2x}{e^{\frac{1}{2}x}} = \lim_{x\to -\infty} \underbrace{2x}_{\to -\infty} \cdot \underbrace{e^{-\frac{1}{2}x}}_{\to +\infty} = -\infty$$

d) Es ist $f(x) = \frac{x^2}{x-k}$ mit $k > 0$. Nullstelle des Nenners: $x - k = 0 \Rightarrow x = k$, damit ergibt sich: $D = \mathbb{R} \setminus \{k\}$.

Verhalten an den Grenzen des Definitionsbereichs:

$$\lim_{x\to k+} f(x) = \lim_{x\to k+} \tfrac{x^2}{x-k} = \lim_{x\to k+} \frac{\overbrace{x^2}^{\to k^2}}{\underbrace{x-k}_{\to 0+}} = +\infty$$

$$\lim_{x\to k-} f(x) = \lim_{x\to k-} \tfrac{x^2}{x-k} = \lim_{x\to k-} \frac{\overbrace{x^2}^{\to k^2}}{\underbrace{x-k}_{\to 0-}} = -\infty$$

$$\lim_{x\to +\infty} f(x) = \lim_{x\to +\infty} \tfrac{x^2}{x-k} = \lim_{x\to +\infty} \frac{\overbrace{x^2}^{\to +\infty}}{\underbrace{x-k}_{\to +\infty}} = +\infty,$$ da der Zählergrad größer ist als der Nennergrad.

$$\lim_{x\to -\infty} f(x) = \lim_{x\to -\infty} \tfrac{x^2}{x-k} = \lim_{x\to -\infty} \frac{\overbrace{x^2}^{\to +\infty}}{\underbrace{x-k}_{\to -\infty}} = -\infty,$$ da der Zählergrad größer ist als der Nennergrad.

8 Integralrechnung

8.1 Stammfunktionen

8.1.1 Ganzrationale Funktionen

a) $\mathrm{F}(x)=\frac{2}{4}x^4-\frac{\frac{4}{3}}{3}x^3+2x+c=\frac{1}{2}x^4-\frac{4}{9}x^3+2x+c$

b) $\mathrm{F}(x)=\frac{a}{5}x^5+\frac{2a}{4}x^4-\frac{1}{2}x^2+c=\frac{a}{5}x^5+\frac{a}{2}x^4-\frac{1}{2}x^2+c$

c) $\mathrm{F}(x)=\frac{t^2}{4}x^4-\frac{t}{3}x^3+c$

d) $\mathrm{F}(x)=\frac{4}{5}x^5-\frac{2t}{3}x^3+\frac{t}{2}x^2+c$

Für verkettete (verschachtelte) Funktionen mit innerem *linearem* Ausdruck gilt die Integrationsregel für lineare Substitution: «Äußere Stammfunktion geteilt durch innere Ableitung»

e) Lineare Substitution: $\mathrm{F}(x)=-12\cdot\frac{\frac{1}{3}(2x-3)^3}{2}+c=-2\,(2x-3)^3+c$

f) Lineare Substitution: $\mathrm{F}(x)=6\cdot\frac{\frac{1}{4}(3x-1)^4}{3}+c=\frac{1}{2}\,(3x-1)^4+c$

8.1.2 Exponentialfunktionen

a) $\mathrm{F}(x)=3e^x+c$

b) Lineare Substitution: $\mathrm{F}(x)=4\cdot\frac{e^{-x}}{-1}+c=-4e^{-x}+c$

c) Lineare Substitution: $\mathrm{F}(x)=t\cdot\frac{e^{-tx}}{-t}+c=-e^{-tx}+c$

d) Lineare Substitution: $\mathrm{F}(x)=a\cdot\frac{e^{3x+2}}{3}+c=\frac{a}{3}e^{3x+2}+c$

e) Zuerst wird die Klammer aufgelöst: $f(x)=2x^2-12e^{3x}$, daraus folgt:
$\mathrm{F}(x)=2\cdot\frac{1}{3}\cdot x^3-12\cdot\frac{1}{3}\cdot e^{3x}+c=\frac{2}{3}x^3-4e^{3x}+c$

f) $\mathrm{F}(x)=e^{x^3}+c$

g) $\mathrm{F}(x)=e^{x^2+1}+c$

h) Zuerst wird die gegebene Funktion umgeformt: $f(x)=x\cdot e^{x^2}=\frac{1}{2}\cdot 2x\cdot e^{x^2}$.
Dann gilt: $\mathrm{F}(x)=\frac{1}{2}\cdot e^{x^2}+c$

i) Zuerst wird die gegebene Funktion umgeformt: $f(x)=2x\cdot e^{3x^2}=\frac{1}{3}\cdot 6x\cdot e^{3x^2}$.
Dann gilt: $\mathrm{F}(x)=\frac{1}{3}\cdot e^{3x^2}+c$

8.1.3 Logarithmusfunktionen

a) Lineare Substitution: $\mathrm{F}(x)=\frac{-3x+3x\cdot\ln|3x|}{3}+c=-x+x\cdot\ln|3x|+c$

b) Lineare Substitution: $\mathrm{F}(x)=\frac{-(2x+1)+(2x+1)\cdot\ln|2x+1|}{2}+c$

c) Lineare Substitution:
$\mathrm{F}(x)=4\cdot\frac{-(4x-2)+(4x-2)\cdot\ln|4x-2|}{4}+c=-(4x-2)+(4x-2)\cdot\ln|4x-2|+c$
$=(4x-2)(\ln|4x-2|-1)+c$

8.1.4 Wurzelfunktionen

a) Umschreiben der Wurzel in einen Ausdruck mit gebrochenem Exponenten: $f(x) = (2x+1)^{\frac{1}{2}}$

Lineare Substitution: $\mathrm{F}(x) = \frac{\frac{1}{\frac{3}{2}}(2x+1)^{\frac{3}{2}}}{2} + c = \frac{2}{6}(2x+1)^{\frac{3}{2}} + c = \frac{1}{3}\sqrt{(2x+1)^3} + c$

b) Umschreiben der Wurzel in einen Ausdruck mit gebrochenem Exponenten: $f(x) = 2 \cdot (4x+2)^{\frac{1}{2}}$

Lineare Substitution: $\mathrm{F}(x) = 2 \cdot \frac{\frac{1}{\frac{3}{2}}(4x+2)^{\frac{3}{2}}}{4} + c = \frac{1}{3}(4x+2)^{\frac{3}{2}} + c = \frac{1}{3}\sqrt{(4x+2)^3} + c$

c) Umschreiben der Wurzel in einen Ausdruck mit gebrochenem Exponenten: $f(x) = (kx+b)^{\frac{1}{2}}$

Lineare Substitution: $\mathrm{F}(x) = \frac{\frac{1}{\frac{3}{2}}(kx+b)^{\frac{3}{2}}}{k} + c = \frac{2}{3k}(kx+b)^{\frac{3}{2}} + c = \frac{2}{3k}\sqrt{(kx+b)^3} + c$

8.1.5 Trigonometrische Funktionen

a) Lineare Substitution: $\mathrm{F}(x) = 3 \cdot \frac{\sin(2x+1)}{2} + c = \frac{3}{2}\sin(2x+1) + c$

b) Lineare Substitution: $\mathrm{F}(x) = 4 \cdot \frac{-\cos(-3x+2)}{-3} + c = \frac{4}{3}\cos(-3x+2) + c$

c) Lineare Substitution: $\mathrm{F}(x) = \frac{2}{3} \cdot \frac{\sin(\pi x)}{\pi} + c = \frac{2}{3\pi}\sin(\pi x) + c$

d) Lineare Substitution: $\mathrm{F}(x) = t \cdot \frac{\sin(tx+t)}{t} + c = \sin(tx+t) + c$

e) Lineare Substitution: $\mathrm{F}(x) = a \cdot \frac{-\cos(ax-a^2)}{a} + c = -\cos(ax-a^2) + c$

f) Lineare Substitution: $\mathrm{F}(x) = k^2 \cdot \frac{\sin(kx)}{k} + c = k\sin(kx) + c$

8.2 Flächeninhalt zwischen zwei Kurven

a) Schnittstellen bestimmen durch Gleichsetzen und Ausrechnen: $x_1 = -2$, $x_2 = 2$.
Obere Kurve: $f(x)$ (nach unten geöffnete Parabel)

$$\mathrm{A} = \int_{-2}^{2} (4 - x^2 - (x^2 - 4))\, dx = \int_{-2}^{2} (-2x^2 + 8)\, dx = \left[-\frac{2}{3}x^3 + 8x\right]_{-2}^{2}$$
$$= -\frac{16}{3} + 16 - \left(+\frac{16}{3} - 16\right) = 32 - \frac{32}{3} = \frac{64}{3} = 21{,}33\,\text{FE}.$$

b) Schnittstellen bestimmen durch Gleichsetzen und Ausklammern: $x_1 = 0$, $x_2 = 1$.
Obere Kurve: $g(x)$ (z.B. durch Einsetzen für $x = \frac{1}{2}$).

$$\mathrm{A} = \int_0^1 (x + 1 - (x^2 + 1))\, dx = \int_0^1 (-x^2 + x)\, dx = \left[-\frac{1}{3}x^3 + \frac{1}{2}x^2\right]_0^1 = -\frac{1}{3} + \frac{1}{2} - 0 = \frac{1}{6}\,\text{FE}$$

c) Schnittstellen bestimmen durch Gleichsetzen und Ausrechnen: $x_1 = 0$, $x_2 = 1$.
Obere Kurve: $f(x)$ (z.B. durch Einsetzen für $x = \frac{1}{2}$).

$$\mathrm{A} = \int_0^1 (\sqrt{x} - x^2)\, dx = \int_0^1 \left(x^{\frac{1}{2}} - x^2\right) dx = \left[\frac{2}{3}x^{\frac{3}{2}} - \frac{1}{3}x^3\right]_0^1$$
$$= \left[\frac{2}{3}x\sqrt{x} - \frac{1}{3}x^3\right]_0^1 = \frac{2}{3} \cdot 1 \cdot \sqrt{1} - \frac{1}{3} \cdot 1^3 - \left(\frac{2}{3} \cdot 0 \cdot \sqrt{0} - \frac{1}{3} \cdot 0^3\right) = \frac{1}{3}\,\text{FE}.$$

8.3 Ins Unendliche reichende Flächen

a) I) Gesucht ist die Fläche zwischen der x-Achse, y-Achse und der Kurve mit der unteren Grenze $x = 0$. Für $z > 0$ ist:

$$A(z) = \int_0^z e^{-x}dx = \left[-e^{-x}\right]_0^z = -e^{-z} - (-1) = 1 - e^{-z}.$$

Geht nun $z \to \infty$, so geht $A(z) = 1 - e^{-z} \to 1$.

Es ist also $\lim\limits_{z\to\infty} A(z) = 1$, damit ist der Flächeninhalt 1 FE.

II) Gesucht ist die Fläche zwischen der x-Achse, y-Achse und der Kurve mit der unteren Grenze $x = 0$. Für $z > 0$ ist:

$$A(z) = \int_0^z e^{-3x+1}dx = \left[-\tfrac{1}{3}e^{-3x+1}\right]_0^z = -\tfrac{1}{3}e^{-3z+1} + \tfrac{1}{3}e.$$

Für $z \to \infty$ geht $A(z) = -\frac{1}{3}e^{-3z+1} + \frac{1}{3}e \to \frac{1}{3}e$.

Es ist also $\lim\limits_{z\to\infty} A(z) = \frac{1}{3}e$, damit ist der Flächeninhalt $\frac{1}{3}e$ FE.

III) Gesucht ist die Fläche zwischen der x-Achse, y-Achse und der Kurve mit der unteren Grenze $x = 0$. Für $z > 0$ ist:

$$A(z) = \int_0^z 2e^{-4x-2}dx = \left[-\tfrac{1}{4}\cdot 2e^{-4x-2}\right]_0^z = -\tfrac{1}{2}e^{-4z-2} + \tfrac{1}{2}e^{-2}.$$

Für $z \to \infty$ geht $A(z) = -\frac{1}{2}e^{-4z-2} + \frac{1}{2}e^{-2} \to \frac{1}{2}e^{-2}$.

Es ist also $\lim\limits_{z\to\infty} A(z) = \frac{1}{2}e^{-2}$, damit ist der Flächeninhalt $\frac{1}{2}e^{-2}$ FE.

b) I) Um die obere Grenze zu bestimmen, wird zuerst die Nullstelle der Funktion bestimmt: $e - e^x = 0 \Rightarrow e = e^x \Rightarrow x = 1$. Der Inhalt des gesuchten Flächenstücks wird also durch eine Integration in den Grenzen von 0 bis 1 berechnet:

$$\int_0^1 (e - e^x)\,dx = \left[e \cdot x - e^x\right]_0^1 = e - e - (-1) = 1\,\text{FE}.$$

II) Um die Asymptote zu bestimmen, betrachtet man den Grenzwert für $x \to -\infty$. Es ist $\lim\limits_{x\to-\infty} f(x) = e$, da der zweite Term für kleine Werte von x gegen Null geht. Die Asymptote ist daher die Gerade mit der Gleichung $y = e$.

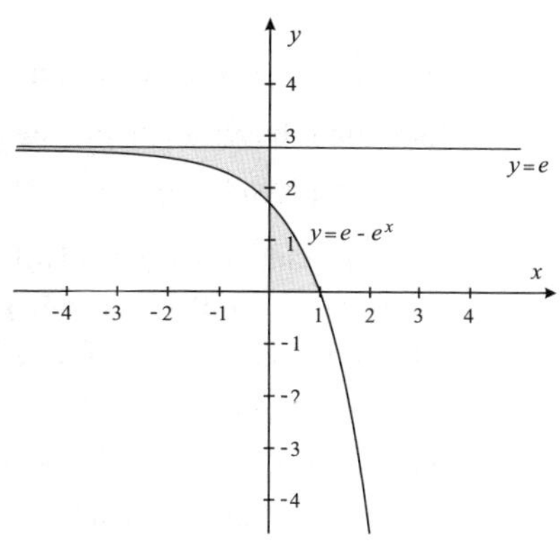

III) Um die ins Unendliche reichende Fläche zwischen der Asymptoten und der Kurve zu berechnen, muss man die Differenz zwischen der Geradengleichung und der Funktion integrieren:

$$A(z) = \int_z^0 (e - (e - e^x))\,dx = \left[e^x\right]_z^0 = 1 - e^z.$$

Für den Grenzwert gilt: $\lim\limits_{z\to-\infty} A(z) = 1$ FE.

Also sind beide Flächenstücke gleich groß.

8.4 Angewandte Integrale

a) Um die Gesamtkosten für die Herstellung der ersten 50 Werkstücken zu ermitteln, wird die Funktion von 0 bis 50 integriert:

$$\int_0^{50}\left(\tfrac{20}{(x+2)^2}+4\right)dx=\int_0^{50}(20\cdot(x+2)^{-2}+4)\,dx=\left[-1\cdot 20(x+2)^{-1}+4x\right]_0^{50}$$

$$=\left[4x-\tfrac{20}{x+2}\right]_0^{50}=4\cdot 50-\tfrac{20}{50+2}-\left(4\cdot 0-\tfrac{20}{0+2}\right)=209{,}62$$

Die Herstellung von 50 Werkstücken kostet also 209,62 €.

Die durchschnittlichen Kosten pro Werkstück erhält man, indem man die Gesamtkosten durch 50 teilt: $\frac{209{,}62}{50}=4{,}19$ €.

b) Es ist $r(t)=23-0{,}02\cdot e^t$ mit $t\geqslant 0$.

I) Um den Zeitpunkt zu bestimmen, an dem der Regen aufhört, wird die Funktion r gleich Null gesetzt: $r(t)=23-0{,}02\cdot e^t=0 \Rightarrow 23=0{,}02\cdot e^t \Rightarrow t\approx 7{,}048$.
Nach 7 Tagen hört es also auf zu regnen.

II) Die Wassermenge, die im Laufe dieser Zeit auf jeden Quadratmeter niedergegangen ist, wird ermittelt, indem die Niederschlagsratenfunktion in den Grenzen von 0 bis 7 integriert wird.

$$\int_0^7 r(t)dt=\int_0^7(23-0{,}02\cdot e^t)\,dt=\left[23t-0{,}02\cdot e^t\right]_0^7$$

$$=23\cdot 7-0{,}02\cdot e^7-\left(0-0{,}02\cdot e^0\right)\approx 139{,}09$$

Auf jeden Quadratmeter sind also rund 139,1 Liter Wasser niedergegangen.

III) Die mittlere Regenmenge erhält man, indem man die Gesamtmenge des Regens durch die Anzahl der Tage teilt: $\frac{139{,}1}{7}=19{,}87$.
Also sind im Mittel 19,87 Liter Regen pro Tag auf jeden Quadratmeter niedergegangen.

c) Da $f(t)=-0{,}5t+3\ ;\ t\geqslant 0$ die Zu- und Abflussrate beschreibt, muss man eine Stammfunktion F bestimmen, die die Menge des im Becken vorhandenen Wassers beschreibt:
$\mathrm{F}(t)=-0{,}25t^2+3t+c$.

Die Konstante c wird mit Hilfe des Anfangswerts bestimmt. Am Anfang befinden sich 10 Liter Wasser im Becken, daher gilt: $\mathrm{F}(0)=-0{,}25\cdot 0^2+3\cdot 0+c=10 \Rightarrow c=10$.
Also ist $\mathrm{F}(t)=-0{,}25\cdot t^2+3t+10$.
Um zu berechnen, wieviel Wasser das Becken nach 9 Stunden enthält, wird $t=9$ in $\mathrm{F}(t)$ eingesetzt: $\mathrm{F}(9)=-0{,}25\cdot 9^2+3\cdot 9+10=16{,}75$.
Das Becken enthält nach 9 Stunden 16,75 Liter Wasser.

8.5 Rotationskörper

a) Es ist $f(x) = \frac{1}{4}e^{2x}$ über dem Intervall $[0;1]$. Für das Volumen des Rotationskörpers gilt:

$$V_{rot} = \pi \cdot \int_0^1 \left(\tfrac{1}{4}e^{2x}\right)^2 dx = \pi \cdot \int_0^1 \tfrac{1}{16}e^{4x} dx = \pi \cdot \left[\tfrac{1}{4\cdot 16}e^{4x}\right]_0^1 = \pi \cdot \left(\tfrac{1}{64}e^4 - \tfrac{1}{64}e^0\right) = 2,63$$

Das Volumen des Rotationskörpers beträgt 2,63 VE.

b) Es ist $f(x) = x^2 + 1$ über dem Intervall $[1;2]$. Für das Volumen des Rotationskörpers gilt:

$$V_{rot} = \pi \cdot \int_1^2 \left(x^2+1\right)^2 dx = \pi \cdot \int_1^2 \left(x^4 + 2x^2 + 1\right) dx = \pi \cdot \left[\tfrac{1}{5}x^5 + \tfrac{2}{3}x^3 + x\right]_1^2$$
$$= \pi \cdot \left(\tfrac{1}{5}2^5 + \tfrac{2}{3}\cdot 2^3 + 2^1 - \left(\tfrac{1}{5} + \tfrac{2}{3} + 1\right)\right) = 37,28$$

Das Volumen des Rotationskörpers beträgt 37,28 VE.

c) Es ist $f(x) = \frac{2}{x}$ über dem Intervall $[1;2]$. Für das Volumen des Rotationskörpers gilt:

$$V_{rot} = \pi \cdot \int_1^2 \left(\tfrac{2}{x}\right)^2 dx = \pi \cdot \int_1^2 \tfrac{4}{x^2}\, dx = \pi \cdot \int_1^2 4x^{-2} dx = \pi \cdot \left[\tfrac{4}{-1}\cdot x^{-1}\right]_1^2 = \pi \cdot (-2 - (-4))$$
$$= 2\pi = 6,28$$

Das Volumen des Rotationskörpers beträgt 6,28 VE.

d) Es ist $f(x) = e^x$ und $y = e$ (Parallele zur x-Achse).
Die linke Integrationsgrenze ist die y-Achse: $x_1 = 0$.
Die rechte Integrationsgrenze erhält man durch Schneiden von $f(x) = e^x$ und $y = e$:
$e^x = e \Rightarrow x_2 = 1$. Um das Volumen des Rotationskörpers zu bestimmen, berechnet man zuerst die Volumenintegrale der jeweiligen Kurven und bildet anschließend die Differenz:

$$V_{1rot} = \pi \cdot \int_0^1 e^2 dx = \pi \cdot \left[e^2 \cdot x\right]_0^1 = \pi \cdot \left(e^2 - 0\right) = \pi \cdot e^2$$
$$V_{2rot} = \pi \cdot \int_0^1 (e^x)^2 dx = \pi \cdot \int_0^1 e^{2x} dx = \pi \cdot \left[\tfrac{1}{2}e^{2x}\right]_0^1 = \pi \cdot \left(\tfrac{1}{2}e^2 - \tfrac{1}{2}e^0\right) = \pi \cdot \left(\tfrac{1}{2}e^2 - \tfrac{1}{2}\right)$$
$$V_{rot} = V_{1rot} - V_{2rot} = \pi \cdot e^2 - \pi \cdot \left(\tfrac{1}{2}e^2 - \tfrac{1}{2}\right) = \pi \cdot \left(\tfrac{1}{2}e^2 + \tfrac{1}{2}\right) = 13,18$$

Das Volumen des Rotationskörpers beträgt 13,18 VE.

e) Der entstandene Rotationskörper wird in unendlich viele unendlich kleine Teilzylinder zerlegt. Die Grundfläche eines Teilzylinders ist $G = \pi \cdot r^2$, wobei $r = f(x)$ ist. Die Höhe eines Zylinders ist das Differential $h = dx$ (unendlich kleine Länge). Das Volumen eines Teilzylinders ist $dV = G \cdot h = \pi \cdot r^2 \cdot h = \pi \cdot f(x)^2 \cdot dx$. Das gesamte Volumen des Rotationskörpers erhält man durch Summieren (= Integrieren) aller Teilzylinder:

$$V_{rot} = \int_a^b dV = \int_a^b \pi \cdot \left(f(x)^2\right) dx = \pi \cdot \int_a^b \left(f(x)^2\right) dx$$

8.6 Vermischte Aufgaben

a) Ansatz: $F(x) = 4x^2 - 3e^{-x} + c$. Durch Einsetzen des Punktes $P(0 \mid 5)$ erhält man $5 = 4 \cdot 0^2 - 3 \cdot e^{-0} + c \Rightarrow c = 8$. Die gesuchte Stammfunktion ist $F(x) = 4x^2 - 3e^{-x} + 8$.

b) Ansatz: $F(x) = \frac{1}{4} \cdot \sin(2x) + c$. Durch Einsetzen des Punktes $R\left(\frac{\pi}{4} \mid 1\right)$ erhält man $1 = \frac{1}{4} \cdot \sin(2 \cdot \frac{\pi}{4}) + c \Rightarrow 1 = \frac{1}{4} \cdot \sin(\frac{\pi}{2}) + c$. Da $\sin(\frac{\pi}{2}) = 1$, gilt: $1 = \frac{1}{4} \cdot 1 + c \Rightarrow c = \frac{3}{4}$.
Die gesuchte Stammfunktion ist $F(x) = \frac{1}{4} \cdot \sin(2x) + \frac{3}{4}$.

c) Durch Anwendung des Hauptsatzes der Differential- und Integralrechnung ergibt sich
$$\int_1^x \left(t^2 - 2t + 3\right) dt = \left[\tfrac{1}{3}t^3 - t^2 + 3t\right]_1^x = \tfrac{1}{3}x^3 - x^2 + 3x - \left(\tfrac{1}{3}1^3 - 1^2 + 3\right) = \tfrac{1}{3}x^3 - x^2 + 3x - \tfrac{7}{3}.$$

d) Durch Anwendung des Hauptsatzes der Differential- und Integralrechnung ergibt sich
$$\int_2^x \left(2t + 4e^{-\frac{1}{2}t}\right) dt = \left[t^2 - 8e^{-\frac{1}{2}t}\right]_2^x = x^2 - 8e^{-\frac{1}{2}x} - \left(2^2 - 8e^{-\frac{1}{2}\cdot 2}\right)$$
$$= x^2 - 8e^{-\frac{1}{2}x} - 4 + 8e^{-1}.$$

8.7 Partielle Integration

a) Zu berechnen ist $\int_1^2 3x \cdot e^x dx$. Man verwendet dazu die Formel:
$$\int_a^b u(x) \cdot v'(x)dx = \left[u(x) \cdot v(x)\right]_a^b - \int_a^b u'(x) \cdot v(x)dx$$
Setzt man $u(x) = 3x$ und $v'(x) = e^x$, so ist $u'(x) = 3$ und $v(x) = e^x$. Also gilt:
$$\int_1^2 3x \cdot e^x dx = \left[3x \cdot e^x\right]_1^2 - \int_1^2 3 \cdot e^x dx = \left[3x \cdot e^x\right]_1^2 - \left[3 \cdot e^x\right]_1^2 = \left[(3x-3) \cdot e^x\right]_1^2$$
$$= (3 \cdot 2 - 3) \cdot e^2 - \left((3 \cdot 1 - 3) \cdot e^1\right) = 3e^2 \approx 22{,}17.$$

b) Zu berechnen ist $\int_0^\pi 2x \cdot \cos x\, dx$. Man verwendet dazu die Formel:
$$\int_a^b u(x) \cdot v'(x)dx = \left[u(x) \cdot v(x)\right]_a^b - \int_a^b u'(x) \cdot v(x)dx$$
Setzt man $u(x) = 2x$ und $v'(x) = \cos x$, so ist $u'(x) = 2$ und $v(x) = \sin x$. Also gilt:
$$\int_0^\pi 2x \cdot \cos x\, dx = \left[2x \cdot \sin x\right]_0^\pi - \int_0^\pi 2 \cdot \sin x\, dx$$
$$= \left[2x \cdot \sin x\right]_0^\pi - \left[-2\cos x\right]_0^\pi = \left[2x \cdot \sin x + 2\cos x\right]_0^\pi$$
$$= 2 \cdot \pi \cdot \sin\pi + 2\cos\pi - (2 \cdot 0 \cdot \sin 0 + 2\cos 0) = 0 - 2 - (0 + 2) = -4.$$

c) Zu berechnen ist $\int_1^e 3x \cdot \ln x\, dx$.
Man verwendet dazu die Formel: $\int_a^b u(x) \cdot v'(x)dx = \left[u(x) \cdot v(x)\right]_a^b - \int_a^b u'(x) \cdot v(x)dx$
Setzt man $u(x) = \ln x$ und $v'(x) = 3x$, so ist $u'(x) = \frac{1}{x}$ und $v(x) = \frac{3}{2}x^2$. Also gilt:
$$\int_1^e 3x \cdot \ln x\, dx = \left[\ln x \cdot \tfrac{3}{2}x^2\right]_1^e - \int_1^e \tfrac{1}{x} \cdot \tfrac{3}{2}x^2 dx = \left[\ln x \cdot \tfrac{3}{2}x^2\right]_1^e - \int_1^e \tfrac{3}{2}x\, dx = \left[\ln x \cdot \tfrac{3}{2}x^2\right]_1^e - \left[\tfrac{3}{4}x^2\right]_1^e$$
$$= \left[\ln x \cdot \tfrac{3}{2}x^2 - \tfrac{3}{4}x^2\right]_1^e = \ln e \cdot \tfrac{3}{2}e^2 - \tfrac{3}{4}e^2 - \left(\ln 1 \cdot \tfrac{3}{2} \cdot 1^2 - \tfrac{3}{4} \cdot 1^2\right) = \tfrac{3}{2}e^2 - \tfrac{3}{4}e^2 + \tfrac{3}{4}$$
$$= \tfrac{3}{4}e^2 + \tfrac{3}{4} \approx 6{,}29.$$

9 Extremwertaufgaben

a) Die gesuchten Größen sind die Breite und die Länge des Spielplatzes. Da die Fläche maximal groß sein soll, stellt man für diese die Funktion auf. Die eine Seite des Spielplatzes sei x, die andere y. Für die Fläche gilt $\mathrm{A} = x \cdot y$. Die Nebenbedingung ist die festgelegte Gesamtlänge des Zauns, von der 2 m für die Einfahrt abgezogen werden: $2x + 2y - 2 = 40$. Auflösen der Nebenbedingung nach y ergibt: $y = 21 - x$. Einsetzen des Ausdrucks für die Fläche ergibt: $\mathrm{A} = x \cdot (21 - x)$. Damit ist die Zielfunktion: $\mathrm{A}(x) = x \cdot (21 - x) = 21x - x^2$ mit $0 \leqslant x \leqslant 21$.
Ableiten führt zu $\mathrm{A}'(x) = 21 - 2x$ und $\mathrm{A}''(x) = -2$. Die 1. Ableitung wird nun gleich Null gesetzt, nach x aufgelöst und liefert $x_{\mathrm{E}} = 10{,}5$. Einsetzen in A'' ergibt: $\mathrm{A}''(10{,}5) = -2 < 0$. Da die 2. Ableitung keine Variablen mehr enthält und kleiner als Null ist, handelt es sich um ein globales Maximum. Ein Überprüfen der Fläche für die Randstellen des Intervalles ist daher nicht nötig. Zum Schluss wird y mit Hilfe der Nebenbedingung bestimmt: $y = 21 - 10{,}5 \Rightarrow y = 10{,}5$. Die beiden Rechteckseiten müssen also je 10,5 m lang sein, es handelt sich also wie in Aufgabe a) um ein Quadrat. (Dies verwundert vielleicht zunächst, unter allen möglichen Rechtecken mit fest vorgegebenem Umfang hat das Quadrat immer den größten Flächeninhalt. Wäre das Tor nicht vorhanden, dann wäre die Seitenlänge des Quadrats $\frac{40\,\mathrm{m}}{4} = 10\,\mathrm{m}$.)

b) Die gesuchte Größe sind die Breite und Höhe des Gedenksteins, für die seine vordere Fläche maximal groß wird. Die Nebenbedingung ist der festgelegte Umfang. Die vertikale Seite des Rechtecks sei y, die horizontale Seite wird als $2x$ gewählt (siehe Zeichnung). Der Radius ist damit x. Für die Fläche gilt: $\mathrm{A} = 2x \cdot y + \frac{\pi}{2} \cdot x^2$. Die Nebenbedingung ist: $\mathrm{U} = 2 \cdot x + 2 \cdot y + \pi \cdot x = 10$. Auflösen der Nebenbedingung nach y ergibt: $y = 5 - x - \frac{\pi}{2} \cdot x$. Dies wird in den Ausdruck für die Fläche eingesetzt. Die Zielfunktion ist damit eine Funktion in Abhängigkeit von x:
$\mathrm{A}(x) = 2x \cdot \left(5 - x - \frac{\pi}{2} \cdot x\right) + \frac{\pi}{2} \cdot x^2 = 10x - 2x^2 - \frac{\pi}{2}x^2$ für $0 < x < \frac{10}{2+\pi}$.

c) Die gesuchten Größen sind die Breite und die Höhe des Sportplatzes. Da die Fläche maximal groß sein soll, stellt man für diese eine Funktion auf. Die eine Seite des Rechtecks sei x, die andere y. Der Radius der Kreishälften ist damit $\frac{x}{2}$. Die beiden rechts und links angesetzten Kreishälften ergeben zusammen einen gesamten Kreis, damit gilt für die Rechtecksfläche $\mathrm{A}_{Rechteck} = x \cdot y$ und für die Kreisfläche $\mathrm{A}_{\mathrm{O}} = \pi \cdot \left(\frac{x}{2}\right)^2$. Die Nebenbedingung ist der festgelegte Umfang des Sportplatzes: $\mathrm{U} = 2 \cdot y + 2 \cdot \pi \cdot \frac{x}{2} = 2 \cdot y + \pi \cdot x = 400$. Da in dem Ausdruck für die Gesamtfläche die Variable y nur einmal vorkommt, ist es geschickt, die Nebenbedingung nach y aufzulösen: $y = 200 - \pi \cdot \frac{x}{2}$. Einsetzen von y in den Ausdruck für die Fläche ergibt die jeweilige Zielfunktion:

I) Die Fläche des Rechtecks soll maximal sein: Damit ist $\mathrm{A}(x) = x \cdot y = x \cdot \left(200 - \pi \cdot \frac{x}{2}\right)$, bzw. $\mathrm{A}(x) = 200x - \pi \cdot \frac{x^2}{2}$ mit $0 < x < \frac{400}{\pi}$.

II) Die Gesamtfläche soll maximal sein: Damit ist $\mathrm{A}(x) = x \cdot \left(200 - \pi \cdot \frac{x}{2}\right) + \pi \cdot \left(\frac{x}{2}\right)^2$, bzw. $A(x) = 200x - \pi \cdot \frac{x^2}{2} + \pi \cdot \frac{x^2}{4} = 200x - \frac{\pi}{4} \cdot x^2$ mit $0 < x < \frac{800}{\pi}$.

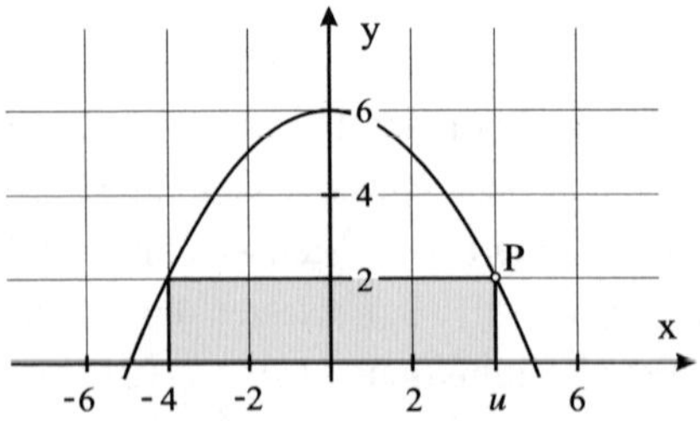

Aufgabe d) I)

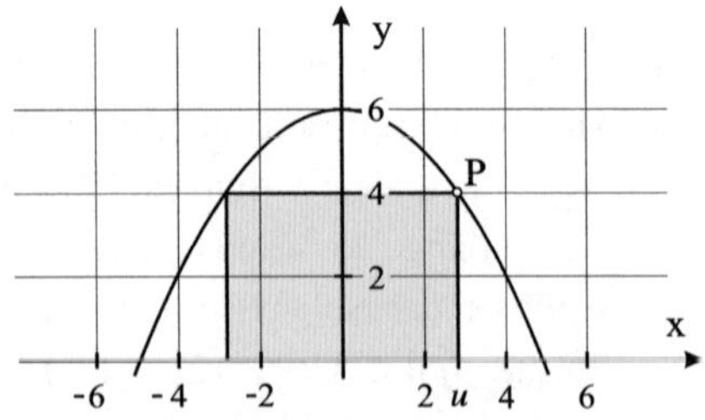

Aufgabe d) II)

d) I) Es ist $f(x) = 6 - \frac{1}{4}x^2$. Gesucht ist ein Rechteck mit maximalem Umfang, das der angegebenen Kurve einbeschrieben werden soll. Nebenbedingung: Zwei Eckpunkte des Rechtecks müssen auf der Kurve, die anderen beiden auf der x-Achse liegen. Der Punkt auf der Kurve im 1. Quadranten sei $P(u \mid v)$ mit $v = f(u)$. Damit gilt für die Höhe $h = f(u)$. Für das Rechteck ist die Grundseite $2u$, mit $0 \leqslant u \leqslant \sqrt{24}$ ($x = \pm\sqrt{24}$ sind die Nullstellen von f). Durch Einsetzen der Nebenbedingung ergibt sich als Zielfunktion für den Umfang: $U(u) = 4 \cdot u + 2 \cdot f(u) \Rightarrow U(u) = 4u + 2 \cdot (6 - \frac{1}{4}u^2) = 4u + 12 - \frac{1}{2}u^2$. Ableiten führt auf: $U'(u) = 4 - u$. Die Ableitung wird gleich Null gesetzt, um die Extremstelle zu bestimmen: $u = 4$. Einsetzen in die 2. Ableitung $U''(u) = -1$ ergibt: $U''(4) = -1 < 0$, daraus folgt, dass es sich um ein globales Maximum handelt. Die Randstellen müssen daher nicht mehr überprüft werden. Durch einsetzen in die Zielfunktion ergibt sich für den gesuchten Umfang:
$U(4) = 4 \cdot 4 + 2 \cdot f(4) = 16 + 2 \cdot 2 = 20\,\text{LE}$.

II) Gesucht ist ein Rechteck mit maximaler Fläche, das der angegebenen Kurve einbeschrieben werden soll. Nebenbedingung: Zwei Eckpunkte des Rechtecks müssen auf der Kurve, die anderen beiden auf der x-Achse liegen. Der Punkt auf der Kurve im 1. Quadranten sei $P(u \mid v)$ mit $v = f(u)$. Damit gilt für die Höhe $h = f(u)$. Für dieses Rechteck ist die Grundseite $2u$, mit $0 \leqslant u \leqslant \sqrt{24}$. (Es sind $x = \pm\sqrt{24}$ Schnittstellen der Kurve mit der x-Achse.) Durch Einsetzen der Nebenbedingung ergibt sich als Zielfunktion für die Fläche: $A(u) = 2 \cdot u \cdot f(u) \Rightarrow A(u) = 2u \cdot (6 - \frac{1}{4}u^2) = 12u - \frac{1}{2}u^3$. Ableiten führt auf: $A'(u) = 12 - \frac{3}{2}u^2$. Die Ableitung wird gleich Null gesetzt, um die Extremstelle zu bestimmen: $\frac{3}{2}u^2 = 12 \Rightarrow u_{1,2} = \pm\sqrt{8} = \pm 2,83$. Der Wert $-\sqrt{8}$ scheidet aus, da es sich bei u um eine Länge handelt und diese immer positiv sind. Also ist $u = \sqrt{8} \approx 2,83$. Setzt man $\sqrt{8}$ in die 2. Ableitung $A''(u) = -3u$ ein, ergibt sich: $A''(\sqrt{8}) = -3\sqrt{8} < 0$. Daraus folgt, dass es sich um ein lokales Maximum handelt. Es muss noch überprüft werden, ob die Randstellen eventuell größere Funktionswerte liefern. Es ist $A(0) = 0$ und $A(\sqrt{24}) = 0$, damit existieren keine Randextremwerte und für $u = 2,83$ liegt ein globales Maximum vor. Setzt man $u = 2,83$ in die Zielfunktion ein, ergibt sich für die gesuchte Fläche: $A = 12 \cdot \sqrt{8} - \frac{1}{2} \cdot (\sqrt{8})^3 \approx 22,63\,\text{FE}$.

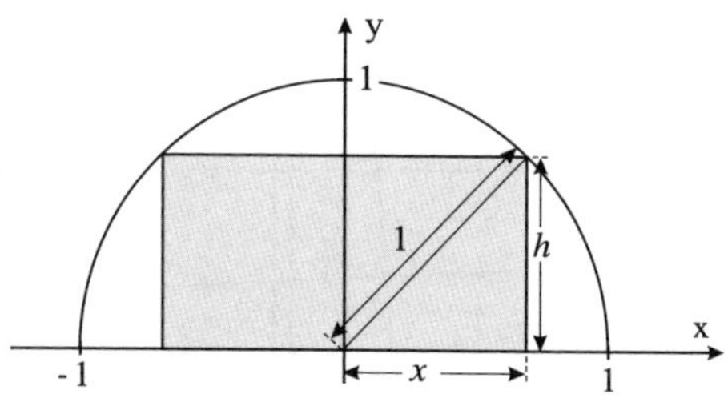

Aufgabe e)

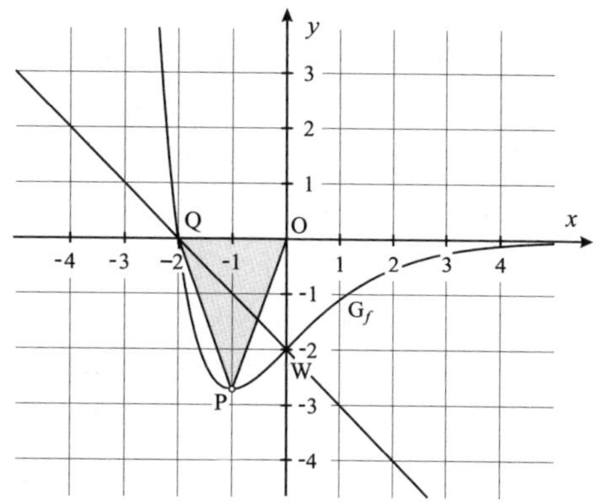

Aufgabe f)

e) Gesucht ist ein maximal großes Rechteck, das in einen Halbkreis mit Radius 1 einbeschrieben werden soll. Die Fläche ist die Größe, die maximiert werden soll. Für diese gilt: $A = 2x \cdot h$ mit $0 \leqslant x \leqslant 1$. Nebenbedingung: Zwei Eckpunkte des Rechtecks müssen immer auf dem Kreis, die anderen beiden auf der x-Achse liegen. Es ergibt sich durch den Satz des Pythagoras: $x^2 + h^2 = 1$. Man stellt nach h um und setzt ein: $h = \sqrt{1-x^2}$, also ergibt sich: $A(x) = 2x \cdot \sqrt{1-x^2}$.

f) Es ist $f(x) = -(x+2)e^{-x}$. Zuerst werden f' und f'' bestimmt: Mit der Produktregel folgt:
$f(x) = -(x+2)e^{-x} \Rightarrow f'(x) = e^{-x}(x+1)$ und $f''(x) = -x \cdot e^{-x}$
Gesucht ist die Normale in $W(0 \mid -2)$. Es ist $m_n = -\frac{1}{f'(0)} = -\frac{1}{1} = -1$. Damit folgt für die Gleichung der Normale: $y = -x-2$. Bestimmung des zweiten Schnittpunktes Q der Normalen mit der Kurve G: $-(x+2)e^{-x} = -x-2 \Rightarrow (x+2)-(x+2)e^{-x} = 0$. Ausklammern von $(x+2)$ führt nun zu: $(x+2)(1-e^{-x}) = 0$. Damit ergibt sich $x_1 = -2$ und aus dem zweiten Faktor $x_2 = 0$. Die Lösung $x_1 = -2$ führt zum gesuchten Schnittpunkt $Q(-2 \mid 0)$.
Für den Punkt P gilt: $P(u \mid -(u+2) \cdot e^{-u})$ mit $-2 < u < 0$.
Die Grundseite des Dreiecks OPQ ist $|\overline{QO}| = 2$, die Höhe beträgt $-f(u)$. (Für $-2 < u < 0$ ist $f(u)$ negativ, die Höhe des Dreiecks muss aber eine positive Größe sein.)
Damit ergibt sich für den Flächeninhalt des Dreiecks OPQ:
$A(u) = \frac{1}{2} \cdot g \cdot h = \frac{1}{2} \cdot 2 \cdot (-f(u)) = (u+2) \cdot e^{-u}$
$A'(u) = 1 \cdot e^{-u} + (u+2) \cdot (-e^{-u}) = e^{-u}(1-u-2) = e^{-u} \cdot (-u-1)$
$A''(u) = -e^{-u} \cdot (-u-1) + e^{-u} \cdot (-1) = e^{-u}(u+1-1) = e^{-u} \cdot u$
Für die Extremstelle ergibt sich damit: $e^{-u} \cdot (-u-1) = 0 \Rightarrow -u-1 = 0 \Rightarrow u_1 = -1$.
Einsetzen in $A''(u) : A''(-1) < 0 \Rightarrow$ es liegt ein lokales Maximum vor. Um zu prüfen, ob ein globales Maximum vorliegt, wird $A(-1) = (-1+2) \cdot e^1 = e$ mit den Randwerten verglichen: $A(-2) = 0$ und $A(0) = 2$. Da $A(-1) = e > 2$ ist, nimmt der Flächeninhalt für $u = -1$ ein globales Maximum an.

g) Es sind $f(x) = (2x+3) \cdot e^{-x}$ und $g(x) = e^{-x}$.
Der Punkt P liegt auf G_f und hat somit die Koordinaten: $P(u \mid (2u+3) \cdot e^{-u})$.

Der Punkt Q liegt auf G_g und hat somit die Koordinaten: $Q(u \mid e^{-u})$.

Die Länge l der Strecke PQ erhält man als Differenz der y-Werte von P und Q:
$l(u) = (2u+3) \cdot e^{-u} - e^{-u} = (2u+2) \cdot e^{-u}$

Zur Bestimmung des Maximums benötigt man die 1. und 2. Ableitung (Produkt- und Kettenregel):

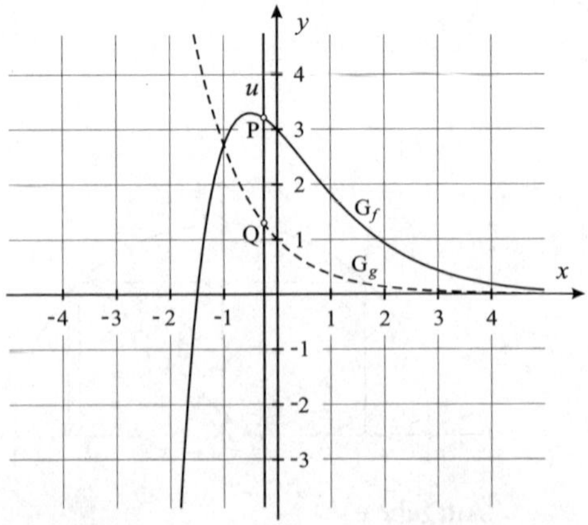

Aufgabe g)

$l'(u) = 2 \cdot e^{-u} + (2u+2) \cdot e^{-u} \cdot (-1) = -2u \cdot e^{-u}$
$l''(x) = -2 \cdot e^{-u} + (-2u \cdot e^{-u}) \cdot (-1) = (2u-2) \cdot e^{-u}$
Die 1. Ableitung wird Null gesetzt: $-2u \cdot e^{-u} = 0 \Rightarrow u_E = 0$. Setzt man $u_E = 0$ in $l''(u)$ ein, so erhält man: $l''(0) = (2 \cdot 0 - 2) \cdot e^{-0} = -2 < 0 \Rightarrow$ globales Maximum.
Für $u = 0$ ist die Länge der Strecke PQ maximal.
Setzt man $u = 0$ in $l(u)$ ein, so erhält man: $l(0) = (2 \cdot 0 + 2) \cdot e^{-0} = 2$.
Die maximale Länge der Strecke PQ beträgt 2 LE.

Analytische Geometrie

Für alle Parameter bei Geraden und Ebenen gilt $r, s, t, \ldots \in \mathbb{R}$, falls nicht anders angegeben.

10 Rechnen mit Vektoren

10.1 Addition und Subtraktion von Vektoren

Gegeben sind die Vektoren $\vec{a} = \begin{pmatrix} -1 \\ 2 \\ 4 \end{pmatrix}$ und $\vec{b} = \begin{pmatrix} 3 \\ 1 \\ 2 \end{pmatrix}$.

a) $\vec{a}+\vec{b} = \begin{pmatrix} 2 \\ 3 \\ 6 \end{pmatrix}$ b) $\vec{a}-\vec{b} = \begin{pmatrix} -4 \\ 1 \\ 2 \end{pmatrix}$ c) $2\cdot\vec{a} = \begin{pmatrix} -2 \\ 4 \\ 8 \end{pmatrix}$

d) $-\vec{a} = \begin{pmatrix} 1 \\ -2 \\ -4 \end{pmatrix}$ e) $2\vec{a}+3\vec{b} = \begin{pmatrix} 7 \\ 7 \\ 14 \end{pmatrix}$

f) $\vec{a}\cdot\vec{b} = (-1)\cdot 3 + 2\cdot 1 + 4\cdot 2 = 7$

g) $|\vec{a}| = \sqrt{(-1)^2+2^2+4^2} = \sqrt{1+4+16} = \sqrt{21}$

h) $|\vec{b}| = \sqrt{3^2+1^2+2^2} = \sqrt{14}$

i) $|\vec{a}+\vec{b}| = \left|\begin{pmatrix} 2 \\ 3 \\ 6 \end{pmatrix}\right| = \sqrt{2^2+3^2+6^2} = \sqrt{49} = 7$

10.2 Teilverhältnisse

a)

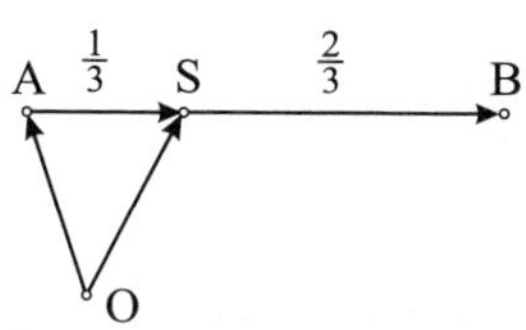

Um die Koordinaten von S zu bestimmen, stellt man eine Vektorkette auf. Es ist:

$$\overrightarrow{OS} = \overrightarrow{OA} + \tfrac{1}{3}\overrightarrow{AB} = \begin{pmatrix} 3 \\ -1 \\ 2 \end{pmatrix} + \tfrac{1}{3}\cdot\begin{pmatrix} 2 \\ -1 \\ -2 \end{pmatrix} = \begin{pmatrix} \frac{11}{3} \\ -\frac{4}{3} \\ \frac{4}{3} \end{pmatrix} \Rightarrow S\left(\tfrac{11}{3} \mid -\tfrac{4}{3} \mid \tfrac{4}{3}\right).$$

b) 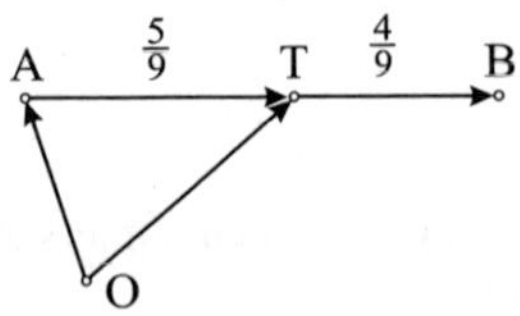

Um die Koordinaten von T zu bestimmen, stellt man eine Vektorkette auf. Es ist:

$$\overrightarrow{OT} = \overrightarrow{OA} + \tfrac{5}{9}\overrightarrow{AB} = \begin{pmatrix} 3 \\ -1 \\ 2 \end{pmatrix} + \tfrac{5}{9} \cdot \begin{pmatrix} 2 \\ -1 \\ -2 \end{pmatrix} = \begin{pmatrix} \frac{37}{9} \\ -\frac{14}{9} \\ \frac{8}{9} \end{pmatrix} \Rightarrow T\left(\tfrac{37}{9} \mid -\tfrac{14}{9} \mid \tfrac{8}{9}\right).$$

c) Der Punkt U liegt zwischen A und B, was anhand der einzelnen Koordinaten erkennbar ist.

Um das Teilverhältnis zu bestimmen, berechnet man die Längen der Vektoren $\overrightarrow{AU}$ und $\overrightarrow{UB}$ und teilt diese durcheinander. Es gilt:

$$\overline{AU} = |\overrightarrow{AU}| = \left|\begin{pmatrix} 1,5 \\ -0,75 \\ -1,5 \end{pmatrix}\right| = \sqrt{1,5^2 + (-0,75)^2 + (-1,5)^2} = 2,25$$

$$\overline{UB} = |\overrightarrow{UB}| = \left|\begin{pmatrix} 0,5 \\ -0,25 \\ -0,5 \end{pmatrix}\right| = \sqrt{0,5^2 + (-0,25)^2 + (-0,5)^2} = 0,75$$

Somit gilt für das Teilverhältnis: $\frac{\overline{AU}}{\overline{UB}} = \frac{2,25}{0,75} = 3 = \frac{3}{1}$

Der Punkt U teilt die Strecke AB im Verhältnis 3:1.

10.3 Orthogonalität von Vektoren

a) $\vec{a} \cdot \vec{b} = \begin{pmatrix} -1 \\ 0 \\ 1 \end{pmatrix} \cdot \begin{pmatrix} 2 \\ 2 \\ 0 \end{pmatrix} = (-1) \cdot 2 + 0 \cdot 2 + 1 \cdot 0 = -2 \Rightarrow \vec{a}$ steht nicht orthogonal auf $\vec{b}$.

b) $\vec{r} \cdot \vec{n} = \begin{pmatrix} 5 \\ -1 \\ 3 \end{pmatrix} \cdot \begin{pmatrix} 2 \\ 1 \\ -3 \end{pmatrix} = 5 \cdot 2 + (-1) \cdot 1 + 3 \cdot (-3) = 0 \Rightarrow \vec{r}$ steht orthogonal auf $\vec{n}$.

10.4 Auffinden von orthogonalen Vektoren

Es sind Vektoren zu bestimmen, deren Skalarprodukt mit $\vec{n}$ Null ergibt. Dazu kann man zwei Komponenten des Vektors frei wählen, die dritte ergibt sich dann, z.B.:

$$\vec{a} = \begin{pmatrix} 4 \\ -2 \\ 0 \end{pmatrix}, \text{ denn } \vec{a} \cdot \vec{n} = \begin{pmatrix} 4 \\ -2 \\ 0 \end{pmatrix} \cdot \begin{pmatrix} 1 \\ 2 \\ -3 \end{pmatrix} = 4 \cdot 1 + (-2) \cdot 2 + 0 \cdot (-3) = 4 - 4 = 0$$

$$\vec{b}=\begin{pmatrix}0\\3\\2\end{pmatrix}, \text{denn } \vec{b}\cdot\vec{n}=\begin{pmatrix}0\\3\\2\end{pmatrix}\cdot\begin{pmatrix}1\\2\\-3\end{pmatrix}=0\cdot1+3\cdot2+2\cdot(-3)=6-6=0$$

$$\vec{c}=\begin{pmatrix}5\\-1\\1\end{pmatrix}, \text{denn } \vec{c}\cdot\vec{n}=\begin{pmatrix}5\\-1\\1\end{pmatrix}\cdot\begin{pmatrix}1\\2\\-3\end{pmatrix}=5\cdot1+(-1)\cdot2+1\cdot(-3)=5-2-3=0$$

10.5 Verschiedene Aufgaben

a) I) $\overrightarrow{AB}=\begin{pmatrix}-4\\-2\\-1\end{pmatrix}, \overrightarrow{AC}=\begin{pmatrix}-1\\-4\\-2\end{pmatrix}, \overrightarrow{BC}=\begin{pmatrix}3\\-2\\-1\end{pmatrix}$, es ist $\overline{AB}=\overline{AC}=\sqrt{21}$,

damit ist das Dreieck gleichschenklig.

II) $\overrightarrow{AB}=\begin{pmatrix}5\\3\\-2\end{pmatrix}, \overrightarrow{AC}=\begin{pmatrix}4\\4\\-2\end{pmatrix}, \overrightarrow{BC}=\begin{pmatrix}-1\\1\\0\end{pmatrix}$, es ist $\overline{AB}=\sqrt{38}$, $\overline{AC}=6$

und $\overline{BC}=\sqrt{2}$, damit ist das Dreieck nicht gleichschenklig.

b) $\overrightarrow{AB}=\begin{pmatrix}-4\\4\\2\end{pmatrix}, \overrightarrow{AC}=\begin{pmatrix}-6\\0\\6\end{pmatrix}, \overrightarrow{BC}=\begin{pmatrix}-2\\-4\\4\end{pmatrix}$

$$\overrightarrow{AB}\cdot\overrightarrow{AC}=\begin{pmatrix}-4\\4\\2\end{pmatrix}\cdot\begin{pmatrix}-6\\0\\6\end{pmatrix}=24+0+12=36$$

$$\overrightarrow{AB}\cdot\overrightarrow{BC}=\begin{pmatrix}-4\\4\\2\end{pmatrix}\cdot\begin{pmatrix}-2\\-4\\4\end{pmatrix}=8-16+8=0$$

$$\overrightarrow{AC}\cdot\overrightarrow{BC}=\begin{pmatrix}-6\\0\\6\end{pmatrix}\cdot\begin{pmatrix}-2\\-4\\4\end{pmatrix}=12+0+24=36$$

Da das Skalarprodukt von $\overrightarrow{AB}$ und $\overrightarrow{BC}$ gleich Null ist, stehen diese beiden Vektoren senkrecht aufeinander, d.h. das Dreieck ABC hat bei B einen rechten Winkel.

c) I)

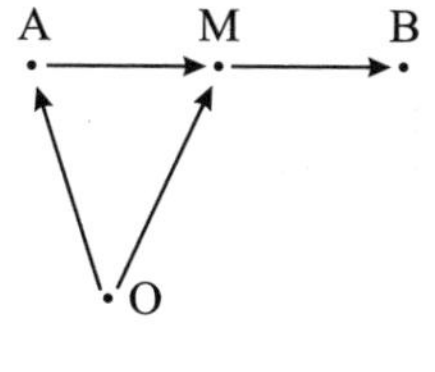

$$\vec{m}=\vec{a}+\tfrac{1}{2}\overrightarrow{AB}=\begin{pmatrix}4\\1\\3\end{pmatrix}+\tfrac{1}{2}\cdot\begin{pmatrix}-6\\4\\-8\end{pmatrix}=\begin{pmatrix}1\\3\\-1\end{pmatrix}$$

$\Rightarrow M(1\,|\,3\,|\,-1)$

II) 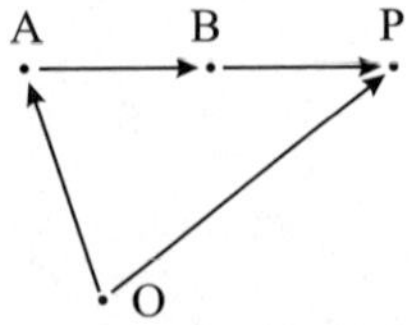

$$\overrightarrow{p} = \overrightarrow{a} + 2\cdot\overrightarrow{AB} = \begin{pmatrix}3\\-1\\-4\end{pmatrix} + 2\cdot\begin{pmatrix}1\\3\\9\end{pmatrix} = \begin{pmatrix}5\\5\\14\end{pmatrix}$$

$\Rightarrow P(5\,|\,5\,|\,14)$

d) I) Den Schwerpunkt S des Dreiecks ABC mit $A(4\,|\,1\,|\,2)$, $B(5\,|\,3\,|\,0)$ und $C(0\,|\,2\,|\,1)$ erhalten Sie mit der Formel:

$$\vec{s} = \tfrac{1}{3}\cdot\left(\vec{a}+\vec{b}+\vec{c}\right) = \tfrac{1}{3}\cdot\left(\begin{pmatrix}4\\1\\2\end{pmatrix} + \begin{pmatrix}5\\3\\0\end{pmatrix} + \begin{pmatrix}0\\2\\1\end{pmatrix}\right) = \tfrac{1}{3}\cdot\begin{pmatrix}9\\6\\3\end{pmatrix} = \begin{pmatrix}3\\2\\1\end{pmatrix}$$

$\Rightarrow S(3\,|\,2\,|\,1)$.

II) Den Schwerpunkt S des Dreiecks PQR mit $P(-3\,|\,2\,|\,4)$, $Q(5\,|\,1\,|\,2)$ und $R(-5\,|\,3\,|\,6)$ erhalten Sie mit der Formel:

$$\vec{s} = \tfrac{1}{3}\cdot\left(\vec{a}+\vec{b}+\vec{c}\right) = \tfrac{1}{3}\cdot\left(\begin{pmatrix}-3\\2\\4\end{pmatrix} + \begin{pmatrix}5\\1\\2\end{pmatrix} + \begin{pmatrix}-5\\3\\6\end{pmatrix}\right) = \tfrac{1}{3}\cdot\begin{pmatrix}-3\\6\\12\end{pmatrix} = \begin{pmatrix}-1\\2\\4\end{pmatrix}$$

$\Rightarrow S(-1\,|\,2\,|\,4)$.

e) I) 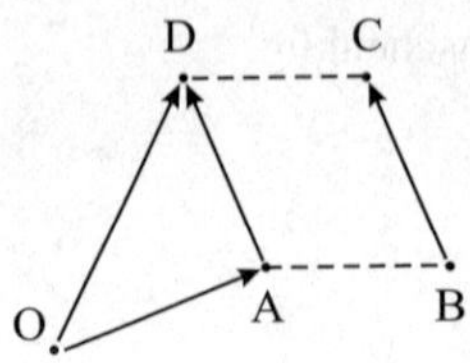

$$\overrightarrow{OD} = \overrightarrow{OA} + \overrightarrow{BC} = \begin{pmatrix}4\\2\\3\end{pmatrix} + \begin{pmatrix}-3\\-7\\-8\end{pmatrix} = \begin{pmatrix}1\\-5\\-5\end{pmatrix}$$

$\Rightarrow D(1\,|\,-5\,|\,-5)$

II) 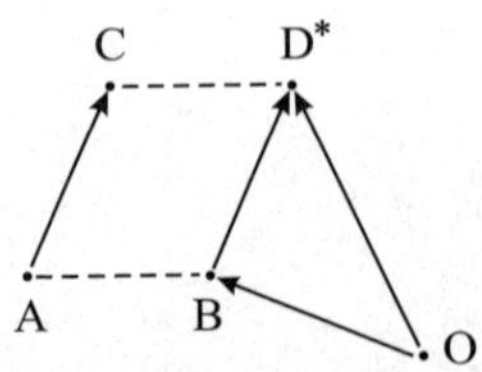

$$\overrightarrow{OD^*} = \overrightarrow{OB} + \overrightarrow{AC} = \begin{pmatrix}1\\8\\5\end{pmatrix} + \begin{pmatrix}-6\\-1\\-6\end{pmatrix} = \begin{pmatrix}-5\\7\\-1\end{pmatrix}$$

$\Rightarrow D^*(-5\,|\,7\,|\,-1)$

f) I) Es ergeben sich folgende mögliche Vektorketten:

$$\overrightarrow{OD} = \overrightarrow{OA} + \overrightarrow{BC} = \begin{pmatrix}3\\1\\4\end{pmatrix} + \begin{pmatrix}7\\-3\\6\end{pmatrix} = \begin{pmatrix}10\\-2\\10\end{pmatrix} \Rightarrow D(10\,|\,-2\,|\,10)$$

$$\overrightarrow{OE} = \overrightarrow{OA} + \overrightarrow{BF} = \begin{pmatrix}3\\1\\4\end{pmatrix} + \begin{pmatrix}11\\1\\9\end{pmatrix} = \begin{pmatrix}14\\2\\13\end{pmatrix} \Rightarrow E(14\,|\,2\,|\,13)$$

$$\overrightarrow{OG} = \overrightarrow{OC} + \overrightarrow{BF} = \begin{pmatrix}5\\-2\\3\end{pmatrix} + \begin{pmatrix}11\\1\\9\end{pmatrix} = \begin{pmatrix}16\\-1\\12\end{pmatrix} \Rightarrow G(16\,|\,-1\,|\,12)$$

$$\overrightarrow{OH} = \overrightarrow{OD} + \overrightarrow{BF} = \begin{pmatrix} 10 \\ -2 \\ 10 \end{pmatrix} + \begin{pmatrix} 11 \\ 1 \\ 9 \end{pmatrix} = \begin{pmatrix} 21 \\ -1 \\ 19 \end{pmatrix} \Rightarrow H(21 \mid -1 \mid 19)$$

II) Die Länge der Raumdiagonalen AG ist die Länge des Verbindungsvektors $\overrightarrow{AG}$:

$$AG = |\overrightarrow{AG}| = \left| \begin{pmatrix} 13 \\ -2 \\ 8 \end{pmatrix} \right| = \sqrt{169+4+64} = \sqrt{237}$$

10.6 Vektorprodukt

a) I) $\begin{pmatrix} 2 \\ -1 \\ 3 \end{pmatrix} \times \begin{pmatrix} 4 \\ 2 \\ -1 \end{pmatrix} = \begin{pmatrix} -5 \\ 14 \\ 8 \end{pmatrix}$ II) $\begin{pmatrix} -1 \\ 2 \\ 0 \end{pmatrix} \times \begin{pmatrix} 3 \\ 0 \\ 1 \end{pmatrix} = \begin{pmatrix} 2 \\ 1 \\ -6 \end{pmatrix}$

b) Es ist $\overrightarrow{AB} = \begin{pmatrix} 2 \\ 1 \\ 2 \end{pmatrix}$ und $\overrightarrow{AD} = \begin{pmatrix} -7 \\ -3 \\ 2 \end{pmatrix}$

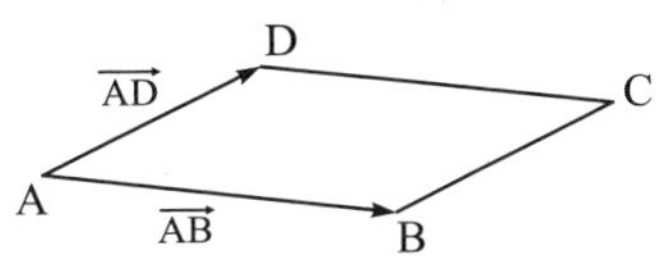

Für den Flächeninhalt des Parallelogramms benötigt man das Vektorprodukt:

$$\overrightarrow{AB} \times \overrightarrow{AD} = \begin{pmatrix} 2 \\ 1 \\ 2 \end{pmatrix} \times \begin{pmatrix} -7 \\ -3 \\ 2 \end{pmatrix} = \begin{pmatrix} 8 \\ -18 \\ 1 \end{pmatrix}.$$

Somit gilt für den Flächeninhalt:

$$A = \left|\overrightarrow{AB} \times \overrightarrow{AD}\right| = \left| \begin{pmatrix} 8 \\ -18 \\ 1 \end{pmatrix} \right| = \sqrt{8^2 + (-18)^2 + 1^2} = \sqrt{389} \approx 19,72.$$

Der Flächeninhalt des Parallelogramms beträgt 19,72 FE.

c) Es ist $\overrightarrow{AB} = \begin{pmatrix} -2 \\ 3 \\ 4 \end{pmatrix}$ und $\overrightarrow{AC} = \begin{pmatrix} -3 \\ 1 \\ 5 \end{pmatrix}$

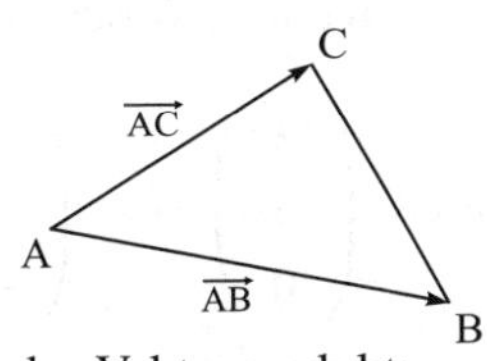

Für den Flächeninhalt des Dreiecks benötigt man das Vektorprodukt:

$$\overrightarrow{AB} \times \overrightarrow{AC} = \begin{pmatrix} -2 \\ 3 \\ 4 \end{pmatrix} \times \begin{pmatrix} -3 \\ 1 \\ 5 \end{pmatrix} = \begin{pmatrix} 11 \\ -2 \\ 7 \end{pmatrix}.$$

Somit gilt für den Flächeninhalt:

$$A = \tfrac{1}{2} \cdot \left|\overrightarrow{AB} \times \overrightarrow{AC}\right| = \tfrac{1}{2} \cdot \left| \begin{pmatrix} 11 \\ -2 \\ 7 \end{pmatrix} \right| = \tfrac{1}{2} \cdot \sqrt{(11)^2 + (-2)^2 + 7^2} = \tfrac{1}{2} \cdot \sqrt{174} \approx 6,60.$$

Der Flächeninhalt des Dreiecks beträgt 6,60 FE.

d) Es ist $\overrightarrow{AB} = \begin{pmatrix} -5 \\ 0 \\ -7 \end{pmatrix}$, $\overrightarrow{AD} = \begin{pmatrix} 7 \\ -3 \\ 6 \end{pmatrix}$

und $\overrightarrow{AE} = \begin{pmatrix} 11 \\ 1 \\ 9 \end{pmatrix}$

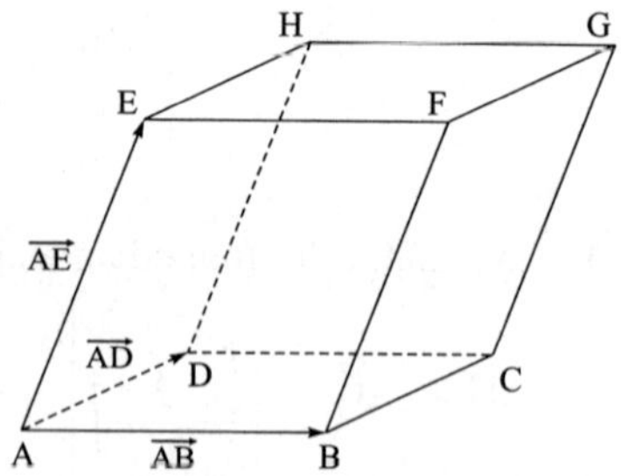

Die Berechnung des Volumens erfolgt mit Hilfe des Spatprodukts: $V = \left|\overrightarrow{AB} \cdot \left(\overrightarrow{AD} \times \overrightarrow{AE}\right)\right|$.

$\overrightarrow{AD} \times \overrightarrow{AE} = \begin{pmatrix} 7 \\ -3 \\ 6 \end{pmatrix} \times \begin{pmatrix} 11 \\ 1 \\ 9 \end{pmatrix} = \begin{pmatrix} -33 \\ 3 \\ 40 \end{pmatrix}$. Somit gilt für das Volumen:

$$V = \left|\overrightarrow{AB} \cdot \left(\overrightarrow{AD} \times \overrightarrow{AE}\right)\right| = \left|\begin{pmatrix} -5 \\ 0 \\ -7 \end{pmatrix} \cdot \begin{pmatrix} -33 \\ 3 \\ 40 \end{pmatrix}\right| = |165 + 0 - 280| = 115.$$

Das Volumen des Spats beträgt 115 VE.

10.7 Lineare Abhängigkeit

a) I) Der Ansatz $k \cdot \begin{pmatrix} 2 \\ 1 \\ -3 \end{pmatrix} = \begin{pmatrix} -4 \\ -2 \\ 6 \end{pmatrix}$ führt zu $\begin{matrix} 2k & = & -4 \\ k & = & -2 \\ -3k & = & 6 \end{matrix}$

und damit zu $k = -2$, d.h. $\vec{a}$ und $\vec{b}$ sind linear abhängig.

II) Der Ansatz $k \cdot \begin{pmatrix} 2 \\ 0 \\ 3 \end{pmatrix} = \begin{pmatrix} -2 \\ 1 \\ -3 \end{pmatrix}$ führt zu $\begin{matrix} 2k & = & -2 \\ 0 & = & 1 \\ 3k & = & -3 \end{matrix}$

und damit zu einem Widerspruch, d.h. $\vec{a}$ und $\vec{b}$ sind linear unabhängig.

b) I) Der Ansatz $\begin{pmatrix} 3 \\ 5 \\ 0 \end{pmatrix} = k \cdot \begin{pmatrix} 2 \\ 1 \\ -3 \end{pmatrix} + l \cdot \begin{pmatrix} 4 \\ -2 \\ 1 \end{pmatrix}$ führt zu

$$\begin{matrix} \text{I} & 3 & = & 2k & + & 4l \\ \text{II} & 5 & = & k & - & 2l \\ \text{III} & 0 & = & -3k & + & l \end{matrix}$$

Addiert man das 2-fache von Gleichung II zu Gleichung I, ergibt sich:

$$13 = 4k \Rightarrow k = \frac{13}{4}$$

Setzt man $k = \frac{13}{4}$ in Gleichung I ein, erhält man:

$$3 = 2 \cdot \frac{13}{4} + 4l \Rightarrow l = -\frac{7}{8}$$

Setzt man $k = \frac{13}{4}$ und $l = -\frac{7}{8}$ in Gleichung III ein, ergibt sich:

$$0 = -3 \cdot \frac{13}{4} - \frac{7}{8} \Rightarrow 0 = -\frac{85}{8}$$

Aufgrund des Widerspruchs sind $\vec{a}$, $\vec{b}$, und $\vec{c}$ linear unabhängig.

II) Der Ansatz $\begin{pmatrix} 6 \\ 6 \\ -4 \end{pmatrix} = k \cdot \begin{pmatrix} 4 \\ 0 \\ -2 \end{pmatrix} + l \cdot \begin{pmatrix} 1 \\ 3 \\ -1 \end{pmatrix}$ führt zu

$$\begin{array}{llcccc} \text{I} & 6 & = & 4k & + & l \\ \text{II} & 6 & = & & & 3l \\ \text{III} & -4 & = & -2k & - & l \end{array}$$

Aus Gleichung II ergibt sich:

$$6 = 3l \Rightarrow l = 2$$

Setzt man $l = 2$ in Gleichung I ein, erhält man:

$$6 = 4k + 2 \Rightarrow k = 1$$

Setzt man $l = 2$ und $k = 1$ in Gleichung III ein, ergibt sich:

$$-4 = -2 - 2 \Rightarrow -4 = -4$$

Aufgrund der wahren Aussage sind $\vec{a}$, $\vec{b}$, und $\vec{c}$ linear abhängig.

11 Geraden

11.1 Aufstellen von Geradengleichungen

Der Ortsvektor des einen Punktes wird als Stützvektor für die Gerade benutzt. Einen Richtungsvektor erhält man, indem man einen Verbindungsvektor zwischen den beiden Punkten aufstellt. Da es beliebig ist, welcher Punkt als «Stützpunkt» genommen wird, bzw. in welche Richtung man den Richtungsvektor aufstellt, gibt es mehrere Lösungen. Für Aufgabe a) sind alle vier Lösungen dargestellt, für die Aufgaben b) und c) ist eine mögliche Lösung aufgeführt.

a) I) $g: \vec{x} = \begin{pmatrix} 1 \\ 0 \\ 2 \end{pmatrix} + t \cdot \begin{pmatrix} 2 \\ 1 \\ 1 \end{pmatrix}$ II) $g: \vec{x} = \begin{pmatrix} 3 \\ 1 \\ 3 \end{pmatrix} + t \cdot \begin{pmatrix} 2 \\ 1 \\ 1 \end{pmatrix}$

III) $g: \vec{x} = \begin{pmatrix} 1 \\ 0 \\ 2 \end{pmatrix} + t \cdot \begin{pmatrix} -2 \\ -1 \\ -1 \end{pmatrix}$ IV) $g: \vec{x} = \begin{pmatrix} 3 \\ 1 \\ 3 \end{pmatrix} + t \cdot \begin{pmatrix} -2 \\ -1 \\ -1 \end{pmatrix}$

b) $g: \vec{x} = \begin{pmatrix} 2 \\ 1 \\ -4 \end{pmatrix} + t \cdot \begin{pmatrix} 2 \\ -1 \\ 5 \end{pmatrix}$ c) $g: \vec{x} = \begin{pmatrix} 1 \\ 1 \\ 0 \end{pmatrix} + t \cdot \begin{pmatrix} 1 \\ 1 \\ -1 \end{pmatrix}$

11.2 Punktprobe

Die Ortsvektoren der Punkte werden in die Geradengleichung eingesetzt. Dann ermittelt man den Parameter mit Hilfe der Gleichungen des dazugehörigen Gleichungssystems. Es muss sich für alle drei Gleichungen der gleiche Parameter ergeben.

a) Einsetzen ergibt:

$$\begin{array}{lrcrcl} \text{I} & 2 & = & 1 & + & t \\ \text{II} & 7 & = & 3 & + & 4t \\ \text{III} & 0 & = & -2 & + & 2t \end{array}$$

Lösen von Gleichung I, II und III führt zu $t = 1$. Also liegt der Punkt A auf der Geraden.

b) Einsetzen ergibt:

$$\begin{array}{lrcrcl} \text{I} & 3 & = & 1 & + & t \\ \text{II} & 11 & = & 3 & + & 4t \\ \text{III} & 3 & = & -2 & + & 2t \end{array}$$

Lösen von Gleichung I und II führt zu $t = 2$. Lösen von Gleichung III ergibt $t = 2{,}5$. Dies ist ein Widerspruch. Der Punkt liegt also nicht auf der Geraden.

c) Lösen von Gleichung I, II und III führt zu $t = -3$. Also liegt der Punkt C auf der Geraden.

11.3 Gegenseitige Lage von Geraden

Für einige Aufgaben ist die Lösung ausführlich dargestellt, ansonsten sind Zwischenergebnisse und das Endergebnis angegeben.

a) Die Richtungsvektoren der Geraden sind kein Vielfaches voneinander, da es kein k gibt, so dass gilt: $k \cdot \begin{pmatrix} 1 \\ 1 \\ 2 \end{pmatrix} = \begin{pmatrix} 2 \\ 0 \\ 1 \end{pmatrix}$, also können sich die Geraden schneiden oder windschief sein.
Gleichsetzen der Geraden führt zu:

$$\begin{array}{lrcrcr} \text{I} & 4 & + & s & = & 2t \\ \text{II} & 2 & + & s & = & 0 \\ \text{III} & 5 & + & 2s & = & t \end{array}$$

Gleichung II ergibt: $s = -2$. Eingesetzt in I ergibt sich $t = 1$. Setzt man $s = -2$ und $t = 1$ in Gleichung III ein, ergibt sich: $5 + 2 \cdot (-2) = 1$. Setzt man $t = 1$ in g_2 ein, ergibt sich der Schnittpunkt S mit $S\,(2 \mid 0 \mid 1)$.

b) Die Richtungsvektoren der Geraden sind kein Vielfaches voneinander, da es kein k gibt, so dass gilt: $k \cdot \begin{pmatrix} 1 \\ 1 \\ 1 \end{pmatrix} = \begin{pmatrix} 3 \\ 4 \\ 5 \end{pmatrix}$, also können sich die Geraden schneiden oder windschief sein.
Gleichsetzen der Geraden führt zu:

$$\begin{array}{lrcrcrcr} \text{I} & 2 & + & s & = & 3 & + & 3t \\ \text{II} & & & s & = & 2 & + & 4t \\ \text{III} & & & s & = & 3 & + & 5t \end{array}$$

Subtrahiert man Gleichung II von Gleichung I, ergibt sich : $t = -1$. Eingesetzt in Gleichung II ergibt sich $s = -2$. Setzt man t und s in Gleichung III ein, ergibt sich:
$-2 = 3 + 5 \cdot (-1)$. Einsetzen von $s = -2$ in g_1 ergibt den Schnittpunkt S mit $S\,(0 \mid -2 \mid -2)$.

c) Die Richtungsvektoren der Geraden sind kein Vielfaches voneinander, da es kein k gibt, so dass gilt: $k \cdot \begin{pmatrix} 2 \\ 1 \\ -3 \end{pmatrix} = \begin{pmatrix} 4 \\ -5 \\ -1 \end{pmatrix}$.

Gleichsetzen der Geraden führt zu:

$$\begin{array}{lrcrcrcr} \text{I} & 1 & + & 2s & = & 5 & + & 4t \\ \text{II} & -3 & + & s & = & 1 & - & 5t \\ \text{III} & 5 & - & 3s & = & -3 & - & t \end{array}$$

Gleichung I − 2· Gl. II ergibt: $t = \frac{2}{7}$. Eingesetzt in Gleichung II ergibt sich $s = \frac{18}{7}$. Es müssen s und t noch in Gleichung III überprüft werden, es ergibt sich: $\frac{4}{7} = 0$. Dies ist ein Widerspruch, also sind die Geraden windschief.

d) Prüfung der Richtungsvektoren:

$k \cdot \begin{pmatrix} 2 \\ -1 \\ 3 \end{pmatrix} = \begin{pmatrix} -2 \\ 1 \\ -3 \end{pmatrix} \Rightarrow k = -1$, d.h. die Richtungsvektoren sind ein Vielfaches voneinander (linear abhängig), also können die Geraden parallel oder identisch sein.

Man prüft nun, ob $P(4 \mid 0 \mid 1)$ der Geraden g auch auf der Geraden h liegt:

$$\begin{pmatrix} 4 \\ 0 \\ 1 \end{pmatrix} = \begin{pmatrix} 6 \\ -1 \\ 4 \end{pmatrix} + t \cdot \begin{pmatrix} -2 \\ 1 \\ -3 \end{pmatrix}$$

Damit ergibt sich:

$$4 = 6 - 2t \Rightarrow t = 1$$
$$0 = -1 + t \Rightarrow t = 1$$
$$1 = 4 - 3t \Rightarrow t = 1$$

Die Punktprobe ist positiv, also sind die Geraden identisch.

e) Prüfung der Richtungsvektoren:

$k \cdot \begin{pmatrix} -2 \\ -1 \\ 3 \end{pmatrix} = \begin{pmatrix} 4 \\ 2 \\ -6 \end{pmatrix} \Rightarrow k = -2$, d.h. die Richtungsvektoren sind ein Vielfaches voneinander (linear abhängig), also können die Geraden parallel oder identisch sein.

Man prüft nun, ob $P(1 \mid 4 \mid -2)$ der Geraden g auch auf der Geraden h liegt:

$$\begin{pmatrix} 1 \\ 4 \\ -2 \end{pmatrix} = \begin{pmatrix} -1 \\ 3 \\ -1 \end{pmatrix} + t \cdot \begin{pmatrix} 4 \\ 2 \\ -6 \end{pmatrix}$$

Damit ergibt sich:

$$1 = -1 + 4t \Rightarrow t = \frac{1}{2}$$
$$4 = 3 + 2t \Rightarrow t = \frac{1}{2}$$
$$-2 = -1 - 6t \Rightarrow t = \frac{1}{6}$$

Dies ist ein Widerspruch, d.h. die Punktprobe ist negativ, also sind die Geraden parallel.

11.4 Parallele Geraden mit Parameter

Wenn die beiden Geraden parallel sein sollen, müssen die beiden Richtungsvektoren linear abhängig sein. Dazu bestimmt man t so, dass der eine Vektor ein Vielfaches des anderen ist.

a) Gesucht ist t, so dass gilt: $\begin{pmatrix} 0 \\ 2 \\ 2t \end{pmatrix} = k \cdot \begin{pmatrix} 0 \\ 4 \\ 4 \end{pmatrix}$. Es ergibt sich:

$$\begin{array}{lrcl} \text{I} & 0 & = & 0 \\ \text{II} & 2 & = & 4k \\ \text{III} & 2t & = & 4k \end{array}$$

Lösen führt zu $k = \frac{1}{2}$ und $t = 1$. Es muss noch sichergestellt sein, dass die Geraden nicht identisch sind, also macht man die Punktprobe:

$$\begin{array}{lrcrcl} \text{I} & 1 & = & 4 & & \\ \text{II} & 1 & = & 1 & + & 4k \\ \text{III} & 1 & = & 7 & + & 4k \end{array}$$

Für Gleichung I ergibt sich unmittelbar ein Widerspruch, also sind die Geraden echt parallel (da sie keinen Schnittpunkt besitzen).

b) Gesucht ist t, so dass gilt: $\begin{pmatrix} 0,5t \\ t \\ 4 \end{pmatrix} = k \cdot \begin{pmatrix} 1 \\ 2 \\ -2 \end{pmatrix}$. Es ergibt sich:

$$\begin{array}{lrcr} \text{I} & 0,5t & = & k \\ \text{II} & t & = & 2k \\ \text{III} & 4 & = & -2k \end{array}$$

Aus III ergibt sich $k = -2$. Einsetzen in II führt zu $t = -4$. Überprüfen in I ergibt eine wahre Aussage. Es muss noch sichergestellt sein, dass die Geraden nicht identisch sind, also macht man die Punktprobe. Dies führt zu einen Widerspruch, also sind die Geraden echt parallel.

11.5 Allgemeines Verständnis von Geraden

a) I) Die Richtungsvektoren $\vec{r}$ und $\vec{v}$ müssen linear abhängig (ein Vielfaches voneinander) sein. Für die Stützvektoren muss gelten: $\vec{a} \neq \vec{b}$. Außerdem darf der zu $\vec{b}$ gehörende Punkt B nicht auf g liegen, das heißt: $\vec{b} \neq \vec{a} + s \cdot \vec{r}$. (Bzw. der zu $\vec{a}$ gehörende Punkt A darf nicht auf h liegen.)

II) Die Stützvektoren müssen nicht unbedingt gleich sein, aber jeder «Stützpunkt» muss ein Punkt der anderen Gerade sein (Nachweis durch Punktprobe). Die Richtungsvektoren $\vec{r}$ und $\vec{v}$ müssen linear abhängig sein.

III) Die Stützvektoren müssen nicht unbedingt gleich sein, aber die Geraden müssen sich schneiden. Die Richtungsvektoren müssen orthogonal sein: $\vec{r} \cdot \vec{v} = 0$.

b) Für die Winkelbestimmung braucht man die beiden Richtungsvektoren $\vec{r}$ und $\vec{v}$.
Für den spitzen Winkel δ gilt dann:

$$\cos\delta = \frac{|\vec{r} \cdot \vec{v}|}{|\vec{r}| \cdot |\vec{v}|}$$

c) Zur Bestimmung der gegenseitigen Lage prüft man zuerst die Richtungsvektoren auf lineare Abhängigkeit bzw. Unabhängigkeit:

1. Sind die Richtungsvektoren ein Vielfaches voneinander (linear abhängig), können die Geraden parallel oder identisch sein.
   Sie sind identisch, wenn ein Punkt der einen Geraden auf der anderen Geraden liegt (positive Punktprobe), sonst sind sie parallel (negative Punktprobe).
2. Sind die Richtungsvektoren kein Vielfaches voneinander (linear unabhängig), können die Geraden sich schneiden oder windschief sein.
   Durch Gleichsetzen erhält man den Schnittpunkt oder einen Widerspruch, welcher angibt, dass die Geraden windschief sind.

12 Ebenen

12.1 Parameterform der Ebenengleichung

a) Einer der angegebenen Punkte, z.B. A, wird als «Stützpunkt» genommen; die Verbindungsvektoren $\overrightarrow{AB}$ und $\overrightarrow{AC}$ sind dann die Spannvektoren der Ebene. Konkret ergibt sich damit:

$$E: \vec{x} = \begin{pmatrix} 1 \\ 4 \\ 3 \end{pmatrix} + s \cdot \begin{pmatrix} 1 \\ 3 \\ -6 \end{pmatrix} + t \cdot \begin{pmatrix} 2 \\ 1 \\ -2 \end{pmatrix}$$

b) Der «Stützpunkt» und der erste Spannvektor können direkt von der Geraden g übernommen werden. Den zweiten Spannvektor erhält man, indem man den Verbindungsvektor zwischen dem Stützpunkt und dem angegebenen Punkt aufstellt. Damit gilt:

$$E: \vec{x} = \begin{pmatrix} -1 \\ 2 \\ 4 \end{pmatrix} + s \cdot \begin{pmatrix} 3 \\ 6 \\ -1 \end{pmatrix} + t \cdot \begin{pmatrix} 2 \\ 1 \\ 2 \end{pmatrix}$$

12.2 Koordinatengleichung einer Ebene

Es gibt verschiedene Wege, die Koordinatenform der Ebenengleichung zu bestimmen. In der Lösung ist der Weg über die Punkt-Normalenform gewählt, weil er der anschaulichste ist. Es ist aber z.B. auch möglich, die Koordinatenform zu bestimmen, indem man ein Gleichungssystem bildet und dieses ausrechnet.

a) Zuerst legt man fest, welcher Ortsvektor als Stützvektor benutzt wird, dann bildet man zwei Spannvektoren und errechnet mit diesen den Normalenvektor $\vec{n}$. Dieser wird in die Punkt-Normalenform eingesetzt und ausgerechnet:

Als Stützvektor wird $\vec{a}$ gewählt, damit ergibt sich für die Spannvektoren $\overrightarrow{AB} = \begin{pmatrix} 2 \\ -1 \\ 1 \end{pmatrix}$ und $\overrightarrow{AC} = \begin{pmatrix} 6 \\ 2 \\ 3 \end{pmatrix}$. Das Vektorprodukt (siehe Seite 47) der Spannvektoren ergibt $\begin{pmatrix} -5 \\ 0 \\ 10 \end{pmatrix}$.

Ausklammern von 5 führt zu $\vec{n} = \begin{pmatrix} -1 \\ 0 \\ 2 \end{pmatrix}$. Einsetzen in die Punkt-Normalenform und Ausrechnen ergibt

$$\begin{pmatrix} -1 \\ 0 \\ 2 \end{pmatrix} \cdot \left(\begin{pmatrix} x_1 \\ x_2 \\ x_3 \end{pmatrix} - \begin{pmatrix} 2 \\ 2 \\ 2 \end{pmatrix} \right) = 0 \Rightarrow -x_1 + 2 + 2x_3 - 4 = 0.$$ Ordnen der Gleichung führt auf: $x_1 - 2x_3 = -2$.

b) Lösungsweg: Der Stützvektor der Geraden wird als Punkt der Ebene in der Punkt-Normalenform benutzt. Der erste Spannvektor ist der Richtungsvektor der Geraden, der zweite Spannvektor ergibt sich als Verbindungsvektor des «Stützpunktes» der Geraden zu dem gegebenen Punkt. Mit den beiden Spannvektoren wird $\vec{n}$ berechnet und über die Punkt-Normalenform die Koordinatengleichung ausgerechnet.

Stützvektor: $\vec{s} = \begin{pmatrix} 3 \\ 5 \\ 7 \end{pmatrix}$, Spannvektoren $\begin{pmatrix} 1 \\ 1 \\ 1 \end{pmatrix}$ und $\begin{pmatrix} 1 \\ -4 \\ -5 \end{pmatrix}$. Das Vektorprodukt (siehe Seite 47) der Spannvektoren und Ausklammern von (-1) führt zu $\vec{n} = \begin{pmatrix} 1 \\ -6 \\ 5 \end{pmatrix}$. Einsetzen von $\vec{s}$ und $\vec{n}$ in die Punkt-Normalenform und Ausrechnen führt zu $x_1 - 6x_2 + 5x_3 = 8$.

c) Lösungsweg: Zuerst wird der Schnittpunkt der Geraden ermittelt. Bevor man die Gleichungen gleichsetzt, überprüft man, ob sie den gleichen Stützvektor besitzen. Der eine Richtungsvektor bildet einen Spannvektor, der andere Richtungsvektor den anderen. Mit den beiden Spannvektoren wird $\vec{n}$ berechnet und über die Punkt-Normalenform die Koordinatengleichung ausgerechnet.

Beide Geraden besitzen den gleichen Stützvektor $\vec{s} = \begin{pmatrix} 1 \\ 2 \\ 3 \end{pmatrix}$, die Spannvektoren sind $\begin{pmatrix} 1 \\ 3 \\ 4 \end{pmatrix}$ und $\begin{pmatrix} 2 \\ -1 \\ 3 \end{pmatrix}$. Damit ist $\vec{n} = \begin{pmatrix} 13 \\ 5 \\ -7 \end{pmatrix}$. Einsetzen von $\vec{s}$ und $\vec{n}$ in die Punkt-Normalenform und Ausrechnen führt zu $13x_1 + 5x_2 - 7x_3 = 2$.

d) Zuerst wird der Schnittpunkt durch Gleichsetzen der dazugehörigen Gleichungen bestimmt:

$$\begin{array}{lrcrcrcl} \text{I} & 1 & + & 3s & = & 4 & + & 6t \\ \text{II} & & & s & = & 1 & + & 2t \\ \text{III} & 2 & + & 2s & = & 1 & + & 4t \end{array}$$

Die Gleichung II wird mit -2 multipliziert zu III addiert. Es ergibt sich der Ausdruck $3 = 0$. Dies ist ein Widerspruch. Die Gleichung hat damit keine Lösung, d.h. die Geraden schneiden sich nicht. Da die Richtungsvektoren linear abhängig sind, sind die Geraden parallel. Der «Stützpunkt» der einen Geraden wird als Punkt in der Punkt-Normalenform benutzt. Der erste Spannvektor der Ebene ist der Richtungsvektor der Geraden, der zweite Spannvektor ergibt sich aus dem Verbindungsvektor zwischen dem «Stützpunkt» der ersten Geraden und dem des «Stützpunktes» der zweiten Geraden. Mit den beiden Spannvektoren wird $\vec{n}$ berechnet und über die Punkt-Normalenform die Koordinatengleichung ausgerechnet.

Stützvektor $\vec{s} = \begin{pmatrix} 1 \\ 0 \\ 2 \end{pmatrix}$, die Spannvektoren sind $\begin{pmatrix} 3 \\ 1 \\ 2 \end{pmatrix}$ und $\begin{pmatrix} 3 \\ 1 \\ -1 \end{pmatrix}$. Das Vektorprodukt (siehe Seite 47) der Spannvektoren und Ausklammern von (-3) führt zu $\vec{n} = \begin{pmatrix} 1 \\ -3 \\ 0 \end{pmatrix}$.

Einsetzen von $\vec{s}$ und $\vec{n}$ in die Punkt-Normalenform und Ausrechnen führt zu $x_1 - 3x_2 = 1$.

e) Der Verbindungsvektor $\overrightarrow{\mathrm{AA}^*}$ ist orthogonal zur Spiegelebene. Damit kann man ihn als Normalenvektor der Ebene benutzen. Dann wird der Punkt P in der Mitte der beiden Punkte ausgerechnet.

Es ist $\overrightarrow{\mathrm{AA}^*} = \begin{pmatrix} 2 \\ -2 \\ -4 \end{pmatrix}$. Ausklammern von 2 ergibt $\vec{n} = \begin{pmatrix} 1 \\ -1 \\ -2 \end{pmatrix}$. Für $\vec{p}$ ergibt sich

$\vec{p} = \vec{a} + \frac{1}{2} \cdot \overrightarrow{\mathrm{AA}^*} = \begin{pmatrix} 2 \\ 3 \\ 5 \end{pmatrix}$. Einsetzen in die Punkt-Normalenform ergibt die Koordinatengleichung $x_1 - x_2 - 2x_3 = -11$.

f) Da E die Gerade g enthalten soll, muss der Normalenvektor $\vec{n}$ senkrecht auf dem Richtungsvektor der Geraden stehen: $\begin{pmatrix} n_1 \\ n_2 \\ n_3 \end{pmatrix} \cdot \begin{pmatrix} 2 \\ 0 \\ -1 \end{pmatrix} = 0$. Außerdem soll die Ebene auch auf der angegebenen Ebene F mit $\vec{n_\mathrm{F}} = \begin{pmatrix} -1 \\ 1 \\ 2 \end{pmatrix}$ senkrecht stehen. Damit gilt

$\begin{pmatrix} n_1 \\ n_2 \\ n_3 \end{pmatrix} \cdot \begin{pmatrix} -1 \\ 1 \\ 2 \end{pmatrix} = 0$. Die beiden Skalarprodukte werden ausgerechnet, es ergibt sich das folgende Gleichungssystem:

$$\begin{array}{llcccccc} \mathrm{I} & 2n_1 & & & - & n_3 & = & 0 \\ \mathrm{II} & -n_1 & + & n_2 & + & 2n_3 & = & 0 \end{array}$$

Aus I ergibt sich $n_3 = 2n_1$. Da es sich um zwei Gleichungen mit drei Unbekannten handelt, wählt man eine Unbekannte und setzt ein: $n_1 = 1$, damit ist $n_3 = 2$ und $n_2 = -3$. Der so bestimmte Normalenvektor und der Stützvektor von g werden in die Punkt-Normalenform eingesetzt und diese ausgerechnet. Damit ist die Koordinatenform: $x_1 - 3x_2 + 2x_3 = 4$.

g) Lösungsweg: Mit drei Punkten wird eine Ebene aufgestellt. Anschließend prüft man, ob der 4. Punkt in der Ebene liegt. Da eine Punktprobe in der Parameterform relativ aufwändig ist, lohnt es sich, die Koordinatenform aufzustellen.

Als Stützvektor wird $\vec{a}$ gewählt, damit ergibt sich für die Spannvektoren $\overrightarrow{\mathrm{AB}} = \begin{pmatrix} 2 \\ 2 \\ 2 \end{pmatrix}$

und $\overrightarrow{AC} = \begin{pmatrix} 5 \\ 1 \\ 1 \end{pmatrix}$. Das Vektorprodukt (siehe Seite 47) der Spannvektoren und Ausklammern von 8 führt zu $\vec{n} = \begin{pmatrix} 0 \\ 1 \\ -1 \end{pmatrix}$. Einsetzen in die Punkt-Normalenform und Ausrechnen ergibt: $x_2 - x_3 = -1$. Einsetzen von D $(8 \mid -1 \mid 0)$ ergibt $-1 = -1$, damit liegen alle vier Punkte in einer Ebene.

12.3 Ebenen im Koordinatensystem

Den Schnittpunkt einer Ebene mit der x_1-Achse erhält man, indem man die x_2- und die x_3-Komponente des Punktes gleich Null setzt, in die Koordinatengleichung einsetzt und x_1 berechnet. Entsprechend erhält man die Schnittpunkte einer Ebene mit den anderen Koordinatenachsen.

a) Koordinatengleichung E: $3x_1 + 4x_2 + 3x_3 = 12$. Schnittpunkt mit der x_1-Achse: Für x_2 und x_3 wird 0 eingesetzt, man erhält: $3x_1 = 12 \Rightarrow x_1 = 4 \Rightarrow S_1\,(4 \mid 0 \mid 0)$. Entsprechend verfährt man für die anderen Schnittpunkte: $4x_2 = 12 \Rightarrow x_2 = 3 \Rightarrow S_2\,(0 \mid 3 \mid 0)$ und $3x_3 = 12 \Rightarrow x_3 = 4 \Rightarrow S_3\,(0 \mid 0 \mid 4)$.

b) $E: 4x_1 - 8x_2 + 4x_3 = 16$. Schnittpunkte mit den Koordinatenachsen: $4x_1 = 16, \Rightarrow S_1\,(4 \mid 0 \mid 0)$, $-8x_2 = 16 \Rightarrow S_2\,(0 \mid -2 \mid 0)$ und $4x_3 = 16 \Rightarrow S_3\,(0 \mid 0 \mid 4)$.

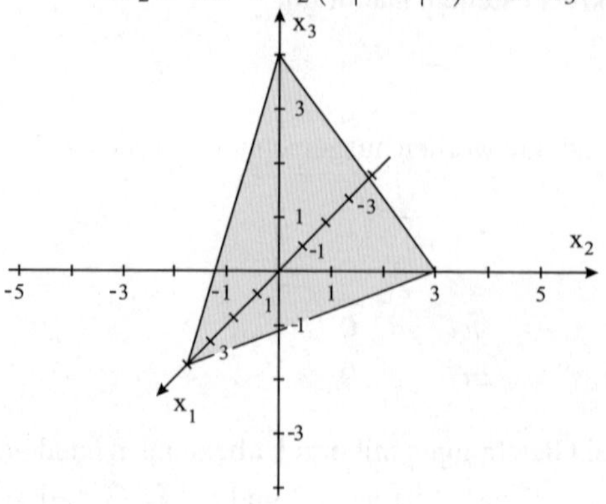

Aufgabe a)

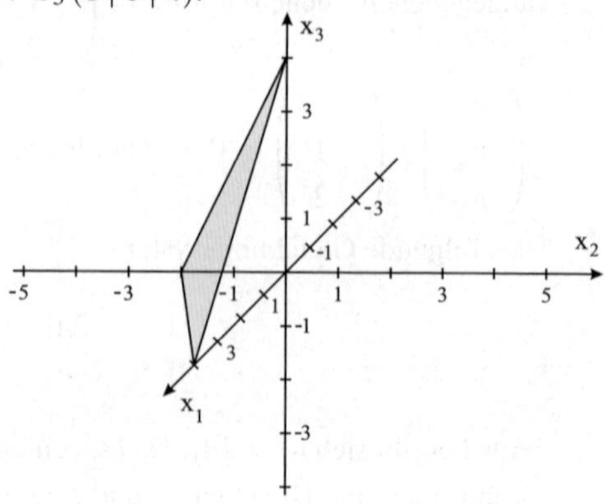

Aufgabe b)

c) $E: 2x_1 + 4x_2 = 8$. Schnittpunkte mit den Koordinatenachsen: $2x_1 = 8 \Rightarrow S_1\,(4 \mid 0 \mid 0)$ und $4x_2 = 8 \Rightarrow S_2\,(0 \mid 2 \mid 0)$. Da es keinen Schnittpunkt mit der x_3-Achse gibt, bedeutet dies, dass die Ebene parallel zur x_3-Achse ist.

d) $E: x_1 + 2x_3 = 4$. Schnittpunkte mit den Koordinatenachsen: $x_1 = 4 \Rightarrow S_1\,(4 \mid 0 \mid 0)$ und $2x_3 = 4 \Rightarrow S_3\,(0 \mid 0 \mid 2)$. Da es keinen Schnittpunkt mit der x_2-Achse gibt, bedeutet dies, dass die Ebene parallel zur x_2-Achse ist.

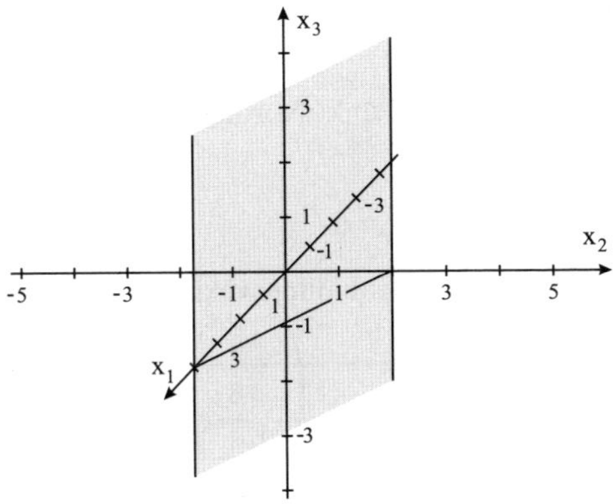

Aufgabe c)

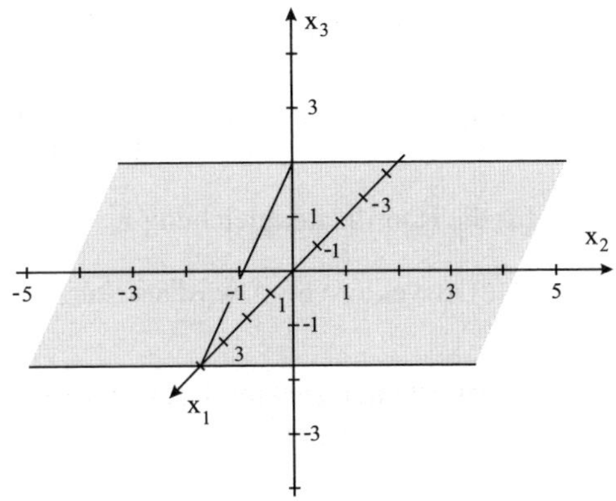

Aufgabe d)

e) E : $3x_2 + x_3 = 3$. Schnittpunkte mit den Koordinatenachsen: $3x_2 = 3 \Rightarrow S_2\,(0 \mid 1 \mid 0)$ und $x_3 = 3 \Rightarrow S_3\,(0 \mid 0 \mid 3)$. Da es keinen Schnittpunkt mit der x_1-Achse gibt, bedeutet dies, dass die Ebene parallel zur x_1-Achse ist.

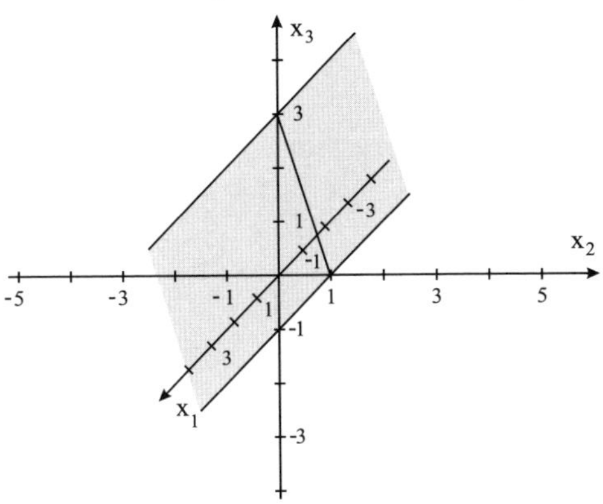

Aufgabe e)

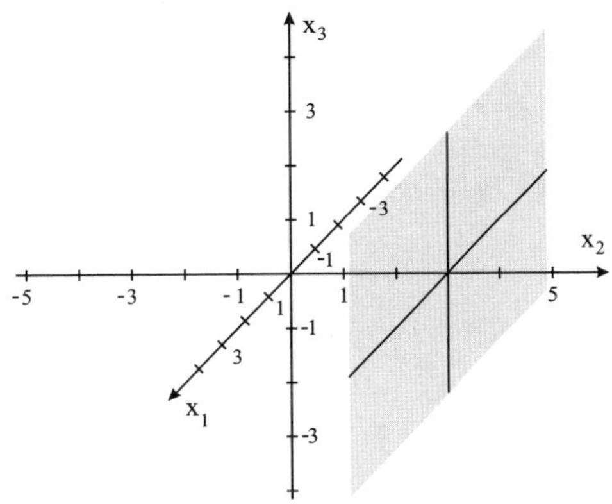

Aufgabe f)

f) E : $x_2 = 3$. Schnittpunkt mit den Koordinatenachsen: $x_2 = 3 \Rightarrow S_2\,(0 \mid 3 \mid 0)$. Da es keine Schnittpunkte mit der x_1- und der x_3-Achse gibt, bedeutet dies, dass die Ebene parallel zur x_1x_3-Ebene ist.

12.4 Bestimmen von Geraden und Ebenen in einem Quader

a) $\overrightarrow{OB} = \overrightarrow{OA} + \overrightarrow{OC} \Rightarrow \overrightarrow{OB} = \begin{pmatrix} 4 \\ 6 \\ 0 \end{pmatrix} \Rightarrow B\,(4 \mid 6 \mid 0)$

$\overrightarrow{OD} = \overrightarrow{OA} + \overrightarrow{OG} \Rightarrow D\,(4 \mid 0 \mid 5)$

$\overrightarrow{OE} = \overrightarrow{OB} + \overrightarrow{OG} \Rightarrow E\,(4 \mid 6 \mid 5)$

$\overrightarrow{OF} = \overrightarrow{OC} + \overrightarrow{OG} \Rightarrow F\,(0 \mid 6 \mid 5)$

$\overrightarrow{OM} = \overrightarrow{OB} + \frac{1}{2} \cdot \overrightarrow{G} \Rightarrow M\,(4 \mid 6 \mid 2{,}5)$

$\overrightarrow{ON} = \overrightarrow{OC} + \frac{1}{2} \cdot \overrightarrow{G} \Rightarrow N\,(0 \mid 6 \mid 2{,}5)$

b) Wenn man ein kartesisches Koordinatensystem zugrundelegt, ergibt sich aus der Zeichnung für den Normalenvektor $\vec{n} = \begin{pmatrix} 0 \\ 1 \\ 0 \end{pmatrix}$. Einsetzen von $\vec{b}$ in die Punkt-Normalenform ergibt für die Koordinatengleichung $x_2 = 6$.

c) Der Ortsvektor von A wird als Stützvektor genommen, der Verbindungsvektor von A zu N ist der Richtungsvektor. Die Gerade ist damit: $g: \vec{x} = \begin{pmatrix} 4 \\ 0 \\ 0 \end{pmatrix} + s \cdot \begin{pmatrix} -4 \\ 6 \\ 2{,}5 \end{pmatrix}$.

Für die zweite Gerade verfährt man analog: $h: \vec{x} = \begin{pmatrix} 0 \\ 0 \\ 5 \end{pmatrix} + t \cdot \begin{pmatrix} 4 \\ 6 \\ -2{,}5 \end{pmatrix}$.

d) Da die Ebene durch den Nullpunkt geht, muss man nur den Normalenvektor bestimmen: $\overrightarrow{OE}$ und $\overrightarrow{OF}$ dienen als Spannvektoren. Damit ergibt sich für die Ebene: $-5x_2 + 6x_3 = 0$. Zum Schluss wird noch eine Punktprobe mit A gemacht.

13 Gegenseitige Lage von Geraden und Ebenen

13.1 Gegenseitige Lage

a) Für die Gerade gilt:

$$\begin{aligned} x_1 &= 4 + t \\ x_2 &= 6 + 2t \\ x_3 &= 2 + 3t \end{aligned}$$

Die Werte für x_1, x_2 und x_3 setzt man in die Ebenengleichung ein und löst nach t auf (die Gerade wird als «allgemeiner Punkt» $P_t\,(4+t \mid 6+2t \mid 2+3t)$ in die Ebenengleichung eingesetzt):

$2\cdot(4+t)+4\cdot(6+2t)+6\cdot(2+3t)+12=0$. Auflösen der Klammern führt zu: $28t+56=0$ bzw. zu $t=-2$. Dies wird in die Geradengleichung eingesetzt, damit ist der Schnittpunkt $S\,(2 \mid 2 \mid -4)$.

b) Die Gerade wird als «allgemeiner Punkt» geschrieben und in die Ebenengleichung eingesetzt: $2\cdot(3+2s)+1\cdot(2+5s)-3\cdot(2+7s)=4$. Auflösen der Klammern führt zu: $s=-\frac{1}{6}$. In die Geradengleichung eingesetzt ergibt sich der Schnittpunkt $S\left(\frac{8}{3} \mid \frac{7}{6} \mid \frac{5}{6}\right)$.

c) Die Gerade und die Ebene werden gleichgesetzt:

$$\begin{pmatrix} 1 \\ -2 \\ -2 \end{pmatrix} + r\cdot\begin{pmatrix} 3 \\ 6 \\ -3 \end{pmatrix} + s\cdot\begin{pmatrix} 8 \\ -4 \\ 4 \end{pmatrix} = \begin{pmatrix} 4 \\ 1 \\ 3 \end{pmatrix} + t\cdot\begin{pmatrix} 2 \\ -1 \\ 1 \end{pmatrix}$$

daraus ergibt sich folgendes Gleichungssystem:

$$\begin{aligned} 3r + 8s - 2t &= 3 \\ 6r - 4s + t &= 3 \\ -3r + 4s - t &= 5 \end{aligned}$$

Löst man dieses Gleichungssystem mit dem Gaußschen Lösungsverfahren, ergibt sich ein Widerspruch, d.h. es gibt keine Lösung. Das bedeutet, dass sich Gerade und Ebene nicht schneiden, die Gerade liegt also parallel zur Ebene.

d) Die Gerade und die Ebene werden gleichgesetzt:

$$\begin{pmatrix} 4 \\ 6 \\ 8 \end{pmatrix} + r\cdot\begin{pmatrix} 3 \\ 8 \\ 9 \end{pmatrix} + s\cdot\begin{pmatrix} 10 \\ 5 \\ 4 \end{pmatrix} = \begin{pmatrix} 3 \\ 4 \\ 7 \end{pmatrix} + t\cdot\begin{pmatrix} 1 \\ 0 \\ 1 \end{pmatrix}$$

daraus ergibt sich folgendes Gleichungssystem:

$$\begin{aligned} 3r + 10s - t &= -1 \\ 8r + 5s &= -2 \\ 9r + 4s - t &= -1 \end{aligned}$$

Löst man dieses Gleichungssystem mit dem Gaußschen Lösungsverfahren, ergibt sich $r=-\frac{2}{13}$, $s=-\frac{2}{13}$ und $t=-1$. Einsetzen von t in die Geradengleichung führt zum Schnittpunkt $S\,(2 \mid 4 \mid 6)$.

e) Die Gerade wird als «allgemeiner Punkt» geschrieben und in die Ebenengleichung eingesetzt: $1 \cdot (1+2s) - 1 \cdot (3+2s) = 0$. Auflösen der Klammern führt zu: $-2 = 0$. Dies ist ein Widerspruch, die Gleichung hat keine Lösung, also ist die Gerade parallel zur Ebene.

13.2 Gerade und Ebene parallel

a) Damit die Gerade g_t und die Ebene E parallel sind, muss der Normalenvektor $\vec{n}$ von E orthogonal zum Richtungsvektor $\vec{r}$ der Geraden sein: $\vec{n} \cdot \vec{r} = 0$. Ausrechnen des Skalarproduktes ergibt:

$$\begin{pmatrix} 2 \\ 1 \\ t \end{pmatrix} \cdot \begin{pmatrix} 1 \\ 2 \\ 4 \end{pmatrix} = 2 \cdot 1 + 1 \cdot 2 + t \cdot 4 = 0 \quad \Rightarrow \quad t = -1.$$

Für $t = -1$ ist g_t parallel zu E. Zum Nachweis, dass die Gerade echt parallel ist, setzt man noch den «Stützpunkt» der Gerade in die Ebenengleichung ein (Punktprobe). Dies führt auf einen Widerspruch, also ist die Gerade echt parallel.

b) Damit die Gerade g_t und die Ebene E_t parallel sind, muss der Normalenvektor $\vec{n}$ der Ebene orthogonal zum Richtungsvektor $\vec{r}$ der Geraden sein: $\vec{n} \cdot \vec{r} = 0$. Ausrechnen des Skalarproduktes ergibt: $1 \cdot t + t \cdot 2 + 2 \cdot (-1) = 0 \Rightarrow t = \frac{2}{3}$. Für $t = \frac{2}{3}$ ist g_t parallel zu E_t. Zum Schluss wird eine Punktprobe mit dem «Stützpunkt» der Geraden gemacht, welche die echte Parallelität zeigt.

13.3 Allgemeines Verständnis von Geraden und Ebenen

a) Einen Normalenvektor $\vec{n}$ der Ebene E erhält man, indem man die Werte n_1, n_2 und n_3 der Koordinatengleichung von E: $n_1x_1 + n_2x_2 + n_3x_3 + n_0 = 0$ als Vektor $\vec{n} = \begin{pmatrix} n_1 \\ n_2 \\ n_3 \end{pmatrix}$ schreibt.

I) Damit die Gerade parallel zur Ebene liegt, muss der Richtungsvektor $\vec{r}$ der Geraden orthogonal zum Normalenvektor $\vec{n}$ der Ebene sein. Das Skalarprodukt der beiden muss Null ergeben: $\vec{r} \cdot \vec{n} = 0$. Außerdem muss eine Punktprobe des «Stützpunktes» A der Geraden in der Ebenengleichung einen Widerspruch ergeben, damit Gerade und Ebene echt parallel liegen.

II) Damit die Gerade senkrecht auf der Ebene steht, müssen der Richtungsvektor $\vec{r}$ der Geraden und der Normalenvektor $\vec{n}$ der Ebene linear abhängig (kollinear) sein. Also muss gelten: $\vec{n} = k \cdot \vec{r}$ mit $k \in \mathbb{R}$.

III) Damit die Gerade in der Ebene liegt, muss der «Stützpunkt» A der Geraden in der Ebene liegen und der Richtungsvektor $\vec{r}$ der Geraden orthogonal zum Normalenvektor $\vec{n}$ der Ebene stehen: $\vec{r} \cdot \vec{n} = 0$.

b) Man weist nach, dass eine Gerade in einer Ebene enthalten ist, indem man die Gerade als «allgemeinen Punkt» umschreibt und in die Koordinatengleichung einsetzt. Falls die

Gleichung unendlich viele Lösungen besitzt, liegt die Gerade in der Ebene.
Alternativ kann man so vorgehen wie unter a) III) beschrieben.

13.4 Vermischte Aufgaben

a) Als Stützvektor der Geraden wählt man $\vec{p} = \begin{pmatrix} 4 \\ 9 \\ 7 \end{pmatrix}$, der Normalenvektor der Ebene ist $\vec{n} = \begin{pmatrix} 2 \\ 1 \\ -2 \end{pmatrix}$. Nun ist ein Richtungsvektor $\overrightarrow{r_g}$ so zu wählen, dass $\overrightarrow{r_g} \cdot \vec{n} = 0$. Beispiel:

$\overrightarrow{r_g} = \begin{pmatrix} 1 \\ -2 \\ 0 \end{pmatrix}$ oder $\overrightarrow{r_g} = \begin{pmatrix} 1 \\ 0 \\ 1 \end{pmatrix}$.

Eine mögliche Geradengleichung ist

$$g:\ \vec{x} = \begin{pmatrix} 4 \\ 9 \\ 7 \end{pmatrix} + t \cdot \begin{pmatrix} 1 \\ -2 \\ 0 \end{pmatrix};\ t \in \mathbb{R}$$

b) Als Stützvektor der Geraden wählt man $\vec{q} = \begin{pmatrix} 4 \\ -1 \\ 3 \end{pmatrix}$, der Normalenvektor der Ebene ist $\vec{n} = \begin{pmatrix} 4 \\ -3 \\ 5 \end{pmatrix}$. Da $g \perp$ E ist, kann man $\overrightarrow{r_g} = 1 \cdot \vec{n}$ wählen (oder ein anderes Vielfaches).

Eine mögliche Geradengleichung ist

$$g:\ \vec{x} = \begin{pmatrix} 4 \\ -1 \\ 3 \end{pmatrix} + t \cdot \begin{pmatrix} 4 \\ -3 \\ 5 \end{pmatrix};\ t \in \mathbb{R}$$

c) Der Punkt S $(0 \mid 10 \mid 0)$ ist ein Punkt der Ebene, der Normalenvektor ist $\vec{n} = \begin{pmatrix} -2 \\ 1 \\ 2 \end{pmatrix}$.

Den Normaleneinheitsvektor $\overrightarrow{n_0}$ mit Länge 1 LE erhält man durch

$$\overrightarrow{n_0} = \frac{1}{|\vec{n}|} \cdot \vec{n} = \frac{1}{3} \cdot \begin{pmatrix} -2 \\ 1 \\ 2 \end{pmatrix}$$

Den Ortsvektor eines Punktes außerhalb der Ebene mit Abstand 3 LE erhält man durch

$$\vec{p} = \vec{s} + 3 \cdot \vec{n_0} = \begin{pmatrix} 0 \\ 10 \\ 0 \end{pmatrix} + 3 \cdot \frac{1}{3} \cdot \begin{pmatrix} -2 \\ 1 \\ 2 \end{pmatrix} = \begin{pmatrix} -2 \\ 11 \\ 2 \end{pmatrix}$$

dies ist der Stützvektor der

Geraden. Der Richtungsvektor $\vec{r_g}$ der Geraden ist so zu wählen, dass gilt $\vec{r_g} \cdot \vec{n} = 0$ (weil g parallel zu E), z.B. $\vec{r_g} = \begin{pmatrix} 1 \\ 0 \\ 1 \end{pmatrix}$ oder $\vec{r_g} = \begin{pmatrix} 1 \\ 2 \\ 0 \end{pmatrix}$.

Eine mögliche Geradengleichung ist

$$g: \ \vec{x} = \begin{pmatrix} -2 \\ 11 \\ 2 \end{pmatrix} + t \cdot \begin{pmatrix} 1 \\ 0 \\ 1 \end{pmatrix} ; t \in \mathbb{R}$$

Eine weitere Geradengleichung ergibt sich mit Hilfe von $\vec{p} = \vec{s} - 3 \cdot \vec{n_0}$.

14 Gegenseitige Lage zweier Ebenen

14.1 Schnitt von zwei Ebenen

a) Gleichung II wird von Gleichung I subtrahiert, es ergibt sich $-x_2+4x_3=7$. Es wird x_3 als t festgelegt und eingesetzt: $-x_2+4\cdot t=7 \Rightarrow x_2=4t-7$. Einsetzen in I ergibt $x_1+5\cdot t=8$ $\Rightarrow x_1=8-5t$. Umschreiben zu einer Geradengleichung wie in Aufgabe ergibt:

$$g: \vec{x}=\begin{pmatrix} 8 \\ -7 \\ 0 \end{pmatrix}+t\cdot\begin{pmatrix} -5 \\ 4 \\ 1 \end{pmatrix}$$

b) Die beiden Gleichungen werden addiert, es ergibt sich $7x_1+x_3=0 \Rightarrow 7x_1=-x_3$. Nun wird x_1 als t festgelegt und eingesetzt $7\cdot t=-x_3 \Rightarrow x_3=-7t$. Einsetzen in die Gleichung von E_1 ergibt: $t-x_2+2\cdot(-7t)=7 \Rightarrow -x_2-13t=7$ bzw. $x_2=-7-13t$. Nun hat man je eine Gleichung für x_1, x_2 und x_3:

$$\begin{array}{rclcr} x_1 & = & & & t \\ x_2 & = & -7 & - & 13t \\ x_3 & = & & - & 7t \end{array}$$

Daraus ergibt sich als Geradengleichung

$$g: \vec{x}=\begin{pmatrix} 0 \\ -7 \\ 0 \end{pmatrix}+t\cdot\begin{pmatrix} 1 \\ -13 \\ -7 \end{pmatrix}$$

c) Aus Gleichung I ergibt sich direkt: $4x_2=5 \Rightarrow x_2=\frac{5}{4}$. In Gleichung II setzt man $x_1=t$, damit ist $6\cdot t=-5x_3 \Rightarrow x_3=-\frac{6}{5}t$. Umschreiben zu einer Geradengleichung ergibt

$$g: \vec{x}=\begin{pmatrix} 0 \\ \frac{5}{4} \\ 0 \end{pmatrix}+t\cdot\begin{pmatrix} 1 \\ 0 \\ -\frac{6}{5} \end{pmatrix} \text{ bzw. } g: \vec{x}=\begin{pmatrix} 0 \\ 1,25 \\ 0 \end{pmatrix}+t\cdot\begin{pmatrix} 5 \\ 0 \\ -6 \end{pmatrix}$$

d) Die Ebene E_1 wird als drei Gleichungen geschrieben:

$$\begin{array}{rcrcrcr} x_1 & = & 5 & & & + & 2s \\ x_2 & = & 6 & - & 4r & - & 3s \\ x_3 & = & -4 & + & 7r & + & 4s \end{array}$$

Nun werden x_1, x_2 und x_3 in E_2 eingesetzt:

$$2(5+2s)-(6-4r-3s)+(-4+7r+4s)=0$$

Nach dem Auflösen der Klammern ergibt sich $11s+11r=0$. Auflösen der Gleichung nach s führt zu $s=-r$. Dies wird in E_1 eingesetzt:

$$\vec{x}=\begin{pmatrix} 5 \\ 6 \\ -4 \end{pmatrix}+r\cdot\begin{pmatrix} 0 \\ -4 \\ 7 \end{pmatrix}-r\cdot\begin{pmatrix} 2 \\ -3 \\ 4 \end{pmatrix}$$

Zusammenfassen der Vektoren ergibt die Schnittgerade:

$$g\colon\ \vec{x} = \begin{pmatrix} 5 \\ 6 \\ -4 \end{pmatrix} + r \cdot \begin{pmatrix} -2 \\ -1 \\ 3 \end{pmatrix}$$

e) Die Ebene E_1 wird als drei Gleichungen geschrieben:

$$\begin{aligned} x_1 &= 2 - r + s \\ x_2 &= 2 + 2r - s \\ x_3 &= 2 + r + 2s \end{aligned}$$

Nun werden x_1, x_2 und x_3 in E_2 eingesetzt:

$$(2-r+s)+(2+2r-s)-2(2+r+2s)=-4$$

Nach dem Auflösen der Klammern ergibt sich $-r-4s=-4$. Auflösen der Gleichung nach r führt zu $r=4-4s$. Dies wird in E_1 eingesetzt:

$$\vec{x} = \begin{pmatrix} 2 \\ 2 \\ 2 \end{pmatrix} + (4-4s) \cdot \begin{pmatrix} -1 \\ 2 \\ 1 \end{pmatrix} + s \cdot \begin{pmatrix} 1 \\ -1 \\ 2 \end{pmatrix}$$

Auflösen der Klammern ergibt:

$$\vec{x} = \begin{pmatrix} 2 \\ 2 \\ 2 \end{pmatrix} + \begin{pmatrix} -4 \\ 8 \\ 4 \end{pmatrix} + s \cdot \begin{pmatrix} 4 \\ -8 \\ -4 \end{pmatrix} + s \cdot \begin{pmatrix} 1 \\ -1 \\ 2 \end{pmatrix}$$

Die Schnittgerade ist damit

$$g\colon\ \vec{x} = \begin{pmatrix} -2 \\ 10 \\ 6 \end{pmatrix} + s \cdot \begin{pmatrix} 5 \\ -9 \\ -2 \end{pmatrix}$$

f) Die Ebenengleichungen werden gleichgesetzt:

$$\begin{pmatrix} -4 \\ 1 \\ 6 \end{pmatrix} + r \cdot \begin{pmatrix} 5 \\ -3 \\ -2 \end{pmatrix} + s \cdot \begin{pmatrix} 2 \\ 2 \\ -1 \end{pmatrix} = \begin{pmatrix} 4 \\ 5 \\ -3 \end{pmatrix} + t \cdot \begin{pmatrix} 0 \\ -2 \\ 1 \end{pmatrix} + u \cdot \begin{pmatrix} -3 \\ 1 \\ 3 \end{pmatrix}$$

daraus ergibt sich folgendes Gleichungssystem:

$$\begin{array}{lrcrcrcrcr} \text{I} & 5r & + & 2s & & & + & 3u & = & 8 \\ \text{II} & -3r & + & 2s & + & 2t & - & u & = & 4 \\ \text{III} & -2r & - & s & - & t & - & 3u & = & -9 \end{array}$$

Vereinfachen mit dem Gauß-Verfahren führt zu:

$$\begin{array}{lrcrcrcrcr} \text{I} & 5r & + & 2s & & & + & 3u & = & 8 \\ \text{II}a & & & 16s & + & 10t & + & 4u & = & 44 \\ \text{III}b & & & & & t & + & 2u & = & 6 \end{array}$$

Es ergibt sich für die unterste Zeile: $t+2u=6$. Nun stellt man nach einem Parameter um, es bietet sich t an, da sonst Brüche auftreten: $t=6-2u$. Anschließend setzt man diesen

Ausdruck für t in E_2 ein:

$$\vec{x} = \begin{pmatrix} 4 \\ 5 \\ -3 \end{pmatrix} + (6-2u) \cdot \begin{pmatrix} 0 \\ -2 \\ 1 \end{pmatrix} + \cdot u \cdot \begin{pmatrix} -3 \\ 1 \\ 3 \end{pmatrix}$$

Ausmultiplizieren ergibt:

$$\vec{x} = \begin{pmatrix} 4 \\ 5 \\ -3 \end{pmatrix} + \begin{pmatrix} 0 \\ -12 \\ 6 \end{pmatrix} + u \cdot \begin{pmatrix} 0 \\ 4 \\ -2 \end{pmatrix} + u \cdot \begin{pmatrix} -3 \\ 1 \\ 3 \end{pmatrix}$$

Die Schnittgerade ist damit:

$$g:\ \vec{x} = \begin{pmatrix} 4 \\ -7 \\ 3 \end{pmatrix} + u \cdot \begin{pmatrix} -3 \\ 5 \\ 1 \end{pmatrix}$$

g) Die Ebenengleichungen werden gleichgesetzt:

$$\begin{pmatrix} 4 \\ 5 \\ 7 \end{pmatrix} + r \cdot \begin{pmatrix} 1 \\ 1 \\ 2 \end{pmatrix} + s \cdot \begin{pmatrix} 2 \\ 3 \\ 6 \end{pmatrix} = \begin{pmatrix} 3 \\ 2 \\ 11 \end{pmatrix} + t \cdot \begin{pmatrix} 1 \\ -1 \\ 2 \end{pmatrix} + u \cdot \begin{pmatrix} 2 \\ -5 \\ 8 \end{pmatrix}$$

Daraus ergibt sich folgendes Gleichungssystem:

$$\begin{array}{lcccccccccc} \text{I} & r & + & 2s & - & t & - & 2u & = & -1 \\ \text{II} & r & + & 3s & + & t & + & 5u & = & -3 \\ \text{III} & 2r & + & 6s & - & 2t & - & 8u & = & 4 \end{array}$$

Vereinfachen mit dem Gauß-Verfahren führt zu:

$$\begin{array}{lcccccccccc} \text{I} & r & + & 2s & - & t & - & 2u & = & -1 \\ \text{II}a & & & -s & - & 2t & - & 7u & = & 2 \\ \text{III}b & & & & - & 4t & - & 18u & = & 10 \end{array}$$

Aus der letzten Zeile ergibt sich $t + 4,5u = -2,5$. Dieser Ausdruck wird nach t umgestellt: $t = -2,5 - 4,5u$ und für t in E_2 eingesetzt:

$$\vec{x} = \begin{pmatrix} 3 \\ 2 \\ 11 \end{pmatrix} + (-2,5-4,5u) \cdot \begin{pmatrix} 1 \\ -1 \\ 2 \end{pmatrix} + u \cdot \begin{pmatrix} 2 \\ -5 \\ 8 \end{pmatrix}$$

Ausmultiplizieren ergibt:

$$\vec{x} = \begin{pmatrix} 3 \\ 2 \\ 11 \end{pmatrix} + \begin{pmatrix} -2,5 \\ 2,5 \\ -5 \end{pmatrix} + u \cdot \begin{pmatrix} -4,5 \\ 4,5 \\ -9 \end{pmatrix} + u \cdot \begin{pmatrix} 2 \\ -5 \\ 8 \end{pmatrix}$$

Die Schnittgerade ist damit:

$$g:\ \vec{x} = \begin{pmatrix} 0,5 \\ 4,5 \\ 6 \end{pmatrix} + u \cdot \begin{pmatrix} -2,5 \\ -0,5 \\ -1 \end{pmatrix} \text{ bzw. } g:\ \vec{x} = \begin{pmatrix} 0,5 \\ 4,5 \\ 6 \end{pmatrix} + u \cdot \begin{pmatrix} 5 \\ 1 \\ 2 \end{pmatrix}$$

14.2 Parallele Ebenen

a) Damit die beiden Ebenen parallel sind, müssen die Normalenvektoren von E_t und F linear abhängig sein. Es muss also gelten: $\overrightarrow{n_E} = k \cdot \overrightarrow{n_F}$ mit $k \in \mathbb{R}$. Gesucht ist ein k, so dass gilt:

$$\begin{pmatrix} t \\ -2t \\ -4 \end{pmatrix} = k \cdot \begin{pmatrix} -2 \\ 4 \\ -4 \end{pmatrix}$$

Dies führt zu folgendem Gleichungssystem:

$$\begin{array}{lrcr} \text{I} & t & = & -2k \\ \text{II} & -2t & = & 4k \\ \text{III} & -4 & = & -4k \end{array}$$

Die Gleichung III führt auf $k = 1$. Einsetzen in Gl. I führt zu: $t = -2$. Prüfen in II bestätigt diese Lösung. Zur Kontrolle, ob die Ebenen echt parallel sind, subtrahiert man noch die Gleichungen der Ebenen, es ergibt sich $0 = -1$, dies ist ein Widerspruch, die Ebenen sind also echt parallel.

b) Man geht vor wie in der vorangegangenen Aufgabe, es ergibt sich das Gleichungssystem

$$\begin{array}{lrcr} \text{I} & 2t & = & 8k \\ \text{II} & 1 & = & -2k \\ \text{III} & 3 & = & -6k \end{array}$$

Die Gleichungen II und III führen auf $k = -\frac{1}{2}$. Eingesetzt in I ergibt sich $t = -2$. Zur Kontrolle, ob die Ebenen echt parallel sind, addiert man noch die Gleichungen der Ebenen: $2 \cdot \text{I} + \text{II}$, es ergibt sich $0 = 23$. Dies ist ein Widerspruch; die Ebenen sind also echt parallel.

14.3 Verschiedene Aufgaben zur Lage zweier Ebenen

a) Damit die Ebenen identisch sind, muss sich bei der Addition der Ebenengleichungen $0 = 0$ ergeben. Aus den Faktoren vor x_1, x_2 und x_3 liest man ab, dass man Gleichung I mit 2 multiplizieren muss. Es wird also $2 \cdot \text{I}$ zu II addiert, damit ergibt sich $0 = 2d + 9$ $\Rightarrow\ d = -4{,}5$.

b) Wenn die Ebenen orthogonal zueinander sind, muss das Skalarprodukt der beiden Normalenvektoren gleich Null sein. Es ist

$$\begin{pmatrix} 3 \\ 4 \\ -2 \end{pmatrix} \cdot \begin{pmatrix} 2 \\ 1 \\ 5 \end{pmatrix} = 6 + 4 - 10 = 0.$$

Also sind die beiden Ebenen orthogonal.

c) Damit die Ebenen orthogonal zueinander sind, muss das Skalarprodukt der beiden Normalenvektoren gleich Null sein:

$$\begin{pmatrix} 2 \\ -1 \\ 3 \end{pmatrix} \cdot \begin{pmatrix} t \\ -2t \\ -4 \end{pmatrix} = 2t + 2t - 12 = 0.$$

Daraus ergibt sich $4t = 12 \Rightarrow t = 3$. Für $t = 3$ sind die Ebenen orthogonal zueinander.

d) I) Zwei parallel liegende Ebenen unterscheiden sich nur durch ihre Konstanten (d und h). Also müssen die Normalenvektoren der beiden Ebenen linear abhängig (kollinear) sein. Die Konstanten dürfen nicht gleich bzw. das gleiche Vielfache wie die Normalenvektoren sein, sonst wären die Ebenen identisch.

II) Damit die beiden Ebenen senkrecht aufeinander stehen, müssen die beiden Normalenvektoren senkrecht aufeinander stehen. Ihr Skalarprodukt ist damit: $\overrightarrow{n_{\mathrm{E}}} \cdot \overrightarrow{n_{\mathrm{F}}} = 0$. Anders ausgedrückt: $a \cdot e + b \cdot f + c \cdot g = 0$

III) Damit die beiden Ebenen identisch sind, müssen die gleichen Bedingungen wie für parallele Ebenen gelten (siehe I), allerdings müssen die Konstanten das gleiche Vielfache voneinander sein, wie die Normalenvektoren.

15 Abstandsberechnungen

15.1 Abstand Punkt – Ebene

a) Die Koordinaten des Punktes werden in die Hessesche Normalenform (HNF) eingesetzt:

$$d = \frac{|2 \cdot 2 - 1 \cdot 4 + 2 \cdot (-1) - 1|}{\sqrt{2^2 + (-1)^2 + 2^2}} = \frac{|-3|}{\sqrt{9}} = 1\,\text{LE}$$

b) Die Koordinaten des Punktes werden in die HNF eingesetzt:

$$d = \frac{|1 \cdot 9 + 2 \cdot 4 + 2 \cdot (-3) + 3|}{\sqrt{1^2 + 2^2 + 2^2}} = \frac{|14|}{\sqrt{9}} = \frac{14}{3}\,\text{LE}$$

c) Die Ebene wird zuerst in die Koordinatenform umgerechnet, anschließend wird wie in den vorangegangenen Aufgaben eingesetzt: E : $2x_1 + 2x_2 + x_3 = 26$, Einsetzen und Ausrechnen ergibt für den Abstand $\frac{8}{3}$ LE.

15.2 Abstand Punkt – Gerade

a) Einsetzen des Richtungsvektors von g und des Punktes T in die Punkt-Normalenform liefert die Hilfsebene $\text{E}_\text{H}: \; -2x_1 + x_2 + x_3 = -9$. Schneiden mit g ergibt den Schnittpunkt L$(8 \mid 3 \mid 4)$. DerVerbindungsvektor ist $\overrightarrow{\text{LT}} = \begin{pmatrix} -2 \\ -9 \\ 5 \end{pmatrix}$. Für den Betrag des Verbindungsvektors ergibt sich $|\overrightarrow{\text{LT}}| = \sqrt{(-2)^2 + (-9)^2 + 5^2} = \sqrt{110}$. Also ist der Punkt T $\sqrt{110}$ LE von der Geraden entfernt.

b) Einsetzen des Richtungsvektors von g und des Punktes P in die Punkt-Normalenform liefert die Hilfsebene $\text{E}_\text{H}: \; 3x_1 - 2x_3 = 3$. Schneiden mit g ergibt den Schnittpunkt L$(1 \mid -4 \mid 0)$. Betrag des Verbindungsvektors: $|\overrightarrow{\text{LP}}| = 7$. Der Punkt P ist 7 LE von der Geraden entfernt.

15.3 Abstand paralleler Geraden

Die Fragestellung lässt sich auf den Abstand eines Punktes zu einer Geraden zurückführen: Wenn bewiesen ist, dass die Geraden parallel sind, berechnet man den Abstand des «Stützpunktes» der einen Geraden zur anderen Geraden.

a) Wenn die Geraden parallel oder identisch sind, müssen die Richtungsvektoren linear abhängig sein. Dies lässt sich unmittelbar an den beiden Vektoren ablesen: $\begin{pmatrix} 3 \\ 0 \\ 3 \end{pmatrix} = 3 \cdot \begin{pmatrix} 1 \\ 0 \\ 1 \end{pmatrix}$.

Nun wird der Abstand des «Stützpunktes» S$(2 \mid 3 \mid 4)$ der Geraden h zu g berechnet: Einsetzen des Richtungsvektors von g und des Punktes S in die Punkt-Normalenform liefert die Hilfsebene $E_H: \ x_1 + x_3 = 6$. Schneiden mit g ergibt den Schnittpunkt $L(3 \mid 1 \mid 3)$. Für die Länge bzw. den Betrag des Verbindungsvektors ergibt sich $|\overrightarrow{LS}| = \sqrt{6}$, damit sind die beiden Geraden $\sqrt{6}$ LE voneinander entfernt.

b) Die Richtungsvektoren sind linear abhängig, daher sind die Geraden parallel oder identisch. Nun wird der Abstand des «Stützpunktes» S der Geraden h zu g berechnet: Einsetzen des Richtungsvektors von g und des Punktes S in die Punkt-Normalenform liefert die Hilfsebene $E_H: \ x_1 + 3x_2 + 4x_3 = 14$. Schneiden mit g ergibt $t = 0$ und damit den Schnittpunkt $L(5 \mid -1 \mid 3)$. Für die Länge bzw. den Betrag des Verbindungsvektors ergibt sich $|\overrightarrow{LS}| = \sqrt{56}$, damit sind die beiden Geraden $\sqrt{56}$ LE voneinander entfernt.

15.4 Verschiedene Aufgaben

a) Da der gesuchte Punkt A auf der Geraden von P und Q gleich weit entfernt ist, gilt: $|\overrightarrow{PA}| = |\overrightarrow{QA}|$. Die Gerade wird als «allgemeiner Punkt» geschrieben: $A(2+2t \mid 1+t \mid 3+2t)$.

Eingesetzt ergibt sich $|\overrightarrow{PA}| = |\vec{a} - \vec{p}| = \left| \begin{pmatrix} -3+2t \\ t \\ 3+2t \end{pmatrix} \right| = \sqrt{(-3+2t)^2 + t^2 + (3+2t)^2}$.

Für $|\overrightarrow{QA}|$ ergibt sich entsprechend $|\overrightarrow{QA}| = \sqrt{(-4+2t)^2 + (-2+t)^2 + (-4+2t)^2}$.
Die beiden Wurzeln werden gleichgesetzt:

$$\sqrt{(2t-3)^2 + t^2 + (2t+3)^2} = \sqrt{(2t-4)^2 + (t-2)^2 + (2t-4)^2}$$

Als Nächstes wird die Gleichung quadriert, um die Wurzel zu beseitigen, und die Klammern werden aufgelöst. Nachdem zusammengefasst wurde, ergibt sich $18 = 36t$. Dies führt zu $t = \frac{1}{2}$. Damit ist der gesuchte Punkt $A(3 \mid 1{,}5 \mid 4)$.

b) Da der gesuchte Punkt M auf der Geraden von A und C gleich weit entfernt ist, gilt $|\overrightarrow{AM}| = |\overrightarrow{CM}|$. Die Gerade wird als «allgemeiner Punkt» geschrieben und eingesetzt: Für den «allgemeinen Punkt» gilt $M(-1+2t \mid 4-2t \mid 1+t)$.

Eingesetzt ergibt sich $|\overrightarrow{AM}| = |\vec{m} - \vec{a}| = \left| \begin{pmatrix} 2t-3 \\ -2t+6 \\ t \end{pmatrix} \right| = \sqrt{(2t-3)^2 + (-2t+6)^2 + t^2}$.

Für $|\overrightarrow{CM}|$ ergibt sich entsprechend $|\overrightarrow{CM}| = \sqrt{(2t)^2 + (-2t)^2 + (2+t)^2}$.
Die beiden Wurzeln werden gleichgesetzt:

$$\sqrt{(2t-3)^2 + (6-2t)^2 + t^2} = \sqrt{(2t)^2 + (-2t)^2 + (2+t)^2}$$

Als Nächstes wird die Gleichung quadriert, um die Wurzel zu beseitigen, und die Klammern werden aufgelöst. Nachdem zusammengefasst wurde, ergibt sich

$$9t^2 - 36t + 45 = 9t^2 + 4t + 4$$

Dies führt zu $t = \frac{41}{40}$. Damit ist der gesuchte Punkt $M\left(\frac{21}{20} \mid \frac{39}{20} \mid \frac{81}{40}\right)$.

c) Da die beiden gesuchten Punkte P_1und P_2 auf g die Entfernung 3 vom Punkt A haben, gilt $|\overrightarrow{AP}| = 3$. Die Gerade wird als «allgemeiner Punkt» umgeschrieben und eingesetzt: $P(1+2t \mid t \mid 2+2t)$. Also ist $|\overrightarrow{AP}| = |\vec{p}-\vec{a}| = \sqrt{(2t-2)^2+(t-1)^2+(2t-2)^2} = 3$. Die Gleichung wird zuerst quadriert, dann werden die Klammern aufgelöst. Es ergibt sich $9t^2 - 18t = 0$. Ausklammern von t oder Auflösen mit Hilfe der pq- oder abc-Formel führt zu $t_1 = 2$ und $t_2 = 0$. Damit sind die gesuchten Punkte $P_1\,(5 \mid 2 \mid 6)$ und $P_2\,(1 \mid 0 \mid 2)$.

d) Zuerst stellt man eine Ebenengleichung der drei Punkte auf. Die Höhe der Pyramide ist der Abstand des Punktes S von der Ebene. Die Ebene wird wie in Kapitel 13.1 aufgestellt, Koordinatengleichung: $E:\ x_1 - x_2 + x_3 = 1$. Eingesetzt in die Abstandsformel ergibt sich für den Abstand $d = \frac{15}{\sqrt{3}} = \frac{15}{\sqrt{3}} \cdot \frac{\sqrt{3}}{\sqrt{3}} = \frac{15\cdot\sqrt{3}}{3} = 5\sqrt{3}$ LE.

e) Gesucht ist der Wert b aus der Koordinatengleichung. Die Ebene, der Punkt und der Abstand werden in die Abstandsformel eingesetzt und anschließend nach b aufgelöst:

$$d(\mathrm{P};\mathrm{E}) = \frac{|2\cdot(-1)+1\cdot 2-2\cdot(-3)-b|}{\sqrt{2^2+1^2+2^2}} = 2 \Rightarrow \frac{|6-b|}{3} = 2 \Rightarrow |6-b| = 6$$

Nun muss eine Fallunterscheidung gemacht werden, um den Betrag aufzulösen:
1. Fall: $(6-b) = 6 \Rightarrow b_1 = 0$
2. Fall: $-(6-b) = 6 \Rightarrow b_2 = 12$
Damit sind die gesuchten Ebenen $E_1:\ 2x_1+x_2-2x_3 = 0$ und $E_2:\ 2x_1+x_2-2x_3 = 12$.

f) Gesucht sind die Punkte auf der Geraden, die den Abstand 3 LE von der angegebenen Ebene haben. Die Gerade wird hierzu als «allgemeiner Punkt» geschrieben, und dieser und die Ebene werden in die Abstandsformel eingesetzt:

$$d\,(\mathrm{P};\mathrm{E}) = \frac{|2\cdot(2+2t)+1\cdot(-5+4t)+2\cdot(-3+5t)-11|}{\sqrt{9}} = \frac{|18t-18|}{3} = 3$$

Fallunterscheidung:
1. Fall: $(18t-18) = 9 \Rightarrow t_1 = 1{,}5$
2. Fall: $-(18t-18) = 9 \Rightarrow t_2 = 0{,}5$
Einsetzen in die Geradengleichung führt zu $P_1\,(5 \mid 1 \mid 4{,}5)$ und $P_2\,(3 \mid -3 \mid -0{,}5)$.

g) Wenn die Ebenen parallel zueinander liegen, müssen die beiden Normalenvektoren linear abhängig sein. Es ist $\vec{n}_1 = (-1)\cdot\vec{n}_2$, damit ist bewiesen, dass die Ebenen parallel liegen (bzw. identisch sein können). Abstand der Ebenen: Man bestimmt einen Punkt $P\,(p_1 \mid p_2 \mid p_3)$ in E_2 und berechnet den Abstand des Punktes zu E_1. Es werden p_1 und p_2 Null gesetzt und p_3 bestimmt: $-2\cdot 0+3\cdot 0-1\cdot p_3 = -7 \Rightarrow p_3 = 7$. Damit ist $P(0 \mid 0 \mid 7)$, für den Abstand folgt: $d\,((0 \mid 0 \mid 7);E_1) = \frac{3}{\sqrt{14}} = \frac{3}{14}\sqrt{14}$ LE.

15.5 Abstand windschiefer Geraden

Um den Abstand von zwei windschiefen Geraden $g: \vec{x} = \vec{a} + s \cdot \vec{r}$ und $h: \vec{x} = \vec{b} + t \cdot \vec{v}$ zu berechnen, benötigt man einen Vektor $\vec{n}$, der auf den beiden Richtungsvektoren senkrecht steht. Für den Abstand d gilt dann

$$d(g;\, h) = \frac{|(\vec{a}-\vec{b})\cdot\vec{n}|}{|\vec{n}|}$$

Den Vektor $\vec{n}$ bestimmt man mit Hilfe des Vektorproduktes $\vec{n} = \vec{r} \times \vec{v}$.

a) $\vec{n} = \begin{pmatrix} 4 \\ 1 \\ -1 \end{pmatrix} \times \begin{pmatrix} 2 \\ 0 \\ -1 \end{pmatrix} = \begin{pmatrix} -1 \\ 2 \\ -2 \end{pmatrix}$. Der Vektor $\vec{a} - \vec{b}$ ist $\begin{pmatrix} -1 \\ 1 \\ -3 \end{pmatrix}$.

In die Gleichung eingesetzt ergibt sich

$$d\,(g;h) = \frac{\left|\begin{pmatrix} -1 \\ 1 \\ -3 \end{pmatrix} \cdot \begin{pmatrix} -1 \\ 2 \\ -2 \end{pmatrix}\right|}{\sqrt{1+4+4}} = \frac{|1+2+6|}{3} = \frac{|9|}{3} = 3 \text{ LE}.$$

Der Abstand der beiden Geraden ist 3 LE.

b) $\vec{n} = \begin{pmatrix} 2 \\ 1 \\ -2 \end{pmatrix} \times \begin{pmatrix} 0 \\ 1 \\ 2 \end{pmatrix} = \begin{pmatrix} 4 \\ -4 \\ 2 \end{pmatrix}$. Der Vektor $\vec{a} - \vec{b}$ ist $\begin{pmatrix} 2 \\ -4 \\ 6 \end{pmatrix}$.

In die Gleichung eingesetzt ergibt sich

$$d\,(g;h) = \frac{\left|\begin{pmatrix} 2 \\ -4 \\ 6 \end{pmatrix} \cdot \begin{pmatrix} 4 \\ -4 \\ 2 \end{pmatrix}\right|}{\sqrt{16+16+4}} = \frac{|8+16+12|}{6} = \frac{36}{6} = 6 \text{ LE}.$$

Der Abstand der beiden Geraden ist 6 LE.

c) Man schreibt die Geraden g bzw. h als «parameterisierte Punkte» G bzw. H mit jeweils einem Parameter $t \in \mathbb{R}$ (z.B. $g: \ \vec{x} = \begin{pmatrix} 2 \\ 1 \\ 3 \end{pmatrix} + t \cdot \begin{pmatrix} 4 \\ 2 \\ 5 \end{pmatrix} \Rightarrow \mathrm{G}\,(2+4t \mid 1+2t \mid 3+5t)$).

1. Der Verbindungsvektor $\overrightarrow{\mathrm{GH}}$ wird ermittelt. (Er hat *zwei* Parameter).
2. Der Vektor $\overrightarrow{\mathrm{GH}}$ steht senkrecht auf g bzw. h, also ist jeweils das Skalarprodukt mit den Richtungsvektoren $\vec{r_g}$ bzw. $\vec{r_h}$ Null. Damit ergeben sich folgende zwei Gleichungen:
   I $\overrightarrow{\mathrm{GH}} \cdot \vec{r_g} = 0$, II $\overrightarrow{\mathrm{GH}} \cdot \vec{r_h} = 0$
3. Man löst das Gleichungssystem bestehend aus den Gleichungen I und II und ermittelt die Punkte G und H durch Einsetzen der Parameter.
4. Der Abstand der windschiefen Geraden ist dann $|\overrightarrow{\mathrm{GH}}|$.

16 Winkelberechnungen

16.1 Winkel zwischen Vektoren bzw. Geraden

Zuerst stellt man die Verbindungsvektoren auf. Anschließend setzt man in die Formel für den Winkel ein.

a)

$$\cos\beta = \overrightarrow{BA} \cdot \overrightarrow{BC} = \frac{\begin{pmatrix} 2 \\ -4 \\ 4 \end{pmatrix} \cdot \begin{pmatrix} -4 \\ 2 \\ 4 \end{pmatrix}}{\sqrt{2^2+(-4)^2+4^2} \cdot \sqrt{(-4)^2+2^2+4^2}} = 0 \Rightarrow \beta = 90^\circ$$

$$\cos\gamma = \overrightarrow{CA} \cdot \overrightarrow{CB} = \frac{\begin{pmatrix} 6 \\ -6 \\ 0 \end{pmatrix} \cdot \begin{pmatrix} 4 \\ -2 \\ -4 \end{pmatrix}}{\sqrt{72} \cdot 6} = \frac{36}{\sqrt{72} \cdot 6} = \frac{6}{\sqrt{72}} = \frac{6}{\sqrt{36} \cdot \sqrt{2}} = \frac{6}{6 \cdot \sqrt{2}} = \frac{1}{\sqrt{2}} \Rightarrow \gamma = 45^\circ$$

$$\cos\alpha = \overrightarrow{AB} \cdot \overrightarrow{AC} = \frac{\begin{pmatrix} -2 \\ 4 \\ -4 \end{pmatrix} \cdot \begin{pmatrix} -6 \\ 6 \\ 0 \end{pmatrix}}{6 \cdot \sqrt{72}} = \frac{36}{6 \cdot \sqrt{72}} = \frac{6}{\sqrt{72}} = \frac{1}{\sqrt{2}} \Rightarrow \gamma = 45^\circ$$

b) I) Durch die Aufgabenstellung ist vorausgesetzt, dass sich die beiden Geraden tatsächlich schneiden, dies hätte sonst geprüft werden müssen. Der Winkel zwischen den beiden Geraden wird berechnet, indem man den Winkel zwischen den Richtungsvektoren berechnet:

$$\cos\alpha = \frac{\left| \begin{pmatrix} -1 \\ 3 \\ 5 \end{pmatrix} \cdot \begin{pmatrix} 7 \\ -1 \\ 2 \end{pmatrix} \right|}{\sqrt{35} \cdot \sqrt{54}} = \frac{|-7-3+10|}{\sqrt{35} \cdot \sqrt{54}} = \frac{|0|}{\sqrt{35} \cdot \sqrt{54}} = 0 \Rightarrow \alpha = 90^\circ$$

II) Auch hier wird der Winkel α zwischen den Richtungsvektoren bestimmt:

$$\cos\alpha = \frac{\left| \begin{pmatrix} 2 \\ -6 \\ 10 \end{pmatrix} \cdot \begin{pmatrix} 2 \\ 3 \\ 5 \end{pmatrix} \right|}{\sqrt{140} \cdot \sqrt{38}} = \frac{|4-18+50|}{\sqrt{140} \cdot \sqrt{38}} = \frac{36}{\sqrt{140} \cdot \sqrt{38}} \Rightarrow \alpha \approx 60{,}42^\circ$$

16.2 Winkel zwischen Ebenen

a) Der Winkel zwischen zwei Ebenen wird berechnet, indem man den Winkel zwischen den Normalenvektoren berechnet:

$$\cos\alpha = \frac{\left|\begin{pmatrix}1\\-1\\2\end{pmatrix}\cdot\begin{pmatrix}6\\1\\-1\end{pmatrix}\right|}{\sqrt{1^2+(-1)^2+2^2}\cdot\sqrt{6^2+1^2+(-1)^2}} = \frac{|6-1-2|}{\sqrt{6}\cdot\sqrt{38}} = \frac{3}{\sqrt{6}\cdot\sqrt{38}} \Rightarrow \alpha \approx 78{,}54^\circ$$

b) Auch hier wird der Winkel zwischen den Normalenvektoren bestimmt:

$$\cos\alpha = \frac{\left|\begin{pmatrix}0\\4\\0\end{pmatrix}\cdot\begin{pmatrix}6\\0\\5\end{pmatrix}\right|}{4\cdot\sqrt{6^2+5^2}} = \frac{0}{4\cdot\sqrt{61}} = 0 \Rightarrow \alpha = 90^\circ$$

16.3 Winkel zwischen Gerade und Ebene

a) Der Winkel zwischen einer Gerade und einer Ebene wird berechnet, indem man den Winkel zwischen dem Richtungsvektor der Geraden und dem Normalenvektor der Ebene berechnet. Dabei wird im Unterschied zum Winkel zwischen zwei Geraden oder zwischen zwei Ebenen der *Sinus* des Winkels bestimmt:

$$\sin\alpha = \frac{\left|\begin{pmatrix}1\\2\\-1\end{pmatrix}\cdot\begin{pmatrix}3\\5\\-2\end{pmatrix}\right|}{\sqrt{6}\cdot\sqrt{38}} = \frac{|3+10+2|}{\sqrt{6}\cdot\sqrt{38}} = \frac{15}{\sqrt{6}\cdot\sqrt{38}} \Rightarrow \alpha \approx 83{,}41^\circ$$

b) Es ist:

$$\sin\alpha = \frac{\left|\begin{pmatrix}0\\1\\0\end{pmatrix}\cdot\begin{pmatrix}6\\10\\-4\end{pmatrix}\right|}{\sqrt{1}\cdot\sqrt{152}} = \frac{|0+10+0|}{\sqrt{152}} = \frac{10}{\sqrt{4\cdot 38}} = \frac{10}{\sqrt{4}\cdot\sqrt{38}} = \frac{5}{\sqrt{38}} \Rightarrow \alpha \approx 54{,}20^\circ$$

c) Es ist:

$$\sin\alpha = \frac{\left|\begin{pmatrix}1\\2\\3\end{pmatrix}\cdot\begin{pmatrix}0\\0\\1\end{pmatrix}\right|}{\sqrt{14}\cdot 1} = \frac{3}{\sqrt{14}} \Rightarrow \alpha \approx 53{,}30^\circ$$

17 Spiegelungen

Alle Spiegelpunkte sind im Folgenden mit einem Sternchen * versehen.

17.1 Punkt an Punkt

Um den Punkt P an Q zu spiegeln, wird der Vektor $\overrightarrow{PQ}$ an den Ortsvektor von Q einmal angehängt. (Alternativ kann man auch an den Ortsvektor von P den Vektor $\overrightarrow{PQ}$ zweimal anhängen). Damit ist:

a) $\overrightarrow{OP^*} = \overrightarrow{OQ} + \overrightarrow{PQ} = \begin{pmatrix} 2 \\ 1 \\ 2 \end{pmatrix} + \begin{pmatrix} -1 \\ -3 \\ -3 \end{pmatrix} = \begin{pmatrix} 1 \\ -2 \\ -1 \end{pmatrix}$, also ist $P^*(1 \mid -2 \mid -1)$.

b) $\overrightarrow{OP^*} = \overrightarrow{OR} + \overrightarrow{PR} = \begin{pmatrix} 0 \\ 3 \\ -2 \end{pmatrix} + \begin{pmatrix} -3 \\ -1 \\ -7 \end{pmatrix} = \begin{pmatrix} -3 \\ 2 \\ -9 \end{pmatrix}$, also ist $P^*(-3 \mid 2 \mid -9)$.

c) $\overrightarrow{OP^*} = \overrightarrow{OS} + \overrightarrow{PS} = \begin{pmatrix} -3 \\ 1 \\ 4 \end{pmatrix} + \begin{pmatrix} -6 \\ -3 \\ -1 \end{pmatrix} = \begin{pmatrix} -9 \\ -2 \\ 3 \end{pmatrix}$, also ist $P^*(-9 \mid -2 \mid 3)$.

17.2 Punkt an Ebene

Um einen Punkt P an einer Ebene zu spiegeln, braucht man zuerst den sog. Lotfußpunkt L, das ist der Punkt der Ebene, der den kürzesten Abstand zu P besitzt (es wird «das Lot von P auf die Ebene gefällt»). An diesem Punkt wird P gespiegelt. L bestimmt man, indem man eine Lotgerade durch den Punkt P aufstellt und als Richtungsvektor den Normalenvektor $\vec{n}$ der Ebene benutzt.

a) Lotgerade $g_l : \vec{x} = \begin{pmatrix} 1 \\ 4 \\ 7 \end{pmatrix} + t \cdot \begin{pmatrix} 1 \\ -1 \\ -2 \end{pmatrix}$, diese wird geschnitten mit

$E: x_1 - x_2 - 2x_3 + 11 = 0 \Rightarrow 1 + t - (4 - t) - 2(7 - 2t) + 11 = 0 \Rightarrow 6t = 6 \Rightarrow t = 1.$

Es wird t in g_l eingesetzt, damit ergibt sich für den Lotfußpunkt $L(2 \mid 3 \mid 5)$.

Nun wird A an L gespiegelt: $\overrightarrow{OA^*} = \overrightarrow{OL} + \overrightarrow{AL}$, damit ist $A^*(3 \mid 2 \mid 3)$.

b) Lotgerade $g_l : \vec{x} = \begin{pmatrix} -1 \\ -4 \\ -9 \end{pmatrix} + t \cdot \begin{pmatrix} 2 \\ -2 \\ 1 \end{pmatrix}$, Schnitt mit E ergibt $t = 1$, damit ist $L(1 \mid -6 \mid -8)$.

Nun wird S an L gespiegelt, es ist $S^*(3 \mid -8 \mid -7)$.

c) Lotgerade $g_l : \vec{x} = \begin{pmatrix} 2 \\ 3 \\ 4 \end{pmatrix} + t \cdot \begin{pmatrix} 4 \\ 1 \\ -1 \end{pmatrix}$, Schnitt mit E ergibt $t = -\frac{2}{9}$, damit ist

$L\left(\frac{10}{9} \mid \frac{25}{9} \mid \frac{38}{9}\right)$. Nun wird P an L gespiegelt, es ist $P^*\left(\frac{2}{9} \mid \frac{23}{9} \mid \frac{40}{9}\right)$.

17.3 Punkt an Gerade

Ein Punkt wird an einer Geraden gespiegelt, indem man eine Hilfsebene durch den Punkt und senkrecht zur Geraden aufstellt (ähnlich wie bei der Abstandsberechnung eines Punktes von einer Geraden wird der Richtungsvektor $\vec{r}$ der Geraden als Normalenvektor $\vec{n}$ benutzt). Anschließend wird die Hilfsebene mit der Geraden geschnitten und der Punkt am Schnittpunkt S von Gerade und Ebene gespiegelt.

a) Einsetzen von P und $\vec{r}$ in die Punkt-Normalenform: $\begin{pmatrix} 1 \\ 0 \\ 1 \end{pmatrix} \cdot \left(\begin{pmatrix} x_1 \\ x_2 \\ x_3 \end{pmatrix} - \begin{pmatrix} 2 \\ 3 \\ 4 \end{pmatrix} \right) = 0,$ damit ist die Hilfsebene $\mathrm{E_H}:\ x_1 + x_3 = 6$. Schneiden mit g führt zu $2+t+2+t=6$ $\Rightarrow t = 1$. Einsetzen in die Geradengleichung führt auf den Schnittpunkt S $(3 \mid 1 \mid 3)$. Spiegeln von P an S ergibt $\mathrm{P}^*\ (4 \mid -1 \mid 2)$.

b) Einsetzen von B und $\vec{r}$ in die Punkt-Normalenform ergibt die Hilfsebene $\mathrm{E_H}:\ 4x_1 - x_2 - x_3 = 21$. Schneiden mit g führt zu $t = 2$. Einsetzen in die Geradengleichung führt auf den Schnittpunkt S $(7 \mid 4 \mid 3)$. Spiegeln von B an S ergibt $\mathrm{B}^*\ (9 \mid 10 \mid 5)$.

17.4 Allgemeine Spiegelungen

a) Bei der Spiegelung einer Geraden $g:\ \vec{x} = \vec{a} + t \cdot \vec{r}$ an einer Ebene unterscheidet man zwei Fälle:

   I) Die Gerade ist parallel zur Ebene: In diesem Fall spiegelt man den «Stützpunkt» A der Geraden an der Ebene, indem man eine Hilfsgerade senkrecht zu E durch A aufstellt und den Lotfußpunkt ermittelt. Der gespiegelte «Stützpunkt» A^* ist der «Stützpunkt» der neuen Geraden. Der Richtungsvektor $\vec{r}$ wird übernommen.

   II) Die Gerade schneidet die Ebene: Zuerst ermittelt man den Schnittpunkt der Geraden mit der Ebene. Anschließend spiegelt man den «Stützpunkt» A (oder einen beliebigen anderen Punkt außer dem Schnittpunkt) der Geraden an der Ebene. Der Spiegelpunkt ist A^*. Die Spiegelgerade besitzt den «Stützpunkt» A^*, als Richtungsvektor dient der Verbindungsvektor zwischen A^* und dem Schnittpunkt mit der Ebene.

b) Bei der Spiegelung einer Ebene $\mathrm{E_1}$ an einer Ebene $\mathrm{E_2}$ können zwei Fälle auftreten:

   I) Die Ebenen sind parallel: Zuerst bestimmt man einen Punkt auf $\mathrm{E_1}$, dieser Punkt wird an $\mathrm{E_2}$ gespiegelt. Der Normalenvektor wird übernommen, da die Ebenen parallel sind. Der Spiegelpunkt und der Normalenvektor werden in die Punkt-Normalenform eingesetzt und ergeben die Spiegelebene.

   II) Die Ebenen schneiden sich: Es wird zuerst eine Schnittgerade ermittelt. Anschließend wird ein Punkt P, der nicht auf der Schnittgeraden liegt, auf der Ebene $\mathrm{E_1}$ bestimmt und an $\mathrm{E_2}$ gespiegelt. Mit der Schnittgeraden und dem Spiegelpunkt P^* wird die Spiegelebene aufgestellt.

18 Kreis und Kugel

18.1 Der Kreis in der *x*-*y*-Ebene

a) Setzt man die Koordinaten von M sowie den Radius r in die allgemeine Kreisgleichung $k\colon\ (x-x_M)^2+(y-y_M)^2=r^2$ ein, so erhält man:

I) $k\colon\ (x-5)^2+(y-7)^2=6^2$ bzw. $k\colon\ (x-5)^2+(y-7)^2=36$

II) $k\colon\ (x-0)^2+(y-0)^2=4^2$ bzw. $k\colon\ x^2+y^2=16$

III) $k\colon\ (x-(-1))^2+(y-3)^2=2^2$ bzw. $k\colon\ (x+1)^2+(y-3)^2=4$.

b) Bringt man die gegebene Kreisgleichung auf die allgemeine Form, so kann man den Mittelpunkt und den Radius bestimmen:

I) $k\colon (x+1)^2+(y+2)^2=16 \Leftrightarrow k\colon\ (x-(-1))^2+(y-(-2))^2=4^2$
$\Rightarrow \mathrm{M}\,(-1\mid -2);\ r=4$

II) $k\colon\ x^2+(y-5)^2=9 \ \Leftrightarrow\ k\colon\ (x-0)^2+(y-5)^2=3^2 \ \Rightarrow\ \mathrm{M}\,(0\mid 5),;\ r=3$

III) $k\colon\ x^2+y^2=8 \ \Leftrightarrow\ k\colon\ (x-0)^2+(y-0)^2=\sqrt{8}^2 \ \Rightarrow\ \mathrm{M}\,(0\mid 0);\ r=\sqrt{8}.$

c) Der Kreis $k\colon\ (x-3)^2+(y-4)^2=25$ hat den Mittelpunkt $\mathrm{M}\,(3\mid 4)$ und den Radius $r=5$. Um zu prüfen, wo ein gegebener Punkt bezüglich des Kreises liegt, berechnet man die Länge des Verbindungsvektors und vergleicht diese mit dem Radius:

Für den Punkt $\mathrm{P}\,(7\mid 7)$ ergibt sich:

$$\overline{\mathrm{PM}}=|\overrightarrow{\mathrm{PM}}|=\left|\begin{pmatrix}-4\\-3\end{pmatrix}\right|=\sqrt{(-4)^2+(-3)^2}=\sqrt{25}=5=r$$

Also liegt $\mathrm{P}\,(7\mid 7)$ auf dem Kreis k.

Für den Punkt $\mathrm{Q}\,(6\mid 2)$ ergibt sich: $\overline{\mathrm{QM}}=|\overrightarrow{\mathrm{QM}}|=\left|\begin{pmatrix}-3\\2\end{pmatrix}\right|=\sqrt{(-3)^2+2^2}=\sqrt{13}<r$

Also liegt $\mathrm{Q}\,(6\mid 2)$ innerhalb des Kreises k.

Für den Punkt $\mathrm{R}\,(9\mid 6)$ ergibt sich:

$$\overline{\mathrm{RM}}=|\overrightarrow{\mathrm{RM}}|=\left|\begin{pmatrix}-6\\-2\end{pmatrix}\right|=\sqrt{(-6)^2+(-2)^2}=\sqrt{40}>r$$

Also liegt $\mathrm{R}\,(9\mid 6)$ außerhalb des Kreises k.

18.2 Gegenseitige Lage von Kreis und Gerade

a) Zur Bestimmung der Schnittpunkte von Kreis und Gerade wird die Geradengleichung in die Kreisgleichung eingesetzt:

I) Setzt man die Gerade $g\colon\ x+y=1$ bzw. $g\colon\ y=1-x$ in die Kreisgleichung $k\colon\ (x+1)^2+(y+2)^2=16$ ein, so erhält man: $(x+1)^2+(1-x+2)^2=16$ bzw. $(x+1)^2+(3-x)^2=16$. Unter Verwendung der binomischen Formeln erhält man

die Gleichung $2x^2 - 4x - 6 = 0$ mit den Lösungen $x_1 = 3$ und $x_2 = -1$. Setzt man diese in die Geradengleichung ein, so ergeben sich die y-Werte $y_1 = 1 - 3 = -2$ und $y_2 = 1 - (-1) = 2$.
Somit sind die Schnittpunkte $S_1\,(3 \mid -2)$ und $S_2\,(-1 \mid 2)$.

II) Setzt man die Gerade $g\colon\; y - x = 4$ bzw. $g\colon\; y = x + 4$ in die Kreisgleichung $k\colon\; (x-2)^2 + (y-2)^2 = 16$ ein, so erhält man: $(x-2)^2 + (x+4-2)^2 = 16$ bzw. $(x-2)^2 + (x+2)^2 = 16$. Unter Verwendung der binomischen Formeln erhält man die Gleichung $2x^2 - 8 = 0$ mit den Lösungen $x_1 = 2$ und $x_2 = -2$. Setzt man diese in die Geradengleichung ein, ergeben sich die y-Werte $y_1 = 2 + 4 = 6$ und $y_2 = -2 + 4 = 2$.
Somit sind die Schnittpunkte $S_1\,(2 \mid 6)$ und $S_2\,(-2 \mid 2)$.

III) Setzt man die Gerade $g\colon\; 3y + x = 15$ bzw. $g\colon\; y = -\frac{1}{3}x + 5$ in die Kreisgleichung $k\colon\; x^2 + y^2 = 25$ ein, so erhält man: $x^2 + \left(-\frac{1}{3}x + 5\right)^2 = 25$. Unter Verwendung der binomischen Formeln erhält man die Gleichung $\frac{10}{9}x^2 - \frac{10}{3}x = 0$ mit den Lösungen $x_1 = 0$ und $x_2 = 3$. Setzt man diese in die Geradengleichung ein, so ergeben sich die y-Werte $y_1 = -\frac{1}{3} \cdot 0 + 5 = 5$ und $y_2 = -\frac{1}{3} \cdot 3 + 5 = 4$.
Somit sind die Schnittpunkte $S_1\,(0 \mid 5)$ und $S_2\,(3 \mid 4)$.

b) Um nachzuweisen, dass eine Gerade einen Kreis berührt, berechnet man den einzigen gemeinsamen Punkt.

I) Setzt man die Gerade $g\colon\; 4y + 3x = 14$ bzw. $g\colon\; y = -\frac{3}{4}x + \frac{7}{2}$ in die Kreisgleichung $k\colon\; (x+1)^2 + (y+2)^2 = 25$ ein, so erhält man:
$(x+1)^2 + \left(-\frac{3}{4}x + \frac{7}{2} + 2\right)^2 = 25$ bzw. $(x+1)^2 + \left(-\frac{3}{4}x + \frac{11}{2}\right)^2 = 25$. Unter Verwendung der binomischen Formeln erhält man die Gleichung $\frac{25}{16}x^2 - \frac{25}{4}x + \frac{25}{4} = 0$ mit der einzigen Lösung $x = 2$. Setzt man diese in die Geradengleichung ein, so ergibt sich der y-Wert $y = -\frac{3}{4} \cdot 2 + \frac{7}{2} = 2$. Da es nur einen gemeinsamen Punkt gibt, ist die Gerade g im Punkt $B(2 \mid 2)$ Tangente an den Kreis k.

II) Der Kreis k hat wegen $M\,(5 \mid -2)$ und $r = 5$ die Gleichung $k\colon\; (x-5)^2 + (y+2)^2 = 5^2$. Setzt man die Gerade $g\colon\; 3y - 4x + 51 = 0$ bzw. $g\colon\; y = \frac{4}{3}x - 17$ in die Kreisgleichung $k\colon\; (x-5)^2 + (y+2)^2 = 25$ ein, so erhält man:
$(x-5)^2 + \left(\frac{4}{3}x - 17 + 2\right)^2 = 25$ bzw. $(x-5)^2 + \left(\frac{4}{3}x - 15\right)^2 = 25$. Unter Verwendung der binomischen Formeln erhält man die Gleichung $\frac{25}{9}x^2 - 50x + 225 = 0$ mit der einzigen Lösung $x = 9$. Setzt man diese in die Geradengleichung ein, so ergibt sich der y-Wert $y = \frac{4}{3} \cdot 9 - 17 = -5$. Da es nur einen gemeinsamen Punkt gibt, ist die Gerade g im Punkt $B(9 \mid -5)$ Tangente an den Kreis k.

III) Setzt man die Gerade $g\colon\; 3y - 4x = -6$ bzw. $g\colon\; y = \frac{4}{3}x - 2$ in die Kreisgleichung $k\colon\; (x-11)^2 + (y+4)^2 = 100$ ein, so erhält man:
$(x-11)^2 + \left(\frac{4}{3}x - 2 + 4\right)^2 = 100$ bzw. $(x-11)^2 + \left(\frac{4}{3}x + 2\right)^2 = 100$. Unter Verwendung der binomischen Formeln erhält man die Gleichung $\frac{25}{9}x^2 - \frac{50}{3}x + 25 = 0$ mit der einzigen Lösung $x = 3$. Setzt man diese in die Geradengleichung ein, so ergibt sich

der y-Wert $y = \frac{4}{3} \cdot 3 - 2 = 2$. Da es nur einen gemeinsamen Punkt gibt, ist die Gerade g im Punkt B $(3 \mid 2)$ Tangente an den Kreis k.

c) Um die Tangentengleichung zu bestimmen, verwendet man die Formel
$t\colon\ (x - x_{\mathrm{M}}) \cdot (x_{\mathrm{B}} - x_{\mathrm{M}}) + (y - y_{\mathrm{M}}) \cdot (y_{\mathrm{B}} - y_{\mathrm{M}}) = r^2$.

I) Mit M $(-3 \mid 7)$, $r = 5$ und B $(1 \mid 10)$ ergibt sich für die Tangentengleichung:
$t\colon\ (x - (-3)) \cdot (1 - (-3)) + (y - 7) \cdot (10 - 7) = 5^2$ bzw. $t\colon\ (x+3) \cdot 4 + (y-7) \cdot 3 = 25$.
Dies führt zu $t\colon\ 4x + 3y = 34$.
Die Tangente hat somit die Gleichung $t\colon\ y = -\frac{4}{3}x + \frac{34}{3}$.

II) Aus der Kreisgleichung $k\colon\ (x+1)^2 + (y+2)^2 = 25$ erhält man M $(-1 \mid -2)$ und $r = 5$. Mit B $(2 \mid 2)$ ergibt sich die Tangente:
$t\colon\ (x - (-1)) \cdot (2 - (-1)) + (y - (-2)) \cdot (2 - (-2)) = 5^2$ bzw.
$t\colon\ (x+1) \cdot 3 + (y+2) \cdot 4 = 25$. Dies führt zu $t\colon\ 3x + 4y = 14$.
Die Tangente hat somit die Gleichung $t\colon\ y = -\frac{3}{4}x + \frac{7}{2}$.

III) Aus der Kreisgleichung $k\colon\ x^2 + y^2 = 169$ erhält man M $(0 \mid 0)$ und $r = 13$. Mit B $(5 \mid 12)$ ergibt sich die Tangente:
$t\colon\ (x - 0) \cdot (5 - 0) + (y - 0) \cdot (12 - 0) = 13^2$. Dies führt zu $t\colon\ 5x + 12y = 169$.
Die Tangente hat somit die Gleichung $t\colon\ y = -\frac{5}{12}x + \frac{169}{12}$.

d) Der Kreis k mit M $(1 \mid 1)$ und Radius r hat die Gleichung $k\colon\ (x-1)^2 + (y-1)^2 = r^2$. Um die gemeinsamen Punkte zu bestimmen, setzt man die gegebene Gerade $g\colon\ y = x - 8$ in k ein und erhält:
$(x-1)^2 + (x-8-1)^2 = r^2$ bzw. $(x-1)^2 + (x-9)^2 = r^2$.
Mit den binomischen Formeln ergibt sich die Gleichung $2x^2 - 20x + 82 - r^2 = 0$ mit den Lösungen $x_{1,2} = \frac{20 \pm \sqrt{20^2 - 4 \cdot 2 \cdot (82 - r^2)}}{2 \cdot 2} = \frac{20 \pm \sqrt{8r^2 - 256}}{4}$.
Es gibt keine gemeinsamen Punkte von k und g, wenn die obige quadratische Gleichung keine Lösung hat, also wenn der Term unter der Wurzel (Diskriminante) kleiner als Null ist:
$8r^2 - 256 < 0$ führt zu $r^2 < 32$ bzw. $0 < r < \sqrt{32}$ (der Radius muss positiv sein).
Für $0 < r < \sqrt{32}$ haben der Kreis und die Gerade keine gemeinsamen Punkte.
Alternativ hätte man auch die pq-Formel verwenden können, um obige Gleichung zu lösen. Die Diskriminante wäre dann: $-16 + \frac{r^2}{2}$, was zur gleichen Ungleichung wie oben führt.

18.3 Kugelgleichung

Eine Kugel K mit Mittelpunkt M $(m_1 \mid m_2 \mid m_3)$ und Radius r hat die Koordinatengleichung
K: $(x_1 - m_1)^2 + (x_2 - m_2)^2 + (x_3 - m_3)^2 = r^2$.

a) I) Mit M $(2 \mid 1 \mid 5)$ und $r = 3$ ergibt sich folgende Gleichung für die Kugel:
K: $(x_1 - 2)^2 + (x_2 - 1)^2 + (x_3 - 5)^2 = 9$ bzw.
K: $x_1^2 + x_2^2 + x_3^2 - 4x_1 - 2x_2 - 10x_3 + 21 = 0$.

II) Mit $M(-3 \mid 2 \mid -4)$ und $r=\sqrt{7}$ ergibt sich folgende Gleichung für die Kugel:
$K\colon\ (x_1+3)^2+(x_2-2)^2+(x_3+4)^2=7$ bzw.
$K\colon\ x_1^2+x_2^2+x_3^2+6x_1-4x_2+8x_3+22=0.$

III) Mit $M(0 \mid 0 \mid 1)$ und $r=4$ ergibt sich folgende Gleichung für die Kugel:
$K\colon\ (x_1-0)^2+(x_2-0)^2+(x_3-1)^2=16$ bzw.
$K\colon\ x_1^2+x_2^2+x_3^2-2x_3-15=0.$

b) Bringt man die gegebenen Kugelgleichungen auf die allgemeine Form, so kann man ihren Mittelpunkt und Radius ablesen:

I) An $K\colon\ (x_1-2)^2+(x_2-3)^2+(x_3+2)^2=8$ kann man den Mittelpunkt und Radius direkt ablesen:
$M_1(2 \mid 3 \mid -2),\ r_1=\sqrt{8}.$

II) $K_2\colon\ (x_1-4)^2+(x_2-3)^2+(x_3+1)^2-22=0$ läßt sich umformen zu
$K_2\colon\ (x_1-4)^2+(x_2-3)^2+(x_3-(-1))^2=\left(\sqrt{22}\right)^2 \Rightarrow M_2(4 \mid 3 \mid -1),\ r_2=\sqrt{22}.$

III) $K_3\colon\ x_1^2+x_2^2+x_3^2=25$ wird umgeformt zu $K_3\colon\ (x_1-0)^2+(x_2-0)^2+(x_3-0)^2=5^2$
$\Rightarrow M_3(0 \mid 0 \mid 0),\ r_3=5.$

c) Um die Lage der Punkte $P(4 \mid 1 \mid 3)$ bzw. $Q(3 \mid 0 \mid 10)$ P und Q bezüglich der Kugel K mit Mittelpunkt $M(1 \mid 1 \mid 7)$ und Radius $r=5$ zu überprüfen, berechnet man jeweils ihren Abstand zu M und vergleicht diesen mit dem Radius von K:

$$\overline{PM}=|\overrightarrow{PM}|=\left|\begin{pmatrix}-3\\0\\4\end{pmatrix}\right|=\sqrt{(-3)^2+0^2+4^2}=\sqrt{25}=5=r \Rightarrow \text{P liegt auf K.}$$

$$\overline{QM}=|\overrightarrow{QM}|=\left|\begin{pmatrix}-2\\1\\-3\end{pmatrix}\right|=\sqrt{(-2)^2+1^2+(-3)^2}=\sqrt{14}\approx 3{,}74<r \Rightarrow \text{Q liegt inner-}$$

halb von K.

18.4 Gegenseitige Lage von Kugel und Gerade

a) Zur Bestimmung der gemeinsamen Punkte von Kugel und Gerade setzt man die Gerade als «allgemeinen Punkt» in die Koordinatengleichung der Kugel ein und löst die entstandene quadratische Gleichung.

I) Die Gerade $g\colon\ \vec{x}=\begin{pmatrix}1\\2\\2\end{pmatrix}+t\cdot\begin{pmatrix}-1\\1\\4\end{pmatrix}$ hat als «allgemeinen Punkt»

$P_t(1-t \mid 2+t \mid 2+4t)$, die Kugel $K_1\colon\ M_1(0 \mid 0 \mid 0),\ r_1=3$ hat die Koordinatengleichung

$K_1\colon (x_1-0)^2+(x_2-0)^2+(x_3-0)^2=3^2$. Setzt man P_t in K_1 ein, so erhält man: $(1-t)^2+(2+t)^2+(2+4t)^2=9$ bzw. $18t^2+18t=0$ mit den Lösungen $t_1=0$ und $t_2=-1$. Setzt man t_1 bzw. t_2 in P_t ein, so erhält man die Schnittpunkte $S_1\,(1\mid 2\mid 2)$ und $S_2\,(2\mid 1\mid -2)$; die Gerade g ist also eine Sekante.

II) Die Gerade g_{AB} durch $A\,(4\mid 2\mid 2)$ und $B\,(4\mid 4\mid 6)$ hat die Gleichung

$g_{AB}\colon \vec{x}=\begin{pmatrix}4\\2\\2\end{pmatrix}+t\cdot\begin{pmatrix}0\\2\\4\end{pmatrix}$ und als «allgemeinen Punkt» $P_t\,(4\mid 2+2t\mid 2+4t)$.

Setzt man P_t in $K_2\colon (x_1-2)^2+(x_2-3)^2+(x_3-4)^2=2^2$ ein, so erhält man: $(4-2)^2+(2+2t-3)^2+(2+4t-4)^2=4$ bzw. $4t^2-4t+1=0$ mit der Lösung $t=\frac{1}{2}$. Setzt man $t=\frac{1}{2}$ in P_t ein, so erhält man den Berührpunkt $B\,(4\mid 3\mid 4)$; die Gerade g_{AB} ist also Tangente an K_2.

III) Die Gerade $h\colon \vec{x}=\begin{pmatrix}1\\0\\5\end{pmatrix}+t\cdot\begin{pmatrix}1\\1\\1\end{pmatrix}$ hat als «allgemeinen Punkt»

$P_t\,(1+t\mid t\mid 5+t)$, die Kugel $K_3\colon M_3\,(1\mid 0\mid 3)$, $r_3=1$ hat die Koordinatengleichung

$K_3\colon (x_1-1)^2+(x_2-0)^2+(x_3-3)^2=1^2$. Setzt man P_t in K_3 ein, so erhält man: $(1+t-1)^2+(t-0)^2+(5+t-3)^2=1$ bzw. $3t^2-4t+3=0$. Diese quadratische Gleichung hat keine reelle Lösung, also haben h und K_3 keine gemeinsamen Punkte; die Gerade h ist also eine Passante.

b) Die Gerade $g\colon \vec{x}=\begin{pmatrix}18\\-16\\22\end{pmatrix}+t\cdot\begin{pmatrix}2\\1\\0\end{pmatrix}$ hat als «allgemeinen Punkt»

$P_t\,(18+2t\mid -16+t\mid 22)$, die Kugel K hat die Koordinatengleichung

$K\colon (x_1-0)^2+(x_2-0)^2+(x_3-2)^2=6^2$. Setzt man P_t in K ein, so erhält man: $(18+2t)^2+(-16+t)^2+(22-2)^2=36$ bzw. $5t^2+40t+944=0$. Diese quadratische Gleichung hat keine reelle Lösung, also haben g und K keine gemeinsamen Punkte. Alternativ hätte man auch den Abstand des Mittelpunkts zur Geraden mit Hilfe einer zu g orthogonalen Hilfsebene berechnen können; dieser wäre größer als der Radius, so dass g und K keine gemeinsamen Punkte haben.

18.5 Gegenseitige Lage von Kugel und Ebene

a) I) Die Kugel $K\colon (x_1-5)^2+(x_2-2)^2+(x_3-1)^2=49$ hat den Mittelpunkt $M\,(5\mid 2\mid 1)$ und den Radius $r=7$.

Um den Mittelpunkt M^* des Schnittkreises von K mit E zu erhalten, stellt man eine

Lotgerade l auf, die durch $\mathrm{M}(5 \mid 2 \mid 1)$ geht und den Normalenvektor $\vec{n} = \begin{pmatrix} 2 \\ 2 \\ 1 \end{pmatrix}$ der Ebene E: $2x_1 + 2x_2 + x_3 = 6$ als Richtungsvektor hat und schneidet diese mit E.

Der Punkt M^* ist ein «allgemeiner Punkt» dieser Lotgeraden:

$$l\colon\ \vec{x} = \begin{pmatrix} 5 \\ 2 \\ 1 \end{pmatrix} + t \cdot \begin{pmatrix} 2 \\ 2 \\ 1 \end{pmatrix} \Rightarrow \mathrm{M}^*(5+2t \mid 2+2t \mid 1+t).$$

Setzt man diesen Punkt in die Ebene E ein, so erhält man:
$2 \cdot (5+2t) + 2 \cdot (2+2t) + 1 + t = 6$ bzw. $t = -1 \Rightarrow \mathrm{M}^*(3 \mid 0 \mid 0)$.
Den Radius r^* erhält man mit Hilfe des Satzes des Pythagoras: $(r^*)^2 + d^2 = r^2$(siehe Zeichnung). Dabei gilt:

$$d = \overline{\mathrm{MM}^*} = \left|\overrightarrow{\mathrm{MM}^*}\right| = \left|\begin{pmatrix} -2 \\ -2 \\ -1 \end{pmatrix}\right| = \sqrt{(-2)^2 + (-2)^2 + (-1)^2} = \sqrt{9} = 3.$$

Also gilt $(r^*)^2 + 3^2 = 7^2 \Rightarrow r^* = \sqrt{40}$.

II) Der Punkt M^* ist ein «allgemeiner Punkt» der Lotgeraden:

$$l\colon\ \vec{x} = \begin{pmatrix} -1 \\ 3 \\ 5 \end{pmatrix} + t \cdot \begin{pmatrix} 2 \\ 3 \\ 1 \end{pmatrix} \Rightarrow \mathrm{M}^*(-1+2t \mid 3+3t \mid 5+t).$$

Setzt man diesen in die Ebene E ein, so erhält man als Schnittpunkt von E mit l:
$2 \cdot (-1+2t) + 3 \cdot (3+3t) + 5 + t - 26 = 0$ bzw. $t = 1 \Rightarrow \mathrm{M}^*(1 \mid 6 \mid 6)$.
Den Radius r^* erhält man mit Hilfe des Satzes des Pythagoras: $(r^*)^2 + d^2 = r^2$ (siehe Zeichnung). Dabei gilt:

$$d = \overline{\mathrm{MM}^*} = |\overrightarrow{\mathrm{MM}^*}| = \left|\begin{pmatrix} 2 \\ 3 \\ 1 \end{pmatrix}\right| = \sqrt{2^2 + 3^2 + 1^2} = \sqrt{14}.$$

Also gilt $(r^*)^2 + \left(\sqrt{14}\right)^2 = 5^2 \Rightarrow r^* = \sqrt{11}$.

b) Um die gegenseitige Lage von Kugel und Ebene zu bestimmen, berechnet man den Abstand d des Mittelpunkts M der Kugel zur Ebene E mit Hilfe der HNF (siehe Kapitel Abstandsberechnungen):

I) Die Kugel K: $(x_1 - 3)^2 + x_2^2 + (x_3 + 1)^2 = 9$ hat den Mittelpunkt $\mathrm{M}(3 \mid 0 \mid -1)$ und den Radius $r = 3$. Für den Abstand d von M zu E: $5x_1 + 6x_2 - 3x_3 = 11$ gilt (mit Hilfe der HNF):
$d = \frac{|5 \cdot 3 + 6 \cdot 0 - 3 \cdot (-1) - 11|}{\sqrt{5^2 + 6^2 + 3^2}} = \frac{7}{\sqrt{70}} = 0{,}84 < r$. Also schneidet die Ebene die Kugel in einem Schnittkreis.

II) Für den Abstand d von $\mathrm{M}(0 \mid 0 \mid 0)$ zu E: $2x_1 + 2x_2 + x_3 = 3$ gilt (mit Hilfe der HNF):

$d = \frac{|2\cdot 0+2\cdot 0+1\cdot 0-3|}{\sqrt{2^2+2^2+1^2}} = \frac{3}{3} = 1 = r$. Also berührt die Ebene die Kugel in einem einzigen Punkt (d.h. E ist Tangentialebene an K).

c) Die Tangentialebene E_T enthält den Punkt B $(7 \mid -3 \mid 2)$ und hat als Normalenvektor den Verbindungsvektor von B zu M $(2 \mid 4 \mid 1)$: $\overrightarrow{BM} = \begin{pmatrix} -5 \\ 7 \\ -1 \end{pmatrix}$.

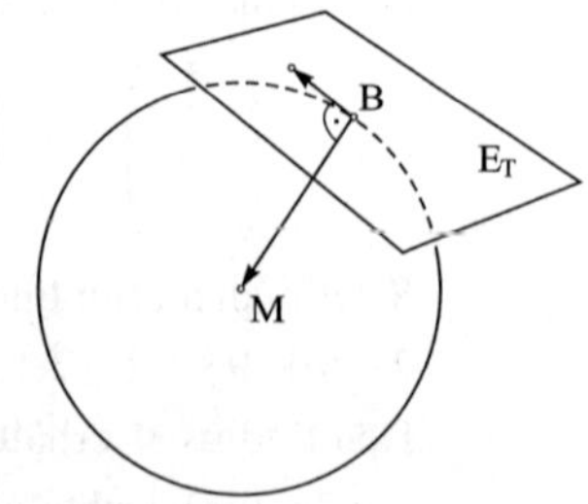

Setzt man B und $\overrightarrow{BM}$ in die Punkt-Normalenform ein, so erhält man:

$$E_T: \begin{pmatrix} -5 \\ 7 \\ -1 \end{pmatrix} \cdot \left(\vec{x} - \begin{pmatrix} 7 \\ -3 \\ 2 \end{pmatrix} \right) = 0 \text{ bzw. } E_T: -5x_1 + 7x_2 - x_3 + 58 = 0.$$

18.6 Gegenseitige Lage zweier Kugeln

a) Um zu prüfen, ob K_1 mit $M_1\,(3 \mid 1 \mid 4)$ und $r_1 = 3$ und K_2 mit $M_2\,(5 \mid -2 \mid 8)$ und $r_2 = 2$ gemeinsame Punkte haben, vergleicht man den Abstand der beiden Mittelpunkte mit den Radien r_1 und r_2.

Es ist $r_1 + r_2 = 3 + 2 = 5$ und

$$|\overrightarrow{M_1M_2}| = \left| \begin{pmatrix} 2 \\ -3 \\ 4 \end{pmatrix} \right| = \sqrt{2^2 + (-3)^2 + 4^2} = \sqrt{29} > 5.$$

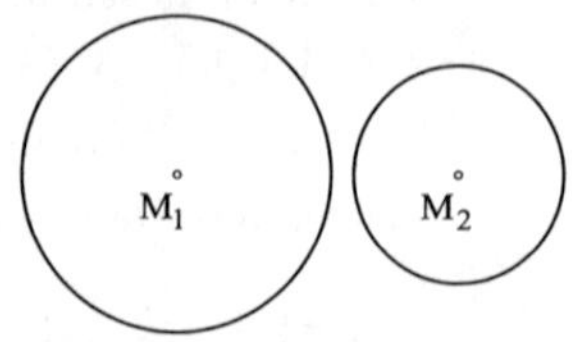

Somit haben K_1 und K_2 keine gemeinsamen Punkte.

b) Um zu zeigen, dass sich K_1 und K_2 berühren, vergleicht man den Abstand der beiden Mittelpunkte mit den Radien r_1 und r_2.
Die Kugel $K_1: (x_1+1)^2 + x_2^2 + (x_3-2)^2 = 36$ hat den Mittelpunkt $M_1\,(-1 \mid 0 \mid 2)$ und den Radius $r_1 = 6$. Die Kugel K_2 hat den Mittelpunkt $M_2\,(1 \mid 2 \mid 3)$ und den Radius $r_2 = 3$.

Es gilt:

$$|\overrightarrow{M_1M_2}| = \left| \begin{pmatrix} 2 \\ 2 \\ 1 \end{pmatrix} \right| = \sqrt{2^2 + 2^2 + 1^2} = 3 = r_1 - r_2.$$

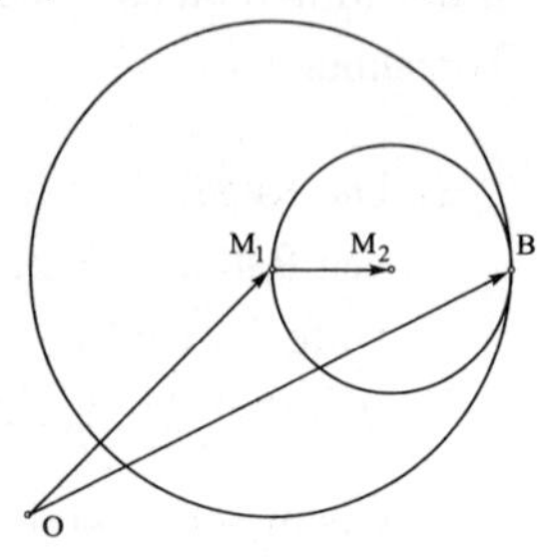

Somit berühren sich K_1 und K_2.

Um die Koordinaten des Berührpunkts B zu bestimmen, stellt man eine geeignete Vektorkette auf:

$$\overrightarrow{OB} = \overrightarrow{OM_1} + 2 \cdot \overrightarrow{M_1M_2} = \begin{pmatrix} -1 \\ 0 \\ 2 \end{pmatrix} + 2 \cdot \begin{pmatrix} 2 \\ 2 \\ 1 \end{pmatrix} = \begin{pmatrix} 3 \\ 4 \\ 4 \end{pmatrix} \Rightarrow B(3 \mid 4 \mid 4).$$

Wenn nicht bekannt wäre, dass M_2 genau in der Mitte zwischen M_1 und B liegt, hätte man eine Gerade durch M_1 und M_2aufstellen und diese mit K_1und K_2 schneiden müssen. Einer der Schnittpunkte liegt sowohl auf K_1 als auch auf K_2; dieser ist der Berührpunkt.
Als weitere Alternative könnte man auch den Vektor $\overrightarrow{M_1M_2}$ auf Länge 1 normieren und eine Vektorkette aufstellen: $\overrightarrow{OB} = \overrightarrow{OM_1} + r_1 \cdot \frac{1}{|\overrightarrow{M_1M_2}|} \cdot \overrightarrow{M_1M_2}$

c) Um die Gleichung der Ebene des Schnittkreises zu bestimmen, subtrahiert man die Gleichungen der beiden Kugeln voneinander.
Die Kugel $K_1: \ (x_1-3)^2+(x_2+6)^2+(x_3-7)^2 = 100$ hat die Koordinatengleichung
$K_1: \ x_1^2 - 6x_1 + 9 + x_2^2 + 12x_2 + 36 + x_3^2 - 14x_3 + 49 = 100$ bzw.
$K_1: \ x_1^2 + x_2^2 + x_3^2 - 6x_1 + 12x_2 - 14x_3 = 6.$
Die Kugel $K_2: \ M_2(-1 \mid 2 \mid -1), \ r_2 = \sqrt{52}$ hat die Gleichung
$K_2: \ (x_1+1)^2+(x_2-2)^2+(x_3+1)^2 = \left(\sqrt{52}\right)^2$ bzw.
$K_2: \ x_1^2 + 2x_1 + 1 + x_2^2 - 4x_2 + 4 + x_3^2 + 2x_3 + 1 = 52$ bzw.
$K_2: \ x_1^2 + x_2^2 + x_3^2 + 2x_1 - 4x_2 + 2x_3 = 46$

Subtrahiert man die beiden Kugelgleichungen voneinander, so erhält man folgende Ebenengleichung:
$E: \ -8x_1 + 16x_2 - 16x_3 = -40$ bzw. $E: \ -x_1 + 2x_2 - 2x_3 = -5.$

Stochastik

19 Berechnung von Wahrscheinlichkeiten

19.1 Additionssatz, Vierfeldertafel

a) Es ergeben sich folgende ergänzte Tafeln:

I)

	A	$\overline{A}$	
B	0,3	0,1	0,4
$\overline{B}$	0,5	0,1	0,6
	0,8	0,2	1

II)

	A	$\overline{A}$	
B	$\frac{1}{8}$	$\frac{1}{2}$	$\frac{5}{8}$
$\overline{B}$	$\frac{1}{4}$	$\frac{1}{8}$	$\frac{3}{8}$
	$\frac{3}{8}$	$\frac{5}{8}$	1

b) I)

	F	$\overline{F}$	
S	0,4	0,2	0,6
$\overline{S}$	0,3	0,1	0,4
	0,7	0,3	1

Es sind:
F: mag Fußball
S: mag Schwimmen
$\overline{F}$: mag Fußball nicht
$\overline{S}$: mag Schwimmen nicht

Gegeben sind P(F) = 0,7 und P(S) = 0,6 sowie P(F ∪ S) = 0,9 bzw.
$P(\overline{F} \cap \overline{S}) = 0,1$, da sich 10 % der Schüler für keine der beiden Sportarten begeistern.
Aus der Vierfeldertafel ergibt sich: $P(F \cap S) = 0,4$.
Somit begeistern sich 40 % der Schüler für beide Sportarten.

II) Der Additionssatz besagt in diesem Fall:
$P(F \cup S) = P(F) + P(S) - P(F \cap S)$, also:
$0,9 = 0,7 + 0,6 - 0,4$.
Der Additionssatz gilt somit für diese Aufgabe.

19.2 Baumdiagramme und Pfadregeln

a) I)

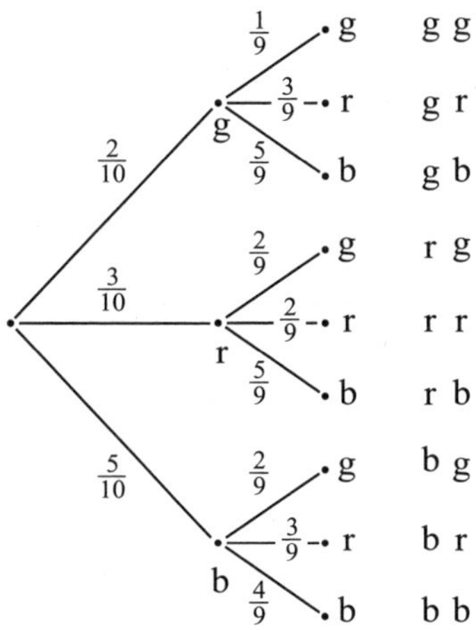

Da insgesamt 10 Kugeln in der Urne sind, betragen die Wahrscheinlichkeiten beim 1. Ziehen für grün, rot bzw. blau: $\frac{2}{10}, \frac{3}{10}$ bzw. $\frac{5}{10}$.

Danach sind nur noch 9 Kugeln in der Urne und die Wahrscheinlichkeiten bzgl. der 2. Ziehung hängen jeweils davon ab, welche Farbe beim 1. Mal gezogen wurde.

II) Die erste Pfadregel (Produktregel) besagt, dass sich die Wahrscheinlichkeit für einen Pfad aus dem Produkt der Wahrscheinlichkeiten längs des Pfades ergibt.
Dem Ereignis A entspricht der Pfad zu gg, dem Ereignis B entsprechend zu rb.
$A = \{gg\}; P(A) = \frac{2}{10} \cdot \frac{1}{9} = \frac{1}{45}$.
$B = \{rb\}; P(B) = \frac{3}{10} \cdot \frac{5}{9} = \frac{1}{6}$.
Die zweite Pfadregel (Summenregel) besagt, dass sich die Wahrscheinlichkeit eines Ereignisses aus der Summe der Wahrscheinlichkeiten aller Pfade, die zu diesem Ereignis gehören, ergibt.
$C = \{rg,gr\}; P(C) = \frac{3}{10} \cdot \frac{2}{9} + \frac{2}{10} \cdot \frac{3}{9} = \frac{2}{15}$.
$D = \{gg,rr,bb\}; P(D) = \frac{2}{10} \cdot \frac{1}{9} + \frac{3}{10} \cdot \frac{2}{9} + \frac{5}{10} \cdot \frac{4}{9} = \frac{2+6+20}{90} = \frac{14}{45}$.
$E = \{gg, gr, rg, rr\}; P(E) = \frac{2}{10} \cdot \frac{1}{9} + \frac{2}{10} \cdot \frac{3}{9} + \frac{3}{10} \cdot \frac{2}{9} + \frac{3}{10} \cdot \frac{2}{9} = \frac{2+6+6+6}{90} = \frac{2}{9}$.

b) I)

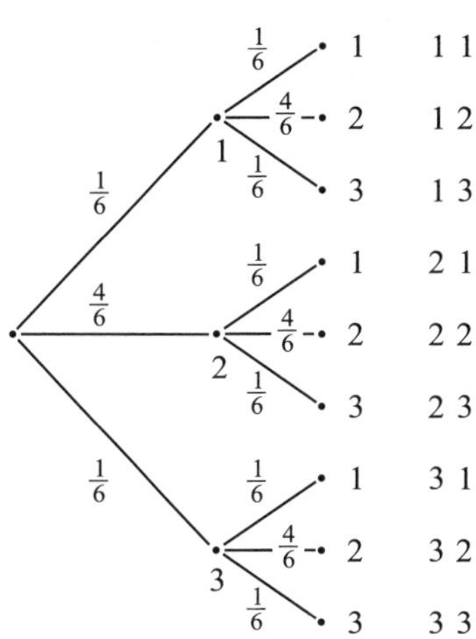

II) $A = \{12\}; P(A) = \frac{1}{6} \cdot \frac{4}{6} = \frac{1}{9}$.

$B = \{12, 22, 32\}$; $P(B) = \frac{1}{6} \cdot \frac{4}{6} + \frac{4}{6} \cdot \frac{4}{6} + \frac{1}{6} \cdot \frac{4}{6} = \frac{1}{9} + \frac{4}{9} + \frac{1}{9} = \frac{6}{9} = \frac{2}{3}$.

$C = \{11, 12, 13\}$; $P(C) = \frac{1}{6} \cdot \frac{1}{6} + \frac{1}{6} \cdot \frac{4}{6} + \frac{1}{6} \cdot \frac{1}{6} = \frac{1+4+1}{36} = \frac{6}{36} = \frac{1}{6}$.

$D = \{13, 22, 31\}$; $P(D) = \frac{1}{6} \cdot \frac{1}{6} + \frac{4}{6} \cdot \frac{4}{6} + \frac{1}{6} \cdot \frac{1}{6} = \frac{1+16+1}{36} = \frac{18}{36} = \frac{1}{2}$.

$E = \{11, 13, 23, 31\}$; $P(E) = \frac{1}{6} \cdot \frac{1}{6} + \frac{1}{6} \cdot \frac{1}{6} + \frac{4}{6} \cdot \frac{1}{6} + \frac{1}{6} \cdot \frac{1}{6} = \frac{1+1+4+1}{36} = \frac{7}{36}$.

c) I) e: Fehler erkannt; $P(e) = 0,8$.
$\bar{e}$: Fehler nicht erkannt; $P(\bar{e}) = 0,2$.
Zweimal den Fehler übersehen und beim dritten Mal erkennen entspricht dem Pfad $\bar{e}\bar{e}e$.

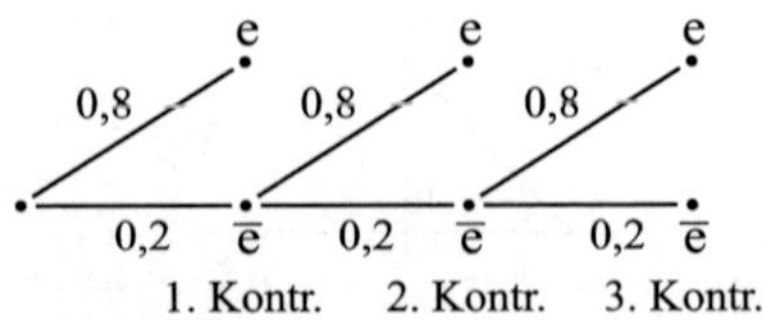

Es ist $P(\bar{e}\bar{e}e) = 0,2 \cdot 0,2 \cdot 0,8 = 0,032 = 3,2\,\%$.

II) Den Fehler spätestens beim 3. Mal erkennen bedeutet $\{e, \bar{e}e, \bar{e}\bar{e}e\}$.
Es ist: $P(e) = 0,8$, $P(\bar{e}e) = 0,2 \cdot 0,8 = 0,16$ und $P(\bar{e}\bar{e}e) = 0,032$.
Nach der 2. Pfadregel gilt:
P(«spätestens beim 3. Mal erkannt») $= 0,8 + 0,16 + 0,032 = 0,992 = 99,2\,\%$.
Schneller lässt sich die Wahrscheinlichkeit mit dem Gegenereignis bestimmen. Es heißt hier: «Der Fehler ist auch beim 3. Mal noch nicht erkannt» und bedeutet $\{\bar{e}\bar{e}\bar{e}\}$.
Für die Wahrscheinlichkeit des Gegenereignisses gilt:
$P(\bar{e}\bar{e}\bar{e}) = 0,2 \cdot 0,2 \cdot 0,2 = 0,008 = 0,8\,\%$.
Damit ist $100\,\% - 0,8\,\% = 99,2\,\%$ die gesuchte Wahrscheinlichkeit.

d)

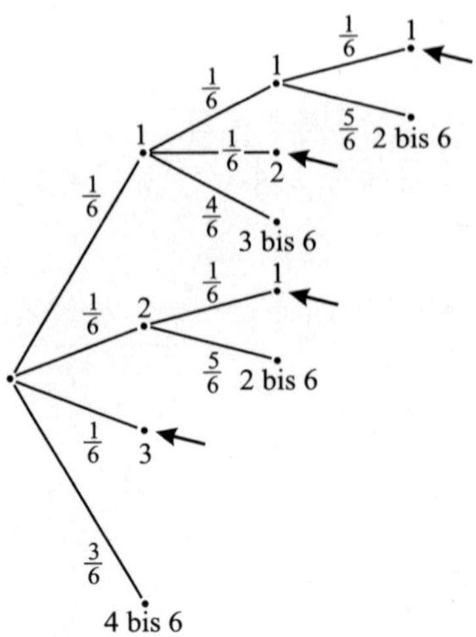

Die markierten Pfade führen zum Gewinn.

$P(\text{Gewinn}) = \frac{1}{6} \cdot \frac{1}{6} \cdot \frac{1}{6} + \frac{1}{6} \cdot \frac{1}{6} + \frac{1}{6} \cdot \frac{1}{6} + \frac{1}{6}$
$= \frac{1+6+6+36}{216} = \frac{49}{216} \approx 0,23$

Die Gewinnwahrscheinlichkeit beträgt $\frac{49}{216}$ oder etwa $23\,\%$.

19.3 Unabhängigkeit von zwei Ereignissen

a) I)

	A	$\overline{A}$	
B	0,32	0,08	0,4
$\overline{B}$	0,48	0,12	0,6
	0,8	0,2	1

II)

	A	$\overline{A}$	
B	$\frac{3}{5}$	$\frac{1}{15}$	$\frac{2}{3}$
$\overline{B}$	$\frac{3}{10}$	$\frac{1}{30}$	$\frac{1}{3}$
	$\frac{9}{10}$	$\frac{1}{10}$	1

III)

	A	$\overline{A}$	
B	$\frac{1}{20}$	$\frac{1}{5}$	$\frac{1}{4}$
$\overline{B}$	$\frac{3}{20}$	$\frac{3}{5}$	$\frac{3}{4}$
	$\frac{1}{5}$	$\frac{4}{5}$	1

b) Es ist: $P(m) = \frac{90}{200} = 0,45$; $P(R) = \frac{80}{200} = 0,4$; $P(m \cap R) = \frac{36}{200} = 0,18$.
Da $0,45 \cdot 0,4 = 0,18$ gilt der spezielle Multiplikationssatz und die Ereignisse sind unabhängig.
Alternativer Lösungsweg:
Man prüft nach, ob der Anteil an Rauchern unter allen Befragten genau so groß ist wie der Anteil an Rauchern unter den Männern.
Anteil der Raucher unter allen Befragten: $\frac{80}{200} = \frac{2}{5} = 0,4$.
Anteil der Raucher unter den Männern: $\frac{36}{90} = \frac{2}{5} = 0,4$.
Die Werte stimmen überein, also sind Geschlecht und Rauchverhalten unabhängig voneinander.

19.4 Bedingte Wahrscheinlichkeit

a) Es ist a: älter als 70 Jahre, j ($= \overline{a}$): höchstens 70 Jahre, m: männlich, w($= \overline{m}$): weiblich.
Gegeben sind $P(a) = 0,3$; $P_a(m) = 0,4$ und $P_j(m) = 0,5$.
Dann gilt: $P(a \cap m) = P(a) \cdot P_a(m) = 0,3 \cdot 0,4 = 0,12$.
$P(j) = 1 - P(a) = 0,7$.
$P(j \cap m) = P(j) \cdot P_j(m) = 0,7 \cdot 0,5 = 0,35$.

P(a), P(j), $P(a \cap m)$ und $P(j \cap m)$ werden in die Vierfeldertafel eingetragen und diese wird vervollständigt: Gesucht ist $P_m(j)$.
Entsprechend der Formel gilt:
$P_m(j) = \frac{P(m \cap j)}{P(m)} = \frac{0,35}{0,47} \approx 0,74 = 74\,\%$.
Also sind rund 74 % der Männer höchstens 70 Jahre alt.

	a	j	
m	0,12	0,35	0,47
w	0,18	0,35	0,53
	0,3	0,7	1

b) Es ist k: krank, g: gesund, «+»: positiv getestet, «−»: negativ getestet.

I) Aus den Angaben lassen sich folgende Wahrscheinlichkeiten bestimmen:
$P(k) = 0{,}2; P_k(+) = 0{,}96; P_g(-) = 0{,}94.$
Damit ist:
$P(g)=1 - P(k) = 0{,}8.$
$P(k \cap +) = P(k) \cdot P_k(+) = 0{,}2 \cdot 0{,}96 = 0{,}192$
$P(g \cap -) = P(g) \cdot P_g(-) = 0{,}8 \cdot 0{,}94 = 0{,}752$
Gesucht sind $P_+(k)$ und $P_-(g)$. Daher gilt:
$P_+(k)= \frac{P(k\cap +)}{P(+)} = \frac{0{,}192}{0{,}24} = 0{,}8 = 80\,\%$ und
$P_-(g)= \frac{P(g\cap -)}{P(-)} = \frac{0{,}752}{0{,}76} \approx 0{,}99 = 99\,\%.$

	k	g	
+	0,192	0,048	0,24
–	0,008	0,752	0,76
	0,2	0,8	1

Die Wahrscheinlichkeit, dass man bei einem positiven Testergebnis tatsächlich krank ist, beträgt 80 %.
Die Wahrscheinlichkeit, dass man bei einem negativen Testergebnis tatsächlich gesund ist, beträgt 99 %.

II) Aus den Angaben lassen sich folgende Wahrscheinlichkeiten bestimmen:
$P(k) = 0{,}5; P_k(+) = 0{,}96; P_g(-) = 0{,}94.$
Die Rechnungen wie bei I) ergeben nebenstehende Vierfeldertafel.
Gesucht sind wieder $P_+(k)$ und $P_-(g)$.
Daher gilt:
$P_+(k) = \frac{0{,}48}{0{,}51} \approx 0{,}94 = 94\,\%$ und
$P_-(g) = \frac{0{,}47}{0{,}49} \approx 0{,}96 = 96\,\%.$

	k	g	
+	0,48	0,03	0,51
–	0,02	0,47	0,49
	0,5	0,5	1

Je größer der Anteil der Kranken an der Bevölkerung wird, desto sicherer deutet ein positives Testergebnis auf eine Erkrankung hin. Dafür kann man sich auf ein negatives Testergebnis weniger verlassen.

20 Kombinatorische Zählprobleme

20.1 Geordnete Stichproben mit Zurücklegen

a) Zuerst bestimmt man die Anzahl aller Möglichkeiten: Für jede der 4 Stellen gibt es 10 mögliche Ziffern, also insgesamt 10^4 Möglichkeiten.
A: Für jede Stelle stehen 5 ungerade Ziffern zur Verfügung, also 5^4 günstige Möglichkeiten.
Somit gilt für die Wahrscheinlichkeit: $P(A) = \frac{5^4}{10^4} = (\frac{5}{10})^4 = (\frac{1}{2})^4 = \frac{1}{16}$.
B: Für jede Stelle stehen 2 verschiedene Ziffern zur Verfügung, also 2^4 günstige Möglichkeiten. Somit gilt: $P(B) = \frac{2^4}{10^4} = (\frac{1}{5})^4 = \frac{1}{625}$.
C: Die erste und die zweite Ziffer können frei gewählt werden, die beiden anderen liegen dann fest: $10 \cdot 10 \cdot 1 \cdot 1 = 100$ günstige Ausfälle, also: $P(C) = \frac{100}{10^4} = \frac{1}{100}$.

b) Für jeden der 8 Mühlesteine stehen 2 Farben zur Verfügung.
Anzahl aller möglichen Ausfälle: $2^8 = 256$.
A: Es gibt nur 2 günstige Ausfälle (alle schwarz oder alle weiß).
Somit ist $P(A) = \frac{2}{2^8} = \frac{1}{2^7} = \frac{1}{128}$.
B: Es gibt 8 günstige Ausfälle, da der weiße Stein an 8 verschiedenen Stellen sein kann.
Somit ist $P(B) = \frac{8}{2^8} = \frac{1}{2^5} = \frac{1}{32}$.
C: Es gibt 2^7 günstige Ausfälle, da die ersten 7 Steine frei gewählt werden können, der letzte aber festgelegt ist. Somit ist $P(C) = \frac{2^7}{2^8} = \frac{1}{2}$.

c) Anzahl aller möglichen Ausfälle: $5^3 = 125$.
Um an eine Stelle N oder A zu ziehen, gibt es jeweils 2 Möglichkeiten, für H dagegen nur eine Möglichkeit. Die Möglichkeiten jeder Stelle werden miteinander multipliziert, um die günstigen Ausfälle zu erhalten.
$P(A) = \frac{2 \cdot 2 \cdot 1}{5^3} = \frac{4}{125}$ $\quad P(B) = \frac{2 \cdot 1 \cdot 2}{5^3} = \frac{4}{125}$ $\quad P(C) = \frac{1 \cdot 1 \cdot 1}{5^3} = \frac{1}{125}$ $\quad P(D) = \frac{4 \cdot 4 \cdot 4}{5^3} = \frac{64}{125}$

20.2 Geordnete Stichproben ohne Zurücklegen

Die Möglichkeiten pro Stufe werden jeweils miteinander multipliziert.

a) Anzahl aller möglichen Ausfälle: $10 \cdot 9 \cdot 8 \cdot 7 \cdot 6$, da zu Beginn 10 Kugeln in der Urne sind.
$P(A) = \frac{6 \cdot 5 \cdot 4 \cdot 3 \cdot 2}{10 \cdot 9 \cdot 8 \cdot 7 \cdot 6} = \frac{4 \cdot 3}{9 \cdot 8 \cdot 7} = \frac{1}{3 \cdot 2 \cdot 7} = \frac{1}{42}$.
$P(B) = \frac{4 \cdot 3 \cdot 2 \cdot 1 \cdot 6}{10 \cdot 9 \cdot 8 \cdot 7 \cdot 6} = \frac{1}{10 \cdot 3 \cdot 7} = \frac{1}{210}$.
$P(C) = \frac{4 \cdot 9 \cdot 8 \cdot 7 \cdot 6}{10 \cdot 9 \cdot 8 \cdot 7 \cdot 6} = \frac{4}{10} = \frac{2}{5}$.
$P(D) = P(rwrwr) + P(wrwrw) = \frac{6 \cdot 4 \cdot 5 \cdot 3 \cdot 4}{10 \cdot 9 \cdot 8 \cdot 7 \cdot 6} + \frac{4 \cdot 6 \cdot 3 \cdot 5 \cdot 2}{10 \cdot 9 \cdot 8 \cdot 7 \cdot 6} = \frac{3}{9 \cdot 7} + \frac{3}{9 \cdot 2 \cdot 7} = \frac{1}{21} + \frac{1}{42} = \frac{3}{42} = \frac{1}{14}$.

b) Anzahl aller möglichen Ausfälle: $5 \cdot 4 \cdot 3 \cdot 2 \cdot 1$.
$P(A) = \frac{4 \cdot 3 \cdot 1 \cdot 2 \cdot 1}{5 \cdot 4 \cdot 3 \cdot 2 \cdot 1} = \frac{1}{5}$.
$P(B) = 1 - P(\overline{B}) = 1 - \frac{4 \cdot 3 \cdot 2 \cdot 1 \cdot 1}{5 \cdot 4 \cdot 3 \cdot 2 \cdot 1} = 1 - \frac{1}{5} = \frac{4}{5}$.

c) Anzahl aller möglichen Ausfälle: $6 \cdot 5 \cdot 4 \cdot 3 \cdot 2 \cdot 1$.
$P(A) = \frac{3\cdot2\cdot2\cdot1\cdot1\cdot1}{6\cdot5\cdot4\cdot3\cdot2\cdot1} = \frac{1}{5\cdot4\cdot3} = \frac{1}{60}$.
$P(B) = \frac{3\cdot2\cdot1\cdot3\cdot2\cdot1}{6\cdot5\cdot4\cdot3\cdot2\cdot1} = \frac{1}{5\cdot4} = \frac{1}{20}$.
$P(C) = 4 \cdot P(B) = \frac{4}{20} = \frac{1}{5}$, da es für das dreifache A insgesamt viermal so viele Möglichkeiten wie bei Ereignis B gibt.

20.3 Ungeordnete Stichproben ohne Zurücklegen

a) Die Anzahl aller möglichen Ausfälle, wenn von 25 Kugeln 4 gezogen werden, ist:
$\binom{25}{4} = \frac{25\cdot24\cdot23\cdot22}{4\cdot3\cdot2\cdot1} = 25 \cdot 23 \cdot 22$.
A: 5 Zahlen sind durch 5 teilbar, also gibt es $\binom{5}{4}$ günstige Ausfälle.
Damit ist $P(A) = \frac{\binom{5}{4}}{\binom{25}{4}} = \frac{5}{25\cdot23\cdot22} = \frac{1}{5\cdot23\cdot22} = \frac{1}{23\cdot110} = \frac{1}{2530}$.
B: 12 Zahlen sind gerade, also gibt es $\binom{12}{4}$ günstige Ausfälle.
Damit ist $P(B) = \frac{\binom{12}{4}}{\binom{25}{4}} = \frac{\frac{12\cdot11\cdot10\cdot9}{4\cdot3\cdot2\cdot1}}{25\cdot23\cdot22} = \frac{11\cdot5\cdot9}{25\cdot23\cdot22} = \frac{9}{230}$.
C: Es gibt nur zwei günstige Ausfälle: $\{(1,2,3,4),(1,2,3,5)\}$.
Damit ist $P(C) = \frac{2}{25\cdot23\cdot22} = \frac{1}{25\cdot23\cdot11} = \frac{1}{6325}$.
D: Das Produkt 12 ist nicht möglich, da $1 \cdot 2 \cdot 3 \cdot 4$ schon 24 ergibt. Damit ist $P(D) = 0$.

b) Wenn von 15 Kugeln 3 gezogen werden, ist die Anzahl aller möglichen Ausfälle:
$\binom{15}{3} = \frac{15\cdot14\cdot13}{3\cdot2\cdot1} = 5 \cdot 7 \cdot 13$.
A: Von 7 weißen Kugeln 3 ziehen ergibt $\binom{7}{3}$ günstige Ausfälle.
Damit ist $P(A) = \frac{\binom{7}{3}}{\binom{15}{3}} = \frac{\frac{7\cdot6\cdot5}{3\cdot2\cdot1}}{5\cdot7\cdot13} = \frac{7\cdot5}{5\cdot7\cdot13} = \frac{1}{13}$.
B: Von 7 weißen (w) Kugeln 3 ziehen, ergibt $\binom{7}{3}$ günstige Ausfälle, von 5 schwarzen (s) Kugeln 3 ziehen, ergibt $\binom{5}{3}$ günstige Ausfälle, von 3 roten (r) Kugeln 3 ziehen, ergibt $\binom{3}{3}$ günstige Ausfälle.
Damit ist $P(B) = P(www) + P(sss) + P(rrr)$
$$= \frac{\binom{7}{3}}{\binom{15}{3}} + \frac{\binom{5}{3}}{\binom{15}{3}} + \frac{\binom{3}{3}}{\binom{15}{3}} = \frac{\frac{7\cdot6\cdot5}{3\cdot2\cdot1}}{5\cdot7\cdot13} + \frac{\frac{5\cdot4\cdot3}{3\cdot2\cdot1}}{5\cdot7\cdot13} + \frac{\frac{3\cdot2\cdot1}{3\cdot2\cdot1}}{5\cdot7\cdot13} = \frac{7\cdot5+10+1}{5\cdot7\cdot13} = \frac{46}{455}.$$
C: Von 7 weißen Kugeln 1 ziehen, ergibt $\binom{7}{1}$ günstige Ausfälle, von 5 schwarzen Kugeln 2 ziehen ergibt $\binom{5}{2}$ günstige Ausfälle, insgesamt $\binom{7}{1} \cdot \binom{5}{2}$ günstige Ausfälle.
Damit ist $P(C) = \frac{\binom{7}{1}\cdot\binom{5}{2}}{\binom{15}{3}} = \frac{7\cdot10}{5\cdot7\cdot13} = \frac{2}{13}$.
D: Es gibt 12 nicht-rote Kugeln, von denen 3 gezogen werden müssen, also gibt es $\binom{12}{3}$ günstige Ausfälle.
Damit ist $P(D) = \frac{\binom{12}{3}}{\binom{15}{3}} = \frac{\frac{12\cdot11\cdot10}{3\cdot2\cdot1}}{5\cdot7\cdot13} = \frac{2\cdot11\cdot10}{5\cdot7\cdot13} = \frac{44}{91}$.
E: Entsprechend Ereignis C ergeben sich $\binom{7}{1} \cdot \binom{5}{1} \cdot \binom{3}{1}$ günstige Ausfälle.
Damit ist $P(E) = \frac{\binom{7}{1}\cdot\binom{5}{1}\cdot\binom{3}{1}}{\binom{15}{3}} = \frac{7\cdot5\cdot3}{5\cdot7\cdot13} = \frac{3}{13}$.
F: Betrachtet man das Gegenereignis $\overline{F}$: «keine weiße Kugel», so muss man von 8 Kugeln 3 ziehen, d.h. es gibt hierfür $\binom{8}{3}$ günstige Ausfälle.

Damit ist $P(F) = 1 - P(\overline{F}) = 1 - \frac{\binom{8}{3}}{\binom{15}{3}} = 1 - \frac{\frac{8\cdot7\cdot6}{3\cdot2\cdot1}}{5\cdot7\cdot13} = 1 - \frac{8\cdot7}{5\cdot7\cdot13} = 1 - \frac{8}{65} = \frac{57}{65}$.

c) Wenn von 10 Glühbirnen 3 herausgegriffen werden, so ist die Anzahl aller möglichen Ausfälle: $\binom{10}{3} = \frac{10\cdot9\cdot8}{3\cdot2\cdot1} = 10\cdot3\cdot4$.

A: Von 8 nicht-defekten Glühbirnen werden 3 gegriffen, also gibt es $\binom{8}{3}$ günstige Ausfälle.
Damit ist $P(A) = \frac{\binom{8}{3}}{\binom{10}{3}} = \frac{\frac{8\cdot7\cdot6}{3\cdot2\cdot1}}{\frac{10\cdot9\cdot8}{3\cdot2\cdot1}} = \frac{8\cdot7}{10\cdot3\cdot4} = \frac{7}{15}$.

B: Von 8 nicht-defekten Glühbirnen werden 2 gegriffen und von 2 defekten Glühbirnen wird eine gegriffen, also gibt es $\binom{8}{2}\cdot\binom{2}{1}$ günstige Ausfälle.
Damit ist $P(B) = \frac{\binom{8}{2}\cdot\binom{2}{1}}{\binom{10}{3}} = \frac{\frac{8\cdot7}{2\cdot1}\cdot2}{10\cdot3\cdot4} = \frac{8\cdot7}{10\cdot3\cdot4} = \frac{7}{15}$.

C: Von 8 nicht-defekten Glühbirnen wird eine gegriffen und von 2 defekten Glühbirnen werden 2 gegriffen, also gibt es $\binom{8}{1}\cdot\binom{2}{2}$ günstige Ausfälle.
Damit ist $P(C) = \frac{\binom{8}{1}\cdot\binom{2}{2}}{\binom{10}{3}} = \frac{8\cdot1}{10\cdot3\cdot4} = \frac{1}{15}$.
Probe: $P(A)+P(B)+P(C) = \frac{7}{15}+\frac{7}{15}+\frac{1}{15} = 1$.

20.4 Vermischte Aufgaben

a) Es gibt insgesamt $4! = 4\cdot3\cdot2\cdot1 = 24$ Möglichkeiten für die Sitzverteilung.

A: Holger muss auf Platz «2» oder «3» sitzen. Die anderen haben jeweils $3! = 6$ Möglichkeiten, sich auf die anderen Sitze zu verteilen, es gibt also 12 günstige Ausfälle.
Damit ist $P(A) = \frac{12}{24} = \frac{1}{2}$.

B: Entweder Holger sitzt auf Platz «1» und Christoph auf Platz «4» oder umgekehrt. Die beiden anderen können jeweils noch die Sitze tauschen, also gibt es $2\cdot2 = 4$ günstige Ausfälle.
Damit ist $P(B) = \frac{4}{24} = \frac{1}{6}$.

C: Holger und Christoph können entweder die Plätze «1» und «2» oder die Plätze «2» und «3» oder die Plätze «3» und «4» einnehmen. Für jeden dieser Fälle gibt es 4 Möglichkeiten(vgl. B), also insgesamt 12 günstige Ausfälle.
Damit ist $P(C) = \frac{12}{24} = \frac{1}{2}$.

b) Für die Auswahl der Prüfungsthemen gibt es insgesamt $\binom{10}{3} = \frac{10\cdot9\cdot8}{3\cdot2\cdot1} = 120$ Möglichkeiten.
Wenn der Prüfling keines (0) der Prüfungsthemen vorbereitet hat, werden aus den 4 unvorbereiteten 3 gewählt, also gibt es $\binom{4}{3}$ günstige Ausfälle. Damit ist $P(0) = \frac{\binom{4}{3}}{\binom{10}{3}} = \frac{4}{120} = \frac{1}{30}$.
Wenn der Prüfling eines der Prüfungsthemen vorbereitet hat, werden aus den 4 unvorbereiteten 2 gewählt und aus den 6 vorbereiteten wird eines gewählt, also gibt es $\binom{4}{2}\cdot\binom{6}{1}$ günstige Ausfälle. Damit ist $P(1) = \frac{\binom{6}{1}\cdot\binom{4}{2}}{\binom{10}{3}} = \frac{6\cdot6}{120} = \frac{3}{10}$.
Wenn der Prüfling zwei der Prüfungsthemen vorbereitet hat, wird aus den 4 unvorbereiteten eines gewählt und aus den 6 vorbereiteten werden 2 gewählt, also gibt es $\binom{4}{1}\cdot\binom{6}{2}$ günstige Ausfälle. Damit ist $P(2) = \frac{\binom{6}{2}\cdot\binom{4}{1}}{\binom{10}{3}} = \frac{15\cdot4}{120} = \frac{1}{2}$.

Wenn der Prüfling alle drei Prüfungsthemen vorbereitet hat, werden aus den 6 vorbereiteten 3 gewählt, also gibt es $\binom{6}{3}$ günstige Ausfälle. Damit ist $P(3) = \frac{\binom{6}{3}}{\binom{10}{3}} = \frac{\frac{6\cdot5\cdot4}{3\cdot2\cdot1}}{120} = \frac{20}{120} = \frac{1}{6}$.

c) Es handelt sich um eine geordnete Stichprobe mit Zurücklegen (bei jeder Frage gibt es 3 Antworten). Anzahl aller möglichen Ergebnisse: $3^{10} = 59049$.

A: Bei jeder Frage gibt es 2 falsche Antworten, also
$P(A) = \frac{2^{10}}{3^{10}} = \frac{1024}{59049} = 0{,}0173 = 1{,}73\,\%$.

B: Für die ersten 5 Fragen gibt es jeweils eine Möglichkeit, für die zweiten 5 Fragen gibt es jeweils 2 Möglichkeiten, also $P(B) = \frac{1^5\cdot2^5}{3^{10}} = \frac{32}{59049} = 0{,}00054 = 0{,}05\,\%$.

C: Um die 5 richtigen Antworten auf die 10 Fragen zu verteilen, gibt es $\binom{10}{5}$ Möglichkeiten. Jede einzelne hat die Wahrscheinlichkeit von B, also
$P(C) = \binom{10}{5}\cdot\frac{1^5\cdot2^5}{3^{10}} = 252\cdot\frac{2^5}{3^{10}} = \frac{252\cdot32}{59049} = \frac{8064}{59049} \approx 0{,}137 = 13{,}7\,\%$

D: Um die 4 richtigen Antworten zu verteilen gibt es $\binom{10}{4} = 210$ Möglichkeiten, bei jeder der 6 falschen Antworten gibt es jeweils 2 Möglichkeiten, also $\binom{10}{4}\cdot2^6$ günstige Ausfälle. Damit ist $P(D) = \frac{\binom{10}{4}\cdot2^6}{3^{10}} = \frac{210\cdot64}{59049} = \frac{13440}{59049} \approx 0{,}228 = 22{,}8\,\%$.

21 Wahrscheinlichkeitsverteilung von Zufallsgrößen

21.1 Erwartungswert

a)

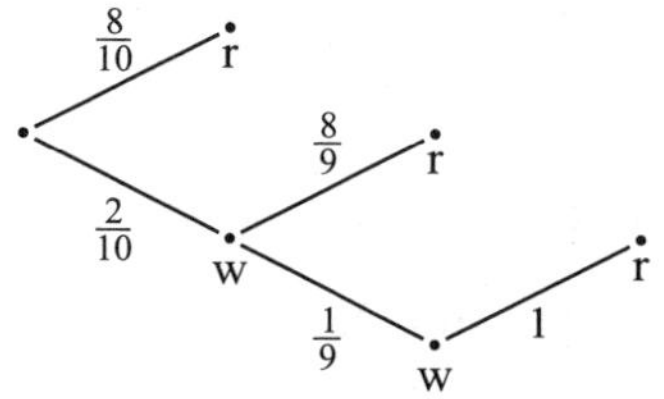

$P(r) = \frac{8}{10}$,
$P(wr) = \frac{2}{10} \cdot \frac{8}{9} = \frac{16}{90}$,
$P(wwr) = \frac{2}{10} \cdot \frac{1}{9} \cdot 1 = \frac{2}{90}$.

Ergebnis	Anzahl der Züge x_i	$P(x_i)$	$x_i \cdot P(x_i)$
r	1	$\frac{8}{10}$	$\frac{8}{10}$
wr	2	$\frac{16}{90}$	$\frac{32}{90}$
wwr	3	$\frac{2}{90}$	$\frac{6}{90}$
			$\frac{110}{90}$

Die Summe der letzten Spalte ergibt den Erwartungswert E(X):
$E(X) = \Sigma x_i \cdot P(x_i) = \frac{8}{10} + \frac{32}{90} + \frac{6}{90} = \frac{72+32+6}{90} = \frac{110}{90} = \frac{11}{9} = 1,\overline{2}$.
Man braucht durchschnittlich etwa 1,2 Züge.

b)

Augensumme	Auszahlung x_i in Euro	$P(x_i)$	$x_i \cdot P(x_i)$
2	4	$\frac{1}{36}$	$\frac{4}{36}$
3	1	$\frac{2}{36}$	$\frac{2}{36}$
4	1	$\frac{3}{36}$	$\frac{3}{36}$
5 bis 12	0	$\frac{30}{36}$	0
			$\frac{9}{36}$

Die Summe der letzten Spalte ergibt den Erwartungswert E(X):
$E(X) = \frac{4+2+3}{36} = \frac{9}{36} = \frac{1}{4} = 0,25$.
Man bekommt im Durchschnitt 25 Cent ausgezahlt.

c) I)

Entnommener Betrag x_i in Euro	$P(x_i)$	$x_i \cdot P(x_i)$
0,50	$\frac{6}{10}$	$\frac{3}{10}$
1	$\frac{3}{10}$	$\frac{3}{10}$
2	$\frac{1}{10}$	$\frac{2}{10}$
		$\frac{8}{10}$

Die Summe der letzten Spalte ergibt den Erwartungswert E(X):
$E(X) = \frac{3+3+2}{10} = \frac{8}{10} = 0{,}8.$
Man kann durchschnittlich 80 Cent erwarten.

II)

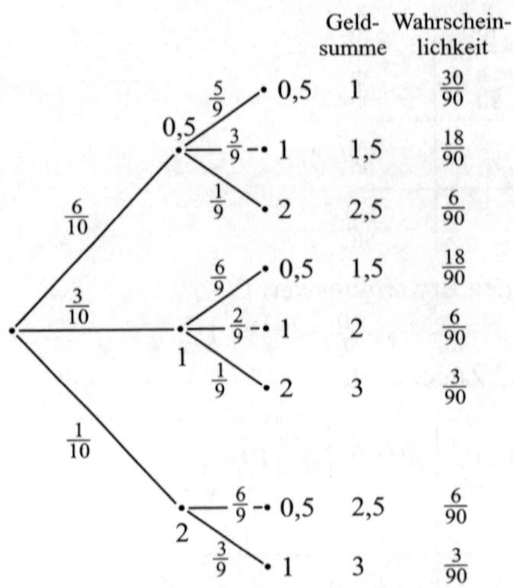

Zusammengefasst:

Entnommener Betrag x_i in Euro	$P(x_i)$	$x_i \cdot P(x_i)$
1	$\frac{30}{90}$	$\frac{30}{90}$
1,5	$\frac{36}{90}$	$\frac{54}{90}$
2	$\frac{6}{90}$	$\frac{12}{90}$
2,5	$\frac{12}{90}$	$\frac{30}{90}$
3	$\frac{6}{90}$	$\frac{18}{90}$
		$\frac{144}{90}$

Die Summe der letzten Spalte ergibt den Erwartungswert E(X):
$E(X) = \frac{30+54+12+30+18}{90} = \frac{144}{90} = \frac{16}{10} = 1{,}6.$
Man erhält im Durchschnitt 1,60 Euro.

21.2 Varianz und Standardabweichung

a)

Ereignis	Gewinn x_i	$P(x_i)$	$x_i \cdot P(x_i)$	$(x_i - E(X))^2$	$(x_i - E(X))^2 \cdot P(x_i)$
weiß	4	0,1	0,4	$2{,}8^2 = 7{,}84$	0,784
rot	8	0,1	0,8	$6{,}8^2 = 46{,}24$	4,624
schwarz	0	0,8	0	$(-1{,}2)^2 = 1{,}44$	1,152
			$E(X) = 1{,}2$		$V(X) = 6{,}56$

Die Varianz V(X) ergibt sich als Summe der letzten Spalte:

$V(X) = \Sigma(x_i - E(X))^2 \cdot P(x_i) = 0,784 + 4,624 + 1,152 = 6,56.$
Die Standardabweichung σ erhält man durch $\sigma(X) = \sqrt{V(X)} = \sqrt{6,56} \approx 2,56.$
Der Erwartungswert für den Gewinn beträgt 1,20 Euro, die Standardabweichung 2,56 Euro.

b)

Ereignis	Gewinn x_i	$P(x_i)$	$x_i \cdot P(x_i)$	$(x_i - E(X))^2$	$(x_i - E(X))^2 \cdot P(x_i)$
weiß	1	0,4	0,4	$(-0,2)^2 = 0,04$	0,016
rot	2	0,4	0,8	$0,8^2 = 0,64$	0,256
schwarz	0	0,2	0	$(-1,2)^2 = 1,44$	0,288
			$E(X) = 1,2$		$V(X) = 0,56$

Die Varianz V(X) ergibt sich als Summe der letzten Spalte:
$V(X) = 0,016 + 0,256 + 0,288 = 0,56.$
Die Standardabweichung σ erhält man durch $\sigma(X) = \sqrt{V(X)} = \sqrt{0,56} \approx 0,75.$

c) In beiden Spielen beträgt der durchschnittliche Gewinn, wenn man oft spielt, 1,20 Euro. Die Standardabweichung $\sigma(X)$ ist bei I) wesentlich größer als bei II); dies liegt daran, dass bei I) die Gewinne bis zu 8 Euro betragen (allerdings mit viel kleinerer Wahrscheinlichkeit), bei II) ist der höchste mögliche Gewinn nur 2 Euro. Wer das Risiko liebt und bei wenigen Spielen auf einen großen Gewinn spekuliert, wird Spiel I) bevorzugen. Wer eher «auf Nummer sicher geht», wird die 80 %ige Gewinnchance bei Spiel II) nutzen, auch wenn die Gewinne geringer sind. Wenn man sehr oft spielt, ist es sowieso egal, welches der beiden Spiele man wählt (wegen des gleichen Erwartungswertes E(X)).

22 Binomialverteilung

22.1 Binomialverteilung mit Gebrauch der Formel

Bei einem Bernoulli-Experiment wird die Wahrscheinlichkeit P eines Ereignisses bei k Treffern mit der Trefferwahrscheinlichkeit p und der Kettenlänge n (Anzahl der Durchführungen des Experiments) mit folgender Formel berechnet:
$P(X=k)=\binom{n}{k}\cdot p^k\cdot(1-p)^{n-k}$.

a) Bei Treffer «Zahl» ist $p=\frac{1}{2}$, die Kettenlänge ist $n=5$.
$P(A)=P(X=2)=\binom{5}{2}\cdot\left(\frac{1}{2}\right)^2\cdot\left(\frac{1}{2}\right)^3=10\cdot\left(\frac{1}{2}\right)^5=\frac{10}{32}=\frac{5}{16}\approx 0,3125$.
$P(B)=P(X=0)=\binom{5}{0}\cdot\left(\frac{1}{2}\right)^0\cdot\left(\frac{1}{2}\right)^5=\frac{1}{32}=0,03125$.
$P(C)=P(X\leqslant 1)=P(X=0)+P(X=1)=\frac{1}{32}+\binom{5}{1}\cdot\left(\frac{1}{2}\right)^1\cdot\left(\frac{1}{2}\right)^4=\frac{1}{32}+\frac{5}{32}=\frac{3}{16}=0,1875$.
$P(D)=P(X\geqslant 1)=1-P(X=0)=1-\frac{1}{32}=\frac{31}{32}=0,96875$ (Rechnen mit dem Gegenereignis).

b) Bei Treffer «verdorben» ist $p=\frac{1}{5}$, die Kettenlänge ist $n=5$.
$P(A)=P(X=1)=\binom{5}{1}\cdot\left(\frac{1}{5}\right)^1\cdot\left(\frac{4}{5}\right)^4=5\cdot\frac{4^4}{5^5}=(\frac{4}{5})^4=\frac{256}{625}$.
$P(B)=P(X=0)=\binom{5}{0}\cdot(\frac{1}{5})^0\cdot\left(\frac{4}{5}\right)^5=\left(\frac{4}{5}\right)^5=\frac{1024}{3125}$.
$P(C)=P(X\geqslant 2)=1-P(X\leqslant 1)=1-P(X=1)-P(X=0)$
$=1-\frac{1024}{3125}-\frac{256}{625}=1-\frac{1024}{3125}-\frac{1280}{3125}=\frac{821}{3125}$.

c) Bei Treffer «Mädchen» ist $p=0,49$, die Kettenlänge ist $n=4$.
$P(A)=P(X=2)=\binom{4}{2}\cdot 0,49^2\cdot 0,51^2\approx 0,375$.
$P(B)=P(X\leqslant 3)=1-P(X=4)=1-\binom{4}{4}\cdot 0,49^4\cdot 0,51^0\approx 0,942$.

d) Bei Treffer «Wappen» ist $p=\frac{1}{2}$; gesucht ist die Kettenlänge n.
Bedingung: $P(X\geqslant 1)\geqslant 0,99$, d.h. für das Gegenereignis gilt: $P(X=0)\leqslant 0,01$.
Da $P(X=0)=\binom{n}{0}\cdot\left(\frac{1}{2}\right)^0\cdot\left(\frac{1}{2}\right)^n=\left(\frac{1}{2}\right)^n$ muss also gelten:

$$\begin{aligned}
\left(\tfrac{1}{2}\right)^n &\leqslant 0,01 && \mid \text{Logarithmieren mit lg}\\
\lg\left(\tfrac{1}{2}\right)^n &\leqslant \lg 0,01 && \mid \text{Anwenden der Logarithmengesetze}\\
n\cdot\lg\left(\tfrac{1}{2}\right) &\leqslant -2 && \mid : \lg\left(\tfrac{1}{2}\right)\\
n &\geqslant \frac{-2}{\lg\left(\frac{1}{2}\right)}\approx 6,64 && \mid \text{(Teilen durch eine negative Zahl)}\\
n &\geqslant 6,64
\end{aligned}$$

Man muss also 7-mal eine Münze werfen, um mit 99 %iger Sicherheit mindestens einmal Wappen zu erhalten.

e) Bei Treffer «Sechs» ist $p=\frac{1}{6}$, gesucht ist die Kettenlänge n.
Bedingung: $P(X\geqslant 1)\geqslant 0,9$, d.h. für das Gegenereignis gilt: $P(X=0)\leqslant 0,1$.

Da $P(X=0)=\binom{n}{0}\cdot\left(\frac{1}{6}\right)^0\cdot\left(\frac{5}{6}\right)^n=\left(\frac{5}{6}\right)^n$, muss also gelten:

$$\begin{aligned}
\left(\tfrac{5}{6}\right)^n &\leqslant 0,1 && \mid \text{Logarithmieren mit lg}\\
\lg\left(\tfrac{5}{6}\right)^n &\leqslant \lg 0,1 && \mid \text{Anwenden der Logarithmengesetze}\\
n\cdot\lg\left(\tfrac{5}{6}\right) &\leqslant -1 && \mid : \lg\left(\tfrac{1}{2}\right)\\
n &\geqslant \frac{-1}{\lg\left(\frac{5}{6}\right)}\approx 12,63 && \mid \text{(Teilen durch eine negative Zahl)}\\
n &\geqslant 12,63
\end{aligned}$$

Man muss 13-mal würfeln, um mit 90 %iger Sicherheit mindestens eine «Sechs» zu erhalten.

22.2 Binomialverteilung mit Gebrauch der Tabelle

In der Tabelle «Binomialverteilung (Summenfunktion)» auf Seite 249 kann man die Wahrscheinlichkeit $P(X\leqslant k)$ ablesen.

a) Ablesen aus der Tabelle für $n=20$ in der Spalte $p=\frac{1}{3}$ führt zu:
$P(X\leqslant 5)=0,2972=29,72\,\%$.
$P(X<10)=P(X\leqslant 9)=0,9081=90,81\,\%$.
$P(X>6)=1-P(X\leqslant 6)=1-0,4793=0,5207=52,07\,\%$.
$P(X\geqslant 3)=1-P(X\leqslant 2)=1-0,0176=0,9824=98,24\,\%$.
$P(4\leqslant X\leqslant 10)=P(X\leqslant 10)-P(X\leqslant 3)=0,9624-0,0604=0,9020=90,20\,\%$.

b) Ablesen aus der Tabelle für $n=100$ in der Spalte $p=0,4$ führt zu:
$P(X\leqslant 40)=0,5433=54,33\,\%$.
$P(X>45)=1-P(X\leqslant 45)=1-0,8689=0,1311=13,11\,\%$.
$P(X\geqslant 50)=1-P(X\leqslant 49)=1-0,9729=0,0271=2,71\,\%$.
$P(X<30)=P(X\leqslant 29)=0,0148=1,48\,\%$.
$P(X=40)=P(X\leqslant 40)-P(X\leqslant 39)=0,5433-0,4621=0,0812=8,12\,\%$.
$P(35\leqslant X\leqslant 45)=P(X\leqslant 45)-P(X\leqslant 34)=0,8689-0,1303=0,7386=73,86\,\%$.

c) Für die Ereignisse A bis E ist $n=50$ und $p=\frac{1}{6}$ bei Treffer «Sechs»:
$P(A)=P(X\leqslant 10)=0,7986=79,86\,\%$.
$P(B)=P(X\geqslant 10)=1-P(X\leqslant 9)=1-0,6830=0,3170=31,70\,\%$.
$P(C)=P(X=10)=P(X\leqslant 10)-P(X\leqslant 9)=0,7986-0,6830=0,1156=11,56\,\%$.
$P(D)=P(5\leqslant X\leqslant 11)=P(X\leqslant 11)-P(X\leqslant 4)=0,8827-0,0643=0,8184=81,84\,\%$.
$P(E)=P(3<X<14)=P(X\leqslant 13)-P(X\leqslant 3)=0,9693-0,0238=0,9455=94,55\,\%$.

d) Da $p>0,5$ müssen die Werte aus der Tabelle «von unten» abgelesen und noch von 1 subtrahiert werden. Ablesen aus der Tabelle für $n=50$ in der Spalte $p=0,7$ führt zu:
$P(X\leqslant 40)=1-0,0402=0,9598=95,98\,\%$.
$P(X<30)=P(X\leqslant 29)=1-0,9522=0,0478=4,78\,\%$.

$P(X = 35) = P(X \leqslant 35) - P(X \leqslant 34) = (1 - 0,4468) - (1 - 0,5692) = 0,1224 = 12,24\,\%$.
$P(32 \leqslant X \leqslant 38) = P(X \leqslant 38) - P(X \leqslant 31) = (1 - 0,1390) - (1 - 0,8594) = 0,7204$
$= 72,04\,\%$.
$P(X > 36) = 1 - P(X \leqslant 36) = 1 - (1 - 0,3279) = 0,3279 = 32,79\,\%$.

e) Setzt man als Treffer «keimt nicht», so ist $p = 1 - 0,90 = 0,1$ und $n = 20$.
A: Mindestens 16 Blumenzwiebeln keimen bedeutet, dass höchstens 4 nicht keimen:
$P(A) = P(X \leqslant 4) = 0,9568 = 95,68\,\%$.
B: Mindestens 18 Blumenzwiebeln keimen bedeutet, dass höchstens 2 nicht keimen:
$P(B) = P(X \leqslant 2) = 0,6769 = 67,69\,\%$.
C: Alle Blumenzwiebeln keimen bedeutet, dass keine nicht keimt:
$P(C) = P(X \leqslant 0) = 0,1216 = 12,16\,\%$.

22.3 Erwartungswert und Standardabweichung

a) Sei X Zufallsvariable für die Anzahl der defekten Glühbirnen.
Mit $n = 150$ und $p = 0,04$ (4 %) erhält man:
Erwartungswert: $E(X) = \mu = n \cdot p = 150 \cdot 0,04 = 6$.
Zugehörige Standardabweichung: $\sigma = \sqrt{n \cdot p \cdot (1 - p)} = \sqrt{150 \cdot 0,04 \cdot 0,96} = 2,4$.
Bei einer Entnahme von 150 Glühbirnen hat man durchschnittlich mit 6 defekten Glühbirnen zu rechnen. Die zugehörige Standardabweichung beträgt 2,4 Glühbirnen.

b) I) Erwartungswert: $E(X) = \mu = n \cdot p = 80 \cdot 0,3 = 24$.
Zugehörige Standardabweichung: $\sigma = \sqrt{n \cdot p \cdot (1 - p)} = \sqrt{80 \cdot 0,3 \cdot 0,7} \approx 4,10$.
II) Erwartungswert: $E(X) = \mu = n \cdot p = 50 \cdot 0,4 = 20$.
Zugehörige Standardabweichung: $\sigma = \sqrt{n \cdot p \cdot (1 - p)} = \sqrt{50 \cdot 0,4 \cdot 0,6} \approx 3,46$.
III) Erwartungswert: $E(X) = \mu = n \cdot p = 20 \cdot 0,6 = 12$.
Zugehörige Standardabweichung: $\sigma = \sqrt{n \cdot p \cdot (1 - p)} = \sqrt{20 \cdot 0,6 \cdot 0,4} \approx 2,19$.

c) Sei X Zufallsvariable für die Menge verdorbener Tomaten (in kg).
Mit $n = 30$ und $p = 0,2$ (20 %) erhält man:
Erwartungswert: $E(X) = \mu = n \cdot p = 30 \cdot 0,2 = 6$.
Zugehörige Standardabweichung: $\sigma = \sqrt{n \cdot p \cdot (1 - p)} = \sqrt{30 \cdot 0,2 \cdot 0,8} \approx 2,19$.
Bei einer Entnahme von 30 kg sind durchschnittlich 6 kg verdorbene Tomaten zu erwarten. Die zugehörige Standardabweichung beträgt etwa 2,2 kg.

23 Normalverteilung

23.1 Berechnung von Wahrscheinlichkeiten

a) Der Intelligenzquotient IQ ist normalverteilt mit dem Erwartungswert $\mu = 100$ und der Standardabweichung $\sigma = 15$.

I) Wenn der IQ zwischen 85 und 115 liegt, gilt für die Wahrscheinlichkeit:
$\mathrm{P}(85 < \mathrm{X} < 115) = \Phi\left(\frac{115-100}{15}\right) - \Phi\left(\frac{85-100}{15}\right) = \Phi(1) - \Phi(-1) = 0{,}8413 - 0{,}1587$
$= 0{,}6826 = 68{,}26\,\%$.

II) Wenn der IQ kleiner als 90 ist, gilt für die Wahrscheinlichkeit:
$\mathrm{P}(\mathrm{X} < 90) = \Phi\left(\frac{90-100}{15}\right) = \Phi\left(-\frac{2}{3}\right) = \Phi(-0{,}67) = 0{,}2514 = 25{,}14\,\%$.

III) Wenn der IQ größer als 120 ist, gilt für die Wahrscheinlichkeit:
$\mathrm{P}(\mathrm{X} > 120) = 1 - \mathrm{P}(X \leqslant 120) = 1 - \Phi\left(\frac{120-100}{15}\right) = 1 - \Phi\left(\frac{4}{3}\right) = 1 - \Phi(1{,}33)$
$= 1 - 0{,}9082 = 0{,}0918 = 9{,}18\,\%$

b) Das Gewicht von Brezeln ist normalverteilt mit dem Erwartungswert $\mu = 58\,\mathrm{g}$ und der Standardabweichung $\sigma = 2\,\mathrm{g}$.

I) Wenn eine Brezel weniger als 54 g wiegt, gilt für die Wahrscheinlichkeit:
$\mathrm{P}(\mathrm{X} < 54) = \Phi\left(\frac{54-58}{2}\right) = \Phi(-2) = 0{,}0228 = 2{,}28\,\%$.

II) Wenn eine Brezel zwischen 55 g und 61 g wiegt, gilt für die Wahrscheinlichkeit:
$\mathrm{P}(55 < \mathrm{X} < 61) = \Phi\left(\frac{61-58}{2}\right) - \Phi\left(\frac{55-58}{2}\right) = \Phi(1{,}5) - \Phi(-1{,}5) = 0{,}9332 - 0{,}0668$
$= 0{,}8664 = 86{,}64\,\%$.

III) Wenn eine Brezel mehr als 60 g wiegt, gilt für die Wahrscheinlichkeit:
$\mathrm{P}(\mathrm{X} > 60) = 1 - \mathrm{P}(\mathrm{X} \leqslant 60) = 1 - \Phi\left(\frac{60-58}{2}\right) = 1 - \Phi(1) = 1 - 0{,}8413 = 0{,}1587$
$= 15{,}87\,\%$.

c) Das Gewicht der Birnensorte ist normalverteilt mit dem Erwartungswert $\mu = 150\,\mathrm{g}$ und der Standardabweichung $\sigma = 5\,\mathrm{g}$. Eine Packung (Leergewicht 50 g) enthält 6 Birnen. Da das Leergewicht der Verpackung immer konstant ist, muss man vom Gesamtgewicht das Leergewicht subtrahieren und erhält das «Nettogewicht». Dieses ist normalverteilt mit dem Erwartungswert $\mu^* = 6 \cdot 150\,\mathrm{g} = 900\,\mathrm{g}$ und der Standardabweichung $\sigma^* = \sqrt{6} \cdot 5\,\mathrm{g} \approx 12{,}25\,\mathrm{g}$.

I) Wenn das Gesamtgewicht zwischen 930 g und 960 g liegt, liegt das normalverteilte Nettogewicht zwischen 880 g und 910 g. Somit gilt für die Wahrscheinlichkeit:
$\mathrm{P}(880 < \mathrm{X} < 910) = \Phi\left(\frac{910-900}{12{,}25}\right) - \Phi\left(\frac{880-900}{12{,}25}\right) \approx \Phi(0{,}82) - \Phi(-1{,}63)$
$= 0{,}7939 - 0{,}0516 = 0{,}7423 = 74{,}23\,\%$.

II) Wenn das Gesamtgewicht weniger als 925 g beträgt, muss das Nettogewicht kleiner als 875 g sein. Somit gilt für die Wahrscheinlichkeit:
$\mathrm{P}(\mathrm{X} < 875) = \Phi\left(\frac{875-900}{12{,}25}\right) \approx \Phi(-2{,}04) = 0{,}0207 = 2{,}07\,\%$.

III) Wenn das Gesamtgewicht mehr als 980 g beträgt, muss das Nettogewicht größer als 930 g sein. Somit gilt für die Wahrscheinlichkeit:
$P(X > 930) = 1 - P(X \leqslant 930) = 1 - \Phi\left(\frac{930-900}{12,25}\right) \approx 1 - \Phi(2,45) = 1 - 0,9929$
$= 0,0071 = 0,71\,\%$.

23.2 Erwartungswert und Standardabweichung

a) Wenn die Hypothese $\mu = 3,5$ nicht verworfen werden soll, muss der Mittelwert $\overline{x} = 3,9$ mit einer Wahrscheinlichkeit von ca. 95 % im $2\sigma^*$-Intervall liegen.
Bei 34 Klassenarbeiten gilt für die Standardabweichung: $\sigma^* = \frac{\sigma}{\sqrt{34}} = \frac{1,3}{\sqrt{34}} = 0,22$
Somit ist das $2\sigma^*$-Intervall:
$[\mu - 2\sigma^*; \mu + 2\sigma^*] = [3,5 - 2 \cdot 0,22; 3,5 + 2 \cdot 0,22] = [3,06; 3,94]$
Da $\overline{x} = 3,9$ innerhalb des Intervalls liegt, kann man die Hypothese annehmen.

b) Wenn die Hypothese $\mu = 1000$ ml nicht verworfen werden soll, muss der Mittelwert $\overline{x} = 995$ ml mit einer Wahrscheinlichkeit von ca. 95 % im $2\sigma^*$-Intervall liegen.
Bei 20 Flaschen gilt für die Standardabweichung: $\sigma^* = \frac{\sigma}{\sqrt{20}} = \frac{10}{\sqrt{20}} \approx 2,24$ ml.
Somit ist das $2\sigma^*$-Intervall:
$[\mu - 2\sigma^*; \mu + 2\sigma^*] = [1000 - 2 \cdot 2,24; 1000 + 2 \cdot 2,24] = [995,52; 1004,48]$
Da $\overline{x} = 995$ ml nicht innerhalb des Intervalls liegt, muss die die Hypothese $\mu = 1000$ ml verworfen und die Befüllungsanlage neu eingestellt werden.

c) Wenn die Hypothese $\mu = 500$ Stunden nicht verworfen werden soll, muss der Mittelwert $\overline{x} = 495$ Stunden mit einer Wahrscheinlichkeit von ca. 95 % im $2\sigma^*$-Intervall liegen.
Bei 100 Lampen gilt für die Standardabweichung: $\sigma^* = \frac{\sigma}{\sqrt{100}} = \frac{20}{\sqrt{100}} = 2$ Stunden.
Somit ist das $2\sigma^*$–Intervall: $[\mu - 2\sigma^*; \mu + 2\sigma^*] = [500 - 2 \cdot 2; 500 + 2 \cdot 2] = [496; 504]$
Da $\overline{x} = 495$ Stunden nicht innerhalb des Intervalls liegt, muss die die Hypothese $\mu = 500$ Stunden verworfen werden.

d) Als Testgröße verwendet man das Gesamtgewicht der Packung.
Der Erwartungswert des Gesamtgewichts ist: $\mu^* = 620 \cdot \mu = 620 \cdot 0,4\,\text{g} = 248\,\text{g}$, die Standardabweichung ist: $\sigma^* = \sqrt{620} \cdot \sigma = \sqrt{620} \cdot 0,1 \approx 2,49\,\text{g}$.
Wenn die Hypothese $\mu = 620$ Feuerbohnen nicht verworfen werden soll, muss das Packungsgewicht $x = 250$ g mit einer Wahrscheinlichkeit von ca. 95 % im $2\sigma^*$–Intervall liegen.
Es gilt für das $2\sigma^*$-Intervall:
$[\mu^* - 2\sigma^*; \mu^* + 2\sigma^*] = [248 - 2 \cdot 2,49; 248 + 2 \cdot 2,49] = [243,02; 252,98]$
Da $x = 250$ g innerhalb des Intervalls liegt, kann man die Hypothese «die Packung enthält 620 Feuerbohnen» annehmen.

e) Bei n Menschen beträgt der Erwartungswert für die Länge: $\mu^* = n \cdot \mu = n \cdot 1,6$. Die Standardabweichung beträgt $\sigma^* = \sqrt{n} \cdot \sigma = \sqrt{n} \cdot 0,4$.

Um die Anzahl der Menschen mit einer Wahrscheinlichkeit von 95 % zu bestimmen, muss die Gesamtlänge $l = 1000\,\text{m}$ im $2\sigma^*$-Intervall liegen.

Es gilt für das $2\sigma^*$-Intervall: $[\mu^* - 2\sigma^*; \mu^* + 2\sigma^*] = \left[1{,}6\text{n} - 2 \cdot 0{,}4 \cdot \sqrt{\text{n}}; 1{,}6\text{n} + 2 \cdot 0{,}4 \cdot \sqrt{\text{n}}\right]$
$= \left[1{,}6\text{n} - 0{,}8\sqrt{\text{n}}; 1{,}6\text{n} + 0{,}8\sqrt{\text{n}}\right]$

Da $l = 1000\,\text{m}$ innerhalb dieses Intervalls liegen muss, sind folgende zwei Gleichungen zu lösen:

I) $1{,}6\text{n} - 0{,}8\sqrt{\text{n}} = 1000$ führt mit der Substitution $\text{z} = \sqrt{\text{n}}$ zu $1{,}6\text{z}^2 - 0{,}8\text{z} = 1000$ mit der positiven Lösung der quadratischen Gleichung $\text{z} \approx 25{,}25 \Rightarrow \text{n} \approx 638$.

II) $1{,}6\text{n} + 0{,}8\sqrt{\text{n}} = 1000$ führt mit der Substitution $\text{z} = \sqrt{\text{n}}$ zu $1{,}6\text{z}^2 + 0{,}8\text{z} = 1000$ mit der positiven Lösung der quadratischen Gleichung $\text{z} \approx 24{,}75 \Rightarrow \text{n} \approx 613$.
Das «Konfidenzintervall» (Vertrauensintervall) ist somit: $[613; 638]$.
Man braucht für eine Menschenkette von 1 km Länge 613 bis 638 Menschen.

f) Wenn 30 Schrauben 162 g wiegen, ist der Mittelwert für das Gewicht einer Schraube:
$\overline{\text{x}} = \frac{162}{30} = 5{,}4\,\text{g}$, die Standardabweichung ist: $\sigma^* = \frac{\sigma}{\sqrt{30}} = \frac{0{,}3}{\sqrt{30}} \approx 0{,}055\,\text{g}$.
Der Erwartungswert für das Gewicht einer Schraube liegt mit einer Wahrscheinlichkeit von 95 % im $2\sigma^*$-Intervall:
$[\overline{\text{x}} - 2\sigma^*; \overline{\text{x}} + 2\sigma^*] = [5{,}4 - 2 \cdot 0{,}055; 5{,}4 + 2 \cdot 0{,}055] = [5{,}29; 5{,}51]$
Somit kann man für eine Schraube ein Gewicht von etwa 5,3 g bis 5,5 g erwarten.

23.3 Annäherung der Binomialverteilung durch die Normalverteilung

a) I) Sei X Zufallsvariable für die Anzahl der Mikrochips unter den 100 untersuchten, welche makellos sind. Dann ist X binomialverteilt mit $\text{n} = 100$ und $\text{p} = 0{,}8$. Gesucht ist die folgende Wahrscheinlichkeit:

$$\begin{aligned} \text{P}(75 \leqslant \text{X} \leqslant 100) &= \text{P}(\text{X} \leqslant 100) - \text{P}(\text{X} \leqslant 74) = 1 - \text{F}_{100;0,8}(74) \\ &\approx 1 - 0{,}0875 = 0{,}9125 \approx 91{,}3\,\% \end{aligned}$$

Mit einer Wahrscheinlichkeit von ca. 91,3 % sind von 100 Mikrochips mindestens 75 in Ordnung.

II) Die Laplace-Bedingung ist $\sigma > 3$, bzw. im Fall der Binomialverteilung: $\text{n} \cdot \text{p} \cdot (1 - \text{p}) > 9$. Für $\text{n} = 100$ und $\text{p} = 0{,}8$ ergibt sich: $100 \cdot 0{,}8 \cdot 0{,}2 = 16 > 9$.
Also ist die Laplace-Bedingung erfüllt.
Es wird die Näherungsformel von de Moivre-Laplace zur Berechnung der gesuchten Wahrscheinlichkeit verwendet:

$$\text{P}(\text{k}_1 \leqslant \text{X} \leqslant \text{k}_2) \approx \Phi\left(\frac{\text{k}_2 - \mu + 0{,}5}{\sigma}\right) - \Phi\left(\frac{\text{k}_1 - \mu - 0{,}5}{\sigma}\right)$$

Für den Erwartungswert μ gilt hier: $\mu = n \cdot p = 100 \cdot 0{,}8 = 80$. Für die Standardabweichung σ gilt: $\sigma = \sqrt{n \cdot p \cdot (1-p)} = \sqrt{100 \cdot 0{,}8 \cdot 0{,}2} = \sqrt{16} = 4$. Einsetzen ergibt:

$$\begin{aligned} P(75 \leqslant X \leqslant 100) &\approx \Phi\left(\frac{100-80+0{,}5}{4}\right) - \Phi\left(\frac{75-80-0{,}5}{4}\right) \\ &= \Phi(5{,}125) - \Phi(-1{,}375) \approx 1 - 0{,}0838 = 0{,}9162 \approx 91{,}6\,\% \end{aligned}$$

Die Werte für die Normalverteilung wurden der Tabelle auf Seite 251 entnommen. Für $5{,}125$ wurde $\Phi(5{,}125)$ auf 1 gerundet; für $-1{,}375$ wurde $\Phi(-1{,}38)$ abgelesen. Mithilfe der Gaußverteilung erhält man also einen guten Näherungswert für die gesuchte Wahrscheinlichkeit, wie der Vergleich mit dem im ersten Aufgabenteil berechneten Wert zeigt.

b) Sei X Zufallsvariable für die Anzahl der Autos unter den 100 beobachteten, welche die zulässige Höchstgeschwindigkeit nicht überschreiten. Dann ist X binomialverteilt mit $n = 100$ und $p = 0{,}9$. Gesucht ist die folgende Wahrscheinlichkeit:

$$\begin{aligned} P(88 \leqslant X \leqslant 100) &= P(X \leqslant 100) - P(X \leqslant 87) = 1 - F_{100;0,9}(87) \\ &\approx 1 - 0{,}1982 = 0{,}8018 \approx 80{,}2\,\% \end{aligned}$$

Mit einer Wahrscheinlichkeit von ca. $80{,}2\,\%$ fahren mindestens 88 der beobachteten Autos im Rahmen der zulässigen Geschwindigkeit.
Um diese Wahrscheinlichkeit näherungsweise mithilfe der Gaußverteilung zu bestimmen, ist zunächst die Laplace-Bedingung zu überprüfen. Sie lautet: $n \cdot p \cdot (1-p) > 9$. Für $n = 100$ und $p = 0{,}9$ ergibt sich: $100 \cdot 0{,}9 \cdot 0{,}1 = 9$. Damit wird die Laplace-Bedingung knapp verfehlt. Es ist also zu erwarten, dass der Näherungswert mehr oder weniger deutlich von dem oben berechneten Wert abweichen wird.
Für den Erwartungswert μ gilt: $\mu = n \cdot p = 100 \cdot 0{,}9 = 90$; für die Standardabweichung σ gilt: $\sigma = \sqrt{n \cdot p \cdot (1-p)} = \sqrt{100 \cdot 0{,}9 \cdot 0{,}1} = \sqrt{9} = 3$. Einsetzen ergibt:

$$\begin{aligned} P(88 \leqslant X \leqslant 100) &\approx \Phi\left(\frac{100-90+0{,}5}{3}\right) - \Phi\left(\frac{88-90-0{,}5}{3}\right) \\ &= \Phi(3{,}5) - \Phi\left(-\frac{5}{6}\right) \approx 1 - 0{,}2033 = 0{,}7967 \approx 79{,}7\,\% \end{aligned}$$

Auch hier wurden die Werte für die Normalverteilung der Tabelle auf Seite 251 entnommen. $\Phi(3{,}5)$ wurde auf 1 gerundet, und für $\Phi\left(-\frac{5}{6}\right)$ wurde $\Phi(-0{,}83)$ abgelesen. Der Näherungswert von $79{,}7\,\%$ weicht wie erwartet vom mit der Binomialverteilung berechneten Wert von $80{,}2\,\%$ ab, wobei diese Abweichung mit ca. $0{,}5$ Prozentpunkten nicht sehr gravierend ist.

24 Hypergeometrische Verteilung

a) Man definiert X als Zufallsvariable für die Anzahl der gezogenen grünen Kugeln.
Für die Bestimmung der gesuchten Wahrscheinlichkeit $P(X=2)$ mit Hilfe eines Baumdiagramms ist zu beachten, dass sich die Grundmenge nach jeder Ziehung um «1» reduziert.

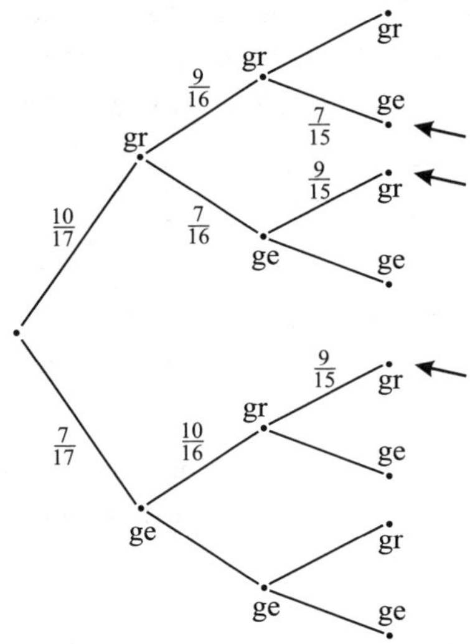

Man wendet die Pfadregel an und erhält:

$$P(X=2) = \frac{10}{17}\cdot\frac{9}{16}\cdot\frac{7}{15}+\frac{10}{17}\cdot\frac{7}{16}\cdot\frac{9}{15}+\frac{7}{17}\cdot\frac{10}{16}\cdot\frac{9}{15}$$
$$= 3\cdot\frac{10\cdot 9\cdot 7}{17\cdot 16\cdot 15} = \frac{63}{136} \approx 0{,}463$$

Die Wahrscheinlichkeit, bei der Ziehung gerade zwei grüne Kugeln zu erhalten, beträgt ca. 46,3 %.

Die Zufallsvariable X ist hypergeometrisch verteilt mit den Parametern $n=3$, $M=10$ und $N=17$. Wendet man die kombinatorische Formel für hypergeometrische Verteilungen zur Bestimmung der gesuchten Wahrscheinlichkeit an, so ergibt sich:

$$P(X=2) = \frac{\binom{10}{2}\cdot\binom{7}{1}}{\binom{17}{3}} = \frac{\frac{10\cdot 9}{2\cdot 1}\cdot\frac{7}{1}}{\frac{17\cdot 16\cdot 15}{3\cdot 2\cdot 1}} = \frac{63}{136} \approx 0{,}463$$

Man erhält also wie oben eine Wahrscheinlichkeit von etwa 46,3 % für das Eintreten des Ereignisses «2 grüne Kugeln». Dabei gibt der Binomialkoeffizient $\binom{10}{2}$ die Anzahl der Möglichkeiten an, 2 der 10 grünen Kugeln zu ziehen, und analog gibt $\binom{7}{1}$ die Anzahl der Möglichkeiten an, eine der 7 gelben Kugeln zu ziehen. $\binom{17}{3}$ ist die Anzahl der Möglichkeiten für die Ziehung von 3 beliebigen aus den insgesamt 17 Kugeln.
Baumdiagramm und Kombinatorik sind also zwei verschiedene, mögliche Wege, welche zur Berechnung von Wahrscheinlichkeiten im Falle des Modells «Ziehen ohne Zurücklegen» verwendet werden können. Bei komplexeren Sachverhalten (und Verwendung eines Rechners, der Binomialkoeffizienten effizient bestimmen kann) ist der kombinatorische Weg oft einfacher.

b) I) Lottospiele werden gerne als Standardbeispiele für hypergeometrische Wahrscheinlichkeitsverteilungen verwendet. Man definiert für den ersten der zu untersuchenden Fälle eine Zufallsvariable X für die Anzahl der Richtigen (pro Tipp). X ist hypergeometrisch verteilt mit $n=6$, $M=6$ und $N=49$. Für die Wahrscheinlichkeit, in einem Tipp genau zwei Richtige zu haben, folgt mit der kombinatorischen Formel:

$$P(X=2) = \frac{\binom{6}{2}\cdot\binom{43}{4}}{\binom{49}{6}} = \frac{\frac{6\cdot 5}{2\cdot 1}\cdot\frac{43\cdot 42\cdot 41\cdot 40}{4\cdot 3\cdot 2\cdot 1}}{\frac{49\cdot 48\cdot 47\cdot 46\cdot 45\cdot 44}{6\cdot 5\cdot 4\cdot 3\cdot 2\cdot 1}} \approx 0{,}132$$

Mit einer Wahrscheinlichkeit von ca. 13,2 % hat man beim Spiel «6 aus 49» mit einem Tipp genau zwei Richtige.

Gibt man zwei Tippscheine ab, so nimmt der Parameter n den Wert 12 an, wenn wie vorausgesetzt die getippten Zahlen verschieden sind und man sich für die gesamte Trefferanzahl interessiert. Man definiert also eine neue Zufallsvariable Y mit hypergeometrischer Verteilung für die Anzahl der Richtigen auf zwei Tippscheinen «ohne Schnittmenge». Die zu Y gehörigen Parameter haben die Werte n = 12, M = 6 sowie N = 49. Es folgt für die Wahrscheinlichkeit, insgesamt mindestens zwei Richtige zu haben, mit Hilfe des Gegenereignisses:

$$P(Y \geqslant 2) = 1 - P(Y \leqslant 1) = 1 - \frac{\binom{6}{1} \cdot \binom{43}{11}}{\binom{49}{12}} - \frac{\binom{6}{0} \cdot \binom{43}{12}}{\binom{49}{12}} \approx 1 - 0,374 - 0,166 \approx 0,460$$

Gibt man zwei Tippscheine beim Lotto «6 aus 49» ab, deren angekreuzte Zahlen sich nicht überschneiden, so liegt die Wahrscheinlichkeit, mindestens zwei Richtige zu haben, bei ca. 46 %.

II) Man definiert X als Zufallsvariable für die Anzahl der Richtigen pro Tipp, analog zum vorhergehenden Aufgabenteil. Für die Wahrscheinlichkeit, keinen Treffer zu erzielen, ergibt sich:

$$P(X = 0) = \frac{\binom{6}{0} \cdot \binom{43}{6}}{\binom{49}{6}} \approx 0,436$$

Da die Wahrscheinlichkeit, keinen Treffer zu erzielen, bei etwa 43,6 % liegt, werden ca. $100000 \cdot 0,436 = 43600$, das ist knapp die Hälfte aller wöchentlich abgegeben Tipps, «Nieten» sein.

Um zu bestimmen, im Abstand von wievielen Jahren in der Großstadt sechs Richtige getippt werden, überlegt man sich, dass es insgesamt $\binom{49}{6} = 13983816$ Möglichkeiten gibt, 6 der 49 Zahlen auszuwählen. Ein einzelner Mensch müsste im Schnitt also fast 14 Millionen Tipps abgeben, um garantiert einen Sechser zu haben. Bei 100000 Einwohnern kommt es in der Großstadt durchschnittlich alle

$\frac{1}{100000} \cdot \binom{49}{6} = 139,83816$ Ziehungen zu einem Volltreffer. Geht man von 52 Samstagsziehungen pro Jahr aus, so erhält man als durchschnittlichen Zeitraum, der von einem Volltreffer bis zum nächsten vergeht:

$$\frac{1}{52} \cdot \frac{1}{100000} \cdot \binom{49}{6} \approx 2,689$$

Es kann erwartet werden, dass in Zeiträumen von jeweils ca. 2,689 Jahren, das entspricht etwas mehr als 32 Monaten, in der Großstadt oder im Umland sechs Richtige getippt werden.

Alternativ überlegt man sich, dass für die Wahrscheinlichkeit, sechs Richtige zu erzielen, gilt:

$$P(X = 6) = \frac{\binom{6}{6} \cdot \binom{43}{0}}{\binom{49}{6}} \approx 7,151 \cdot 10^{-8}$$

Die Wahrscheinlichkeit, dass einer der wöchentlich abgegeben 100000 Tipps einen

Volltreffer erzielt, liegt damit bei etwa $100000 \cdot 7,151 \cdot 10^{-8} = 7,151 \cdot 10^{-3}$. Es kann wie oben angenommen werden, dass 52 Samstagsziehungen pro Jahr stattfinden. Gibt d die Dauer des gesuchten Zeitraums in Jahren an, so kann die folgende Gleichung formuliert werden:

$$7,151 \cdot 10^{-3} \cdot 52 \cdot \mathrm{d} = 1 \Leftrightarrow \mathrm{d} = \frac{10^3}{7,151 \cdot 52} \approx 2,689$$

Dies entspricht obigem Ergebnis.

III) Man definiert Zufallsvariablen Z_1 und Z_2 für die Anzahl der Richtigen beim Lottospiel «5 aus 90» bzw. «4 aus 72». Beide Zufallsvariablen sind hypergeometrisch verteilt; Z_1 mit den Parametern $n = 5$, $M = 5$ und $N = 90$; Z_2 mit $n = 4$, $M = 4$ und $N = 72$. Für die Wahrscheinlichkeit, beim Tippen nur richtige Zahlen abzugeben, erhält man beim Lottospiel «5 aus 90»:

$$P(Z_1 = 5) = \frac{\binom{5}{5} \cdot \binom{85}{0}}{\binom{90}{5}} \approx 2,275 \cdot 10^{-8}$$

Beim Spiel «4 aus 72» gilt für die Wahrscheinlichkeit eines Volltreffers:

$$P(Z_2 = 4) = \frac{\binom{4}{4} \cdot \binom{68}{0}}{\binom{72}{4}} \approx 9,720 \cdot 10^{-7}$$

Beim Lottospiel «4 aus 72» ist die Wahrscheinlichkeit, nur richtige Zahlen zu tippen, mit einem Wert von ca. $9,720 \cdot 10^{-7}$ größer als beim Spiel «5 aus 90». Man wird sich also für das Lotto «4 aus 72» entscheiden.
Die Gewinnchancen unterscheiden sich erheblich: Die Wahrscheinlichkeit für einen Volltreffer bei «4 aus 72» ist um den Faktor $\frac{9,720 \cdot 10^{-7}}{2,275 \cdot 10^{-8}} \approx 42,725$ größer als die Wahrscheinlichkeit für einen Volltreffer bei «5 aus 90».

c) I) Sei X Zufallsvariable für die Anzahl der fehlerhaften Schrauben, welche in der Stichprobe mit 15 Stück gefunden werden. X ist hypergeometrisch verteilt mit den Parametern $n = 15$, $M = 0,02 \cdot 1000 = 20$ und $N = 1000$. Die Wahrscheinlichkeit, dass in der Stichprobe mit 15 Schrauben höchstens eine fehlerhafte ist, ist dann:

$$P(X \leqslant 1) = \frac{\binom{20}{1} \cdot \binom{980}{14}}{\binom{1000}{15}} + \frac{\binom{20}{0} \cdot \binom{980}{15}}{\binom{1000}{15}} \approx 0,229 + 0,737 = 0,966$$

Die Wahrscheinlichkeit, dass sich höchstens eine fehlerhafte Schraube in der Stichprobe vom Umfang 15 befindet, liegt bei ca. 96,6 %.

II) Legt man der Zufallsvariable X (fälschlicherweise) eine Binomialverteilung zugrunde, so hat diese die Parameter $p = 0,02$ sowie $n = 15$. In diesem Fall berechnet sich die gesuchte Wahrscheinlichkeit als:

$$P(X \leqslant 1) = \binom{15}{1} \cdot (0,02)^1 \cdot (0,98)^{14} + \binom{15}{0} \cdot (0,02)^0 \cdot (0,98)^{15} \approx 0,965$$

Die Differenz der binomial berechneten Wahrscheinlichkeit und des «korrekten», hypergeometrisch berechneten Werts ist gering und bewegt sich in einem Bereich von deutlich weniger als 1 %.

Die geringe Abweichung ist damit zu erklären, dass die Binomialverteilung mit $p = \frac{M}{N}$ immer dann als annehmbare Approximation für die hypergeometrische Verteilung herangezogen werden kann, wenn der Stichprobenumfang n im Vergleich zu M und N − M klein ist. Als Faustregel gilt, dass die Approximation dann sinnvoll ist, wenn $n \leqslant \frac{N}{10}$ ist (dies ist hier der Fall). Es gilt dann

$$\binom{M}{k} \approx \frac{M^k}{k!} \binom{N-M}{n-k} \approx \frac{(N-M)^{n-k}}{(n-k)!} = \frac{N^{n-k} \cdot \left(1-\frac{M}{N}\right)^{n-k}}{(n-k)!} \text{ sowie } \binom{N}{n} \approx \frac{N^n}{n!}$$

Daher gilt in Näherung für $0 \leqslant k \leqslant n$:

$$\frac{\binom{M}{k} \cdot \binom{N-M}{n-k}}{\binom{N}{n}} \approx \frac{M^k}{k!} \cdot \frac{N^{n-k} \cdot \left(1-\frac{M}{N}\right)^{n-k}}{(n-k)!} \cdot \frac{n!}{N^n} = \frac{n!}{k! \cdot (n-k)!} \cdot \frac{M^k}{N^k} \cdot \frac{N^n}{N^n} \cdot \left(1-\frac{M}{N}\right)^{n-k}$$
$$= \binom{n}{k} \cdot \left(\frac{M}{N}\right)^k \cdot \left(1-\frac{M}{N}\right)^{n-k}$$

Der Umgang mit der Binomialverteilung ist einfacher, da nur zwei Parameter auftauchen.

d) Für den Erwartungswert einer hypergeometrisch verteilten Zufallsvariable X mit Parametern n, M und N gilt:

$$E[X] = n \cdot \frac{M}{N}$$

Angenommen, die zu untersuchende Zufallsvariable X ist hypergeometrisch verteilt mit $n = 4$, $N = 7$ und $E[X] = \frac{16}{7}$, dann gilt:

$$E[X] = 4 \cdot \frac{M}{7} = \frac{16}{7} \Rightarrow M = 4$$

Es ist nun zu prüfen, ob die drei Parameterwerte n, M und N die angegebene Wahrscheinlichkeit für das Ereignis «X = 2» liefern:

$$P(X=2) = \frac{\binom{4}{2} \cdot \binom{3}{2}}{\binom{7}{4}} = \frac{18}{35}$$

Dieser Wert stimmt nicht mit dem gegebenen $P(X=2) = \frac{4}{7}$ überein; die zu untersuchende Zufallsvariable X kann also nicht hypergeometrisch verteilt sein mit den Parametern $n = 4$ und $N = 7$.

25 Hypothesentests

25.1 Grundbegriffe, Fehler 1. und 2. Art

a) Die Nullhypothese lautet: H_0: $p = \frac{1}{6}$ bei Treffer «Sechs», $n = 60$.
Der Annahmebereich ist $A = \{8, 9, 10, 11, 12\}$, der Ablehnungsbereich ist
$\overline{A} = \{0, ..., 7\} \cup \{13, ..., 60\}$.
Wenn nur 7-mal «Sechs» fällt, wird die Hypothese abgelehnt. Ist der Würfel trotzdem in Ordnung, begeht man einen Fehler 1. Art.
Die Wahrscheinlichkeit, einen Fehler 1. Art zu begehen, heißt Irrtumswahrscheinlichkeit α. Im vorliegenden Fall ist α die Wahrscheinlichkeit, dass weniger als 8 oder mehr als 12 «Sechsen» fallen, obwohl $p = \frac{1}{6}$ gilt.

b) Die Nullhypothese lautet: H_0: $p \leqslant 0,05$ bei Treffer «Apfel nicht einwandfrei», $n = 50$.
Ein möglicher Annahmebereich ist beispielsweise $A = \{0, .., 4\}$, entsprechend ist dann der Ablehnungsbereich $\overline{A} = \{5, 6, ..., 50\}$.
Es handelt sich um einen rechtsseitigen Test, da $\overline{A}$ die großen Werte enthält. Wird A vergrößert, so wird $\overline{A}$ und damit auch $P(\overline{A})$ unter der Voraussetzung $p \leqslant 0,05$ verkleinert. Dies ist die Wahrscheinlichkeit für einen Fehler 1. Art. Die Wahrscheinlichkeit, dass man dem Händler glaubt, obwohl mehr Äpfel nicht einwandfrei sind (Fehler 2. Art), nimmt dabei zu.

25.2 Einseitiger Test

a) I) Man verwendet die Tabelle für $p = 0,4$ und $n = 100$:
Für $\overline{A} = \{50, ..., 100\}$ ergibt sich:
$\alpha = P(\overline{A}) = P(X \geqslant 50) = 1 - P(X \leqslant 49) = 1 - 0,9729 = 0,0271 = 2,71\,\%$.
Für $\overline{A} = \{49, ..., 100\}$ ergibt sich:
$\alpha = P(\overline{A}) = P(X \geqslant 49) = 1 - P(X \leqslant 48) = 1 - 0,9577 = 0,0423 = 4,23\,\%$.

II) Man verwendet die Tabelle für $p = 0,8$ und $n = 100$:
Wegen $p > 0,5$ müssen die Werte in der Tabelle «von unten» abgelesen und die Differenz zu 1 gebildet werden.
Für $\overline{A} = \{0, ..., 74\}$ ergibt sich:
$\alpha = P(\overline{A}) = P(X \leqslant 74) = 1 - 0,9125 = 0,0875 = 8,75\,\%$.

b) I) Es handelt sich um einen rechtsseitigen Test.
Die Tabelle für $n = 100$ und $p = 0,1$ liefert:
$P(X \leqslant 14) = 0,9274 \Rightarrow P(X > 14) = 0,0726 = 7,26\,\%$.
$P(X \leqslant 15) = 0,9601 \Rightarrow P(X > 15) = 0,0399 = 3,99\,\%$.
$P(X \leqslant 16) = 0,9794 \Rightarrow P(X > 16) = 0,0206 = 2,06\,\%$.
$P(X \leqslant 17) = 0,9900 \Rightarrow P(X > 17) = 0,0100 = 1,00\,\%$.
Da $P(\overline{A})$ höchstens den Wert α annehmen darf, ist der Ablehnungsbereich
$\overline{A} = \{16, ..., 100\}$ für $\alpha = 5\,\%$ bzw. $\overline{A} = \{18, ..., 100\}$ für $\alpha = 2\,\%$ und $\alpha = 1\,\%$.

II) Es handelt sich um einen linksseitigen Test.
Die Tabelle für $n = 50$ und $p = 0,3$ liefert:
$P(X \leqslant 7) = 0,0073 = 0,73\,\%$.
$P(X \leqslant 8) = 0,0183 = 1,83\,\%$.
$P(X \leqslant 9) = 0,0402 = 4,02\,\%$.
$P(X \leqslant 10) = 0,0789 = 7,89\,\%$.
Also ist der Ablehnungsbereich $\overline{A} = \{0,...,9\}$ für $\alpha = 5\,\%$,
$\overline{A} = \{0,...,8\}$ für $\alpha = 2\,\%$ und $\overline{A} = \{0,...,7\}$ für $\alpha = 1\,\%$.

c) Die Nullhypothese lautet: H_0: $p \leqslant 0,04$ bei Treffer «Chip defekt» und $n = 100$.
Es handelt sich um einen rechtsseitigen Test mit $\alpha = 5\,\%$.
Die Tabelle liefert:
$P(X \leqslant 7) = 0,9525 \Rightarrow P(X > 7) = 1 - P(X \leqslant 7) = 1 - 0,9525 = 0,0475 = 4,75\,\%$.
Also ist $A = \{0,...,7\}$ und $\overline{A} = \{8,...,100\}$.
Da eine 9 im Ablehnungsbereich liegt, kann man bei $\alpha = 5\,\%$ auf mehr als $4\,\%$ Ausschuss schließen.

d) Die Nullhypothese lautet: H_0: $p \geqslant 0,3$ bei Treffer «die Partei wird gewählt» und $n = 100$.
Es handelt sich um einen linksseitigen Test mit $\alpha = 5\,\%$.
Die Tabelle liefert:
$P(X \leqslant 22) = 0,0479 = 4,79\,\%$.
$P(X \leqslant 23) = 0,0755 = 7,55\,\%$ (zu groß).
Also ist $\overline{A} = \{0,...,22\}$ und $A = \{23,...,100\}$.
Da 25 nicht im Ablehnungsbereich liegt, kann man bei der vorgegebenen Irrtumswahrscheinlichkeit nicht auf einen gesunkenen Stimmenanteil schließen.

e) Die Nullhypothese lautet: H_0: $p \leqslant 0,04$ bei Treffer «Birne defekt» und $n = 50$.
Es handelt sich um einen rechtsseitigen Test.
Da $\overline{A} = \{5,...,50\}$ und $A = \{0,...,4\}$, ist
$P(\overline{A}) = P(X \geqslant 5) = 1 - P(X \leqslant 4) = 1 - 0,9510 = 0,0490 = 4,90\,\%$.
Die Irrtumswahrscheinlichkeit beträgt somit $4,9\,\%$.
Um $\alpha = 2\,\%$ zu erreichen, muss $\overline{A}$ verkleinert werden. Die Tabelle liefert:
$P(X \leqslant 5) = 0,9856 = 98,56\,\% \Rightarrow P(X > 5) = 1,44\,\% < 2\,\%$.
Also ist der Ablehnungsbereich $\overline{A} = \{6,...,50\}$ bei $\alpha = 2\,\%$.

25.3 Zweiseitiger Test

a) I) Der Ablehnungsbereich ist $\overline{A} = \{0,...,7\} \cup \{13,...,20\}$.
Die Tabelle für $n = 20$ und $p = 0,5$ liefert:
$P(X \leqslant 7) = 0,1316 = 13,16\,\%$ und
$P(X \geqslant 13) = 1 - P(X \leqslant 12) = 1 - 0,8684 = 0,1316 = 13,16\,\%$.
Die gesamte Irrtumswahrscheinlichkeit beträgt also $13,16\,\% + 13,16\,\% = 26,32\,\%$.

II) Der Ablehnungsbereich ist $\overline{A} = \{0,..,3\} \cup \{14,...,50\}$.
Die Tabelle für $n = 50$ und $p = \frac{1}{6}$ liefert:
$P(X \leqslant 3) = 0{,}0238 = 2{,}38\,\%$ und
$P(X \geqslant 14) = 1 - P(X \leqslant 13) = 1 - 0{,}9693 = 0{,}0307 = 3{,}07\,\%$.
Die gesamte Irrtumswahrscheinlichkeit beträgt also $2{,}38\,\% + 3{,}07\,\% = 5{,}45\,\%$.

b) Die Tabelle für $n = 100$ und $p = \frac{1}{3}$ liefert:
$P(X \leqslant 21) = 0{,}0048 = 0{,}48\,\% \leqslant 0{,}5\,\%$.
$P(X \leqslant 22) = 0{,}0091 = 0{,}91\,\% \leqslant 1\,\%$.
$P(X \leqslant 23) = 0{,}0164 = 1{,}64\,\% \leqslant 2{,}5\,\%$.
$P(X \leqslant 24) = 0{,}0281 = 2{,}81\,\%$ (zu groß).
Ferner gilt:
$P(X \geqslant 43) = 1 - P(X \leqslant 42) = 1 - 0{,}9724 = 0{,}0276 = 2{,}76\,\%$ (zu groß).
$P(X \geqslant 44) = 1 - P(X \leqslant 43) = 1 - 0{,}9831 = 0{,}0169 = 1{,}69\,\% \leqslant 2{,}5\,\%$.
$P(X \geqslant 45) = 1 - P(X \leqslant 44) = 1 - 0{,}9900 = 0{,}0100 = 1{,}00\,\% \leqslant 1\,\%$.
$P(X \geqslant 46) = 1 - P(X \leqslant 45) = 1 - 0{,}9943 = 0{,}0057 = 0{,}57\,\%$.
$P(X \geqslant 47) = 1 - P(X \leqslant 46) = 1 - 0{,}9969 = 0{,}0031 = 0{,}31\,\% \leqslant 0{,}5\,\%$.
Daraus ergeben sich folgende Ablehnungs- und Annahmebereiche:
$\alpha = 5\,\%$: $\overline{A} = \{0,...,23\} \cup \{44,...,100\}$ und $A = \{24,...,43\}$.
$\alpha = 2\,\%$: $\overline{A} = \{0,...,22\} \cup \{45,...,100\}$ und $A = \{23,...,44\}$.
$\alpha = 1\,\%$: $\overline{A} = \{0,...,21\} \cup \{47,...,100\}$ und $A = \{22,...,46\}$.

c) Die Nullhypothese lautet: H_0: $p = 0{,}5$ bei Treffer «Zahl» und $n = 50$.
Es handelt sich um einen zweiseitigen Test mit $\alpha = 5\,\%$.
Die Tabelle liefert:
$P(X \leqslant 17) = 0{,}0164 = 1{,}64\,\% \leqslant 2{,}5\,\%$.
$P(X \leqslant 18) = 0{,}0325 = 3{,}25\,\%$ (zu groß).
$P(X \geqslant 32) = 1 - P(X \leqslant 31) = 1 - 0{,}9675 = 0{,}0325 = 3{,}25\,\%$ (zu groß).
$P(X \geqslant 33) = 1 - P(X \leqslant 32) = 1 - 0{,}9836 = 0{,}0164 = 1{,}64\,\% \leqslant 2{,}5\,\%$.
Also ist der Ablehnungsbereich $\overline{A} = \{0,...,17\} \cup \{33,...,50\}$.
Da 30 nicht im Ablehnungsbereich liegt, kann man bei $\alpha = 5\,\%$ nicht schließen, dass die Münze nicht ideal ist.

d) Die Nullhypothese lautet: H_0: $p = 0{,}2$ bei Treffer «Gewinn» und $n = 100$.
Es handelt sich um einen zweiseitigen Test mit $\alpha = 2\,\%$. Die Tabelle liefert:
$P(X \leqslant 10) = 0{,}0057 = 0{,}57\,\% \leqslant 1\,\%$.
$P(X \leqslant 11) = 0{,}0126 = 1{,}26\,\%$ (zu groß).
$P(X \geqslant 31) = 1 - P(X \leqslant 30) = 1 - 0{,}9939 = 0{,}0061 = 0{,}61\,\% \leqslant 1$.
$P(X \geqslant 30) = 1 - P(X \leqslant 29) = 1 - 0{,}9888 = 0{,}0112 = 1{,}12\,\%$ (zu groß).
Also ist der Ablehnungsbereich $\overline{A} = \{0,...,10\} \cup \{31,...,100\}$, der Annahmebereich ist $A = \{11,...,30\}$.

e) Die Nullhypothese lautet: $H_0 : p = 0,6$ bei Treffer «Gruppe bekannt» und $n = 100$.
Der Annahmebereich ist $A = \{53, ..., 67\}$, der Ablehnungsbereich ist
$\overline{A} = \{0, ..., 52\} \cup \{68, ..., 100\}$.
Da $p > 0,5$ muss die Tabelle «von unten» abgelesen und die Differenz zu 1 gebildet werden.

I) Die Tabelle liefert:
$P(X \leqslant 52) = 1 - 0,9362 = 0,0638 = 6,38\,\%$.
$P(X \geqslant 68) = 1 - P(X \leqslant 67) = 1 - (1 - 0,0615) = 0,0615 = 6,15\,\%$.
Die Irrtumswahrscheinlichkeit beträgt $6,38\,\% + 6,15\,\% = 12,53\,\%$.

II) Die Tabelle liefert:
$P(X \leqslant 49) = 1 - 0,9832 = 0,0168 = 1,68\,\% \leqslant 2,5\,\%$.
$P(X \leqslant 50) = 1 - 0,9729 = 0,0271 = 2,71\,\%$ (zu groß).
$P(X \geqslant 70) = 1 - P(X \leqslant 69) = 1 - (1 - 0,0248) = 0,0248 = 2,48\,\% \leqslant 2,5\,\%$.
$P(X \geqslant 69) = 1 - P(X \leqslant 68) = 1 - (1 - 0,0398) = 0,0398 = 3,98\,\%$ (zu groß).
Also ist der Ablehnungsbereich $\overline{A} = \{0, ..., 49\} \cup \{70, ..., 100\}$.

25.4 Alternativtests

a) I) Für die Formulierung der Hypothesen ist zwischen der Sicht des Firmenchefs und der des Fertigungsleiters zu unterscheiden. Die Nullhypothese H_0 aus Sicht des Firmenchefs lautet: «60 % der Gewichte passieren die Qualitätskontrollen» oder kürzer H_0: $p_0 = 0,6$. Entsprechend lautet die Alternativhypothese H_1 aus Sicht des Chefs: «80 % der Gewichte passieren die Qualitätskontrollen» bzw. H_1: $p_1 = 0,8$.
Betrachtet man die Perspektive des Fertigungsleiters, so kehren sich Null- und Alternativhypothese gerade um. Dann ist H_0: $p_1 = 0,8$ und H_1: $p_0 = 0,6$.

II) Es wird eine Stichprobe vom Umfang $n = 100$ durchgeführt, um so mithilfe einer Entscheidungsregel eine der Hypothesen begründet annehmen bzw. ablehnen zu können. Sei dabei X die Zufallsvariable, die angibt, wieviele der 100 Gewichte die strengen Kriterien der Qualitätskontrollen erfüllen. Dann ist X binomialverteilt mit $n = 100$ sowie $p_0 = 0,6$ bzw. $p_1 = 0,8$.
Die Durchführung des Hypothesentests als links- oder rechtsseitiger Test hängt von der jeweiligen Position ab.
Position des Firmenchefs:
Der Firmenchef geht davon aus, dass die Nullhypothese H_0: $p_0 = 0,6$ zutrifft. Er wird sich für die Durchführung eines rechtsseitigen Tests entscheiden, da er erst dann bereit ist, vom langjährigen Erfahrungswert abzusehen und der Behauptung des Fertigungsleiters Vertrauen zu schenken, wenn die Anzahl der fehlerfreien Gewichte in der Stichprobe signifikant nach oben abweicht. Wenn man als Ablehnungsbereich von H_0

$$\overline{A}_0 = \{k_0, \ldots, 100\}$$

festlegt, so ist der Annahmebereich für H_0

$$A_0 = \{0, 1, \ldots, k_0 - 1\}$$

Da die Irrtumswahrscheinlichkeit des Firmenchefs höchstens 5 % betragen soll, muss gelten:

$$P(X \geqslant k_0) \leqslant 0,05 \Leftrightarrow 1 - P(X < k_0) \leqslant 0,05 \Leftrightarrow P(X < k_0) \geqslant 0,95$$

In der Binomialverteilungstabelle auf Seite 249 liest man für $n = 100$ und $p_0 = 0,6$ ab: $P(X \leqslant 68) \approx 0,9602$ und $P(X \leqslant 67) \approx 0,9385$. Unter Beachtung des strengen < in der obigen Ungleichung folgt $k_0 = 69$, und als Annahmebereich für H_0 erhält man:

$$A_0 = \{0,\ 1,\ \dots,\ 68\}$$

Alternativ kann man den Annahmebereich von H_0 auch mithilfe von σ–Regeln für rechtsseitige Alternativtests (näherungsweise!) bestimmen:
Falls $\sigma_0 > 3$ erfüllt ist, so gilt für H_0: $p = p_0$ und H_1: $p = p_1$, dass $[\mu + c \cdot \sigma_0; n]$ in sehr guter Näherung den Ablehnungsbereich der Nullhypothese angibt. Dabei ist μ_0 der Erwartungswert und σ_0 die Standardabweichung $\sigma_0 = \sqrt{n \cdot p_0 \cdot (1 - p_0)}$; der Wert für c kann in Abhängigkeit von der Irrtumswahrscheinlichkeit einer Tabelle entnommen werden.
Bei einer maximalen Irrtumswahrscheinlichkeit von 5 % hat c den Wert 1,64. Es ergibt sich damit hier mit $\mu_0 = 100 \cdot 0,6 = 60$ und $\sigma_0 = \sqrt{100 \cdot 0,6 \cdot 0,4} = \sqrt{24} > 3$ der Ablehnungsbereich $\overline{A}_0 = [69; 100]$ bzw. der Annahmebereich $A_0 = [0; 68]$ wie oben bestimmt, da $\mu_0 + c \cdot \sigma_0 \approx 68,03$.
Position des Fertigungsleiters:
Der optimistische Fertigungsleiter geht im Gegensatz zum Firmenchef davon aus, dass 80% der Gewichte einwandfrei sind, dass also seine Nullhypothese H_0: $p_1 = 0,8$ zutrifft. Um zu entscheiden, ob der Anteil der einwandfreien Gewichte tatsächlich so groß ist, wird er einen linksseitigen Test durchführen, da er nur dann bereit ist, seine Behauptung zugunsten des langjährigen Erfahrungswertes zurückzunehmen, wenn die Anzahl der fehlerfreien Gewichte in der Stichprobe signifikant nach unten abweicht. Sei der Annahmebereich des Fertigungsleiters für H_0

$$A_1 = \{k_1 + 1,\ \dots,\ 100\}$$

Die Irrtumswahrscheinlichkeit des Fertigungsleiters soll ebenfalls höchstens 5 % betragen. Damit erhält man als Bedingung: $P(X \leqslant k_1) \leqslant 0,05$.
In der Binomialverteilungstabelle auf Seite 249 liest man für $n = 100$ und $p_1 = 0,8$ ab: $P(X \leqslant 73) \approx 0,0558$ und $P(X \leqslant 72) \approx 0,0342$. Es folgt $k_1 = 72$, und als Annahmebereich für H_0 erhält man:

$$A_1 = \{73,\ \dots,\ 100\}$$

Der Annahmebereich des Fertigungsleiters für H_0 kann alternativ ähnlich wie oben mithilfe von σ–Regeln für linksseitige Alternativtests näherungsweise bestimmt werden:
Falls $\sigma_1 > 3$ erfüllt ist, so gilt für H_0: $p = p_1$ und H_1: $p = p_0$, dass $[0; \mu_1 - c \cdot \sigma_1]$ in sehr guter Näherung den Ablehnungsbereich der Nullhypothese H_0 angibt. Dabei ist

μ_1 der Erwartungswert und σ_1 die Standardabweichung $\sigma_1 = \sqrt{n \cdot p_1 \cdot (1-p_1)}$; der Wert für c kann wieder in Abhängigkeit von der Irrtumswahrscheinlichkeit einer Tabelle entnommen werden.
Bei einer Irrtumswahrscheinlichkeit von höchstens 5 % hat c den Wert 1,64. Es ergibt sich damit hier mit $\mu_1 = 100 \cdot 0,8 = 80$ und $\sigma_1 = \sqrt{100 \cdot 0,8 \cdot 0,2} = 4 > 3$ der Ablehnungsbereich [0; 73] bzw. der Annahmebereich [74; 100], da $\mu_1 - c \cdot \sigma_1 = 73,44$. Hier also wird deutlich, dass die σ–Regeln Näherungswerte liefern.

III) In den folgenden zwei Fällen ist die Entscheidung, welche aufgrund eines Stichprobenergebnisses unter Berücksichtigung der oben bestimmten Ablehnungs- bzw. Annahmebereiche getroffen werden kann, eindeutig:
Findet man unter den insgesamt 100 untersuchten Gewichten 68 oder weniger, welche die Qualitätskontrollen passieren, so kann die Nullhypothese des Firmenchefs H_0: $p_0 = 0,6$ beibehalten werden. In diesem Fall ist die Behauptung des Fertigungsleiters zurückzuweisen.
Überstehen jedoch 73 oder mehr der Gewichte die Kontrollen, so muss dieses H_0 zugunsten der Alternativhypothese des Chefs H_1: $p_1 = 0,8$ verworfen werden. In diesem Fall wird dem Fertigungsleiter Recht gegeben.
Liegt die Anzahl der einwandfreien Gewichte in der Stichprobe zwischen 69 und 72, so kann mithilfe der Ergebnisse aus dem vorigen Aufgabenteil keine der beiden Hypothesen begründet angenommen oder verworfen werden. In einem solchen Falle sollte die Stichprobe wiederholt werden. Dieser nicht-aussagekräftige Bereich kann aber durch eine Erhöhung der Stichprobenzahl verkleinert werden.
Es ist zu beachten, dass bei allen Aussagen eine Irrtumswahrscheinlichkeit (wenn auch von höchstens 5 %) besteht.

b) I) Um die Hypothesen formulieren zu können, ist zwischen der Sicht des Landwirts und der des Großabnehmers zu unterscheiden. Die Nullhypothese H_0 aus Sicht des Landwirts lautet: «95 % der Kirschjoghurts sind kernfrei» oder kürzer H_0: $p_0 = 0,95$. Entsprechend lautet die Alternativhypothese H_1 aus dieser Perspektive: «Nur 80 % der Joghurtgläser entsprechen dem Versprechen des Landwirts, kernfrei zu sein» bzw. H_1: $p_1 = 0,8$.
Betrachtet man die Perspektive des Großabnehmers, so kehren sich Null- und Alternativhypothese gerade um. Dann ist H_0: $p_1 = 0,8$ und H_1: $p_0 = 0,95$.

II) Es wird eine Stichprobe vom Umfang $n = 1000$ durchgeführt, um dann mithilfe einer Entscheidungsregel eine der Hypothesen begründet annehmen bzw. ablehnen zu können. Sei dabei X die Zufallsvariable, die angibt, wieviele der 1000 geprüften Kirschjoghurts tatsächlich kernfrei sind. Dann ist X binomialverteilt mit $n = 1000$ sowie $p_0 = 0,95$ bzw. $p_1 = 0,8$.
Die Durchführung des Hypothesentests als links- oder rechtsseitiger Test hängt von der jeweiligen Position ab.
Position des Landwirts:

Der Landwirt nimmt an, dass seine Behauptung richtig ist und geht also von der Nullhypothese H_0: $p_0 = 0,95$ aus. Er wird sich für die Durchführung eines linksseitigen Tests entscheiden, da er erst dann bereit ist, von dem Versprechen an seine Kunden abzulassen und der Beschwerde des Großabnehmers Glauben zu schenken, wenn die Anzahl der kernlosen Joghurts in der Stichprobe signifikant nach unten abweicht. Man legt als Ablehnungsbereich von H_0 fest:

$$\overline{A}_0 = \{0,\ 1,\ \dots,\ k_0\}$$

Damit ist der Annahmebereich ebenfalls festgelegt, und zwar durch

$$A_0 = \{k_0 + 1,\ \dots,\ 1000\}$$

Da die Irrtumswahrscheinlichkeit des Landwirts höchstens 5% betragen soll, muss gelten:

$$P(X \leqslant k_0) \leqslant 0,05$$

Da Binomialtabellen für $n = 1000$ oft nicht vorliegen, bestimmt man den Annahmebereich von H_0 am besten mithilfe von σ–Regeln für linksseitige Alternativtests (näherungsweise!):

Falls $\sigma_0 > 3$ erfüllt ist, so gilt für H_0: $p = p_0$ und H_1: $p = p_1$, dass $[0;\ \mu_0 - c \cdot \sigma_0]$ in sehr guter Näherung den Ablehnungsbereich der Nullhypothese angibt. Dabei ist μ_0 der Erwartungswert und σ_0 die Standardabweichung $\sigma_0 = \sqrt{n \cdot p_0 \cdot (1 - p_0)}$; der Wert für c kann in Abhängigkeit von der Irrtumswahrscheinlichkeit einer Tabelle entnommen werden.

Bei einer maximalen Irrtumswahrscheinlichkeit von 5% hat c den Wert 1,64. Es ergibt sich damit hier mit $\mu_0 = 1000 \cdot 0,95 = 950$ und

$$\sigma_0 = \sqrt{1000 \cdot 0,95 \cdot 0,05} = \sqrt{47,5} > 3$$

der Ablehnungsbereich $\overline{A}_0 = [0;\ 938]$ bzw. der Annahmebereich $A_0 = [939;\ 1000]$, da $\mu_0 - c \cdot \sigma_0 \approx 938,70$.

In der Binomialverteilungstabelle für $n = 1000$ und $p_0 = 0,95$ liest man ab: $P(X \leqslant 938) \approx 0,0511$ und $P(X \leqslant 937) \approx 0,0384$. Es folgt $k_0 = 937$, und als Annahmebereich für H_0 erhält man:

$$A_0 = \{938,\ \dots,\ 1000\}$$

An den unterschiedlichen Ergebnissen für den Annahmebereich wird deutlich, dass die σ-Regeln nur Näherungswerte liefern. Im Falle einer Stichprobe der Größenordnung $n = 1000$ ist eine Abweichung von ca. 1 jedoch eine sehr gute Näherung.

Position des Großabnehmers:

Der Großabnehmer beschwert sich, da er davon ausgeht, dass das Versprechen des Landwirts nicht zutrifft und lediglich 80% der Kirschjoghurts einwandfrei sind. Er legt also die Nullhypothese H_0: $p_1 = 0,8$ zugrunde. Um zu entscheiden, ob der Anteil der einwandfreien Joghurts tatsächlich so gering ist, wird er einen rechtsseitigen Test durchführen, da er nur dann bereit ist, von seiner Beschwerde abzusehen, wenn die

Anzahl der kernfreien Joghurts in der Stichprobe signifikant nach oben abweicht. Sei der Ablehnungsbereich des Fertigungsleiters für H_0

$$\overline{A}_1 = \{k_1, \ldots, 1000\}$$

und der Annahmebereich

$$A_1 = \{0, \ldots, k_1 - 1\}$$

Die Irrtumswahrscheinlichkeit des Fertigungsleiters soll ebenfalls höchstens 5 % betragen. Damit erhält man als Bedingung:

$$P(X \geqslant k_1) \leqslant 0,05 \Leftrightarrow 1 - P(X < k_1) \leqslant 0,05 \Leftrightarrow P(X < k_1) \geqslant 0,95$$

Der Annahmebereich des Großabnehmers für H_0 kann alternativ ähnlich wie oben mithilfe von $\sigma-$Regeln für rechtsseitige Alternativtests näherungsweise bestimmt werden:

Falls $\sigma_1 > 3$ erfüllt ist, so gilt für H_0: $p = p_1$ und H_1: $p = p_0$, dass $[\mu_1 + c \cdot \sigma_1; 1000]$ in sehr guter Näherung den Ablehnungsbereich der Nullhypothese H_0 angibt. Dabei ist μ_1 der Erwartungswert und σ_1 die Standardabweichung $\sigma_1 = \sqrt{n \cdot p_1 \cdot (1 - p_1)}$; der Wert für c kann wieder in Abhängigkeit von der Irrtumswahrscheinlichkeit einer Tabelle entnommen werden.

Bei einer Irrtumswahrscheinlichkeit von höchstens 5 % hat c den Wert $1,64$. Es ergibt sich damit hier mit $\mu_1 = 1000 \cdot 0,8 = 800$ und $\sigma_1 = \sqrt{1000 \cdot 0,8 \cdot 0,2} = \sqrt{160} > 3$ der Ablehnungsbereich [821; 1000] bzw. der Annahmebereich [0; 820], da $\mu_1 + c \cdot \sigma_1 \approx 820,74$.

Alternativ liest man in einer Binomialverteilungstabelle für $n = 1000$ und $p_1 = 0,8$ ab: $P(X \leqslant 821) \approx 0,9569$ und $P(X \leqslant 820) \approx 0,9489$. Unter Beachtung des strengen Ungleichheitszeichens in der obigen Bedingung folgt $k_1 = 822$, und als Annahmebereich für H_0 erhält man:

$$A_1 = \{0, \ldots, 821\}$$

Auch hier weichen die Ergebnisse etwas voneinander ab.

III) Zur Formulierung der Entscheidungsregeln werden die exakt, d.h. unter Verwendung der Tabelle berechneten Werte verwendet. Die Entscheidung, welche aufgrund eines Stichprobenergebnisses unter Berücksichtigung der oben bestimmten Ablehnungs- bzw. Annahmebereiche getroffen werden kann, ist in zwei Fällen eindeutig:

Findet man unter den insgesamt 1000 untersuchten Kirschjoghurts 939 oder mehr, welche keinerlei Kerne enthalten, so kann der Landwirt seine Nullhypothese, H_0: $p_0 = 0,95$, beibehalten. In diesem Fall ist der Beschwerde des Großabnehmers nicht weiter nachzugehen.

Sind jedoch lediglich 820 oder weniger der Joghurts kernfrei, so muss dieses H_0 zugunsten der zugehörigen Alternativhypothese H_1: $p_1 = 0,8$ verworfen werden. In diesem Fall wird der Beschwerde des Großabnehmers nachgegangen; der Kunde ist nachträglich zu entschädigen.

Liegt die Anzahl der einwandfreien Joghurts in der Stichprobe zwischen 821 und

938, so kann mithilfe der Ergebnisse aus dem vorigen Aufgabenteil keine der beiden Hypothesen begründet angenommen oder verworfen werden. In einem solchen Falle sollte die Stichprobe wiederholt werden. Dieser nicht-aussagekräftige Bereich kann durch eine Erhöhung der Stichprobenzahl verkleinert werden, wobei allerdings auch der ökonomische Schaden zu berücksichtigen ist, der durch die Prüfung noch größerer Joghurtmengen für den Landwirt angerichtet würde.
Es ist zu beachten, dass bei allen Entscheidungen eine Irrtumswahrscheinlichkeit (wenn auch von höchstens 5 %) besteht.

c) I) Es handelt sich um einen linksseitigen Alternativtest mit der Nullhypothese, dass der Anteil übergewichtiger Kinder im Grundschulalter nach wie vor bei $\frac{1}{6}$ liegt, und der Alternativhypothese, dass dieser Anteil aufgrund der Initiative des Sportvereins auf 11 % zurückgegangen ist. Kürzer lauten die beiden zu prüfenden Alternativen also H_0: $p_0 = \frac{1}{6}$ und H_1: $p_1 = 0,11$. Die Nullhypothese soll dann verworfen werden, wenn die Anzahl übergewichtiger Kinder in einer Stichprobe klein ist.
Eine Stichprobe vom Umfang $n = 100$ wird durchgeführt, in der sich 11 übergewichtige Kinder befinden. Definiert man X als Zufallsvariable für die Anzahl übergewichtiger Kinder in einer Stichprobe des angegebenen Umfangs, so ist X binomialverteilt mit $n = 100$ und unter H_0 ist die Trefferwahrscheinlichkeit $p = \frac{1}{6}$. Als Ablehnungsbereich für die Nullhypothese legt man fest:

$$\overline{A} = \{0, \ldots, k_0\}$$

Der Annahmebereich ist damit:

$$A = \{k_0 + 1, \ldots, 100\}$$

Mit der gegebenen Bedingung, dass das Signifikanzniveau 5 % betragen soll, lässt sich folgende Bedingung aufstellen: $P(X \leqslant k_0) \leqslant 0,05$. Der Tabelle zur kumulierten Binomialverteilung auf Seite 249 entnimmt man für $n = 100$ und $p = \frac{1}{6}$, dass $P(X \leqslant 11) \approx 0,0777$ und $P(X \leqslant 10) \approx 0,0427$, also folgt $k_0 = 10$ und als Ablehnungsbereich von H_0 ergibt sich $\overline{A} = \{0, \ldots, 10\}$.
Um den Ablehnungsbereich alternativ mithilfe der σ–Regeln zu bestimmen, ist zu prüfen: $\sigma > 3$. Dabei ist σ die Standardabweichung der Zufallsvariable. Hier ist $\sigma = \sqrt{n \cdot p \cdot (1-p)} = \sqrt{100 \cdot 0,15 \cdot 0,85} = \sqrt{12,75} > 3$. Mit dem zugehörigen Erwartungswert $\mu = 100 \cdot 0,15 = 15$ und dem einer Tabelle zu entnehmenden Wert $c = 1,64$ bei einem Signifikanzniveau von 5 % erhält man so für k_0:

$$k_0 = \mu - c \cdot \sigma = 15 - 1,64 \cdot \sqrt{12,75} \approx 9,14$$

Damit ist der Ablehnungsbereich $\overline{A} = \{0, \ldots, 9\}$. Unabhängig davon, ob man den exakten, zuerst bestimmten Ablehnungsbereich oder den näherungsweise, als zweites bestimmten Ablehnungsbereich zugrunde legt, wird die Nullhypothese, dass der Anteil übergewichtiger Kinder unverändert bei $\frac{1}{6}$ liegt, aufgrund des Stichprobenergebnisses von $X = 11$ nicht verworfen bzw. wird die Behauptung zur Wirksamkeit der Maßnahmen des Sportvereins nicht angenommen.

II) Der beschriebene linksseitige Hypothesentest ist nicht neutral. Bei einem linksseitigen Hypothesentest wird die Nullhypothese nur bei signifikant nach unten abweichendem Stichprobenergebnis verworfen; die Alternativhypothese wird also von vornherein «benachteiligt». Eine Möglichkeit zur Herstellung größerer Neutralität wäre die gleichzeitige Durchführung eines rechtsseitigen Hypothesentests (mit Nullhypothese H_0: $p_1 = 0,11$ und Alternativhypothese H_1: $p_0 = \frac{1}{6}$) und anschließender Aufstellung einer Entscheidungsregel, die beide Tests berücksichtigt.

Ein von den Maßnahmen überzeugtes Mitglied des Sportvereins wird dem Testergebnis sehr kritisch gegenüberstehen und den beschriebenen Neutralitätsmangel aufzeigen. Der Verein wird aus den eben beschriebenen Gründen vielmehr für einen rechtsseitigen Test plädieren, mit dem Wunsch, die Wirksamkeit der Initiative zu demonstrieren.

Dennoch ist anzumerken, dass es in manchen Fällen gerechtfertigt ist, als Nullhypothese den status quo zu wählen und nur einseitig zu testen. Sollte zum Beispiel der Verein aus finanziellen Gründen die Initiative einstellen wollen, sobald eine Quote von 11 % oder weniger erreicht ist, würde sich beim oben beschriebenen Test eine Bevorzugung der Nullhypothese als förderlich auf die Gesundheit der Kinder auswirken und vermutlich dem Interesse der breiten Öffentlichkeit entsprechen.

Binomialverteilung – Summenverteilung

$$P(X \leqslant k) = F_{n;p}(k) = \sum_{i=0}^{k} \binom{n}{i} \cdot p^i \cdot (1-p)^{n-i}$$

		p												
n	k	0,02	0,03	0,04	0,05	0,10	1/6	0,20	0,30	1/3	0,40	0,50	k	n
	0	0,6676	5438	4420	3585	1216	0261	0115	0008	0003	0000	0000	19	
	1	9401	8802	8103	7358	3917	1304	0692	0076	0033	0005	0000	18	
	2	9929	9790	9561	9245	6769	3287	2061	0355	0176	0036	0002	17	
	3	9994	9973	9926	9841	8670	5665	4114	1071	0604	0160	0013	16	
	4		9997	9990	9974	9568	7687	6296	2375	1515	0510	0059	15	
	5			9999	9997	9887	8982	8042	4164	2972	1256	0207	14	
	6					9976	9629	9133	6080	4793	2500	0577	13	
	7					9996	9887	9679	7723	6615	4159	1316	12	
20	8					9999	9972	9900	8867	8095	5956	2517	11	20
	9						9994	9974	9520	9081	7553	4119	10	
	10						9999	9994	9829	9624	8725	5881	9	
	11							9999	9949	9870	9435	7483	8	
	12								9987	9963	9790	8684	7	
	13								9997	9991	9935	9423	6	
	14									9998	9984	9793	5	
	15										9997	9941	4	
	16											9987	3	
	17											9998	2	
	0	0,3642	2181	1299	0769	0052	0001	0000	0000	0000	0000	0000	49	
	1	7358	5553	4005	2794	0338	0012	0002	0000	0000	0000	0000	48	
	2	9216	8108	6767	5405	1117	0066	0013	0000	0000	0000	0000	47	
	3	9822	9372	8609	7604	2503	0238	0057	0000	0000	0000	0000	46	
	4	9968	9832	9510	8964	4312	0643	0185	0002	0000	0000	0000	45	
	5	9995	9963	9856	9622	6161	1388	0480	0007	0001	0000	0000	44	
	6	9999	9993	9964	9882	7702	2506	1034	0025	0005	0000	0000	43	
	7		9999	9992	9968	8779	3911	1904	0073	0017	0000	0000	42	
	8			9999	9992	9421	5421	3073	0183	0050	0002	0000	41	
	9				9998	9755	6830	4437	0402	0127	0008	0000	40	
	10					9906	7986	5836	0789	0284	0022	0000	39	
	11					9968	8827	7107	1390	0570	0057	0000	38	
	12					9990	9373	8139	2229	1035	0133	0002	37	
	13					9997	9693	8894	3279	1715	0280	0005	36	
	14					9999	9862	9393	4468	2612	0540	0013	35	
	15						9943	9692	5692	3690	0955	0033	34	
	16						9978	9856	6839	4868	1561	0077	33	
	17						9992	9937	7822	6046	2369	0164	32	
50	18						9998	9975	8594	7126	3356	0325	31	50
	19						9999	9991	9152	8036	4465	0595	30	
	20							9997	9522	8741	5610	1013	29	
	21							9999	9749	9244	6701	1611	28	
	22								9877	9576	7660	2399	27	
	23								9944	9778	8438	3359	26	
	24								9976	9892	9022	4439	25	
	25								9991	9951	9427	5561	24	
	26								9997	9979	9686	6641	23	
	27								9999	9992	9840	7601	22	
	28									9997	9924	8389	21	
	29									9999	9960	8987	20	
	30										9986	9405	19	
	31										9995	9675	18	
	32										9998	9836	17	
	33										9999	9923	16	
	34											9967	15	
	35											9987	14	
	36											9995	13	
	37											9968	12	
n		0,98	0,97	0,96	0,95	0,90	5/6	0,80	0,70	2/3	0,60	0,50	k	n
		p												

Nicht aufgeführte Werte sind gleich 1
(auf 4 Stellen hinter dem Komma)

Für $p \geqslant 0,5$ wird von unten abgelesen.
Dabei gilt:
$P(X \leqslant k) = 1 -$ abgelesener Wert von p

Beispiel:
$F_{50;0,60}(25) = 1 - 0,9022 = 0,0978$

		p												
n	k	0,02	0,03	0,04	0,05	0,10	1/6	0,20	0,30	1/3	0,40	0,50	k	n
	0	0,1326	0476	0169	0059	0000	0000	0000	0000	0000	0000	0000	99	
	1	4033	1946	0872	0371	0003	0000	0000	0000	0000	0000	0000	98	
	2	6767	4198	2321	1183	0019	0000	0000	0000	0000	0000	0000	97	
	3	8590	6472	4295	2578	0078	0000	0000	0000	0000	0000	0000	96	
	4	9492	8179	6289	4360	0237	0001	0000	0000	0000	0000	0000	95	
	5	9845	9192	7884	6160	0576	0004	0000	0000	0000	0000	0000	94	
	6	9959	9688	8936	7660	1172	0013	0001	0000	0000	0000	0000	93	
	7	9991	9894	9525	8720	2061	0038	0003	0000	0000	0000	0000	92	
	8	9998	9968	9810	9369	3209	0095	0009	0000	0000	0000	0000	91	
	9		9991	9932	9718	4513	0213	0023	0000	0000	0000	0000	90	
	10		9998	9978	9885	5832	0427	0057	0000	0000	0000	0000	89	
	11			9993	9957	7030	0777	0126	0000	0000	0000	0000	88	
	12			9998	9985	8018	1297	0253	0000	0000	0000	0000	87	
	13				9995	8761	2000	0469	0001	0000	0000	0000	86	
	14				9999	9274	2874	0804	0002	0000	0000	0000	85	
	15					9601	3877	1285	0004	0000	0000	0000	84	
	16					9794	4942	1923	0010	0001	0000	0000	83	
	17					9900	5994	2712	0022	0002	0000	0000	82	
	18					9954	6965	3621	0045	0005	0000	0000	81	
	19					9980	7803	4602	0089	0011	0000	0000	80	
	20					9992	8481	5595	0165	0024	0000	0000	79	
	21					9997	8998	6540	0288	0048	0000	0000	78	
	22					9999	9370	7389	0479	0091	0001	0000	77	
	23						9621	8109	0755	0164	0003	0000	76	
	24						9783	8686	1136	0281	0006	0000	75	
	25						9881	9125	1631	0458	0012	0000	74	
	26						9938	9442	2244	0715	0024	0000	73	
	27						9969	9658	2964	1066	0046	0000	72	
	28						9985	9800	3768	1524	0084	0000	71	
	29						9993	9888	4623	2093	0148	0000	70	
	30						9997	9939	5491	2766	0248	0000	69	
	31						9999	9969	6331	3525	0398	0001	68	
	32							9985	7107	4344	0615	0002	67	
	33							9993	7793	5188	0913	0004	66	
100	34							9997	8371	6019	1303	0009	65	100
	35							9999	8839	6803	1795	0018	64	
	36							9999	9201	7511	2386	0033	63	
	37								9470	8123	3068	0060	62	
	38								9660	8630	3822	0105	61	
	39								9790	9034	4621	0176	60	
	40								9875	9341	5433	0284	59	
	41								9928	9566	6225	0443	58	
	42								9960	9724	6967	0666	57	
	43								9979	9831	7635	0967	56	
	44								9989	9900	8211	1356	55	
	45								9995	9943	8689	1841	54	
	46								9997	9969	9070	2421	53	
	47								9999	9983	9362	3087	52	
	48								9999	9991	9577	3822	51	
	49									9996	9729	4602	50	
	50									9998	9832	5398	49	
	51									9999	9900	6178	48	
	52										9942	6914	47	
	53										9968	7579	46	
	54										9983	8159	45	
	55										9991	8644	44	
	56										9996	9033	43	
	57										9998	9334	42	
	58										9999	9557	41	
	59											9716	40	
	60											9824	39	
	61											9895	38	
	62											9940	37	
	63											9967	36	
	64											9982	35	
	65											9991	34	
	66											9996	33	
	67											9998	32	
	68											9999	31	
n		0,98	0,97	0,96	0,95	0,90	5/6	0,80	0,70	2/3	0,60	0,50	k	n
		p												

Nicht aufgeführte Werte sind gleich 1
(auf 4 Stellen hinter dem Komma)

Für $p \geqslant 0,5$ wird von unten abgelesen.
Dabei gilt:
$P(X \leqslant k) = 1 -$ abgelesener Wert von p

Beispiel:
$F_{100;0,60}(50) = 1 - 0,9729 = 0,0271$

Gaußsche Summenfunktion

$\Phi(x) = \frac{1}{\sqrt{2\pi}} \int_{-\infty}^{x} e^{-t^2} dt$ mit $\Phi(-x) = 1 - \Phi(x)$ Beispiele: $\Phi(-0{,}47) = 0{,}3192$

$\Phi(1{,}05) = 0{,}8531$

x	$\Phi(-x)$	$\Phi(x)$	x	$\Phi(-x)$	$\Phi(x)$	x	$\Phi(-x)$	$\Phi(x)$	x	$\Phi(-x)$	$\Phi(x)$	x	$\Phi(-x)$	$\Phi(x)$
	0,	0,		0,	0,		0,	0,		0,	0,		0,	0,
0,01	4960	5040	0,61	2709	7291	1,21	1131	8869	1,81	0351	9649	2,41	0080	9920
0,02	4920	5080	0,62	2676	7324	1,22	1112	8888	1,82	0344	9656	2,42	0078	9922
0,03	4880	5120	0,63	2643	7357	1,23	1093	8907	1,83	0336	9664	2,43	0075	9925
0,04	4840	5160	0,64	2611	7389	1,24	1075	8925	1,84	0329	9671	2,44	0073	9927
0,05	4801	5199	0,65	2578	7422	1,25	1056	8944	1,85	0322	9678	2,45	0071	9929
0,06	4761	5239	0,66	2546	7454	1,26	1038	8962	1,86	0314	9686	2,46	0069	9931
0,07	4721	5279	0,67	2514	7486	1,27	1020	8980	1,87	0307	9693	2,47	0068	9932
0,08	4681	5319	0,68	2483	7517	1,28	1003	8997	1,88	0301	9699	2,48	0066	9934
0,09	4641	5359	0,69	2451	7549	1,29	0985	9015	1,89	0294	9706	2,49	0064	9936
0,10	4602	5398	0,70	2420	7580	1,30	0968	9032	1,90	0287	9713	2,50	0062	9938
0,11	4562	5438	0,71	2389	7611	1,31	0951	9049	1,91	0281	9719	2,51	0060	9940
0,12	4522	5478	0,72	2358	7642	1,32	0934	9066	1,92	0274	9726	2,52	0059	9941
0,13	4483	5517	0,73	2327	7673	1,33	0918	9082	1,93	0268	9732	2,53	0057	9943
0,14	4443	5557	0,74	2296	7704	1,34	0901	9099	1,94	0262	9738	2,54	0055	9945
0,15	4404	5596	0,75	2266	7734	1,35	0885	9115	1,95	0256	9744	2,55	0054	9946
0,16	4364	5636	0,76	2236	7764	1,36	0869	9131	1,96	0250	9750	2,56	0052	9948
0,17	4325	5675	0,77	2206	7794	1,37	0853	9147	1,97	0244	9756	2,57	0051	9949
0,18	4286	5714	0,78	2177	7823	1,38	0838	9162	1,98	0239	9761	2,58	0049	9951
0,19	4247	5753	0,79	2148	7852	1,39	0823	9177	1,99	0233	9767	2,59	0048	9952
0,20	4207	5793	0,80	2119	7881	1,40	0808	9192	2,00	0228	9772	2,60	0047	9953
0,21	4168	5832	0,81	2090	7910	1,41	0793	9207	2,01	0222	9778	2,61	0045	9955
0,22	4129	5871	0,82	2061	7939	1,42	0778	9222	2,02	0217	9783	2,62	0044	9956
0,23	4090	5910	0,83	2033	7967	1,43	0764	9236	2,03	0212	9788	2,63	0043	9957
0,24	4052	5948	0,84	2005	7995	1,44	0749	9251	2,04	0207	9793	2,64	0041	9959
0,25	4013	5987	0,85	1977	8023	1,45	0735	9265	2,05	0202	9798	2,65	0040	9960
0,26	3974	6026	0,86	1949	8051	1,46	0721	9279	2,06	0197	9803	2,66	0039	9961
0,27	3936	6064	0,87	1922	8078	1,47	0708	9292	2,07	0192	9808	2,67	0038	9962
0,28	3897	6103	0,88	1894	8106	1,48	0694	9306	2,08	0188	9812	2,68	0037	9963
0,29	3859	6141	0,89	1867	8133	1,49	0681	9319	2,09	0183	9817	2,69	0036	9964
0,30	3821	6179	0,90	1841	8159	1,50	0668	9332	2,10	0179	9821	2,70	0035	9965
0,31	3783	6217	0,91	1814	8186	1,51	0655	9345	2,11	0174	9826	2,71	0034	9966
0,32	3745	6255	0,92	1788	8212	1,52	0643	9351	2,12	0170	9830	2,72	0033	9967
0,33	3707	6293	0,93	1762	8238	1,53	0630	9370	2,13	0166	9834	2,73	0032	9968
0,34	3669	6331	0,94	1736	8264	1,54	0618	9382	2,14	0162	9838	2,74	0031	9969
0,35	3632	6368	0,95	1711	8289	1,55	0606	9394	2,15	0158	9842	2,75	0030	9970
0,36	3594	6406	0,96	1685	8315	1,56	0594	9406	2,16	0154	9846	2,76	0029	9971
0,37	3557	6443	0,97	1660	8340	1,57	0582	9418	2,17	0150	9850	2,77	0028	9972
0,38	3520	6480	0,98	1635	8365	1,58	0571	9429	2,18	0146	9854	2,78	0027	9973
0,39	3483	6517	0,99	1611	8389	1,59	0559	9441	2,19	0143	9857	2,79	0026	9974
0,40	3446	6554	1,00	1587	8413	1,60	0548	9452	2,20	0139	9861	2,80	0026	9974
0,41	3409	6591	1,01	1562	8438	1,61	0537	9463	2,21	0136	9864	2,81	0025	9975
0,42	3372	6628	1,02	1539	8461	1,62	0526	9474	2,22	0132	9868	2,82	0024	9976
0,43	3336	6664	1,03	1515	8485	1,63	0516	9484	2,23	0129	9871	2,83	0023	9977
0,44	3300	6700	1,04	1492	8508	1,64	0505	9495	2,24	0125	9875	2,84	0023	9977
0,45	3264	6736	1,05	1469	8531	1,65	0495	9505	2,25	0122	9878	2,85	0022	9978
0,46	3228	6772	1,06	1446	8554	1,66	0485	9515	2,26	0119	9881	2,86	0021	9979
0,47	3192	6808	1,07	1423	8577	1,67	0475	9525	2,27	0116	9884	2,87	0021	9979
0,48	3156	6844	1,08	1401	8599	1,68	0465	9535	2,28	0113	9887	2,88	0020	9980
0,49	3121	6879	1,09	1379	8621	1,69	0455	9545	2,29	0110	9890	2,89	0019	9981
0,50	3085	6915	1,10	1357	8643	1,70	0446	9554	2,30	0107	9893	2,90	0019	9981
0,51	3050	6950	1,11	1335	8665	1,71	0436	9564	2,31	0104	9896	2,91	0018	9982
0,52	3015	6985	1,12	1314	8686	1,72	0427	9573	2,32	0102	9898	2,92	0018	9982
0,53	2981	7019	1,13	1292	8708	1,73	0418	9582	2,33	0099	9901	2,93	0017	9983
0,54	2946	7054	1,14	1271	8729	1,74	0409	9591	2,34	0096	9904	2,94	0016	9984
0,55	2912	7088	1,15	1251	8749	1,75	0401	9599	2,35	0094	9906	2,95	0016	9984
0,56	2877	7123	1,16	1230	8770	1,76	0392	9608	2,36	0091	9909	2,96	0015	9985
0,57	2843	7157	1,17	1210	8790	1,77	0384	9616	2,37	0089	9911	2,97	0015	9985
0,58	2810	7190	1,18	1190	8810	1,78	0375	9625	2,38	0087	9913	2,98	0014	9986
0,59	2776	7224	1,19	1170	8830	1,79	0367	9633	2,39	0084	9916	2,99	0014	9986
0,60	2743	7257	1,20	1151	8849	1,80	0359	9641	2,40	0082	9918	3,00	0013	9987

Stichwortverzeichnis

Ihr Feedback zu diesem Buch

Für Ihre Anregungen, Hinweise und Bewertungen sind wir dankbar und offen.
Sie helfen damit, dieses Buch noch weiter zu optimieren ... für einen bestmöglichen Erfolg im Mathe-Abi.

Als einfache und schnelle Verfahren bieten sich folgende Wege für Ihr Feedback an:

* per Post: einfach dieses Blatt im frankierten Umschlag zurücksenden;
* per Fax: an unsere Faxnummer 0761 45699 45;
* per E-mail: an info@freiburger-verlag.de;
* per Internet: unter www.freiburger-verlag.de.

Besten Dank für Ihre Mithilfe! Zudem erhalten Sie für alle Vorschläge, die in Folgeauflagen eingearbeitet werden, als Dankeschön eine kleine Aufmerksamkeit von uns.

Erfolg im Mathe-Abi Schleswig-Holstein
Das Übungsbuch für das Basiswissen

Seite	Anregung

Erfolg im Mathe-Abi Schleswig-Holstein

Übungsbücher für das Basiswissen und Prüfungsaufgaben

Freiburger Verlag GmbH
›Erfolg im Mathe-Abi‹
Hartkirchweg 37

79111 Freiburg

Fax: 0761 45699 45

Absender:

Name / Vorname / Position

Straße / Nr.

PLZ / Ort

Tel. für Rückfragen

email-Adresse

Kundennummer, falls bekannt

Schule

Klasse

Schuladresse

Besten Dank für Ihre Mithilfe!
Ihr Freiburger-Verlags-Team